# KEC

**Professional Engineer**

## 한국전기설비규정〔KEC〕관련

# 건축전기설비기술사

## 발송배전기술사 / 전기안전기술사
## 전기응용기술사 / 전기철도기술사

# [ 기출·예상문제집 ]

양재학, 김용운, 윤종철, 김석태 지음

BM (주)도서출판 성안당

## ■ 도서 A/S 안내

저자문의 e-mail : ysk13276@naver.com (양재학)

본서 기획자 e-mail : coh@cyber.co.kr (최옥현)

홈페이지 : http://www.cyber.co.kr   전화 : 031) 950-6300

한국전기설비규정(KEC)은 새롭게 제정되어 2021년부터 시행하고 있는 전기설비에 관한 규정이다.

전기 관련 기술사 기출문제를 세밀하게 분석해보면 전기설비기술기준, 전기설비기술기준 및 판단기준, KS C-IEC 규정에서 많은 비중의 문제가 출제되고 있다는 것을 알 수 있다.

이 점에 착안하여 한국전기설비규정(KEC)을 세밀하게 분석, 수험생들이 KEC 관련 문제와 예상되는 답안을 재정리하는 노력을 최소화시키고자 이 책을 출간하게 되었다.

## 이 책의 특징

1. KEC 관련 예상문제를 선별하여 상세한 답안을 수록하였다.
2. 문제마다 KEC 조문과 출제가 예상되는 기술사 종목을 명시하여 맞춤형 학습이 될 수 있도록 구성하였다.
3. 중요한 내용에 저자의 합격 노하우인 comment를 수록하여 학습에 도움이 될 수 있도록 하였다.
4. 추가 설명이 필요한 부분에 reference를 수록하여 어려운 내용을 이해하기 쉽도록 구성하였다.

합격하는 비법은 사실 없다. 수험생은 항상 기억의 한계를 인식하고 이 책을 많이 읽고, 기록하고, 복습하고, 암기하고, 연상하는(합격의 5행정) 통상적인 방법으로 완전히 체득화한다면 단번에 합격할 수 있다고 믿는다.

아울러 이 책은 한국전기설비규정(KEC)을 분석하여 문제화시켰고, 일부는 실제 기출문제의 해석과 현장에서 경험한 귀중한 내용도 함께 요약·기록하였으므로 좋은 자료로 이용하여 그 활용도를 높이길 바란다.

저자 일동

# 시험 가이드

## 건축전기설비기술사

### 01 개요

전기의 생산, 수송, 사용에 이르기까지 모든 설비는 전기특성에 적합하게 시공되어야 안전하다. 특히 대량의 전력수요가 있는 건물, 공공장소 등에서는 각별한 주의가 요구된다. 이에 건축전기설비의 설계에서 시공, 감리에 이르는 전문지식과 실무경험을 겸비한 전문인력을 양성할 목적으로 자격제도가 제정되었다.

### 02 수행 직무

건축전기설비에 관한 고도의 전문지식과 실무경험을 바탕으로 건축전기설비의 계획과 설계, 감리 및 의장, 안전관리와 건축전기설비에 대한 기술자문 및 기술지도를 담당한다.

### 03 진로 및 전망

○ 건축물 관련 전기설비관리업체, 한국전력공사를 비롯한 전기 공사업체, 전기설비설계업체, 감리업체, 안전관리대행업체 등에 진출할 수 있다. 또는 직접 전기시설설계업체, 감리업체 등을 운영하기도 한다.

○ 건설 경기의 활성화와 함께 앞으로 사무용 빌딩뿐만 아니라 아파트, 개인 주택에 이르기까지 생활환경의 개선과 통신망의 확충을 위하여 수용 전력량이 증가하고 전기공사가 늘어날 것으로 예상됨에 따라 건축전기설비 관련 전문가의 수요도 증가할 것으로 전망된다. 또한 건설공사의 품질과 안전을 확보하기 위해 「건설기술관리법」에 의해 감리전문회사의 특급 감리원으로 고용될 수 있다.

### 04 시행처

한국산업인력공단

## 05 응시 자격

다음의 어느 하나에 해당하는 사람

1. 기사 자격을 취득한 후 응시하려는 종목이 속하는 직무분야(고용노동부령으로 정하는 유사 직무분야를 포함한다. 이하 "동일 및 유사 직무분야"라 한다)에서 4년 이상 실무에 종사한 사람

2. 산업기사 자격을 취득한 후 응시하려는 종목이 속하는 동일 및 유사 직무분야에서 5년 이상 실무에 종사한 사람

3. 기능사 자격을 취득한 후 응시하려는 종목이 속하는 동일 및 유사 직무분야에서 7년 이상 실무에 종사한 사람

4. 응시하려는 종목과 관련된 학과로서 고용노동부장관이 정하는 학과(이하 "관련학과"라 한다)의 대학졸업자 등으로서 졸업 후 응시하려는 종목이 속하는 동일 및 유사 직무분야에서 6년 이상 실무에 종사한 사람

5. 응시하려는 종목이 속하는 동일 및 유사 직무분야의 다른 종목의 기술사 등급의 자격을 취득한 사람

6. 3년제 전문대학 관련학과 졸업자 등으로서 졸업 후 응시하려는 종목이 속하는 동일 및 유사 직무분야에서 7년 이상 실무에 종사한 사람

7. 2년제 전문대학 관련학과 졸업자 등으로서 졸업 후 응시하려는 종목이 속하는 동일 및 유사 직무분야에서 8년 이상 실무에 종사한 사람

8. 국가기술자격의 종목별로 기사의 수준에 해당하는 교육훈련을 실시하는 기관 중 고용노동부령으로 정하는 교육훈련기관의 기술훈련과정(이하 "기사 수준 기술훈련과정"이라 한다) 이수자로서 이수 후 응시하려는 종목이 속하는 동일 및 유사 직무분야에서 6년 이상 실무에 종사한 사람

9. 국가기술자격의 종목별로 산업기사의 수준에 해당하는 교육훈련을 실시하는 기관 중 고용노동부령으로 정하는 교육훈련기관의 기술훈련과정(이하 "산업기사 수준 기술훈련과정"이라 한다) 이수자로서 이수 후 동일 및 유사 직무분야에서 8년 이상 실무에 종사한 사람

10. 응시하려는 종목이 속하는 동일 및 유사 직무분야에서 9년 이상 실무에 종사한 사람

11. 외국에서 동일한 종목에 해당하는 자격을 취득한 사람

# 시험 가이드

## 06 출제 경향

  ○ 건축전기설비와 관련된 실무경험, 일반지식, 전문지식 및 응용능력
  ○ 기술자로서의 지도감리 · 경영관리능력, 자질 및 품위 등 평가

## 07 관련학과

  대학의 전기공학, 전기시스템공학, 전기제어공학, 전기전자공학 등 관련학과

## 08 시험과목

  건축전기설비의 계획과 설계, 감리 및 의장, 기타 건축전기설비에 관한 사항

## 09 검정방법

  ○ 필기 : 단답형 및 주관식 논술형(매 교시당 100분, 총 400분)
  ○ 면접 : 구술형 면접(30분 정도)

## 10 합격기준

  필기 · 면접 : 100점을 만점으로 하여 60점 이상

# 발송배전기술사

## 01 개요

전기는 편리하고 깨끗한 에너지이지만 전기의 생산, 수송, 사용에 이르기까지의 모든 설비는 전기특성에 적합하게 시공되어야만 위험성을 배제할 수 있다. 이에 안전한 전기시설을 위하여 전문지식과 풍부한 실무경험을 겸비한 전문인력을 양성하기 위해 자격제도가 제정되었다.

## 02 수행 직무

발송배전설비의 계획과 운영, 발전설비, 송전설비, 배전설비, 변전설비 등 발송배전에 관한 설계, 시공, 감리 등의 기술업무를 수행하고 전기안전관리에 대한 지도를 담당한다.

## 03 진로 및 전망

○ 한국전력공사를 비롯한 전기공사업체, 전기기기 제조업체, 신호보안장치의 제조 및 설비업체, 발전소, 철도청, 지하철공사 등에 진출할 수 있으며 일부는 전기시설 설계업체, 감리업체 등을 직접 운영하기도 한다.

○ 모든 산업에서 기초가 되는 전기를 안전하게 사용하기 위해서는 배전선로의 신·증설 및 개·보수공사의 기초가 되는 도면설계 및 공사감독에 전문가의 손길이 필수적이라 할 수 있다. 그러므로 전력수요의 확정에 대응하고 전력공급의 신뢰도를 높이기 위해서도 관련 자격증 소지자의 역할이 커지고 있는데 발송배전기술사는 발전설비, 송배전설비 등에 대한 설계·감리 등을 담당하는 최고의 기술자로 대우를 받을 수 있으며 전기, 전자, 전력, 통신관련 분야 등 활동범위가 넓다. 또한 「송유관사업법」에 의해 송유관사업에의 안전관리책임자로 고용될 수 있다.

## 04 시행처

한국산업인력공단

## 05 응시 자격

다음의 어느 하나에 해당하는 사람

1. 기사 자격을 취득한 후 응시하려는 종목이 속하는 직무분야(고용노동부령으로 정하는 유사 직무분야를 포함한다. 이하 "동일 및 유사 직무분야"라 한다)에서 4년 이상 실무에 종사한 사람
2. 산업기사 자격을 취득한 후 응시하려는 종목이 속하는 동일 및 유사 직무분야에서 5년 이상 실무에 종사한 사람
3. 기능사 자격을 취득한 후 응시하려는 종목이 속하는 동일 및 유사 직무분야에서 7년 이상 실무에 종사한 사람
4. 응시하려는 종목과 관련된 학과로서 고용노동부장관이 정하는 학과(이하 "관련학과"라 한다)의 대학졸업자 등으로서 졸업 후 응시하려는 종목이 속하는 동일 및 유사 직무분야에서 6년 이상 실무에 종사한 사람
5. 응시하려는 종목이 속하는 동일 및 유사 직무분야의 다른 종목의 기술사 등급의 자격을 취득한 사람
6. 3년제 전문대학 관련학과 졸업자 등으로서 졸업 후 응시하려는 종목이 속하는 동일 및 유사 직무분야에서 7년 이상 실무에 종사한 사람
7. 2년제 전문대학 관련학과 졸업자 등으로서 졸업 후 응시하려는 종목이 속하는 동일 및 유사 직무분야에서 8년 이상 실무에 종사한 사람
8. 국가기술자격의 종목별로 기사의 수준에 해당하는 교육훈련을 실시하는 기관 중 고용노동부령으로 정하는 교육훈련기관의 기술훈련과정(이하 "기사 수준 기술훈련과정"이라 한다) 이수자로서 이수 후 응시하려는 종목이 속하는 동일 및 유사 직무분야에서 6년 이상 실무에 종사한 사람
9. 국가기술자격의 종목별로 산업기사의 수준에 해당하는 교육훈련을 실시하는 기관 중 고용노동부령으로 정하는 교육훈련기관의 기술훈련과정(이하 "산업기사 수준 기술훈련과정"이라 한다) 이수자로서 이수 후 동일 및 유사 직무분야에서 8년 이상 실무에 종사한 사람
10. 응시하려는 종목이 속하는 동일 및 유사 직무분야에서 9년 이상 실무에 종사한 사람
11. 외국에서 동일한 종목에 해당하는 자격을 취득한 사람

## 06 출제 경향

○ 발송배전과 관련된 실무경험, 일반지식, 전문지식 및 응용능력
○ 기술사로서의 경영관리 · 지도관리능력, 자질 및 품위

## 07 관련학과

대학의 전기공학, 전기제어공학 등 전기관련학과

## 08 시험과목

발송배전설비의 계획과 운영, 발전설비, 송전설비, 배전설비, 변전설비, 기타
발송배전에 관한 사항

## 09 검정방법

○ 필기 : 단답형 및 주관식 논술형(매 교시당 100분, 총 400분)
○ 면접 : 구술형 면접(30분 정도)

## 10 합격기준

필기 · 면접 : 100점을 만점으로 하여 60점 이상

# 시험 가이드

## 전기안전기술사

### 01 개요

전기이론을 바탕으로 감전위험성, 정전기 위험성, 소방화재, 전기방폭, 인공호흡 등의 전기안전에 관한 기술을 습득하여 위험발생에 대한 규제대책과 제반 시설의 검사 등 산업안전관리를 담당할 전문인력을 양성하고자 자격제도가 제정되었다.

### 02 수행 직무

전기안전 분야에 관한 고도의 전문지식과 실무경험에 입각한 계획, 연구, 설계, 분석, 시험, 운영, 시공, 평가 또는 이에 관한 지도, 감리 등의 기술업무를 수행한다.

### 03 진로 및 전망

○안전관리 기관, 시설물 안전점검 및 보수업체 및 관련 연구소, 정부유관기관으로 진출할 수 있다.

○1988년부터 1997년까지의 전기화재 발생건수는 1988년의 3,803건과 비교하여 1997년에는 약 2.6배가 증가한 10,075건으로 나타났으며, 이로 인한 인적·물적 피해액 또한 증가하였다. 또한 감전사고로 인한 인명피해가 가장 높은 연령이 20대와 30대로 전체 감전사고의 60.1%를 차지하고 있어 우리경제에 미치는 피해는 상당히 심각한 수준이다. 이처럼 다양화되고 대형화되는 전기안전사고를 예방하기 위해서는 잠재 위험을 확인하고 기술적 평가와 새로운 공학적 안전설계를 할 수 있는 전문인력이 절실히 필요하다. 위와 같이 전기안전기술사에 대한 인력수요는 계속적으로 증가할 것이다.

### 04 시행처

한국산업인력공단

## 05 응시 자격

다음의 어느 하나에 해당하는 사람

1. 기사 자격을 취득한 후 응시하려는 종목이 속하는 직무분야(고용노동부령으로 정하는 유사 직무분야를 포함한다. 이하 "동일 및 유사 직무분야"라 한다)에서 4년 이상 실무에 종사한 사람

2. 산업기사 자격을 취득한 후 응시하려는 종목이 속하는 동일 및 유사 직무분야에서 5년 이상 실무에 종사한 사람

3. 기능사 자격을 취득한 후 응시하려는 종목이 속하는 동일 및 유사 직무분야에서 7년 이상 실무에 종사한 사람

4. 응시하려는 종목과 관련된 학과로서 고용노동부장관이 정하는 학과(이하 "관련학과"라 한다)의 대학졸업자 등으로서 졸업 후 응시하려는 종목이 속하는 동일 및 유사 직무분야에서 6년 이상 실무에 종사한 사람

5. 응시하려는 종목이 속하는 동일 및 유사 직무분야의 다른 종목의 기술사 등급의 자격을 취득한 사람

6. 3년제 전문대학 관련학과 졸업자 등으로서 졸업 후 응시하려는 종목이 속하는 동일 및 유사 직무분야에서 7년 이상 실무에 종사한 사람

7. 2년제 전문대학 관련학과 졸업자 등으로서 졸업 후 응시하려는 종목이 속하는 동일 및 유사 직무분야에서 8년 이상 실무에 종사한 사람

8. 국가기술자격의 종목별로 기사의 수준에 해당하는 교육훈련을 실시하는 기관 중 고용노동부령으로 정하는 교육훈련기관의 기술훈련과정(이하 "기사 수준 기술훈련과정"이라 한다) 이수자로서 이수 후 응시하려는 종목이 속하는 동일 및 유사 직무분야에서 6년 이상 실무에 종사한 사람

9. 국가기술자격의 종목별로 산업기사의 수준에 해당하는 교육훈련을 실시하는 기관 중 고용노동부령으로 정하는 교육훈련기관의 기술훈련과정(이하 "산업기사 수준 기술훈련과정"이라 한다) 이수자로서 이수 후 동일 및 유사 직무분야에서 8년 이상 실무에 종사한 사람

10. 응시하려는 종목이 속하는 동일 및 유사 직무분야에서 9년 이상 실무에 종사한 사람

11. 외국에서 동일한 종목에 해당하는 자격을 취득한 사람

# 시험 가이드

## 06 출제 경향

○ 해당분야에 관한 전문지식 및 응용능력
○ 기술사로서의 지도감리 · 경영관리능력, 자질 및 품위

## 07 관련학과

대학과 전문대학의 산업안전공학 및 전기공학 관련학과

## 08 시험과목

산업안전관리론(사고원인분석 및 대책, 방호장치 및 보호구, 안전점검요령),
산업심리 및 교육(인간공학), 산업안전관계법규, 전기공업의 안전운영에 관한
계획, 관리, 조사, 기타 전기안전에 관한 사항

## 09 검정방법

○ 필기 : 단답형 및 주관식 논술형(매 교시당 100분, 총 400분)
○ 면접 : 구술형 면접(30분 정도)

## 10 합격기준

필기 · 면접 : 100점을 만점으로 하여 60점 이상

# 전기응용기술사

## 01 개요

전산업에서 이용되는 전기를 안전하게 생산·사용하고자 전기응용기기, 전기응용장치, 기타 전기재료 등에 대해 전문지식과 풍부한 실무경험을 겸비한 전문인력을 양성할 목적으로 자격제도가 제정되었다.

## 02 수행 직무

전기응용에 관한 고도의 전문지식과 실무경험을 바탕으로 직류기, 교류기, 변압기, 전력변환장치, 전기응용기기 등에 대한 진단 및 시험과 전기기기 및 설비의 설치·시공에 관한 공사지도 및 감독을 수행한다.

## 03 진로 및 전망

○ 한국전력공사를 비롯한 전기공사업체, 전동력응용업체, 전기화학업체, 전기재료개발업체 등과 철도청, 지하철공사, 전기기계기구의 시험 등을 담당하는 전기시험연구소, 혹은 전기직 공무원으로 진출하거나 일부는 전기관련 설계 및 감리업체를 직접 운영하기도 한다.

○ 전기응용과 관계되는 고도의 전문지식과 실무경험을 바탕으로 전기관련 업체나 연구소뿐만 아니라 전자·통신 등 관련분야로의 진출이 비교적 용이하며 「전기공사업법」에 의해 제1종 공사업 및 제2종 공사업의 전기기술자로 고용될 수 있다. 그러나 신기술에 대한 정보를 꾸준히 수집하는 등 전문가로서의 노력이 요구된다.

## 04 시행처

한국산업인력공단

## 05 응시 자격

다음의 어느 하나에 해당하는 사람

1. 기사 자격을 취득한 후 응시하려는 종목이 속하는 직무분야(고용노동부령으로 정하는 유사 직무분야를 포함한다. 이하 "동일 및 유사 직무분야"라 한다)에서 4년 이상 실무에 종사한 사람
2. 산업기사 자격을 취득한 후 응시하려는 종목이 속하는 동일 및 유사 직무분야에서 5년 이상 실무에 종사한 사람
3. 기능사 자격을 취득한 후 응시하려는 종목이 속하는 동일 및 유사 직무분야에서 7년 이상 실무에 종사한 사람
4. 응시하려는 종목과 관련된 학과로서 고용노동부장관이 정하는 학과(이하 "관련학과"라 한다)의 대학졸업자 등으로서 졸업 후 응시하려는 종목이 속하는 동일 및 유사 직무분야에서 6년 이상 실무에 종사한 사람
5. 응시하려는 종목이 속하는 동일 및 유사 직무분야의 다른 종목의 기술사 등급의 자격을 취득한 사람
6. 3년제 전문대학 관련학과 졸업자 등으로서 졸업 후 응시하려는 종목이 속하는 동일 및 유사 직무분야에서 7년 이상 실무에 종사한 사람
7. 2년제 전문대학 관련학과 졸업자 등으로서 졸업 후 응시하려는 종목이 속하는 동일 및 유사 직무분야에서 8년 이상 실무에 종사한 사람
8. 국가기술자격의 종목별로 기사의 수준에 해당하는 교육훈련을 실시하는 기관 중 고용노동부령으로 정하는 교육훈련기관의 기술훈련과정(이하 "기사 수준 기술훈련과정"이라 한다) 이수자로서 이수 후 응시하려는 종목이 속하는 동일 및 유사 직무분야에서 6년 이상 실무에 종사한 사람
9. 국가기술자격의 종목별로 산업기사의 수준에 해당하는 교육훈련을 실시하는 기관 중 고용노동부령으로 정하는 교육훈련기관의 기술훈련과정(이하 "산업기사 수준 기술훈련과정"이라 한다) 이수자로서 이수 후 동일 및 유사 직무분야에서 8년 이상 실무에 종사한 사람
10. 응시하려는 종목이 속하는 동일 및 유사 직무분야에서 9년 이상 실무에 종사한 사람
11. 외국에서 동일한 종목에 해당하는 자격을 취득한 사람

## 06 출제 경향

- 전기응용과 관련된 실무경험, 전문지식 및 응용능력
- 기술사로서의 지도감리, 경영관리능력, 자질 및 품위

## 07 관련학과

대학의 전기공학, 전기제어공학 등 전기관련학과

## 08 시험과목

직류기, 교류기, 변압기, 전력변환장치, 개폐기, 차단기, 제어기기, 보호기기, 전열전기화학, 전기철도, 조명, 자동제어 등과 고전압기술, 전동력응용, 전기응용기기, 전기응용장치 및 전기재료에 관한 사항

## 09 검정방법

- 필기 : 단답형 및 주관식 논술형(매 교시당 100분, 총 400분)
- 면접 : 구술형 면접(30분 정도)

## 10 합격기준

필기 · 면접 : 100점을 만점으로 하여 60점 이상

# 시험 가이드

## 전기철도기술사

### 01 개요

전기철도분야는 고도의 전문기술을 요하는 분야로 프랑스, 독일, 일본 등 전기철도가 보편화되어 있는 외국에서는 특수전문기술분야로 분류되는 등 첨단기술로 인정받고 있다. 우리나라도 수도권 전철의 노선 신설·확대, 경부고속철도 개통으로 전기철도에 대한 이론과 실무를 겸비한 기술자를 양성하여 전기철도시설의 품질을 향상시키고 안전운행을 위해 전문인력을 확보할 목적으로 자격제도가 신설되었다.

### 02 수행 직무

전기철도설비에 대한 고도의 전문지식과 실무경험을 바탕으로 전기철도를 운행하는 데 필요한 전기설비의 계획, 설계, 시공, 감리, 평가 등 전동차와 관련된 제반업무를 총괄, 대부분 관리직에 종사하면서 기술자문 및 기술지도를 담당한다.

### 03 진로 및 전망

○ 철도청, 지하철공사, 도시철도공사, 한국고속철도건설공단 등에 취업하거나 전기철도 설계 및 감리용역업체 등으로 진출할 수 있다.

○ 안전이 무엇보다 우선인 전기철도에서 시공뿐만 아니라 감리에 있어서도 전문인력의 역할은 매우 크다고 할 수 있다. 1999년 10월 말 현재 우리나라 전철화율은 21.2%에 불과하지만 2010년까지는 60%, 2020년까지는 80%에 도달할 것으로 전망되는 가운데 광역전철망, 기존선의 전철화를 비롯한 완벽한 설계와 시공으로 국민들의 교통편익증진에 이바지할 수 있는 전기철도기술사의 수요와 역할의 중요성은 늘어날 것으로 기대된다.

### 04 시행처

한국산업인력공단

## 05 응시 자격

다음의 어느 하나에 해당하는 사람

1. 기사 자격을 취득한 후 응시하려는 종목이 속하는 직무분야(고용노동부령으로 정하는 유사 직무분야를 포함한다. 이하 "동일 및 유사 직무분야"라 한다)에서 4년 이상 실무에 종사한 사람

2. 산업기사 자격을 취득한 후 응시하려는 종목이 속하는 동일 및 유사 직무분야에서 5년 이상 실무에 종사한 사람

3. 기능사 자격을 취득한 후 응시하려는 종목이 속하는 동일 및 유사 직무분야에서 7년 이상 실무에 종사한 사람

4. 응시하려는 종목과 관련된 학과로서 고용노동부장관이 정하는 학과(이하 "관련학과"라 한다)의 대학졸업자 등으로서 졸업 후 응시하려는 종목이 속하는 동일 및 유사 직무분야에서 6년 이상 실무에 종사한 사람

5. 응시하려는 종목이 속하는 동일 및 유사 직무분야의 다른 종목의 기술사 등급의 자격을 취득한 사람

6. 3년제 전문대학 관련학과 졸업자 등으로서 졸업 후 응시하려는 종목이 속하는 동일 및 유사 직무분야에서 7년 이상 실무에 종사한 사람

7. 2년제 전문대학 관련학과 졸업자 등으로서 졸업 후 응시하려는 종목이 속하는 동일 및 유사 직무분야에서 8년 이상 실무에 종사한 사람

8. 국가기술자격의 종목별로 기사의 수준에 해당하는 교육훈련을 실시하는 기관 중 고용노동부령으로 정하는 교육훈련기관의 기술훈련과정(이하 "기사 수준 기술훈련과정"이라 한다) 이수자로서 이수 후 응시하려는 종목이 속하는 동일 및 유사 직무분야에서 6년 이상 실무에 종사한 사람

9. 국가기술자격의 종목별로 산업기사의 수준에 해당하는 교육훈련을 실시하는 기관 중 고용노동부령으로 정하는 교육훈련기관의 기술훈련과정(이하 "산업기사 수준 기술훈련과정"이라 한다) 이수자로서 이수 후 동일 및 유사 직무분야에서 8년 이상 실무에 종사한 사람

10. 응시하려는 종목이 속하는 동일 및 유사 직무분야에서 9년 이상 실무에 종사한 사람

11. 외국에서 동일한 종목에 해당하는 자격을 취득한 사람

# 시험 가이드

## 06 출제 경향

○ 전기철도설비와 관련된 실무경험, 일반지식, 전문지식 및 응용능력
○ 기술사로서의 지도감리 · 경영관리능력 · 자질 및 품위 등 평가

## 07 관련학과

대학 및 전문대학의 전기제어공학, 전기전자공학, 전자공학, 철도전기제어과
등 관련학과

## 08 시험과목

전기철도설비의 계획과 설계, 시공, 감리, 기술지도, 유지관리, 안전진단 및
기타 전기철도 설비에 관한 사항

## 09 검정방법

○ 필기 : 단답형 및 주관식 논술형(매 교시당 100분, 총 400분)
○ 면접 : 구술형 면접(30분 정도)

## 10 합격기준

필기 · 면접 : 100점을 만점으로 하여 60점 이상

# 차 례

CONTENTS

# CONTENTS 차례

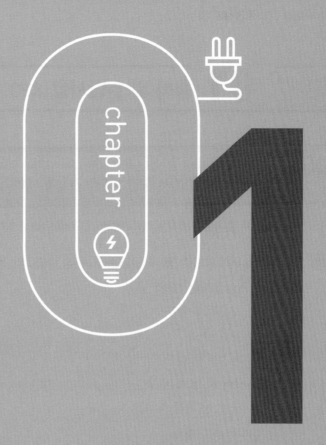

chapter

01

# 공통사항

# section 01 통칙 및 일반사항 (KEC 1장 – 100 및 110)

**001** 전기설비기술기준 및 전기설비기술기준의 판단기준 목적과 KEC의 목적을 설명하고, 전기설비기술기준에서 규정한 안전원칙에 대하여 설명하시오.

**data** 전기안전기술사 출제예상문제 / 전기안전기술사 유사기출문제

**답안** 1. 전기설비기술기준 및 판단기준의 목적, KEC의 목적

(1) 전기설비기술기준의 목적

① 공중위생 추구

② 안전 추구

③ 환경보호 추구

④ 소비자 보호 추구

⑤ 국방 등 공공의 이익의 추구

(2) 판단기준의 목적

전기설비기술기준에서 정하는 전기공급설비 및 전기사용설비의 안전성능에 대한 구체적인 기술적 사항을 정하는 것

(3) 한국전기설비규정(Korea Electro – technical Code, KEC)의 목적

전기설비기술기준 고시에서 정하는 전기설비("발전 · 송전 · 변전 · 배전 또는 전기사용을 위하여 설치하는 기계 · 기구 · 댐 · 수로 · 저수지 · 전선로 · 보안통신선로 및 그 밖의 설비")의 안전성능과 기술적 요구사항을 구체적으로 정하는 것

2. 전기설비기술기준에서 규정한 안전원칙

(1) 전기설비는 감전, 화재 그 밖에 사람에게 위해(危害)를 주거나 물건에 손상을 줄 우려가 없도록 시설할 것

(2) 전기설비는 사용목적에 적절하고 안전하게 작동하여야 하며, 그 손상으로 인하여 전기공급에 지장을 주지 않도록 시설할 것

(3) 전기설비는 다른 전기설비, 그 밖의 물건의 기능에 전기적 또는 자기적인 장해를 주지 않도록 시설할 것

**002** 한국전기설비규정(Korea Electro-Technical Code, KEC) 제정목적과 적용범위 (적용전압과 적용대상설비)에 대하여 설명하시오.

**data** 전기안전기술사 출제예상문제 / KEC 110

**답안**

## 1. KEC 제정목적

(1) 한국전기설비규정(Korea Electro-Technical Code, KEC)을 말함

(2) 전기설비기술기준 고시에서 정하는 전기설비의 안전성능과 기술적 요구사항을 구체적으로 정하는 것을 목적으로 함

## 2. 적용범위(적용전압과 적용대상설비)

(1) 인축의 감전에 대한 보호와 전기설비계통, 시설물, 발전용 수력설비, 발전용 화력설비, 발전설비 용접 등의 안전에 필요한 성능과 기술적인 요구사항에 대하여 적용함

(2) 적용되는 전압

① 저압 : AC 1[kV] 이하, DC 1.5[kV] 이하

② 고압 : AC 1[kV]를 DC 1.5[kV]를 초과하고, 7[kV] 이하

③ 특고압 : 7[kV] 초과

(3) 적용대상설비

① 공통사항

② 저압전기설비

③ 고압 · 특고압 전기설비

④ 전기철도설비

⑤ 분산형 전원설비

⑥ 발전용 화력설비

⑦ 발전용 수력설비

⑧ 그 밖에 기술기준에서 정하는 전기설비

**003** 한국전기설비규정에서 정하는 안전을 위한 보호의 다음 사항을 설명하시오.
1. 일반사항(목적 및 적용범위)
2. 감전에 대한 보호(기본보호/고장보호) (10점 예상)
3. 열 영향에 대한 보호
4. 과전류에 대한 보호
5. 고장전류에 대한 보호
6. 과전압 및 전자기 장애에 대한 대책
7. 전원공급 중단에 대한 보호조건

**data** 건축전기설비기술사 및 전기안전기술사 출제예상문제 / KEC 113

**답안** 1. 일반사항(목적 및 적용범위)

(1) 목적 : 안전을 위한 보호의 기본 요구사항은 전기설비를 적절히 사용할 때 발생할 수 있는 위험과 장애로부터 인축 및 재산을 안전하게 보호함을 목적으로 함

(2) 적용범위 : 가축의 안전을 제공하기 위한 요구사항은 가축을 사육하는 장소에 적용함

2. 감전에 대한 보호

(1) 기본보호

① 기본보호는 일반적으로 정상운전 시의 직접접촉을 방지하는 것임

② 전기설비의 충전부에 인축이 접촉하여 일어날 수 있는 위험으로부터 보호될 것

③ 기본보호는 다음 중 어느 하나에 적합할 것

㉠ 인축의 몸을 통해 전류가 흐르는 것을 방지

㉡ 인축의 몸에 흐르는 전류를 위험하지 않는 값 이하로 제한

(2) 고장보호

① 고장보호는 기본절연의 고장에 의한 간접접촉을 방지하는 것

② 노출도전부에 인축이 접촉하여 일어날 수 있는 위험으로부터 보호되어야 함

③ 고장보호는 다음 중 어느 하나에 적합할 것

㉠ 인축의 몸을 통해 고장전류가 흐르는 것을 방지

㉡ 인축의 몸에 흐르는 고장전류를 위험하지 않는 값 이하로 제한

㉢ 인축의 몸에 흐르는 고장전류의 지속시간을 위험하지 않는 시간까지로 제한

3. 열 영향에 대한 보호

(1) 고온 또는 전기 아크로 인해 가연물이 발화 또는 손상되지 않도록 전기설비를 설치함

(2) 정상적으로 전기기기가 작동할 때 인축이 화상을 입지 않도록 할 것

## 4. 과전류에 대한 보호

### (1) 목적

도체에서 발생할 수 있는 과전류에 의한 과열 또는 전기·기계적 응력에 의한 위험으로부터 인축의 상해를 방지하고 재산을 보호함

### (2) 보호방법

과전류가 흐르는 것을 방지하거나 과전류의 지속시간을 위험하지 않는 시간까지로 제한함

## 5. 고장전류에 대한 보호

### (1) 조건

① 고장전류가 흐르는 도체 및 다른 부분은 고장전류로 인해 허용온도 상승 한계에 도달하지 않도록 함

② 도체를 포함한 전기설비는 인축의 상해 또는 재산의 손실을 방지하기 위하여 보호장치가 구비되어야 함

### (2) 보호범위

도체는 과전류에 대한 보호기준에 따라 고장으로 인해 발생하는 과전류에 대하여 보호함

## 6. 과전압 및 전자기 장애에 대한 대책

### (1) 원인별 보호범위

① 회로의 충전부

ㄱ 충전부 사이의 결함으로 발생한 전압에 의한 고장으로 인한 인축의 상해가 없도록 보호

ㄴ 유해한 영향으로부터 재산을 보호

② 전압 회복

ㄱ 저전압과 뒤이은 전압 회복의 영향으로 발생하는 상해로부터 인축을 보호

ㄴ 손상에 대해 재산을 보호

### (2) 대책

① 설비는 규정된 환경에서 그 기능을 제대로 수행하기 위해 전자기 장애로부터 적절한 수준의 내성을 가져야 함

② 설비를 설계할 때는 설비 또는 설치기기에서 발생되는 전자기 방사량이 설비 내의 전기사용기기와 상호연결기기들이 함께 사용되는 데 적합한 지를 고려해야 함

## 7. 전원공급 중단에 대한 보호조건

전원공급 중단으로 인해 위험과 피해가 예상되면, 설비 또는 설치기기에 적절한 보호장치를 구비하여야 함

**004** 전기설비기술에서 말하는 다음의 용어를 설명하시오.
1. 연접인입선
2. 약전류전선
3. 대지전압
4. 가섭선

**data** 전기안전기술사 출제예상문제 / 전기설비기술기준 3조

**답안** 1. 연접인입선

(1) 정의

한 수용장소의 인입선에서 분기하여 지지물을 거치지 아니하고 다른 수용장소의 인입구
에 이르는 부분의 전선

(2) 가공인입선

가공전선로의 지지물로부터 다른 지지물을 거치지 아니하고 수용장소의 붙임점에 이르
는 가공전선

(3) 인입선

가공인입선 및 수용장소의 조영물의 옆면 등에 시설하는 전선으로서 그 수용장소의
인입구에 이르는 부분의 전선

(4) 규제 조항

100[m] 이하일 것, 폭 5[m]를 초과하는 도로횡단금지, 옥내통과금지

**comment** 현실적으로 폭 5[m]를 초과하는 가공인입선이 대단히 많음

2. 약전류전선

(1) 정의

① 약전류전기의 전송에 사용하는 전기도체(나전선)

② 절연물로 피복한 전기도체

③ 절연물로 피복한 전기도체를 다시 보호피복한 전기도체

(2) 규격

① 교류의 최대사용전류 및 최대사용전압 : 5[A] 이하, 15[V] 이하

② 직류의 최대사용전압 : 60[V] 이하

(3) 적용

고주파 또는 Pulse에 의한 신호회로, 확성기나 인터폰 등의 음성회로

### 3. 대지전압

(1) 접지식 전로의 대지전압 : 대지와 전선 간의 전압

(2) 비접지식 전로의 대지전압 : 전선과 같은 전로의 다른 전선 간의 전압

　　(예 3상 3선식 비접지 전로의 a상과 b상 간의 전압, 또는 b상과 c상 간의 전압)

### 4. 가섭선(架涉線)

지지물에 가설되는 모든 선류

**005** KEC 규정에 의한 분산형 전원과 관련한 다음 용어를 간단히 설명하시오.
1. 계통연계
2. 접속설비
3. 단독운전
4. 단순 병렬운전
5. 분산형 전원
6. 리플프리 직류

**data** 공통 출제예상문제 / KEC 112

**답안** 1. 계통연계
(1) 둘 이상의 전력계통 사이를 전력이 상호 융통될 수 있도록 선로를 통하여 연결하는 것
(2) 전력계통 상호 간을 송전선, 변압기 또는 직류-교류 변환설비 등에 연결하는 것
(3) 계통연락이라고도 함

2. 접속설비
공용 전력계통으로부터 특정 분산형 전원 전기설비에 이르기까지의 전선로와 이에 부속하는 개폐장치, 모선 및 기타 관련 설비를 말함

3. 단독운전
전력계통의 일부가 전력계통의 전원과 전기적으로 분리된 상태에서 분산형 전원에 의해서만 운전되는 상태

4. 단순 병렬운전
(1) 자가용 발전설비 또는 저압 소용량 일반용 발전설비를 배전계통에 연계하여 운전
(2) 생산한 전력의 전부를 자체적으로 소비하기 위한 것으로 생산한 전력이 연계계통으로 송전되지 않는 병렬형태

5. 분산형 전원
(1) 중앙급전 전원과 구분되는 것으로서 전력소비지역 부근에 분산하여 배치 가능한 전원
(2) 상용전원의 정전 시에만 사용하는 비상용 예비전원은 제외함
(3) 신·재생에너지 발전설비, 전기저장장치 등을 포함

6. 리플프리(Ripple-free) 직류
(1) 교류를 직류로 변환할 때 리플성분의 실효값이 10[%] 이하로 포함된 직류
(2) 즉, 공칭전압 120[V] 리플프리 직류 전원시스템에서 최고첨두치전압은 140[V] 초과하지 않음

(3) 즉, 공칭전압 60[V] 리플프리 직류 전원시스템에서 최고첨두치전압은 70[V]를 초과하지 않음

(4) 표현식

$$\% \, V_{\mathrm{ripple}} = \left( \frac{\mathrm{ripple} \, 성분의 \ 실효값}{\mathrm{DC} \, 성분의 \ 절대값} \right) \times 100 \, [\%] = \left( \frac{V_{\mathrm{ripples}}}{V_p} \right) \times 100 \, [\%]$$

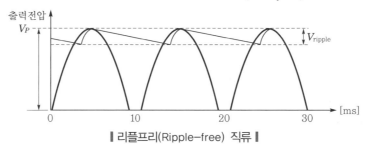

┃ 리플프리(Ripple−free) 직류 ┃

**006** 한국전기설비규정에서 정하는 뇌에 관련한 아래 용어를 설명하시오.

1. 피뢰시스템
2. 외부 피뢰시스템
3. 내부 피뢰시스템
4. 수뢰부시스템
5. 인하도선시스템
6. 뇌전자 임펄스
7. 피뢰레벨
8. 임펄스 내전압
9. 피뢰 등전위본딩
10. 등전위본딩
11. 피뢰시스템의 자연적 구성부재

**data** 전기안전기술사 및 건축전기설비기술사 출제예상문제

**답안** 1. 피뢰시스템

(1) LPS(Lightning Protection System)로 표기
(2) 구조물 뇌격으로 인한 물리적 손상을 줄이기 위해 사용되는 전체 시스템을 말함
(3) 구분 : 외부 피뢰시스템, 내부 피뢰시스템

**2. 외부 피뢰시스템**

(1) External Lightning Protection System으로 표기
(2) 수뢰부시스템, 인하도선시스템, 접지극시스템으로 구성된 피뢰시스템을 말함

**3. 내부 피뢰시스템**

(1) Internal Lightning Protection System으로 표기
(2) 등전위본딩 및 외부 피뢰시스템의 전기적 절연으로 구성된 피뢰시스템의 일부를 말함

**4. 수뢰부시스템**

(1) Air-termination System으로 표기
(2) 낙뢰를 포착할 목적으로 피뢰침, 망상도체, 피뢰선 등과 같은 금속 물체를 이용한 외부 피뢰시스템의 일부를 말함

**5. 인하도선시스템**

(1) Down-conductor System으로 표기
(2) 뇌전류를 수뢰시스템에서 접지극으로 흘리기 위한 피뢰시스템의 일부를 말함

### 6. 뇌전자 임펄스

(1) LEMP(Lightning Electromagnetic Impulse)로 표기

(2) 서지 및 방사상 전자계를 발생시키는 저항성, 유도성 및 용량성 결합을 통한 뇌전류에 의한 모든 전자기 영향을 말함

### 7. 피뢰레벨

(1) LPL(Lightning Protection Level)로 표기

(2) 자연적으로 발생하는 뇌방전을 초과하지 않는 최대, 최소 설계값에 대한 확률과 관련된 일련의 뇌격전류 매개변수(Parameter)로 정해지는 레벨을 말함

**┃보호등급에 따른 뇌보호시스템의 보호등급과 보호효율 등┃**

| 피뢰등급 | 적용장소 | 보호효율 | 회전구체 반경 | 메시법 (간격) | 보호각법 (25° 기준) |
|---|---|---|---|---|---|
| I | 화학공장, 원자력발전소 등 환경적으로 위험한 건축물 | 0.98 | 20[m] | 5[m] | 20[m] |
| II | 정유공장, 주유소 등 주변에 위험한 건축물 | 0.95 | 30[m] | 10[m] | 30[m] |
| III | 전화국, 발전소 등 위험을 내포한 건축물 | 0.9 | 45[m] | 15[m] | 45[m] |
| IV | 주택, 학교 등 일반건축물 | 0.8 | 60[m] | 20[m] | 60[m] |

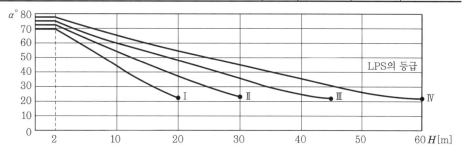

• $H$는 보호대상지역 기준 평편으로부터의 높이
• $H$가 2[m]이면 보호각은 불변임
• 보호각법은 그림의 •을 넘는 범위의 보호에는 적용 불가이며, 회전구체법과 메시법만 이용 가능함

### 8. 임펄스 내전압

(1) Impulse Withstand Voltage로 표기

(2) 지정된 조건하에서 절연파괴를 일으키지 않는 규정된 파형 및 극성의 임펄스 전압의 최대피크값 또는 충격 내전압

(3) 규약 파미장 $T_t$

충격파의 규약 영점에서부터 파미부분의 50[%] 크기로 감쇠하는 점까지의 시간

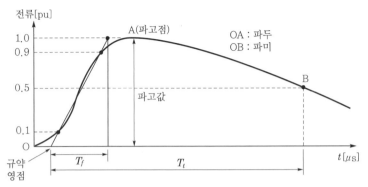

▎표준전류 충격파형▐

(4) 표준 뇌임펄스 : $T_f \times T_t = 8.0 \times 20[\mu s]$

## 9. 피뢰 등전위본딩

(1) Lightning Equipotential Bonding으로 표기

(2) 뇌전류에 의한 전위차를 줄이기 위해 직접적인 도전접속 또는 서지보호장치를 통해 분리된 금속부를 피뢰시스템에 본딩하는 것을 말함

## 10. 등전위본딩

(1) Equipotential Bonding으로 표기

(2) 등전위를 형성하기 위해 도전부 상호 간을 전기적으로 연결하는 것을 말함

(3) 개념도

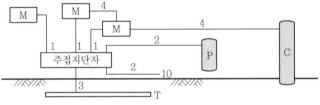

1. 보호도체(PE)
2. 주요 등전위본딩용 도체
3. 접지선
4. 보조 등전위본딩용 도체
10. 기타 기기(예 정보통신시스템, 낙뢰보호시스템)
M : 전기기기의 노출도전성 부분
T : 접지극
P : 수도관, 가스관 등 금속배관
C : 철골, 금속덕트 등의 계통외도전성 부분

▎등전위본딩 구성 예▐

## 11. 피뢰시스템의 자연적 구성부재(Natural Component of LPS)

피뢰의 목적으로 특별히 설치하지는 않았으나 추가로 피뢰시스템으로 사용될 수 있거나, 피뢰시스템의 하나 이상의 기능을 제공하는 도전성 구성부재

**007** 접지와 관련된 아래 용어를 간단히 설명하시오.

1. 계통외도전부
2. 계통접지
3. 노출도전부
4. 보호 등전위본딩
5. 보호본딩도체
6. 보호접지
7. 등전위본딩망
8. 접지도체
9. 접지시스템
10. 접지전위 상승
11. PEN 도체
12. PEM 도체
13. PEL 도체

**data** 건축전기설비기술사 및 전기안전기술사 출제예상문제

**답안** 1. 계통외도전부

(1) Extraneous Conductive Part로 표기

(2) 전기설비의 일부는 아니지만 지면에 전위 등을 전해줄 위험이 있는 도전성 부분

### 2. 계통접지

(1) System Earthing으로 표기

(2) 전력계통에서 돌발적으로 발생하는 이상현상에 대비하여 대지와 계통을 연결하는 것

(3) 중성점을 대지에 접속하는 것

### 3. 노출도전부

(1) Exposed Conductive Part로 표기

(2) 충전부는 아니지만 고장 시에 충전될 위험이 있고 사람이 쉽게 접촉할 수 있는 기기의 도전성 부분

### 4. 보호 등전위본딩

(1) Protective Equipotential Bonding으로 표기

(2) 감전에 대한 보호 등과 같은 안전을 목적으로 하는 등전위본딩

### 5. 보호본딩도체

(1) Protective Bonding Conductor로 표기

(2) 보호 등전위본딩을 제공하는 보호도체

### 6. 보호접지

(1) Protective Earthing으로 표기

(2) 고장 시 감전에 대한 보호를 목적으로 기기의 한 점 또는 여러 점을 접지하는 것

### 7. 등전위본딩망

(1) Equipotential Bonding Network로 표기

(2) 구조물의 모든 도전부와 충전도체를 제외한 내부 설비를 접지극에 상호 접속하는 망

### 8. 접지도체

계통, 설비 또는 기기의 한 점과 접지극 사이의 도전성 경로 또는 그 경로의 일부가 되는
도체

### 9. 접지시스템

(1) Earthing System으로 표기

(2) 기기나 계통을 개별적 또는 공통으로 접지하기 위하여 필요한 접속 또는 장치로 구성된
설비

### 10. 접지전위 상승

(1) EPR(Earth Potential Rise)로 표기

(2) 접지계통과 기준대지 사이의 전위차

(3) 개념도

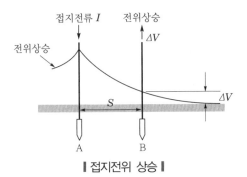

┃ 접지전위 상승 ┃

## 11. PEN 도체

(1) Protective Earthing Conductor and Neutral Conductor로 표기

(2) 교류회로에서 중성선 겸용 보호도체를 말함

(3) 개념도

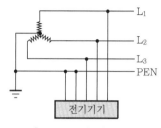

∥ PEN 도체 개념도 ∥

## 12. PEM 도체

(1) Protective Earthing Conductor and a Mid-point Conductor로 표기

(2) 직류회로에서 중간선 겸용 보호도체를 말한다.

## 13. PEL 도체

(1) Protective Earthing Conductor and a Line Conductor로 표기

(2) 직류회로에서 선도체 겸용 보호도체를 말한다.

**008** 다음의 전기설비 및 안전 관련 용어에 대하여 간단히 설명하시오.

1. 고장보호
2. 기본보호
3. 노출도전부
4. 보호도체
5. 스트레스 전압
6. 지락전류
7. 이격거리
8. 접촉범위
9. 충전부
10. 특별저압
11. 서지보호장치
12. 관등회로
13. 중성선 다중접지방식
14. 옥내배선
15. 옥외배선
16. 옥측배선

**data** 전기안전기술사 출제예상문제

**답안** 1. **고장보호(간접접촉에 대한 보호, Protection Against Indirect Contact)**
고장 시 기기의 노출도전부에 간접접촉함으로써 발생할 수 있는 위험으로부터 인축을 보호하는 것

2. **기본보호(직접접촉에 대한 보호, Protection Against Direct Contact)**
정상운전 시 기기의 충전부에 직접접촉함으로써 발생할 수 있는 위험으로부터 인축을 보호하는 것

3. **노출도전부(Exposed Conductive Part)**
충전부는 아니지만 고장 시에 충전될 위험이 있고, 사람이 쉽게 접촉할 수 있는 기기의 도전성 부분

4. **보호도체(PE, Protective Conductor)**
감전에 대한 보호 등 안전을 위해 제공되는 도체

### 5. 스트레스 전압(Stress Voltage)

지락고장 중에 접지부분 또는 기기나 장치의 외함과 기기나 장치의 다른 부분 사이에 나타나는 전압

### 6. 지락전류(Earth Fault Current)

(1) 충전부에서 대지 또는 고장점(지락점)의 접지된 부분으로 흐르는 전류

(2) 지락에 의하여 전로의 외부로 유출되어 화재, 사람이나 동물의 감전 또는 전로나 기기의 손상 등 사고를 일으킬 우려가 있는 전류

### 7. 이격거리

떨어져야 할 물체의 표면 간의 최단거리

### 8. 접촉범위(Arm's Reach)

사람이 통상적으로 서있거나 움직일 수 있는 바닥면상의 어떤 점에서라도 보조장치의 도움 없이 손을 뻗어서 접촉이 가능한 접근구역

### 9. 충전부(Live Part)

(1) 통상적인 운전상태에서 전압이 걸리도록 되어 있는 도체 또는 도전부

(2) 중성선을 포함하나 PEN 도체, PEM 도체 및 PEL 도체는 포함하지 않는다.

### 10. 특별저압(ELV, Extra Low Voltage)

(1) 인체에 위험을 초래하지 않을 정도의 저압

(2) 분류

① SELV(Safety Extra Low Voltage)는 비접지회로에 해당된다.

② PELV(Protective Extra Low Voltage)는 접지회로에 해당된다.

### 11. 서지보호장치(SPD, Surge Protective Device)

과도과전압을 제한하고 서지전류를 분류하기 위한 장치를 말한다.

### 12. 관등회로

방전등용 안정기 또는 방전등용 변압기로부터 방전관까지의 전로를 말한다.

### 13. 중성선 다중접지방식

전력계통의 중성선을 대지에 다중으로 접속하고, 변압기의 중성점을 그 중성선에 연결하는 계통접지방식을 말한다.

### 14. 옥내배선

건축물 내부의 전기사용장소에 고정시켜 시설하는 전선을 말한다.

### 15. 옥외배선

건축물 외부의 전기사용장소에서 그 전기사용장소에서의 전기사용을 목적으로 고정시켜 시설하는 전선을 말한다.

### 16. 옥측배선

건축물 외부의 전기사용장소에서 그 전기사용장소에서의 전기사용을 목적으로 조영물에 고정시켜 시설하는 전선을 말한다.

## 009 접근상태란 무엇이며, 접속설비를 간단히 설명하시오.

**data** 발송배전기술사 및 전기안전기술사 출제예상문제

**답안**

### 1. 제1차 접근상태

(1) 가공전선이 다른 시설물과 접근(병행하는 경우를 포함하며 교차하는 경우 및 동일 지지물에 시설하는 경우를 제외)하는 경우

(2) 가공전선이 다른 시설물의 위쪽 또는 옆쪽에서 수평거리로 가공전선로의 지지물의 지표상의 높이에 상당하는 거리 안에 시설(수평거리로 3[m] 미만인 곳에 시설되는 것을 제외)됨

(3) 가공전선로의 전선의 절단, 지지물의 도괴 등의 경우에 그 전선이 다른 시설물에 접촉할 우려가 있는 상태

### 2. 제2차 접근상태

(1) 전주 도괴나 전선의 절단 등에 의해 가공전선이 다른 시설물과 접근하는 경우

(2) 그 가공전선이 다른 시설물의 위쪽 또는 옆쪽에서 수평거리로 3[m] 미만인 곳에 시설되는 상태

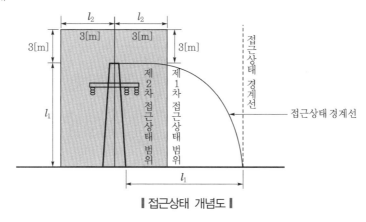

┃접근상태 개념도┃

### 3. 접근상태

제1차 접근상태 및 제2차 접근상태를 말한다.

### 4. 접속설비

공용 전력계통으로부터 특정 분산형 전원 전기설비에 이르기까지의 전선로와 이에 부속하는 개폐장치, 모선 및 기타 관련 설비를 말한다.

## 010 저압전로의 절연성능기준을 간단히 설명하시오.

**data** 공통 출제예상문제 / 전기설비기술기준 52조
**comment** 출제확률이 매우 높다.

**답안** **1. 개요**

(1) 전기사용장소의 사용전압이 저압인 전선 상호 간 및 전로와 대지 사이의 절연저항은 개폐기 또는 차단기로 구분할 수 있는 전로마다 다음 표에서 정한 값 이상일 것

(2) 다만, 전선 상호 간의 절연저항은 기계기구를 쉽게 분리가 곤란한 분기회로의 경우, 기기 접속 전에 측정할 수 있음

(3) 또한 측정 시 영향을 주거나 손상을 받을 수 있는 SPD 또는, 기타 기기 등은 측정 전에 분리시킬 것

(4) 부득이하게 분리가 어려운 경우에는 시험전압을 250[V] DC로 맞추어 측정할 수 있지만 절연저항값은 1[MΩ] 이상일 것

**2. 저압전로의 절연성능기준**

| 전로의 사용전압[V] | DC 시험전압[V] | 절연저항[MΩ] |
|---|---|---|
| SELV 및 PELV | 250 | 0.5 |
| FELV, 500[V] 이하 | 100 | 1.0 |
| 500[V] 초과 | 1,000 | 1.0 |
| 비 고 | ① ELV : 특별저압을 말함(Extra Low Voltage), 인체에 위험을 초래하지 않을 정도의 저압<br>② ELV의 전압 : 교류 50[V], 직류 120[V] 이하<br>③ SELV(Safety Extra Low Voltage) : 비접지회로 구성으로 1차와 2차가 전기적으로 절연된 회로<br>④ PELV(Protective Extra Low Voltage) : 접지회로 구성으로 1차와 2차가 전기적으로 절연된 회로<br>⑤ FELV(Functional Extra Low Voltage) : 1차와 2차가 전기적으로 절연처리되지 않는 회로 | |

# section 02 전선 (KEC 1장 – 120)

## 011 한국전기설비규정에서 정하는 전선의 선정 및 식별 기준에 대하여 설명하시오.

**data** 공통 출제예상문제 / KEC 120

**답안**

### 1. 전선의 일반 요구사항 및 선정

(1) 통상 사용상태에서의 온도에 견디는 것

(2) 설치장소의 환경조건에 적절하고 발생할 수 있는 전기·기계적 응력에 견디는 능력이 있을 것

(3) 「전기용품 및 생활용품 안전관리법」의 적용을 받는 것 이외에는 한국산업표준(KS)에 적합할 것

### 2. 전선의 색상

(1) 일반적인 전선

**┃교류 및 직류용 전선 식별(색상 구분)┃**

| 교류 도체 | | 직류 도체 | |
|---|---|---|---|
| 상(문자) | 색상 | 극 | 색상 |
| $L_1$ | 갈색 | $L^+$ | 적색 |
| $L_2$ | 흑색 | $L^-$ | 백색 |
| $L_3$ | 회색 | 중점선 | 청색 |
| N | 청색 | N | |
| PE(보호도체) | 녹색-노란색 | PE(보호도체) | 녹색-노란색 |

(2) 나도체 등의 전선 식별

색상의 식별이 종단 및 연결 지점에서만 이루어지는 나도체 등은 전선 종단부에 색상이 반영구적으로 유지될 수 있는 도색, 밴드, 색테이프 등의 방법으로 표시

(3) "(1), (2)"항을 제외한 기타 전선

KS C IEC 60445(인간과 기계 간 인터페이스 표시 식별의 기본 및 안전원칙-장비단자, 도체단자 및 도체의 식별)에 적합하도록 할 것

# 012 전선의 종류에 대하여 설명하시오.

**(data)** 전기안전기술사 및 건축전기설비기술사 출제예상문제

**답안** 1. 절연전선

(1) 저압 절연전선은 「전기용품 및 생활용품 안전관리법」의 적용을 받는 것
이외에는 KS에 적합한 것으로서 450/750[V] 비닐절연전선, 450/750[V] 저독난연 폴리올레핀 절연전선, 450/750[V] 고무절연전선을 사용하여야 한다.

(2) 고압 · 특고압 절연전선은 KS에 적합한 또는 동등 이상의 전선을 사용할 것

(3) 예외 : 다음의 경우에서 예외로 둔다.

① 출퇴표시등 회로의 배선(234.13.3의 1의 "가")

② 규정 241.13.나 비행장 등화(燈火)배선, 241.14.4 단서에 의한 절연전선

③ 규정 241.14.3의 4의 "나"에 의하여 241.14.3의 1의 "나"와 241.14.4의 단서에 의한 절연전선(소세력 회로)

④ 규정 341.4의 1의 "바"에 의한 특고압 인하용 절연전선

2. 코드

(1) 코드는 「전기용품 및 생활용품 안전관리법」에 의한 안전인증을 취득한 것을 사용

(2) 코드는 이 규정에서 허용된 경우에 한하여 사용할 수 있다.

3. 캡타이어케이블

(1) 캡타이어케이블은 「전기용품 및 생활용품 안전관리법」의 적용을 받는 것

(2) "(1)" 이외에는 KS C IEC 60502-1(정격 전압 1~30[kV] 압출성형 절연전력 케이블 및 그 부속품-제1부 : 케이블(1~3[kV]))에 적합할 것

4. 저압케이블

(1) 사용전압이 저압인 전로(전기기계기구 안의 전로를 제외)의 전선으로 사용하는 케이블은 「전기용품 및 생활용품 안전관리법」의 적용을 받는 것

(2) "(1)" 이외에는 KS 표준에 적합한 것일 것

(3) 주요 케이블

① 0.6/1[kV] 연피케이블

② 클로로프렌외장케이블

③ 비닐외장케이블

④ 폴리에틸렌외장케이블

⑤ 무기물 절연케이블

⑥ 금속외장케이블

⑦ 유선텔레비전용 급전겸용 동축케이블

## 5. 나전선

KS에 적합할 것

## 6. 고압 및 특고압Cable (25점 예상)

**comment** 그림은 케이블단면도 1개 적절한 공간에 기록

(1) 사용전압이 고압인 전로(전기기계기구 안의 전로를 제외)의 전선으로 사용하는 케이블 클로로프렌외장케이블 · 비닐외장케이블 · 폴리에틸렌외장케이블 · 콤바인덕트케이블 또는 이들에 보호피복을 한 것

(2) 사용전압이 특고압인 전로(전기기계기구 안의 전로를 제외한다)에 전선으로 사용하는 케이블 절연체가 에틸렌프로필렌고무 혼합물 또는 가교폴리에틸렌 혼합물인 케이블

① 선심 위에 금속제의 전기적 차폐층을 설치한 것

② 파이프형 압력케이블, 그 밖의 금속피복을 한 케이블을 사용할 것

(3) 특고압 전로의 다중접지 지중배전계통에 사용하는 동심중성선 전력케이블

① 최고전압은 25.8[kV] 이하일 것

② 도체는 연동선 또는 알루미늄선을 소선으로 구성한 원형 압축연선으로 할 것

⊙ 연선작업 전의 연동선 및 알루미늄선의 기계적 · 전기적 특성은 KS C 3101 (전기용 연동선) 및 KS C 3111(전기용 경알루미늄선) 또는 이와 동등 이상이어야 함

⊙ 도체 내부의 홈에는 물이 쉽게 침투하지 않도록 수밀 혼합물을 충전할 것

③ 절연체는 동심원상으로 동시 압출한 내부 반도전층, 절연층 및 외부 반도전층으로 구성하고, 건식방식으로 가교할 것

④ 내부 반도전층은 흑색의 반도전 열경화성 컴파운드를 사용하며, 도체 위에 동심원상으로 완전 밀착되도록 압출성형하고, 도체와는 쉽게 분리되어야 함

⑤ 절연층은 가교폴리에틸렌(XLPE) 또는 수트리억제 가교폴리에틸렌(TR-XLPE)을 사용하며 도체 위에 동심원상으로 형성할 것

⑥ 외부 반도전층은 흑색의 반도전 열경화성 컴파운드를 사용하며, 절연층과 밀착되고 균일하게 압출성형하며, 접속작업 시 제거가 용이하도록 절연층과 쉽게 분리되어야 함

⑦ 중성선 수밀층은 물이 침투하면 자기부풀음성을 갖는 부풀음 테이프를 사용함

⊙ 충실외피를 적용한 충실 케이블은 반도전성 부풀음 테이프를 외부 반도전층 위에 둘 것

   &#12163; 충실외피를 적용하지 않는 케이블은 중성선 아래 및 위에 두며, 중성선 아래층은
    반도전성으로 할 것
 ⑧ 중성선은 반도전성 부풀음 테이프 위에 형성되어야 하며, 꼬임방향은 Z 또는 S-Z
  꼬임일 것
   &#12161; 충실외피를 적용한 충실케이블의 S-Z 꼬임의 경우 중성선 위에 적당한 바인더
    실을 감을 수 있음
   &#12163; 피치는 중성선층 외경의 6~10배로 꼬임할 것
 ⑨ 외피
   &#12161; 충실외피를 적용한 케이블
    • 중성선 위에 흑색의 폴리에틸렌(PE)을 동심원상으로 압출 피복
    • 중성선의 소선 사이에도 틈이 없도록 폴리에틸렌으로 채움
    • 외피 두께는 중성선 위에서 측정
   &#12163; 충실외피를 적용하지 않은 케이블
   중성선 위에 흑색의 폴리염화비닐(PVC) 또는 할로겐 프리 폴리올레핀을 동심원
   상으로 압출 피복할 것

## 013 KEC에서 규정되어 있는 전선의 접속기준을 설명하시오.

**data** 전기안전기술사 및 건축전기설비기술사 출제예상문제 / KEC 123

**답안** 1. **나전선을 접속하는 경우의 주의사항**

(1) 전선을 접속하는 경우에는 전선의 전기저항을 증가시키지 않게 접속할 것

(2) 전선의 세기(인장하중으로 표시)를 20[%] 이상 감소시키지 아니할 것

(3) 점퍼선을 접속하는 경우와, 기타 전선에 가하여지는 장력이 전선의 세기에 비하여 현저히 작을 경우에는 적용하지 않는다.

(4) 접속부분은 접속관, 기타의 기구를 사용할 것

다만, 가공전선 상호, 전차선 상호 또는 광산의 갱도 안에서 전선 상호를 접속하는 경우에 기술상 곤란할 때에는 적용하지 않는다.

2. **절연전선 상호 · 절연전선과 코드, 캡타이어케이블과 접속하는 경우의 주의사항**

(1) 전선을 접속하는 경우에는 전선의 전기저항을 증가시키지 않게 할 것

(2) 전선의 세기(인장하중으로 표시)를 20[%] 이상 감소시키지 아니할 것

(3) 접속부분은 접속관, 기타의 기구를 사용할 것

(4) 절연전선 상호 · 절연전선과 코드, 캡타이어케이블과 접속하는 경우

① "1."의 규정에 준하는 이외에 접속되는 절연전선의 절연물과 동등 이상의 절연성능이 있는 접속기를 사용할 것

② 접속부분을 그 부분의 절연전선의 절연물과 동등 이상의 절연성능이 있는 것으로 충분히 피복할 것

③ 다만, 공칭단면적이 10[mm$^2$] 이상인 캡타이어케이블 상호를 접속하는 경우에는 접속부분을 "1." 및 "2."의 규정에 준하여 시설하고, 절연피복을 완전히 유화(硫化)하거나 접속부분의 위에 견고한 금속제의 방호장치를 할 때 또는 금속피복이 아닌 케이블 상호를 "1." 및 "2."의 규정에 준하여 접속하는 경우에는 적용하지 않음

(5) 코드 상호 간의 접속은 코드 접속기 · 접속함, 기타의 기구를 사용할 것

(6) 도체에 알루미늄(알루미늄 합금을 포함)을 사용하는 전선과 동(동합금을 포함)을 사용하는 전선을 접속하는 등 전기 · 화학적 성질이 다른 도체를 접속하는 경우에는 접속부분에 전기적 부식이 생기지 않도록 할 것(이 규정은 동과 알루미늄에 접속하는 슬리브에 대한 규정임)

(7) 밀폐된 공간에서 전선의 접속부에 사용하는 테이프 및 튜브 등 도체의 절연에 사용되는 절연피복은 KS C IEC 60454(전기용 접착테이프)에 적합한 것을 사용할 것

## 3. 두 개 이상의 전선을 병렬로 사용하는 경우의 기준(10점 예상)

(1) 병렬 사용전선의 굵기는 동선 50$[mm^2]$ 이상 또는 알루미늄 70$[mm^2]$ 이상

(2) 같은 도체, 같은 재료, 같은 길이 및 같은 굵기일 것

(3) 같은 극의 각 전선은 동일한 터미널 러그에 완전히 접속

(4) 같은 극인 각 전선의 터미널 러그는 동일한 도체에 2개 이상의 리벳 또는 2개 이상의 나사로 접속

(5) 병렬로 사용하는 전선에는 각각에 퓨즈를 설치하지 말 것

(6) 교류회로에서 병렬로 사용하는 전선은 금속관 안에 전자적 불평형이 생기지 않도록 시설

> **comment** 현실적인 입장에서 소규모 공사는 동도체를 많이 적용하나, 대규모 택지개발 지중화 공사지역(은평뉴타운 등) 간선공사 또는 대규모 공장의 전력간선은 공사비 측면에서 알루미늄선을 많이 적용 중임

## section **03** 전로의 절연 (KEC 1장 – 130)

**014** 전로의 대지로부터 절연원칙을 설명하시오.

**data** 전기안전기술사 및 건축전기설비기술사 출제예상문제 / KEC 131

**답안** **1. 전로의 절연**

전로는 대지로부터 절연하여야 한다(저압 가공전선로의 접지측 전선도 포함한 전선로).

**2. 전로 절연원칙의 예외 조항(즉, 절연을 하지 않아도 되는 경우)**

(1) 저압전로에 접지공사를 하는 경우의 접지점

수용장소의 인입구의 접지, 고압 또는 특고압과 저압의 혼촉에 의한 위험방지시설, 피뢰기의 접지, 특고압 가공전선로의 지지물에 시설하는 저압 기계기구 등의 시설, 옥내에 시설하는 저압 접촉전선공사 또는 아크 용접장치에 시설한 경우임

(2) 전로의 중성점에 접지공사를 하는 경우의 접지점

고압 또는 특고압과 저압의 혼촉에 의한 위험방지시설, 전로의 중성점의 접지 또는 옥내의 네온방전등 공사에 따라 시설한 경우임

(3) 계기용 변성기의 2차측 전로에 접지공사를 하는 경우의 접지점

(4) 동일 지지물에 시설되는 부분에 접지공사를 하는 경우의 접지점

특고압 가공전선과 저 · 고압 가공전선의 병가의 경우

(5) 25[kV] 이하인 특고압 가공전선로의 시설에 따라 다중접지를 하는 경우의 접지점

(6) 파이프라인 등의 전열장치의 시설에 따라 시설하는 소구경관(박스 포함)에 접지공사의 접지점

(7) 300[V] 이하의 저압전로를 결합하는 변압기의 2차측 전로에 접지공사를 하는 경우의 접지점

(8) 다음과 같이 절연할 수 없는 부분

① 시험용 변압기

② 기구 등의 전로의 절연내력 단서에 규정하는 전력선 반송용 결합 리액터

③ 전기울타리용 전원장치

④ 엑스선발생장치

⑤ 전기부식방지시설에 규정하는 전기부식방지용 양극

⑥ 단선식 전기철도의 귀선

⑦ 전기욕기 · 전기로 · 전기보일러 · 전해조 등 대지로부터 절연하는 것이 기술상 곤란한 것

(9) 직류계통에 접지공사를 하는 경우의 접지점(단, 저압 옥내직류 전기설비의 접지공사 시)

**015** KEC 기준에 의한 전로의 절연저항 및 절연내력의 KEC 기준을 설명하시오.

**data** 전기안전기술사 및 건축전기설비기술사 출제예상문제 / KEC 132

**답안** **1. 절연내력시험기준(전로의 종류별 절연내력시험방법)**

(1) 사용전압이 저압인 전로에서 정전이 어려운 경우 등 절연저항 측정이 곤란한 경우에는 누설전류 1[mA] 이하로 유지하여야 함(이하이면 적합한 것으로 간주함)

(2) 고압 및 특고압의 전로에 연속하여 10분간 가하여 절연내력을 시험하였을 때 이에 견딜 것. 즉, 아래 표에서 정한 시험전압을 전로와 대지 사이(다심케이블은 심선 상호 간 및 심선과 대지 사이)에 연속하여 10분간 가하여 절연내력을 시험하였을 때 견딜 것

(3) 전로의 종류 및 시험전압은 표와 같음

**┃ 전로의 종류별 절연내력시험방법 ┃**

| 전로의 종류<br>(단, 최대사용전압) | 접지방식 | 시험전압<br>(최대사용전압 배수) |
|---|---|---|
| ① 7[kV] 이하인 전로 | – | 1.5배 |
| ② 7[kV] 초과 25[kV] 이하 | 다중접지 | 0.92배 |
| ③ 7[kV] 초과 60[kV] 이하 | 다중접지<br>외(外) | 1.25배,<br>단, 최저시험전압은<br>10.5[kV] |
| ④ 60[kV] 초과 | 비접지식 | 1.25배 |
| ⑤ 60[kV] 초과 | 접지식 | 1.1배<br>단, 최저시험전압은 75[kV] |
| ⑥ 60[kV] 초과 | 직접 접지식 | 0.72배 |
| ⑦ 170[kV] 초과의 발전소<br>또는 변전소 | 직접 접지식 | 0.64배 |
| ⑧ 60[kV]를 초과하는<br>정류기 전로 | 교류측 및 직류 고전압측에 접속되고 있는 전로는<br>교류측의 최대사용전압의 1.1배의 직류 전압 | |
| | 직류측 중성선 또는 귀선이 되는 전로는 아래에<br>규정하는 계산식에 의하여 구한 값 | |

※ 직류 저압측 전로의 절연내력시험 전압의 계산방법

$E = V \times \dfrac{1}{\sqrt{2}} \times 0.5 \times 1.2$

여기서, $E$ : 교류 시험전압[V]

$V$ : 역변환기의 전류 실패 시 중성선 또는 귀선이 되는 전로에 나타나는 교류성 이상전압의 파고값[V]

다만, 전선에 케이블 사용 시의 시험전압 : $E$의 2배의 직류 전압일 것

케이블 사용 시 직류로 시험할 수 있고, 시험전압은 교류의 2배이다.

## 2. 예외 규정

(1) 최대사용전압이 60[kV]를 초과하는 중성점 직접 접지식 전로에 사용되는 전력케이블 정격전압을 24시간 가하여 절연내력을 시험하였을 때 이에 견디는 경우, "1."의 규정에 의하지 아니할 수 있다.

(2) 최대사용전압이 170[kV]를 초과하고 양단이 중성점 직접 접지된 지중전선로
최대사용전압의 0.64배의 전압을 전로와 대지 사이(다심케이블에 있어서는 심선 상호 간 및 심선과 대지 사이)에 연속 60분간 절연내력시험을 했을 때 견디는 것인 경우 "1."의 규정에 의하지 아니할 수 있다.

(3) 특고압 전로와 관련되는 절연내력은 설치하는 기기의 종류별 시험성적서 확인 또는 절연내력 확인방법에 적합한 시험 및 측정을 하고 결과가 적합한 경우에는 "1."의 규정 에 의하지 아니할 수 있다.

(4) 고압 및 특고압의 전로에 전선으로 사용하는 케이블의 절연체가 XLPE 등 고분자 재료인 경우 → 22.9[kV] 지중케이블의 VLF 절연열화진단방법을 말함
0.1[Hz] 정현파 전압을 상전압의 3배 크기로 전로와 대지 사이에 연속하여 1시간 가하여 절연내력을 시험하였을 때 이에 견디는 것에 대하여는 "1."의 규정에 따르지 아니할 수 있다.

## 016 KEC 규정에서 정한 전로의 종류별 절연내력시험방법의 표에서 제외조항을 설명하시오.

**data** 전기안전기술사 및 건축전기설비기술사 출제예상문제

**답안** (1) 전선에 케이블을 사용하는 교류 전로로서 표에서 정한 시험전압의 2배의 직류 전압을 전로와 대지 사이에 연속하여 10분간 가하여 절연내력을 시험하였을 때 이에 견디는 것

(2) 최대사용전압이 60[kV]를 초과하는 중성점 직접 접지식 전로에 사용되는 전력케이블은 정격전압을 24시간 가하여 절연내력을 시험하였을 때 이에 견디는 경우

(3) 최대사용전압이 170[kV]를 초과하고 양단이 중성점 직접 접지되어 있는 지중전선로는 최대사용전압의 0.64배의 전압을 전로와 대지 사이에 연속 60분간 절연내력시험 시 견딜 경우

(4) 특고압 전로와 관련되는 절연내력은 설치하는 기기의 종류별 시험성적서 확인 또는 절연내력 확인방법에 적합한 시험 및 측정을 하고 결과가 적합한 경우

(5) 고압 및 특고압의 전로에 전선으로 사용하는 케이블의 절연체가 XLPE 등 고분자 재료인 경우 0.1[Hz] 정현파 전압을 상전압의 3배 크기로 전로와 대지 사이에 연속하여 1시간 가하여 절연내력을 시험하였을 때 이에 견디는 것

**comment** 한전 배전선로 지중케이블에 가장 많이 적용하는 VLF 시험방법임

## 017 회전기 및 정류기의 절연내력의 시험전압과 시험방법을 설명하시오. (10점 예상)

**(data)** 산업안전지도사 기출문제 / KEC 133

**답안** **1. 개요**

(1) 회전기 및 정류기는 표에서 정한 시험방법으로 절연내력을 시험하였을 때 이에 견딜 것

(2) 다만, 회전변류기 이외의 교류의 회전기로 다음의 표에서 정한 시험전압의 1.6배의 직류 전압으로 절연내력을 시험하였을 때 이에 견디는 것을 시설하는 경우에는 예외

**2. 최대사용전압이 7[kV]를 초과하는 회전기의 절연내력 시험전압과 시험방법**

| 종 류 (수치는 최대사용전압임) | | | 시험전압 (최대사용전압×배) | 최저시험 전압 | 시험방법 |
|---|---|---|---|---|---|
| 회전기 | 발전기 · 전동기 · 조상기 · 기타 회전기 | 7[kV] 이하 | 1.5배의 전압 | 500[V] | 권선과 대지 사이에 연속 10분간 가압 |
| | | 7[kV] 초과 | 1.25배 | 10.5[kV] | |
| | 회전변류기 | | 직류측 1배 AC 전압 | 500[V] | |
| 정류기 | 60[kV] 이하 | | 직류의 1배 AC 전압 | 500[V] | 충전부분과 외함 간에 연속 10분간 가압 |
| | 60[kV] 초과 | | • 교류측의 1.1배 AC • 직류측의 1.1배 DC | – | 교류측 및 직류 고전압측 단자와 대지 사이에 연속 10분간 가압 |

**018** KEC에서 규정하는 다음 전기설비의 절연내력에 대한 기준을 설명하시오.
1. 연료전지 및 태양전지 모듈의 절연내력
2. 변압기 전로의 절연내력의 시험전압과 시험방법

**data** 전기안전기술사 및 건축전기설비기술사, 발송배전기술사 출제예상문제 / KEC 135

**답안** 1. 연료전지 및 태양전지 모듈의 절연내력

최대사용전압의 1.5배의 직류 전압 또는 1개의 교류 전압(500[V] 미만 시는 500[V])을 충전부분과 대지 사이에 연속하여 10분간 가하여 절연내력을 시험 시 견딜 것

2. 변압기 전로의 절연내력 시험기준

(1) 변압기의 전로는 다음 표에서 정하는 시험전압 및 시험방법으로 절연내력을 시험 시 견딜 것

(2) 예외 대상

① 방전등용 변압기

② 엑스선관용 변압기

③ 흡상 변압기

④ 시험용 변압기

⑤ 계기용 변성기

⑥ 전기집진응용장치용의 변압기

⑦ 기타 특수용도에 사용되는 변압기

▮ 변압기 전로의 시험전압 ▮

| 변압기 권선의 종류<br>(수치는 최대사용전압) | 중성점<br>접지방식 | 시험전압<br>(최대사용전압×배) | 최저<br>시험전압 | 시험방법 |
|---|---|---|---|---|
| ① 7[kV] 이하 | – | 1.5배 | 500[V] | 시험 권선과 다른 권선, 철심 및 외함 간에 시험전압을 연속 10분간 가압 |
| ② 7[kV] 초과<br>25[kV] 이하 | 다중접지 | 0.92배 | 500[V] | |
| ③ 7[kV] 초과<br>60[kV] 이하 | 다중접지<br>이외 | 1.25배 | 10.5[kV] | |

| 변압기 권선의 종류 (수치는 최대사용전압) | 중성점 접지방식 | 시험전압 (최대사용전압×배) | 최저 시험전압 | 시험방법 |
|---|---|---|---|---|
| ④ 60[kV] 초과 | 비접지 | 1.25배 | – | • 시험용 권선의 중성점 단자와 이외의 권선 1단자, 타 권선의 임의1단자, 철심 및 외함을 접지한다.<br>• 이후 시험되는 권선의 중성점 단자 외의 각 단자에 3상 교류의 시험전압을 10분간 가압 |
| | 접지식 | 1.1배 | 75[kV] | |
| | 직접 접지 | 0.72배 | – | |
| ⑤ 170[kV] 초과 | 직접 접지 | 0.64배 | – | |
| ⑥ 60[kV] 초과 정류기 권선 (스코트결선 Tr) | – | 교류 권선에 1.1배<br>직류 권선에 1.1배 | – | |

**019** KEC에서 규정하는 기구 등의 전로의 절연내력 시험전압을 설명하시오.

**data** 전기안전기술사 및 건축전기설비기술사 출제예상문제 / KEC 136

**답안** (1) 개폐기, 차단기, 전력용 커패시터, 유도전압조정기, 계기용 변성기, 기타의 기구의 전로 및 발전소, 변전소, 개폐소 또는 이에 준하는 곳에 시설하는 기계기구의 접속선 및 모선

(2) **시험방법** : 표에서 정하는 시험전압을 충전부분과 대지 사이에 연속하여 10분간 가하여 절연내력을 시험 시 이에 견디어야 함(다심케이블은 심선 상호 간 및 심선과 대지 사이)

**┃기구 등의 전로의 시험전압┃**

| 종류(수치는 최대사용전압) | 접지방식 | 시험전압 | 최저시험전압 |
|---|---|---|---|
| ① 7[kV] 이하인 기구 등의 전로 | 무관 | 1.5배 | 500[V] |
| ② 7[kV]를 초과하고 25[kV] 이하 | 다중접지 | 0.92배 | – |
| ③ 7[kV]를 초과하고 60[kV] 이하 | 다중접지 외 | 1.25배 | 10.5[kV] |
| ④ 60[kV]를 초과 | 비접지 | 1.25배 | – |
| ⑤ 60[kV]를 초과 | 접지식 | 1.1배 | 75[kV] |
| ⑥ 170[kV]를 초과 | 직접 접지식 | 0.72배 | – |
| ⑦ 170[kV] 초과의 발·변전소 | 직접 접지식 | 0.64배 | – |
| ⑧ 60[kV]를 초과하는 정류기 전로 | 무관 | 1.1배 교류 또는 직류 전압 | 단, 계산방법은 아래와 같음 |

※ 정류기의 직류 저압측 전로의 절연내력시험 전압의 계산방법

$E = V \times \dfrac{1}{\sqrt{2}} \times 0.5 \times 1.2$

여기서, $E$ : 교류 시험전압[V]
$V$ : 역변환기의 전류 실패 시 중성선 또는 귀선이 되는 전로에 나타나는 교류성 이상전압의 파고값[V]
다만, 전선에 케이블을 사용 시의 시험전압 : $E$의 2배의 직류 전압일 것

(3) **제외사항**

① 제외대상 : 접지형 계기용 변압기, 전력선 반송용 결합 커패시터, 뇌서지 흡수용 커패시터, 지락 검출용 커패시터, 재기전압 억제용 커패시터, 피뢰기 또는 전력선 반송용 결합리액터

② 제외대상의 적합한 표준 : 전선에 케이블을 사용하는 기계기구의 교류의 접속선 혹은 모선으로서 표에서 정한 시험전압의 2배의 직류 전압을 충전부분과 대지 사이에 연속하여 10분간 가하여 절연내력을 시험하였을 때 이에 견디도록 시설할 때

# section 04 접지시스템 (KEC 1장 – 140)

**020** KEC에서 규정하는 접지시스템의 구성요소 및 요구사항에 대하여 설명하시오.

**data** 전기안전기술사 및 건축전기설비기술사 출제예상문제

**답안** 1. 접지시스템의 구분과 시설 종류

    (1) 접지시스템의 분류 : 계통접지, 보호접지, 피뢰시스템 접지

    (2) 접지시스템의 시설 종류 : 단독접지, 공통접지, 통합접지

## 2. 접지시스템의 구성요소

    (1) 접지극, 접지도체, 보호도체 및 기타 설비로 구성함

    (2) 접지극은 접지도체를 사용하여 주접지단자에 연결하여야 함

## 3. 접지시스템에서 요구하는 사항

    (1) 전기설비의 보호 요구사항을 충족할 것

    (2) 지락전류와 보호도체 전류를 대지에 전달할 것

    (3) 열적, 열·기계적, 전기·기계적 응력 및 이러한 전류로 인한 감전위험이 없을 것

    (4) 전기설비의 기능적 요구사항을 충족할 것

    (5) 부식, 건조 및 동결 등 대지환경 변화에 충족할 것

    (6) 인체감전보호를 위한 값과 전기설비의 기계적 요구에 의한 값을 만족할 것

## 4. 접지공사의 목적

    (1) 전력용 접지는 보안용으로 평상시에는 접지계에 작은 전류 또는 전류가 흐르지 않아 인축의 감전사고 방지 및 화재사고 방지의 안전을 목적함

    (2) 약전용 접지는 회로기능용이 대부분이며, 평상시에도 전류가 흐름

    (3) 수·변전 설비의 접지목적

        ① 고장전류나 뇌격전류의 유입에 대한 기기의 보호

        ② 지표면의 국부적인 전위경도에서 감전사고에 의한 인체의 보호

        ③ 계통회로 전압, 보호계전기 동작의 안정과 정전차폐 효과를 유지할 목적

        ④ 계통의 중성점 접지 : 전력계통의 건설에 대한 경제성 및 절연효과 향상

    (4) 변압기 1차와 2차가 혼촉 시, 2차측에 전위 상승이 나타나지 않게 함

## 021 접지극의 시설 및 접지저항 규정에 의한 접지극의 시설기준에 대하여 설명하시오.

**(data)** 전기안전기술사 및 건축전기설비기술사 출제예상문제

**답안** **1. 접지극의 재료 및 최소굵기**

(1) 토양 또는 콘크리트에 매입되는 접지극의 재료 및 최소굵기 등은 KS C IEC 60364-5-54(저압전기설비-제5-54부 : 전기기기의 선정 및 설치-접지설비 및 보호도체)의 표 54.1(토양 또는 콘크리트에 매설되는 접지극으로 부식 방지 및 기계적 강도를 대비하여 일반적으로 사용되는 재질의 최소굵기)에 따라야 함

(2) 피뢰시스템의 접지는 152.1.3을 우선 적용할 것

> **(reference)**
> 152.1.3 : 외부 피뢰시스템의 접지극시스템(접지극 A형, B형 등) 기준

**2. 접지극은 다음의 방법 중 하나 또는 복합하여 시설할 것**

(1) 수직 또는 수평으로 토양에 직접 매설된 금속전극(봉, 전선, 테이프, 배관, 판 등)

(2) 지중 금속구조물(배관 등)

(3) 대지에 매설된 철근콘크리트의 용접된 금속 보강재. 다만, 강화콘크리트는 제외

(4) 케이블의 금속외장 및 그 밖에 금속피복

(5) 토양에 매설된 기초 접지극

(6) 콘크리트에 매입된 기초 접지극 → 대규모 산업 플랜트에서 적용이 많음
   ① 기초 콘크리트 시공 시에 접지도체를 환상으로 설치 후, 철근에 접지극을 연결시킨 다음 콘크리트를 타설하는 방식
   ② 지하로부터 올라오는 모세관 현상에 지하수 송출 방지를 위해 수막방지봉 시공
   ③ 콘크리트 안에 접지극이 있어 접지극 손상, 부식성 토양, 물 등의 영향에서 접지극 보호 가능

**3. 접지극의 매설기준**

(1) 매설하는 토양을 오염시키지 않아야 하며, 가능한 다습한 부분에 설치

(2) 동결깊이를 감안하여 지표면으로부터 지하 0.75[m] 이상으로 매설할 것

(3) 접지선이 지상으로 노출 시 지하 0.75~지상 2[m]까지는 두께 2[mm] 이상의 합성수지관 또는 난연성 관으로 보호하도록 할 것

(4) 접지도체를 철주, 기타의 금속체를 따라서 시설 시
   ① 접지극을 철주의 밑면 아래 0.3[m] 이상의 깊이에 매설
   ② 접지극을 지중에서 그 금속체로부터 1[m] 이상 이격 매설

(5) **접지선의 종류** : 절연전선, 캡타이어케이블 또는 케이블

## 4. 접지극의 접속

발열성 용접, 압착접속, 클램프 또는 그 밖의 적절한 기계적 접속장치로 접속

> **reference**
> 발열성 용접 접속 시 산업재해 발생 확률이 높으므로 특별히 산업안전관련 법규정에 의한 작업·시공
> 이 이루어지도록 지시 및 작업지시서에 명기하고, 안전교육시행과 작업자의 날인 요함

## 5. 접지시스템 부식에 대한 고려

(1) 폐기물 집하장 및 번화한 장소에 접지극 설치는 피할 것

(2) 서로 다른 재질의 접지극을 연결할 경우 전식을 고려할 것

(3) 콘크리트 기초 접지극에 접속하는 접지도체가 용융아연도금강제인 경우 접속부를 토양
에 직접 매설해서는 아니 됨

## 6. 가연성 액체나 가스를 운반하는 금속제 배관

접지설비의 접지극으로 사용할 수 없음 다만, 보호 등전위본딩은 예외로 할 것(지락전류
통전 시 폭발방지)

## 7. 수도관 등을 접지극으로 사용하는 경우(즉, 접지극 겸용)

(1) 지중 매설의 대지와의 전기저항값이 3[Ω] 이하의 값을 유지하고 있는 금속제 수도관로
는 다음 "(2)"의 조건이 맞는다면 접지극으로 사용이 가능

(2) 금속제 수도관로의 접지극 겸용 조건

① 접지도체와 금속제 수도관로의 접속은 안지름 75[mm] 이상인 부분

② 또는 여기에서 분기한 안지름 75[mm] 미만인 분기점에서 5[m] 이내의 부분일 것
(다만, 금속제 수도관로와 대지 사이의 전기저항값이 2[Ω] 이하 시, 분기점으로부터
의 거리는 5[m]를 넘을 수 있다)

③ 수도계량기를 사이에 두고 양측 수도관로를 등전위본딩할 것

④ 접지도체와 금속제 수도관로의 접속부를 사람이 접촉할 우려가 있는 곳에 설치하는
경우에는 손상을 방지하도록 방호장치를 설치할 것

⑤ 접지도체와 금속제 수도관로의 접속에 사용하는 금속제는 접속부에 전기적 부식이
생기지 않을 것

## 8. 건축물·구조물의 철골, 기타의 금속제를 접지극으로 사용 시

(1) 비접지식 고압전로에 시설하는 기계기구의 철대 또는 금속제 외함의 접지공사 또는
비접지식 고압전로와 저압전로를 결합하는 변압기의 저압전로의 접지공사의 접지극으
로 사용 가능

(2) 다만, 대지와의 사이에 전기저항값이 2[Ω] 이하인 값을 유지하는 경우에 한함

**022** 접지도체에 대하여 다음 사항을 설명하시오. (25점 예상)
1. 접지도체 개념과 구비조건
2. 접지도체의 최소단면적
3. 접지도체와 접지극의 접속
4. 접지도체와 접지극 연결방법
5. 접지도체에 대한 몰드 보호 시공
6. 특고압·고압 전기설비 및 변압기 중성점 접지시스템의 경우
7. 접지도체의 굵기

(data) 전기안전기술사 및 건축전기설비기술사 출제예상문제

답안 **1. 접지도체 개념과 구비조건**

(1) 접지도체의 개념

① 접지단자 접속함에서 대지의 접지극까지 연결되는 도체

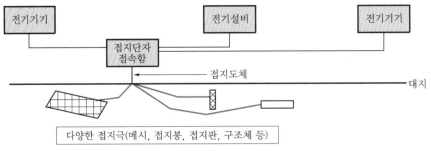

‖ 접지도체 개념도 ‖

② 즉, 설비 또는 기기의 주어진 점이나 계통에서 주어진 점과 접지극 또는 접지망 사이의 도전경로 또는 그 일부분을 제공하는 도체

(2) 접지도체의 구비조건

① 충분한 기계적 강도가 있을 것

② 예상 외대고장전류가 지속되는 시간동안 통전 시에도 용단 또는 열화가 없을 것

③ 도전율이 우수하여 국부적인 위험 전위차가 발생되지 않을 것

④ TN 및 IT 계통의 접지방식에서는 큰 고장전류가 통전되지 않으므로 최소단면적을 충족시킬 것

**2. 접지도체의 최소단면적**

(1) 큰 고장전류가 접지도체를 통하여 흐르지 않을 경우 : 구리 6[mm²] 이상, 철제 50[mm²] 이상

(2) 피뢰시스템에 접속하는 경우 : 구리 16[mm²] 이상, 철제 50[mm²] 이상

(3) 접지도체의 단면적 계산식 적용방법

$$S = \frac{\sqrt{I^2 t}}{k}\,[\mathrm{mm}^2]$$

여기서, $S$ : 단면적[mm$^2$]

　　　　$t$ : 자동차단을 위한 보호장치의 동작시간[s]

　　　　$I$ : 보호장치를 통하는 예상 고장전류의 실효값[A]

　　　　$k$ : 도체의 재질계수(구리는 143, 알루미늄은 94, 강철은 52를 적용)

## 3. 접지도체와 접지극의 접속

(1) 견고하고 전기적인 연속성이 보장될 것

(2) 접속부는 발열성 용접, 압착접속, 클램프 또는 그 밖에 적정한 기계적 접속장치에 의함

(3) 기계적인 접속장치는 제작자의 지침에 따라 설치하여야 함

(4) 클램프를 사용하는 경우, 접지극 또는 접지도체를 손상시키지 않을 것

(5) 납땜에만 의존하는 접속은 사용하지 말 것(시간 경과 시 납땜 부분이 분리되는 경우도 가끔 발생)

## 4. 접지도체와 접지극이나 접지의 다른 수단과 연결방법

(1) 견고하게 접속하고 전기적 · 기계적으로 적합하며, 부식에 대해 적절하게 보호될 것

(2) 다음의 매입지점에 "안전 전기 연결" 라벨이 영구적으로 고정되도록 시설

　① 접지극의 모든 접지도체 연결지점

　② 외부 도전성 부분의 모든 본딩도체 연결지점

　③ 주개폐기에서 분리된 주접지단자

## 5. 접지도체에 대한 몰드 보호 시공

(1) 지하 0.75[m]부터 지표상 2[m]까지 부분은 합성수지관 또는 이와 동등 이상의 절연효과와 강도를 가지는 몰드로 덮음

(2) 합성수지관은 두께 2[mm] 미만의 합성수지제 전선관 및 가연성 콤바인덕트관은 제외

## 6. 특고압 · 고압 전기설비 및 변압기 중성점 접지시스템의 경우

(1) 사람이 접촉할 우려가 있는 곳에 시설되는 고정설비인 경우의 시공방법

　① 절연전선(옥외용 비닐절연전선 제외) 또는 케이블(통신용 케이블 제외)을 사용함

　② 다만, 접지도체를 철주, 기타의 금속체를 따라서 시설하는 경우 이외의 경우에는 접지도체의 지표상 0.6[m]를 초과부분은 절연전선을 사용하지 않을 수 있음

(2) 예외 : 발전소 · 변전소 · 개폐소 또는 이에 준하는 곳에서는 개별 요구사항에 의함

## 7. 접지도체의 굵기

"2."에서 정한 것 이외에 고장 시 흐르는 전류를 안전하게 통할 수 있을 것

### (1) 고정용 전기설비의 접지용 도체 굵기

| 접지시스템 용도 | 최소단면적 |
|---|---|
| 특고압 · 고압 전기설비용 | 6[mm$^2$] 이상의 연동선 또는 동등 이상의 단면적 및 강도일 것 |
| 중성점 접지용 | 공칭단면적 16[mm$^2$] 또는 연동선 또는 동등 이상의 단면적 및 세기일 것 |
| | • 7[kV] 이하의 전로에서는 6[mm$^2$] 이상의 연동선 또는 동등 이상의 단면적 및 강도일 것<br>• 25[kV] 이하인 특고압 가공전선로에서도 6[mm$^2$] 이상의 연동선 또는 동등 이상의 단면적 및 강도일 것<br>(단, 중성점 다중접지식의 전로에 지락이 생겼을 때 2초 이내에 자동적으로 이를 전로로부터 차단하는 장치가 되어 있는 것) |

### (2) 이동 사용의 전기기계기구의 금속제 외함 등의 접지시스템의 재료와 굵기

| 접지시스템 용도 | 접지선 종류 | 최소단면적(이상) |
|---|---|---|
| 특고압 · 고압 전기설비용 | 3종 및 4종의 클로로프렌캡타이어케이블 | 10[mm$^2$] |
| | 클로로설포네이트폴리에틸렌캡타이어케이블 다심 캡타이어케이블의 차폐 또는 기타의 금속체 | 10[mm$^2$] |
| 저압 전기설비용 | 다심 코드 또는 다심 캡타이어케이블의 1개 도체 | 0.75[mm$^2$] |
| | 다심 코드 또는 다심 캡타이어케이블의 1개 도체 외의 유연성이 있는 연동연선 | 1.5[mm$^2$] |

## 023 보호도체의 최소단면적에 대한 시설기준을 설명하시오.

**data** 전기안전기술사 및 건축전기설비기술사 출제예상문제

**답안** (1) 아래 표에 따라 선정해야 하며, 보호도체용 단자도 이 도체의 크기에 적합할 것

**‖ 보호도체의 최소단면적 ‖**

| 상도체 단면적 $S[\text{mm}^2]$ | 대응하는 보호도체의 최소단면적$[\text{mm}^2]$ – 구리 | |
|---|---|---|
| | 재질이 같은 경우 | 재질이 다른 경우 |
| $S \leq 16$ | $S$ | $\dfrac{k_1}{k_2} \times S$ |
| $16 < S \leq 35$ | $16^a$ | $\dfrac{k_1}{k_2} \times 16$ |
| $35 > S$ | $\dfrac{S^a}{2}$ | $\dfrac{k_1}{k_2} \times \dfrac{S}{2}$ |

- $k_1$ : 도체 및 절연의 재질에 따른 KS C–IEC에서 선정된 상도체에 대한 계수
- $k_2$ : KS C–IEC에서 선정된 보호도체에 대한 계수
- a : PEN 도체의 최소단면적은 중성선과 동일하게 적용함

(2) 계산한 최소단면적 값 이상일 것

계산식에 의한 산정(차단시간 $t$는 5초 미만 시 적용)

$$S = \frac{\sqrt{t}}{K} \cdot I_g\,[\text{mm}^2], \ \ S = \frac{\sqrt{t}}{143} \cdot I_g, \ \ S = \frac{\sqrt{t}}{176} \cdot I_g$$

여기서, $t$ : 차단시간[sec]

$I_g$ : 접지선에 흐르는 지락고장전류[A]

$K$ : 보호도체의 절연재료와 초기온도 및 최종온도에 의한 계수

(도체의 초기온도가 30[℃]이고, 구리도체의 절연재료가 PVC인 경우 $K$값은 143, 절연체가 CV인 경우 $K$값은 176)

(3) 보호선이 케이블의 일부가 아니거나, 상도체와 동일 외함에 미설치

① 기계적 보호가 있는 경우 : 2.5[mm²](Cu), 16[mm²](Al)

② 기계적 보호가 없는 경우 : 4[mm²](Cu), 16[mm²](Al)

(4) 보호도체가 두 개 이상의 회로에 공통으로 사용된 경우의 단면적

회로 중 가장 부담이 큰 것으로 예상되는 고장전류 및 동작시간을 고려하여 표 ‖ 보호도체의 최소단면적 ‖ 또는 "(2)"의 계산방법에 따라 선정하거나 가장 큰 상도체의 단면적을 기준으로 선정

## 024 접지규정에 대한 아래 항목을 요약·설명하시오.
### 1. KEC에서 규정한 접지저항값 시설기준
### 2. KEC 접지도체 및 보호도체 단면적 선정기준

**data** 공통 출제예상문제

**답안** 1. KEC 규정에 의한 접지저항 시설기준

    (1) 고압 이상 및 공통접지 : 접촉전압(보폭전압) ≤ 허용접촉전압

    (2) 특고압과 고압의 혼촉방지시설 : 10[Ω] 이하

    (3) 피뢰기 : 10[Ω] 이하

    (4) 변압기 중성점 접지 : 150(300, 600)/-(1선 지락전류)

    (5) 단, "(2)", "(3)", "(4)" 규정은 공통접지로 채용 시에는 적용할 필요 없음

    (6) 저압 : 접촉전압 및 스트레스 전압을 만족할 것

    (7) 저압계통 보호접지 개념으로 감전보호를 만족하여야 함

2. KEC 접지도체 및 보호도체 단면적 선정기준

    (1) 상도체 단면적 $S$[mm$^2$]에 따라 선정

        ① ($S \leq 16$)일 경우 : $S$를 적용함

        ② ($16 < S \leq 36$)일 경우 : 16[mm$^2$]를 적용함

        ③ ($S > 35$)일 경우 : $\dfrac{S}{2}$를 적용함

    (2) 보호도체와 상도체의 재질이 다른 경우 : $\left(\dfrac{k_1}{k_2}\right)$ 적용

    (3) 차단시간 5초 이하의 경우 : $S = \dfrac{\sqrt{I^2 t}}{k}$를 적용

    (4) 도체 단면적에 대한 계산값이 더 큰 경우 : 계산값 적용

## 025 보호도체의 종류에 대하여 설명하시오.

**(data)** 건축전기설비기술사 출제예상문제

**답안** 보호도체는 다음 중 하나 또는 복수로 구성할 것

(1) 기본 요건의 도체

① 다심케이블의 도체

② 충전도체와 같은 트렁킹에 수납된 절연도체 또는 나도체

③ 고정된 절연도체 또는 나도체

(2) 전기설비에 금속함이나 프레임이 보호도체로 사용 가능한 조건

① 금속케이블 외장, 케이블 차폐, 케이블 외장, 편조전선, 동심도체, 금속관의 전기설비
에 저압개폐기, 제어반 또는 버스덕트와 같은 금속제 외함을 가진 기기가 포함된 금속
함이나 프레임

② 조건

㉠ 구조 · 접속이 기계적 · 화학적 또는 전기화학적 열화에 대해 보호할 수 있으며 전기
적 연속성을 유지하는 경우

㉡ 도전성이 142.3.2(보호도체)의 최소단면적 규정 "가" 또는 "나"의 조건을 충족하는
경우

**(reference)**
142.3.2의 최소단면적 규정 "가" 또는 "나" : 문 23의 (1), (2) 참조

㉢ 연결하고자 하는 모든 분기 접속점에서 다른 보호도체의 연결을 허용하는 경우

(3) 보호도체 또는 보호본딩도체 사용 제외되는 금속부분

① 금속 수도관

② 가스 · 액체 · 분말과 같은 잠재적인 인화성 물질을 포함하는 금속관

③ 상시 기계적 응력을 받는 지지구조물 일부

④ 가요성 금속배관. 다만, 보호도체의 목적으로 설계된 경우는 예외로 함

⑤ 가요성 금속전선관

⑥ 지지선, 케이블트레이 및 이와 비슷한 것

## 026 보호도체의 전기적 연속성에 대하여 설명하시오.

**(data)** 전기안전기술사 및 건축전기설비기술사 출제예상문제

**[답안]** (1) 기계적인 손상, 화학적·전기화학적 열화, 전기역학적·열역학적 힘에 대해 보호함
(2) 나사접속·클램프접속 등 보호도체 사이 또는 보호도체와 타 기기 사이의 접속은 전기적 연속성 보장 및 충분한 기계적 강도와 보호를 구비해야 함
(3) 보호도체를 접속하는 나사는 다른 목적으로 겸용하지 말 것
(4) 접속부는 납땜(soldering)으로 접속하지 말 것
(5) 보호도체의 접속부는 검사와 시험이 가능할 것
   다만, 다음의 경우는 예외로 한다.
   ① 화합물로 충전된 접속부
   ② 캡슐로 보호되는 접속부
   ③ 금속관, 덕트 및 버스덕트에서의 접속부
   ④ 기기의 한 부분으로서 규정에 부합하는 접속부
   ⑤ 용접(welding)이나 경납땜(brazing)에 의한 접속부
   ⑥ 압착공구에 의한 접속부
(6) 보호도체에는 어떠한 개폐장치를 연결할 수 없음
   다만, 시험목적으로 공구를 이용하여 보호도체를 분리할 수 있는 경우에는 접속점을 만들 수 있음
(7) 접지에 대한 전기적 감시를 위한 전용장치를 설치하는 경우에는 보호도체 경로에 직렬로 접속하면 안 됨(전용장치 : 동작센서, 코일, 변류기)
(8) 기기·장비의 노출도전부는 다른 기기를 위한 보호도체의 부분을 구성하는 데 사용할 수 없음

**027** 보호도체와 계통도체 겸용 및 보호접지 및 기능접지의 겸용도체의 시설기준을 설명하시오.

**(data)** 전기안전기술사 및 건축전기설비기술사 출제예상문제 / KEC 142.3.4

**답안**

## 1. 보호도체와 계통도체 겸용

겸용도체(중성선과 겸용, 상도체와 겸용, 중간도체와 겸용 등)는 해당하는 계통의 기능에 대한 조건을 만족할 것

## 2. 겸용도체는 고정된 전기설비에서만 사용할 수 있으며 다음에 의함

(1) 단면적은 구리 $10[\text{mm}^2]$ 또는 알루미늄 $16[\text{mm}^2]$ 이상일 것

(2) 중성선과 보호도체의 겸용도체는 전기설비의 부하측으로 시설하지 말 것

(3) 폭발성 분위기 장소는 보호도체를 전용으로 할 것

## 3. 겸용도체의 성능

(1) 공칭전압과 같거나 높은 절연성능이 있을 것

(2) 배선설비의 금속 외함은 겸용도체로 사용해서는 아니 됨. 다만, KS C IEC 60439-2(저전압개폐장치 및 제어장치 부속품 – 부스바트렁킹시스템)에 의한 것 또는 KS C IEC 61534-1(전원트랙 – 일반 요구사항)에 의한 것은 제외함

## 4. 겸용도체는 다음 사항을 준수할 것

(1) 전기설비의 일부에서 중성선 · 중간도체 · 상도체 및 보호도체가 별도로 배선되는 경우

① 중성선 · 중간도체 · 상도체를 전기설비의 다른 접지된 부분에 접속하지 말 것

② 다만, 겸용도체에서 각각의 중성선 · 중간도체 · 상도체와 보호도체를 구성하는 것은 허용함

(2) 겸용도체는 보호도체용 단자 또는 바에 접속될 것

(3) 계통외도전부는 겸용도체로 사용해서는 아니 됨

## 5. 보호접지 및 기능접지의 겸용도체의 시설기준

(1) 보호접지와 기능접지 도체를 겸용하여 사용할 경우 보호도체에 대한 조건과 감전보호용 등전위본딩 및 피뢰시스템 등전위본딩의 조건에도 적합할 것

(2) 전자통신기기에 전원공급을 위한 직류귀환 도체는 겸용도체(PEL 또는 PEM)로 사용 가능하고, 기능접지 도체와 보호도체를 겸용할 수 있음

## 028 감전보호에 따른 보호도체 및 주접지단자의 시설기준에 대하여 설명하시오.

**data** 전기안전기술사 출제예상문제 / KEC 142.3.6, 142.3.7

**답안** **1. 과전류보호장치를 감전에 대한 보호용으로 사용 시**

보호도체는 충전도체와 같은 배선설비에 병합시키거나 근접한 경로로 설치할 것

**2. 주접지단자**

(1) 접지시스템은 주접지단자를 설치하고, 다음의 도체들을 접속할 것

① 등전위본딩도체

② 접지도체

③ 보호도체

④ 기능성 접지도체

(2) 여러 개의 접지단자가 있는 장소는 접지단자를 상호 접속할 것

(3) 주접지단자에 접속하는 각 접지도체는 개별적으로 분리할 수 있어야 하며, 접지저항을 편리하게 측정할 수 있을 것

다만, 접속은 견고해야 하며 공구에 의해서만 분리되는 방법으로 할 것

## 029 저압수용가 인입구 접지 시설기준에 대하여 설명하시오.

**(data)** 전기안전기술사 및 건축전기설비기술사 출제예상문제 / KEC 142.4.1

**답안** **1. 수용장소 인입구 부근의 변압기 중성점에 추가 접지공사할 수 있는 경우**

(1) 지중에 매설되어 있고 대지와의 전기저항값이 3[Ω] 이하의 값을 유지하고 있는 금속제 수도관로

(2) 대지 사이의 전기저항값이 3[Ω] 이하인 값을 유지하는 건물의 철골

**2. 추가로 할 수 있는 접지도체의 조건**

(1) 공칭단면적 6[mm²] 이상의 연동선 또는 동등 이상의 세기 및 굵기의 쉽게 부식되지 않는 금속선이어야 함

(2) 고장 시 흐르는 전류를 안전하게 통할 수 있는 것이어야 함

(3) 예외 : 접지도체를 사람이 접촉할 우려가 있는 곳에 시설할 때에는 접지도체는 아래의 표 2개에 준함

① 고정용 전기설비의 접지용 도체 굵기

| 접지시스템 용도 | 최소단면적 |
|---|---|
| 특고압 · 고압 전기설비용 | 6[mm²] 이상의 연동선 또는 동등 이상의 단면적 및 강도일 것 |
| 중성점 접지용 | 공칭단면적 16[mm²] 또는 연동선 이상의 동등 이상의 단면적 및 세기일 것<br>• 7[kV] 이하의 전로에서는 6[mm²] 이상의 연동선 또는 동등 이상의 단면적 및 강도일 것<br>• 25[kV] 이하인 특고압 가공전선로에서도 6[mm²] 이상의 연동선 또는 동등 이상의 단면적 및 강도일 것(단, 중성점 다중접지식의 전로에 지락이 생겼을 때 2초 이내에 자동적으로 이를 전로로부터 차단하는 장치가 되어 있는 것) |

② 이동하여 사용하는 전기기계기구의 금속제 외함 등의 접지시스템

| 접지시스템 용도 | 접지선 종류 | 최소단면적(이상) |
|---|---|---|
| 특고압 · 고압 전기설비용 | 3종 및 4종의 클로로프렌캡타이어케이블 | 10[mm²] |
| | 클로로설포네이트폴리에틸렌캡타이어케이블 다심 캡타이어케이블의 차폐 또는, 기타의 금속체 | 10[mm²] |
| 저압 전기설비용 | 다심 코드 또는 다심 캡타이어케이블의 1개 도체 | 0.75[mm²] |
| | 다심 코드 또는 다심 캡타이어케이블의 1개 도체 외의 유연성이 있는 연동연선 | 1.5[mm²] |

## 030 주택 등 저압수용장소 접지시설기준에 대하여 설명하시오.

**data** 전기안전기술사 및 건축전기설비기술사 출제예상문제 / KEC 142.4.2

**답안** 
### 1. 저압수용장소에서 계통접지가 TN-C-S 방식인 경우의 보호도체 시설

(1) 보호도체의 최소단면적은 표에 의한 값 이상일 것

**∥ 보호도체의 최소단면적 ∥**

| 상도체 단면적 $S[mm^2]$ | 대응하는 보호도체의 최소단면적[$mm^2$] | |
|---|---|---|
| | 재질이 같은 경우 | 재질이 다른 경우 |
| $S \leq 16$ | $S$ | $\frac{k_1}{k_2} \times S$ |
| $16 < S \leq 35$ | 16 | $\frac{k_1}{k_2} \times 16$ |
| $35 > S$ | $\frac{S}{2}$ | $\frac{k_1}{k_2} \times \frac{S}{2}$ |

- $k_1$ : 도체 및 절연의 재질에 따른 KS C-IEC에서 선정된 상도체에 대한 계수
- $k_2$ : KS C-IEC에서 선정된 보호도체에 대한 계수

(2) 중성선 겸용 보호도체(PEN)의 시설방법

① 고정 전기설비에만 사용할 수 있을 것

② 도체의 단면적이 구리는 10[$mm^2$] 이상, 알루미늄은 16[$mm^2$] 이상일 것

③ 그 계통의 최고전압에 대하여 절연될 것

### 2. "1."에 따른 접지의 경우에는 감전보호용 등전위본딩을 할 것

### 3. "2."의 조건을 충족시키지 못하는 경우의 시설방법

(1) 중성선 겸용 보호도체를 수용장소의 인입구 부근에 추가로 접지할 것
(2) 그 접지저항값은 접촉전압을 허용접촉전압 범위 내로 제한하는 값 이하로 할 것

**031** 공통접지 및 통합접지에 대한 기준을 설명하고, 단독접지와 공통 및 통합접지 방식에 대하여 비교 · 설명하시오.

(data) 전기안전기술사 및 건축전기설비기술사 출제예상문제

답안 **1. 공통접지 및 통합접지에 대한 기준**

(1) 공통접지시스템 적용 가능 개소

고압 및 특고압과 저압 전기설비의 접지극이 서로 근접하여 시설되어 있는 변전소 또는 이와 유사한 곳

(2) 공통접지시스템 적용 시 유의점

① 저압 전기설비의 접지극이 고압 및 특고압 접지극의 접지저항 형성 영역에 완전히 포함되어 있다면 위험전압이 발생하지 않게 이들 접지극을 상호 접속할 것

② 접지시스템에서 고압 및 특고압 계통의 지락사고 시 저압계통에 가해지는 상용주파 과전압은 아래 표에서 정한 값을 초과하지 말 것

‖ 저압설비 허용상용주파 과전압 ‖

| 고압계통에서 지락고장시간[초] | 저압설비 허용상용주파 과전압[V] | 비 고 |
|---|---|---|
| > 5 | $U_0 + 250$ | 중성선 도체가 없는 계통에서 $U_0$는 선간전압이다. |
| ≤ 5 | $U_0 + 1,200$ | |

• 순시 상용주파 과전압에 대한 저압기기의 절연설계기준과 관련된다.
• 중성선이 변전소 변압기의 접지계통에 접속된 계통에서 건축물 외부에 설치한 외함이 접지되지 않은 기기의 절연에는 일시적 상용주파 과전압이 나타날 수 있다.

③ 기타 공통접지와 관련한 사항은 KS C IEC 61936-1(교류 1[kV] 초과 전력설비-제1부 : 공통규정)의 "10 접지시스템"에 의함

④ 고압 및 특고압을 수전 받는 수용가의 접지계통을 수전전원의 다중접지된 중성선과 접속하면 "②"의 요건은 충족하는 것으로 간주할 수 있음

⑤ 전기설비의 접지계통 · 건축물의 피뢰설비 · 전자통신설비 등의 접지극을 공용하는 통합접지시스템으로 하는 경우 다음과 같이 할 것

㉠ 통합접지시스템은 접지시스템에 의함

㉡ 낙뢰에 의한 과전압 등으로부터 전기전자기기 등을 보호하기 위해 전기전자설비 보호용 피뢰시스템 규정에 따라 서지보호장치를 설치할 것

**2. 단독접지 방식**

(1) 정의 : 고압 · 특고압 계통의 접지극과 저압계통의 접지극이 독립적으로 설치된 접지방식

(2) 단독접지와 계통접지의 관계

① TN 또는 TT 계통의 적용 시 지락전류의 최대차단시간은 아래 사항에 따라 전원을 차단할 것

㉠ 보호장치의 최대차단시간의 다음 표와 같이 적합한 차단시간일 것

**∥ 32[A] 이하 분기회로의 최대차단시간 ∥**  (단위 : 초)

| 계통 | $50[V] < U_0 \leq 120[V]$ | | $120[V] < U_0 \leq 230[V]$ | | $230[V] < U_0 \leq 400[V]$ | | $U_0 > 400[V]$ | |
|---|---|---|---|---|---|---|---|---|
| | 교류 | 직류 | 교류 | 직류 | 교류 | 직류 | 교류 | 직류 |
| TN | 0.8 | – | 0.4 | 5 | 0.2 | 0.4 | 0.1 | 0.1 |
| TT | 0.3 | – | 0.2 | 0.4 | 0.07 | 0.2 | 0.04 | 0.1 |

• $U_0$ : 대지에서 공칭교류전압 또는 직류 선간전압

㉡ 32[A]를 초과하는 분기회로 및 배전회로의 최대차단시간
- TN 계통의 50[V] 초과~400[V] 이하 및 400[V] 초과 저압회로 : 5초 이하
- IT 계통의 50[V] 초과~400[V] 이하 및 400[V] 초과 저압회로 : 1초 이하

② TN 계통의 경우 사고 시 특성과 대책

㉠ 지락전류가 TT 계통보다 상대적으로 커서 과전류차단기에 의한 고장전류 차단이 가능함

㉡ 만약 고장전류가 적어 과전류보호장치가 동작하지 않아 차단이 불가능한 경우 누전차단기를 추가로 설치할 것

③ TT 계통의 경우 사고 시 특성과 대책

TN 계통에 비해 사고 시 지락전류가 작아 과전류차단기에 의한 고장전류차단이 불가능하므로 TT 계통의 과전류차단기는 일반적으로 다음의 조건에 의한 누전차단기를 사용할 것

$$자동차단조건 : IR_a \leq 50[V]$$

여기서, $R_a$ : 접지저항[Ω]

$I$ : 누전차단기의 정격 감도전류(보통 30[mA])

## 3. 공통접지 방식

(1) **정의** : 등전위가 형성되도록 고압 및 특고압 접지계통과 저압 접지계통을 공통으로 접지하는 방식

(2) **공통접지를 할 수 있는 요건**

고압 및 특고압과 저압 전기설비의 접지극이 서로 근접하여 시설되어 있는 변전소 또는 이와 유사한 곳에서는 다음에 적합하게 공통접지공사를 할 수 있다.

① 저압 접지극이 고압 및 특고압 접지극의 접지저항 형성 영역에 완전히 포함되어 있다면 위험전압이 발생하지 않도록 이들 접지극을 상호 접속하여야 한다.

② "①"에 따라 접지공사를 하는 경우 고압 및 특고압 계통의 지락사고로 인해 저압계통에 가해지는 상용주파 과전압은 다음 표에서 정한 값을 초과해서는 안 된다.

**┃ 고압 및 특고압 계통의 지락사고로 인해 저압계통에 가해지는 상용주파 과전압 ┃**

| 고압계통에서 지락고장시간[초] | 저압설비의 허용상용주파 과전압[V] |
|---|---|
| > 5 | $U_0 + 250$ |
| ≦ 5 | $U_0 + 1,200$ |
| 중성선 도체가 없는 계통에서 $U_0$ 는 선간전압을 말한다. | |

- 이 표의 1행은 중성점 비접지나 소호리액터 접지된 고압계통과 같이 긴 차단시간을 갖는 고압계통에 관한 것이다. 2행은 저저항 접지된 고압계통과 같이 짧은 차단시간을 갖는 고압계통에 관한 것이다. 두 행 모두 순시 상용주파 과전압에 대한 저압기기의 절연설계기준과 관련된다.
- 중성선이 변전소 변압기의 접지계에 접속된 계통에서 외함이 접지되어 있지 않은 건물 외부에 위치한 기기의 절연에도 일시적 상용주파 과전압이 나타날 수 있다.

## 4. 통합접지 방식

(1) 정의 : 전기, 통신, 피뢰설비 등 모든 접지를 통합(즉, 1 · 2 · 3종 접지를 공용하면서 또한 통신 및 피뢰접지도 공용)하여 접지하는 방식

(2) 설치요건

① 건물 내의 사람이 접촉할 수 있는 모든 도전부가 등전위를 형성하여야 함

② 단, 통신접지와 피뢰접지를 공용하면 서지보호장치(SPD)의 설치가 의무화 됨

## 5. 공통접지 방식과 통합접지 방식의 개념 비교

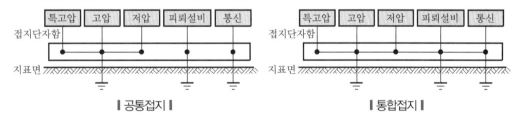

┃ 공통접지 ┃                    ┃ 통합접지 ┃

※ 현장 상황에 따라 접지극을 추가로 보강할 수 있음

## 6. 전기수용가 접지 – 변압기 중성점 접지

(1) 변압기의 중성점 접지저항값은 다음에 의한다.

① 일반적으로 변압기의 고압 · 특고압측 전로 1선 지락전류로 150을 나눈 값과 같은 저항값 이하

② 변압기의 고압 · 특고압측 전로 또는 사용전압이 35[kV] 이하의 특고압 전로가 저압측 전로와 혼촉하고 저압전로의 대지전압이 150[V]를 초과하는 경우 저항값은 다음에 의한다.

ㄱ 1초 초과 2초 이내에 고압·특고압 전로를 자동으로 차단하는 장치를 설치할
  때는 300을 나눈 값 이하

ㄴ 1초 이내에 고압·특고압 전로를 자동으로 차단하는 장치를 설치할 때는 600을
  나눈 값 이하

(2) 전로의 1선 지락전류는 실측값에 의한다. 다만, 실측이 곤란한 경우에는 선로정수 등으
   로 계산한 값에 의한다.

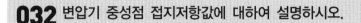

## 032 변압기 중성점 접지저항값에 대하여 설명하시오.

**data** 전기안전기술사 출제예상문제 / KEC 142.5

**답안** (1) 기준 접지저항값 : $R = \dfrac{150}{I_g}[\Omega]$ 이하

(2) 고압 · 특고압측 전로 또는 사용전압이 35[kV] 이하의 특고압 전로가 저압측 전로와 혼촉하고 저압전로의 대지전압이 150[V]를 초과하는 경우

① 1초 초과 2초 이내에 고압 · 특고압 전로를 자동으로 차단하는 장치를 설치할 때

$R = \dfrac{300}{I_g}[\Omega]$ 이하(여기서, $I_g$ : 변압기 고압측 또는 특고압측의 1선 지락전류)

② 1초 이내에 고압 · 특고압 전로를 자동으로 차단하는 장치를 설치할 때

$R = \dfrac{600}{I_g}[\Omega]$ 이하

(3) 전로의 1선 지락전류는 실측값에 의함

(4) 예외 : 실측이 곤란한 경우에는 선로정수 등으로 계산한 값에 의함

## 033 전기설비기술기준의 판단기준 제33조에 의한 기계기구의 철대 및 외함의 접지시설기준에 대하여 설명하시오.

**(data)** 전기안전기술사 및 건축전기설비기술사 출제예상문제 / KEC 142.7

**답안**

### 1. 접지공사 의무사항

전로에 시설하는 기계기구의 철대 및 금속제 외함(외함이 없는 변압기 또는 계기용 변성기는 철심)에는 접지시스템의 규정에 의해 접지공사를 할 것

### 2. 접지공사 예외 조건(즉, 접지공사를 미시행해도 되는 경우)

(1) 사용전압이 직류 300[V] 또는 교류 대지전압이 150[V] 이하인 기계기구를 건조한 곳에 시설하는 경우

(2) 저압용의 기계기구를 건조한 목재의 마루, 기타 이와 유사한 절연성 물건 위에서 취급하도록 시설하는 경우

(3) 저압용이나 고압용의 기계기구, 특고압 전선로에 접속하는 배전용 변압기나 이에 접속하는 전선에 시설하는 기계기구 또는 특고압 가공전선로의 전로에 시설하는 기계기구를 사람이 쉽게 접촉할 우려가 없도록 목주, 기타 이와 유사한 것의 위에 시설하는 경우

(4) 철대 또는 외함의 주위에 적당한 절연대를 설치하는 경우

(5) 외함이 없는 계기용 변성기가 고무·합성수지, 기타의 절연물로 피복한 것일 경우

(6) 「전기용품 및 생활용품 안전관리법」의 적용을 받는 2중 절연구조로 되어 있는 기계기구를 시설하는 경우

(7) 저압용 기계기구에 전기를 공급하는 전로의 전원측에 절연변압기(2차 전압이 300[V] 이하, 정격용량이 3[kVA] 이하인 것)를 시설하고 또한 그 절연변압기의 부하측 전로를 접지하지 않은 경우

(8) 물기 있는 장소 이외의 장소에 시설하는 저압용의 개별 기계기구에 전기를 공급하는 전로에 「전기용품 및 생활용품 안전관리법」의 적용을 받는 인체감전보호용 누전차단기(정격감도전류가 30[mA] 이하, 동작시간이 0.03초 이하의 전류 동작형에 한한다)를 시설하는 경우

(9) 외함을 충전하여 사용하는 기계기구에 사람이 접촉할 우려가 없도록 시설하거나 절연대를 시설하는 경우

## 034 등전위본딩의 역할, 개념, 분류, 적용에 대하여 설명하시오.

**(data)** 전기안전기술사 및 건축전기설비기술사 출제예상문제

**답안** **1. 등전위본딩의 역할**

(1) 등전위성을 얻기 위해 도체 간을 전기적으로 접속하는 조치를 말함

(2) 서로 다른 노출도전성 부분 상호 간, 노출도전성 부분과 계통외도전성 부분 간 및 다른 계통외도전성 부분 간을 실질적으로 등전위로 하는 전기적 접속을 말함

(3) 등전위본딩이란 등전위를 형성하기 위해 도전부 상호 간을 전기적으로 접속하는 것

(4) **감전보호용 등전위본딩의 목적** : 위험전압의 감소와 등전위화를 도모하여 내부 시설기기의 기능을 보장하고 인체의 안전을 확보

(5) **등전위본딩의 역할**

① 저압전로 : 감전방지(의료용의 등전위본딩은 특히 감전 중 마이크로쇼크 대책임)

② 정보통신설비 : 기능보증, 전위기준점의 확보, EMC 대책

③ 피뢰설비 : 뇌로 인한 과전압에 대한 보호 불꽃방전방지, EMC 대책

**2. 등전위본딩 개념(도)**

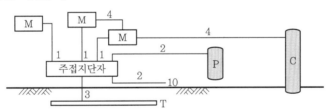

1. 보호도체(PE)
2. 주요 등전위본딩용 도체
3. 접지선
4. 보조 등전위본딩용 도체
10. 기타기기(예 정보통신시스템, 낙뢰보호시스템)
M : 전기기기의 노출도전성 부분
T : 접지극
P : 수도관, 가스관 등 금속배관
C : 철골, 금속덕트 등의 계통외도전성 부분

**∥등전위본딩 구성 예∥**

### 3. 등전위본딩의 분류

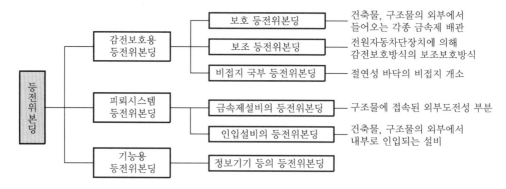

### 4. 등전위본딩의 적용

건축물 · 구조물에서 접지도체, 주접지단자와 다음의 도전성 부분은 등전위본딩할 것

① 수도관 · 가스관 등 외부에서 내부로 인입되는 금속배관

② 건축물 · 구조물의 철근, 철골 등 금속보강재

③ 일상생활에서 접촉이 가능한 금속제 난방배관 및 공조설비 등 계통외도전부

**035** 감전보호용 보호 등전위본딩의 시설기준에 대하여 설명하시오.

(data) 전기안전기술사 및 건축전기설비기술사 출제예상문제 / KEC 143.2.1

답안 **1. 보호 등전위본딩의 정의**

　　(1) Protective Equipotential Bonding으로 표기

　　(2) 감전에 대한 보호 등과 같은 안전을 목적으로 하는 등전위본딩

**2. 적용 개소**

　　(1) 건축물·구조물의 외부에서 내부로 들어오는 각종 금속제 배관은 다음과 같이 할 것

　　　　① 1개소에 집중하여 인입하고, 인입구 부근에서 서로 접속하여 등전위본딩 바에 접속할 것

　　　　② 대형건축물 등으로 1개소에 집중하여 인입하기 어려운 경우에는 본딩도체를 1개의 본딩바에 연결할 것

　　(2) 수도관·가스관의 경우 내부로 인입된 최초의 밸브 후단에서 등전위본딩을 할 것

　　(3) 건축물·구조물의 철근, 철골 등 금속보강재는 등전위본딩을 할 것

　　　　단, PVC 계통의 인입배관으로 된 경우는 보호 등전위본딩을 하지 않아도 됨

**3. 감전보호용 보호 등전위본딩도체 단면적**

　　(1) 주접지단자에 접속하기 위한 등전위본딩도체는 설비 내에 있는 가장 큰 보호접지도체 단면적의 $\frac{1}{2}$ 이상의 단면적일 것

　　(2) 최소단면적

　　　　① 구리도체 6[mm$^2$] 이상

　　　　② 알루미늄 도체 16[mm$^2$] 이상

　　　　③ 강철도체 50[mm$^2$] 이상

　　(3) 주접지단자에 접속하기 위한 보호본딩도체의 단면적은 구리도체 25[mm$^2$] 또는 다른 재질의 동등한 단면적을 초과할 필요는 없음

　　(4) 등전위본딩도체의 상호 접속은 153.2.1의 2를 따른다.

> (reference)
> 153.2 피뢰등전위본딩의 일반사항 규정은 다음과 같다.
> 2. 등전위본딩의 상호 접속은 다음에 의한다.
> 　가. 자연적 구성부재로 인한 본딩으로 전기적 연속성을 확보할 수 없는 장소는 본딩도체로 연결함

> 나. 본딩도체로 직접 접속할 수 없는 장소의 경우에는 서지보호장치를 이용함
> 다. 본딩도체로 직접 접속이 허용되지 않는 장소의 경우에는 절연방전갭(ISG)을 이용함

## 4. 감전보호용 등전위본딩

### (1) 등전위본딩의 적용

① 건축물·구조물에서 접지도체, 주접지단자와 다음의 도전성 부분은 등전위본딩하여야 한다. 다만, 이들 부분이 다른 보호도체로 주접지단자에 연결된 경우는 그러하지 아니하다.

ㄱ 수도관·가스관 등 외부에서 내부로 인입되는 금속배관

ㄴ 건축물·구조물의 철근, 철골 등 금속보강재

ㄷ 일상생활에서 접촉이 가능한 금속제 난방배관 및 공조설비 등 계통외도전부

② 주접지단자에 보호 등전위본딩도체, 접지도체, 보호도체, 기능성 접지도체를 접속하여야 한다.

### (2) 등전위본딩 시설

① 보호 등전위본딩

ㄱ 건축물·구조물의 외부에서 내부로 들어오는 각종 금속제 배관은 다음과 같이 하여야 한다.

- 1개소에 집중하여 인입하고, 인입구 부근에서 서로 접속하여 등전위본딩 바에 접속하여야 한다.
- 대형건축물 등으로 1개소에 집중하여 인입하기 어려운 경우에는 본딩도체를 1개의 본딩 바에 연결한다.

ㄴ 수도관·가스관의 경우 내부로 인입된 최초의 밸브 후단에서 등전위본딩을 하여야 한다.

ㄷ 건축물·구조물의 철근, 철골 등 금속보강재는 등전위본딩을 하여야 한다.

② 보조 보호 등전위본딩

ㄱ 보조 보호 등전위본딩의 대상은 전원자동차단에 의한 감전보호방식에서 고장 시 자동차단시간이 211.2.3의 3(고장보호 요구사항의 고장시의 자동차단 규정)에서 요구하는 계통별 최대차단시간을 초과하는 경우이다.

ㄴ "ㄱ"의 차단시간을 초과하고 2.5[m] 이내에 설치된 고정기기의 노출도전부와 계통외도전부는 보조 보호 등전위본딩을 하여야 한다. 다만, 보조 보호 등전위본딩의 유효성에 관해 의문이 생길 경우 동시에 접근 가능한 노출도전부와 계통외도전부 사이의 저항값($R$)이 다음의 조건을 충족하는지 확인하여야 한다.

- 교류계통 : $R \leq \dfrac{50\,V}{I_a}\,[\Omega]$

- 직류계통 : $R \leq \dfrac{120\,V}{I_a}\,[\Omega]$

  여기서, $I_a$ : 보호장치의 동작전류[A]

  (누전차단기의 경우 $I_{\Delta n}$(정격감도전류), 과전류보호장치의 경우
  5초 이내 동작전류)

ⓒ 비접지 국부등전위본딩
- 절연성 바닥으로 된 비접지 장소에서 다음의 경우 국부등전위본딩을 하여야
  한다.
  – 전기설비 상호 간이 2.5[m] 이내인 경우
  – 전기설비와 이를 지지하는 금속체 사이
- 전기설비 또는 계통외도전부를 통해 대지에 접촉하지 않아야 한다.

(3) 등전위본딩도체 – 보조 보호 등전위본딩도체
① 두 개의 노출도전부를 접속하는 경우 도전성은 노출도전부에 접속된 더 작은 보호도
체의 도전성보다 커야 한다.
② 노출도전부를 계통외도전부에 접속하는 경우 도전성은 같은 단면적을 갖는 보호도
체의 $\dfrac{1}{2}$ 이상이어야 한다.
③ 케이블의 일부가 아닌 경우 또는 선로도체와 함께 수납되지 않은 본딩도체는 다음
값 이상이어야 한다.
  ㉠ 기계적 보호가 된 것은 구리도체 2.5[mm$^2$], 알루미늄도체 16[mm$^2$]
  ㉡ 기계적 보호가 없는 것은 구리도체 4[mm$^2$], 알루미늄도체 16[mm$^2$]

## **036** 감전보호용 보조 등전위본딩의 시설기준에 대하여 설명하시오.

**(data)** 전기안전기술사 및 건축전기설비기술사 출제예상문제

**답안** 1. 목적

고장에 대한 추가 대책으로서 보조 등전위본딩의 목적임

### 2. 보조 보호 등전위본딩의 시설기준

(1) 전원자동차단에 의한 감전보호방식에서 고장 시 자동차단시간이 고장 시 자동차단규정
    에서 요구하는 계통별 최대차단시간을 초과하는 경우임

    즉, 고장 시 자동차단조건이 충족되지 않을 경우에 적용한다는 의미임

(2) "(1)"의 차단시간을 초과하고 2.5[m] 이내에 설치된 고정기기의 노출도전부와 계통외도
    전부는 보조 보호 등전위본딩을 할 것

(3) 다만, 보조 보호 등전위본딩의 유효성에 관해 의문이 생길 경우, 동시에 접근 가능한
    노출도전부와 계통외도전부 사이의 저항값($R$)이 다음의 조건을 충족하는지 확인할 것

   ① 교류계통 : $R \leq \dfrac{50\,V}{I_a}[\Omega]$

   ② 직류계통 : $R \leq \dfrac{120\,V}{I_a}[\Omega]$

   여기서, $I_a$ : 보호장치의 동작전류[A]

   [누전차단기의 경우는 $I_{\Delta n}$(정격감도전류), 과전류보호장치의 경우는 5초
   이내 동작전류]

(4) 보조 등전위본딩을 설치한 경우에서도 누전 시 전원의 차단은 필요함

(5) 감전보호용 보조 보호 등전위본딩도체 단면적

   ① 두 개의 노출도전부를 접속하는 경우 도전성은 노출도전부에 접속된 더 작은 보호도
      체의 도전성보다 커야 함

   ② 노출도전부를 계통외도전부에 접속하는 경우 도전성은 같은 단면적을 갖는 보호도
      체의 $\dfrac{1}{2}$ 이상일 것

   ③ 케이블의 일부가 아닌 경우 또는 선로도체와 함께 수납되지 않은 본딩도체는 다음
      값 이상일 것

      ㉠ 기계적 보호가 된 것은 구리도체 2.5[mm²], 알루미늄도체 16[mm²]

      ㉡ 기계적 보호가 없는 것은 구리도체 4[mm²], 알루미늄도체 16[mm²]

(6) 보조 등전위본딩을 시설할 특수한 장소 또는 설비는 다음과 같음

 ① 욕조 또는 샤워욕조가 있는 장소의 설비

 ② 농업 및 원예용, 숙박차량 정박지의 전기설비

 ③ 피뢰설비, 보토, 실험용 테이블이 있는 강의실

 ④ 청정실험대, 분수, 예비전원장치

 ⑤ 수영풀장, 기타 욕조가 있는 장소의 설비(예 거품욕조 등)

 ⑥ 기타 안테나설비, 전화

## 037 비도전성 장소에 대한 감전보호방법 및 감전보호용 비접지 국부 등전위본딩 시설기준을 설명하시오.

**data** 전기안전기술사 및 건축전기설비기술사 출제예상문제 / KEC 143.2.3

**답안**

### 1. 비도전성 장소에 대한 감전보호방법

(1) 충전부의 기본절연 고장으로 인해 서로 다른 전위가 될 수 있는 부분들에 대한 동시접촉 방지

(2) 숙련자와 기능자의 통제 또는 감독이 있는 설비에 적용 가능한 보호대

(3) 절연고장으로 인하여 인체에 흐르는 누설전류는 10[mA] 이하가 되어 관련 표준(KS C IEC 60479-1, 5.4 이탈한계)에서 정하는 이탈한계전류 이하로 되어 감전으로부터 보호

(4) 이때 이격거리는 다음과 같다.

① 전기설비 사이의 이격 : $L \geq 2.5[\text{m}]$

② 2.5[m] 이상으로 전기설비는 이격되게 할 것

### 2. 감전보호용 비접지 국부 등전위본딩 시설기준

(1) 절연성 바닥으로 된 비접지 장소에서 다음의 경우 국부등전위본딩을 할 것

① 전기설비 상호 이격거리가 2.5[m] 이내인 경우

② 전기설비와 이를 지지하는 금속체 사이

③ 대지에서 절연된 바닥의 절연저항(측정점에서 도전부와 바닥 또는 벽 사이의 저항)

ㄱ 공칭전압이 500[V] 이하인 경우는 50[kΩ] 이상일 것

ㄴ 공칭전압이 500[V] 초과한 경우는 100[kΩ] 이상일 것

(2) 전기설비 또는 계통외도전부를 통해 대지에 접촉하지 않을 것

## section **05** 피뢰시스템 (KEC 1장 – 150)

**038** 피뢰시스템에 대하여 다음 사항을 설명하시오. (각 항목 10~25점 예상)
1. 피뢰시스템의 적용범위
2. 피뢰시스템의 접지
3. 피뢰시스템의 구분
4. 피뢰시스템의 구성
5. 피뢰시스템의 접지극시스템
6. 피뢰시스템 등급 선정

**data** 전기안전기술사 및 건축전기설비기술사 출제예상문제 / KEC 151

**답안** 1. **피뢰시스템의 적용범위**

(1) 전기전자설비가 설치된 건축물·구조물로서 낙뢰로부터 보호가 필요한 것

(2) 지상으로부터 높이가 20[m] 이상인 것

2. **피뢰시스템의 접지**

(1) 피뢰시스템의 접지란 피뢰설비에 뇌격전류가 통전될 경우 안전하게 대지로 뇌격전류를 대지로 방류시키기 위한 접지극을 대지에 매설하는 설비

(2) 피뢰시스템의 접지 규정 적용은 다음의 규정을 적용함

① 접지극시스템

② 전지전자설비의 접지 및 본딩을 이용한 보호

③ 피뢰시스템의 등전위본딩

3. **피뢰시스템의 구분**

┃ 전체 피뢰시스템의 구분 설명도 ┃

**comment** KEC 규정 전체를 파악하는 기법을 독자 스스로 해볼 것 → 대단히 중요한 기법으로 KEC 규정 별로 마인드맵을 작성하여 10일 정도 회독 요함(1회독 시간은 전체 KEC 문답을 1시간 이내로 하면 저절로 암기됨)

## 4. 피뢰시스템의 구성(LPS ; Lightning Protection System)

(1) 피뢰시스템의 구성 : 직격뢰로부터 대상물을 보호하기 위한 외부 피뢰시스템

(2) 간접뢰 및 유도뢰로부터 대상물을 보호하기 위한 내부 피뢰시스템

## 5. 피뢰시스템의 접지극시스템

(1) 뇌전류를 대지로 방류시키기 위한 접지극시스템은 다음에 의함

  ① 피뢰시스템의 접지극시스템은 A형(수평 또는 수직 접지극) 또는 B형(메시형 접지극 : 환상도체 접지극 또는 기초 접지극)을 단독 또는 조합으로 구성

  ② A형(수평 또는 수직 접지극) : 통상적으로 폐 Loop의 형태는 아님

    ㉠ 최소 2개 이상을 동일 간격으로 배치, 수평접지극 길이 : $l_1$, 수직접지극 : $0.5l_1$

    ㉡ KS C IEC 62305-3의 LPS 등급별 각 접지극의 최소길이 이상으로 함

    ㉢ 단, 설치방향에 의한 환산율은 수평 1.0, 수직 0.5

    ㉣ 접지저항이 10[Ω] 이하인 경우 최소길이 이하로 할 수 있음

  ③ B형(메시형 접지극 : 환상도체 접지극 또는 기초 접지극)

    ㉠ 접지극 면적을 환산한 평균 반지름 : KS C IEC 62305-3(피뢰시스템-구조물의 물리적 손상 및 인명위험)의 LPS 등급별 각 접지극의 최소길이 이상으로 함

    ㉡ 환상 접지극으로 둘러싸인 면적의 평균 반지름($r_e$) < 최소길이 $l_1$ 미만인 경우 (해당 길이의 수평 또는 수직 매설 접지극을 추가로 시설)

    ㉢ 단, 추가하는 수평·수직 매설 접지극은 최소 2개 이상으로 함

(2) 접지극은 다음에 따라 시설할 것

  ① 지표면에서 0.75[m] 이상 깊이로 매설할 것
다만, 필요시는 해당 지역의 동결심도를 고려한 깊이로 할 수 있음

  ② 대지가 암반지역으로 대지저항이 높거나 건축물·구조물이 전자통신시스템을 많이 사용하는 시설의 경우에는 환상도체 접지극 또는 기초 접지극으로 함

  ③ 접지극 재료는 대지에 환경오염 및 부식의 문제가 없을 것

  ④ 철근콘크리트 기초 내부의 상호 접속된 철근 또는 금속제 지하구조물 등 자연적 구성부재는 접지극으로 사용할 수 있다.

(3) 피뢰시스템의 주요 접지극 재료 및 치수

  ① 연선 및 원형 단선 : 구리, 주석도금한 구리 재료의 50[mm²] 이상

  ② 판상 단선 또는 격자판 : 구리 재료의 접지판 500×500[mm] 이상, 주석도금한 구리 재료의 접지판 600×600[mm] 이상

## 6. 피뢰시스템 등급 선정(LPL ; Lightning Protection Level)

(1) 피뢰시스템 등급에 따라 필요한 곳에는 피뢰시스템을 시설할 것

(2) 피뢰시스템 등급은 대상물의 특성에 따라 KS C IEC 62305-2(피뢰시스템-제2부 : 리스크 관리)에 의한 피뢰레벨에 따라 선정할 것

(3) 다만, 위험물의 제조소·저장소 및 처리장에 설치하는 피뢰시스템은 II등급 이상일 것

보호등급에 따른 뇌보호시스템의 보호등급과 보호효율 등

| 피뢰<br>등급 | 적용 장소 | 보호<br>효율 | 회전구체<br>반경 | 메시법<br>(간격) | 보호각법<br>(25°기준) |
|---|---|---|---|---|---|
| I | 화학공장, 원자력발전소 등 환경적으로<br>위험한 건축물 | 0.98 | 20[m] | 5[m] | 20[m] |
| II | 정유공장, 주유소 등 주변에 위험한 건축물 | 0.95 | 30[m] | 10[m] | 30[m] |
| III | 전화국, 발전소 등 위험을 내포한 건축물 | 0.9 | 45[m] | 15[m] | 45[m] |
| IV | 주택, 학교 등 일반건축물 | 0.8 | 60[m] | 20[m] | 60[m] |

comment 중요 자료임 : 암기 필수

(4) 자연적으로 발생하는 뇌방전을 초과하지 않는 최대·최소 설계값에 대한 확률과 관련된 일련의 뇌격전류 매개변수(Parameter)로 정해지는 레벨을 말함

**039** 피뢰시스템의 외부 피뢰시스템에 대한 아래 항목을 설명하시오. (각 항목 10~25점 예상)
1. 외부 시스템의 전체 구성
2. 수뢰부시스템
3. 인하도선시스템
4. 접지극시스템
5. 부품 및 접속기준
6. 옥외에 시설된 전기설비의 피뢰시스템

(**data**) 전기안전기술사 및 건축전기설비기술사 출제예상문제

(**답안**) **1. 외부 피뢰시스템의 전체 구성**

건축물 · 구조물 피뢰시스템에서 외부 피뢰시스템은 낙뢰 발생 시 건축물 안의 전기설비 보호를 목적으로 하여 외부 전류를 대지로 안전하게 방류되게 수뢰부, 인하도선, 접지극으로 구성된다.

**2. 외부 피뢰시스템의 수뢰부시스템**

(1) 돌침, 수평도체, 메시도체의 요소 중에 한 가지 또는 이를 조합한 형식으로 시설할 것

(2) 수뢰부시스템 재료는 KS C IEC 62305-3(피뢰시스템-제3부 : 구조물의 물리적 손상 및 인명위험)의 [표 6](수뢰도체, 피뢰침, 대지인입붕괴 인하도선 재료, 형상과 최소단면적)에 의함

(3) 자연적 구성부재가 구조물의 물리적 손상 및 인명위험 규정에 적합하면 수뢰부시스템으로 사용 가능

(4) 수뢰부시스템의 배치방법

① 보호각법, 회전구체법, 메시법 중 하나 또는 조합된 방법으로 배치할 것

② 건축물 · 구조물의 뾰족한 부분, 모서리 등에 우선하여 배치한다.

③ 피뢰시스템의 보호각, 회전구체 반경, 메시 크기의 최댓값은 다음 표와 같고, 피뢰시스템의 등급별 회전구체 반지름, 메시 치수와 보호각의 최댓값은 그림 ▎피뢰시스템의 등급별 보호각 ▎에 의함

▎ **보호등급에 따른 뇌보호시스템의 보호등급과 보호효율 등** ▎

| 피뢰 등급 | 적용 장소 | 보호 효율 | 회전구체 반경 $R$ | 메시법 (간격) | 보호각법 (25° 기준) |
|---|---|---|---|---|---|
| I | 화학공장, 원자력발전소 등 환경적으로 위험한 건축물 | 0.98 | 20[m] | 5[m] | 20[m] |
| II | 정유공장, 주유소 등 주변에 위험한 건축물 | 0.95 | 30[m] | 10×10 | 30[m] |

| 피뢰<br>등급 | 적용 장소 | 보호<br>효율 | 회전구체<br>반경 $R$ | 메시법<br>(간격) | 보호각법<br>(25° 기준) |
|---|---|---|---|---|---|
| Ⅲ | 전화국, 발전소 등 위험을 내포한 건축물 | 0.9 | 45[m] | 15×10 | 45[m] |
| Ⅳ | 주택, 학교 등 일반건축물 | 0.8 | 60[m] | 25×20 | 60[m] |

**comment** 암기 필수

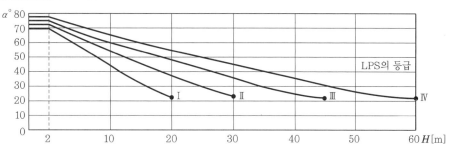

- $H$는 보호대상지역 기준 평편으로부터의 높이($\alpha$ : 보호각)
- $H$가 2[m]이면 보호각은 불변임
- 보호각법은 그림의 ●을 넘는 범위의 보호에는 적용불가이며, 회전구체법과 메시법만 이용 가능함

‖ 피뢰시스템의 등급별 보호각 ‖

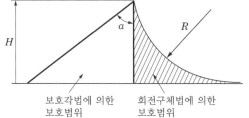

$H$ : 보호대상지역 기준 평편으로 부터의 높이
$\alpha$ : 보호각
$R$ : 회전구체 반경

보호각법에 의한 보호범위
회전구체법에 의한 보호범위

‖ 피뢰설비의 보호범위 ‖

(5) 높이 60[m]를 초과하는 건축물 · 구조물의 측격뢰 보호용 수뢰부시스템의 시설방법

① 상층부와 이 부분에 설치한 설비를 보호할 수 있도록 시설할 것

② 건축물 · 구조물의 뾰족한 부분, 모서리 등에 우선하여 배치함

③ 전체 높이 60[m]를 초과하는 건축물 · 구조물의 최상부로부터 20[%] 부분에 한하며, 피뢰시스템 등급 Ⅳ의 요구사항에 따름

④ 자연적 구성부재가 규정에 적합하면 측뢰 보호용 수뢰부로 사용 가능함

⑤ 자연적 구성부재를 사용하는 경우에는 다음의 수뢰부시스템용 금속판 또는 금속배관의 최소두께는 다음 표에 따름

‖ 수뢰시스템용 금속관 또는 금속배관의 최소두께 ‖

| 재 료 | 최소두께 | 배관이 관통, 고온점 또는 발화의 방지가 중요하지 않은 경우 |
|---|---|---|
| 강철 | 2[mm] 이상 | 0.5[mm] 이상 |
| 동 | 5[mm] 이상 | 0.5[mm] 이상 |

⑥ 수뢰부는 구조물의 철골 프레임 또는 전기적으로 연결된 철골 콘크리트의 금속과 같은 자연부재 인하도선에 접속 또는 인하도선을 설치할 것

(6) 건축물·구조물과 분리되지 않은 수뢰부시스템의 시설은 다음에 따름

  ① 지붕 마감재가 불연성 재료로 된 경우 지붕 표면에 시설할 수 있음

  ② 지붕 마감재가 높은 가연성 재료로 된 경우 지붕재료와 다음과 같이 이격 시설함

    ㉠ 초가지붕 또는 이와 유사한 경우 0.15[m] 이상

    ㉡ 다른 재료의 가연성 재료인 경우 0.1[m] 이상

(7) 건축물·구조물을 구성하는 금속판 또는 금속배관 등 자연적 구성부재를 수뢰부로 사용하는 경우 자연적 부재 조건에 충족할 것

## 3. 인하도선시스템

(1) 수뢰부시스템과 접지시스템을 전기적으로 연결하는 것으로 다음에 의함

  ① 복수의 인하도선을 병렬로 구성할 것

    다만, 건축물·구조물과 분리된 피뢰시스템인 경우 예외로 할 수 있음

  ② 도선경로의 길이가 최소가 되도록 할 것

  ③ 인하도선시스템 재료는 KS C IEC 62305-3(피뢰시스템-제3부 : 구조물의 물리적 손상 및 인명위험)의 "표 6(수뢰도체, 피뢰침, 대지인입봉과 인하도선의 재료, 형상과 최소단면적)"에 의함

(2) 배치방법은 다음에 의할 것

  ① 건축물·구조물과 분리된 피뢰시스템인 경우

    ㉠ 뇌전류의 경로가 보호대상물에 접촉하지 않도록 할 것

    ㉡ 별개의 지주에 설치되어 있는 경우, 각 지주마다 1가닥 이상의 인하도선을 시설

    ㉢ 수평도체 또는 메시도체인 경우 지지구조물마다 1가닥 이상의 인하도선을 시설

  ② 건축물·구조물과 분리되지 않은 피뢰시스템인 경우(비독립형)

    ㉠ 벽이 불연성 재료로 된 경우에는 벽의 표면 또는 내부에 시설할 수 있다(다만, 벽이 가연성 재료인 경우에는 0.1[m] 이상 이격하고, 이격이 불가능한 경우에는 도체의 단면적을 100[mm$^2$] 이상으로 한다).

    ㉡ 인하도선의 수는 2조 이상일 것

    ㉢ 보호대상 건축물·구조물의 투영에 따른 둘레에 가능한 한 균등한 간격으로 배치할 것. 다만, 노출된 모서리 부분에 우선하여 설치할 것

    ㉣ 병렬 인하도선의 최대간격은 피뢰시스템 등급에 따라 Ⅰ·Ⅱ등급은 10[m], Ⅲ등급은 15[m], Ⅳ등급은 20[m]로 한다.

(3) 수뢰부시스템과 접지극시스템 사이에 전기적 연속성이 형성되게 다음에 따라 시설할 것

  ① 경로는 가능한 한 루프 형성이 되지 않도록 하고, 최단거리로 곧게 수직으로 시설하여야 하며, 처마 또는 수직으로 설치된 홈통 내부에 시설하지 않을 것

② 철근콘크리트구조물의 철근을 자연적 구성부재의 인하도선으로 사용하기 위해서는 해당 철근 전체 길이의 전기저항값은 0.2[Ω] 이하가 되어야 하며, 전기적 연속성은 KS C IEC 62305-3(피뢰시스템-제3부 : 구조물의 물리적 손상 및 인명위험)의 "철근콘크리트구조물에서 강제 철골조의 전기적 연속성"에 따를 것

③ 시험용 접속점을 접지극시스템과 가까운 인하도선과 접지극시스템의 연결부분에 시설하고, 이 접속점은 항상 폐로되어야 하며 측정 시에 공구 등으로만 개방할 수 있을 것. 다만, 자연적 구성부재를 이용하거나, 자연적 구성부재 등 본딩을 하는 경우에는 예외로 함

(4) 인하도선으로 사용하는 자연적 구성부재는 KS C IEC 62305-3(피뢰시스템-제3부 : 구조물의 물리적 손상 및 인명위험)의 "4.3 철근콘크리트 구조물에서 강제 철골조의 전기적 연속성"과 "5.3.5 자연적 구성부재"의 조건에 적합할 것이며, 다음에 따름

① 각 부분의 전기적 연속성과 내구성이 확실하고, 인하도선으로 규정된 값 이상인 것

② 전기적 연속성이 있는 구조물 등의 금속제 구조체(철골, 철근 등)

③ 구조물 등의 상호 접속된 강제 구조체

④ 건축물 외벽 등을 구성하는 금속 구조재의 크기가 인하도선에 대한 요구사항에 부합하고 또한 두께가 0.5[mm] 이상인 금속판 또는 금속관

⑤ 인하도선을 구조물 등의 상호 접속된 철근·철골 등과 본딩하거나, 철근·철골 등을 인하도선으로 사용하는 경우 수평환상도체는 설치하지 않아도 됨

⑥ 인하도선의 접속은 부품 및 접속 규정에 따른다.

## 4. 외부 피뢰시스템의 접지극시스템

(1) 개념

① 접지극시스템 목적 : 뇌전류를 대지로 방류시키기 위함

② 수평 또는 수직 접지극(A형), 환상도체 접지극, 기초 접지극(B형) 중 하나 또는 조합한 시설

③ 재료 : KS C IEC 62305-3(피뢰시스템-구조물의 물리적 손상 및 인명위험)의 [표 7] 접지극의 재료, 형상과 최소치수에 의함

(2) 일반적인 접지극 시설방법

① 깊이 : 지표면 0.75[m] 이상 깊이로 매설. 단, 필요시 해당 지역이 동결심도를 고려

② 접지극 재료는 대지에 환경오염 및 부식의 문제가 없을 것

③ 철근콘크리트 기초 내부의 상호 접속된 철근 또는 금속제 지하구조물 등 자연적 구성부재는 접지극으로 사용 가능

④ 시공 중에 검사가 가능하도록 접지극을 설치

(3) 자연적 구성부재의 접지극

① 콘크리트 기초 내부의 상호 접속된 철근이나, 기타 적당한 금속제 지하구조물을 접지극으로 사용할 수 있음

② 콘크리트 내부의 철근을 접지극으로 사용하는 경우, 콘크리트의 기계적 파열을 방지하기 위해 상호 접속에 특별히 주의

③ 뇌보호 목적을 위하여 특별히 설치하지는 않았으나 뇌보호 기능을 수행하는 구성부재로 건축물의 형태나 구조부분을 구성하는 재료

④ 예로서 건축물의 철골, 철근, 금속제 커튼월, 금속외장마감 등이 있다.

(4) 피뢰시스템의 접지극 설치

① A형(수평 또는 수직 접지극) : 통상적으로 폐 Loop의 형태는 아님

  ㉠ 최소 2개 이상을 동일 간격으로 배치, 수평접지극 길이 : $l_1$, 수직접지극 : $0.5l_1$

  ㉡ KS C IEC 62305-3의 LPS 등급별 각 접지극의 최소길이 이상으로 함

  ㉢ 단, 설치방향에 의한 환산율은 수평 1.0, 수직 0.5

  ㉣ 접지저항이 10[Ω] 이하인 경우 최소길이 이하로 할 수 있음

  ㉤ A형 접지극 형태

| 구 분 | 판상접지극 | 수직접지극 | 방사성 접지극 |
|---|---|---|---|
| 최소길이 | $0.35[\text{m}^2]$ 이상 | $0.5l$ 이상 | $l$ 이상 |
| 전위분위 | | | |
| 접지극수 | 2극 이상 | | |
| 비고 | • 접지저항 10[Ω] 이하 시 접지극 최소길이 이하 가능<br>• 매설깊이는 건물보호등급, 대지 저항률에 따라 다르게 적용<br>• $l$ : 접지극의 최소길이 | | |

  ㉥ 접지극(A형 접지극)은 상단이 최소 0.5[m](국내 0.75[m]) 이상 깊이 매설, 지중에서 상호의 전기적 결합효과가 최소가 되도록 균등하게 배치

② B형(메시형 접지극 : 환상도체 접지극 또는 기초접지극)

  ㉠ 접지극 면적을 환산한 평균 반지름 : KS C IEC 62305-3(피뢰시스템-구조물의 물리적 손상 및 인명위험)의 그림 3(LPS 등급별 각 접지극의 최소길이) 이상으로 함

  ㉡ 환상접지극으로 둘러싸인 면적의 평균 반지름($r_e$) < 최소길이($l_1$) 미만인 경우 해당 길이의 수평 또는 수직 매설 접지극을 추가로 시설

  ㉢ 단, 추가하는 수평·수직 매설 접지극은 최소 2개 이상으로 함

㉣ B형 접지극 형태

| 구분 | 상접지극 | 망상접지극 | 건축구조체 접지극 |
|------|---------|-----------|------------------|
| 형상 | | | |

㉤ 철근콘크리트 또는 철골조 건물은 낮은 저항체로 둘러싸인 새장 같은 모양으로 구성되어 있다고 볼 수 있고, 지하부는 대지와 접하고 있기 때문에 양호한 접지극이 될 수 있다. 이를 접지극으로 이용한 것이 기초접지극이다.

㉥ 건축물의 콘크리트 기초에 매설된 접지극으로 접지를 목적으로 별도로 시설하는 것을 제외한 것을 말한다.

㉦ 기초접지극은 건축물의 기초부분을 접지극으로 사용할 수 있음

㉧ 콘크리트에 매입된 기초접지극

  • 구조물 등의 철골 혹은 콘크리트로 구성된 접지극으로 소형 구조물(건축물)의 경우 기초콘크리트에 아연도금철판 혹은 철봉을 환상으로 포설하여 구성하는 접지극. 즉, 기초콘크리트에 접지도체를 환상으로 포설하는 접지극으로 건축 기초 시공 시 시공됨

  • 이 기초접지극은 콘크리트 안에 매설되므로 기계적인 파손에 의한 손상과 부식성 토양, 물, 공기 중의 산소에 의한 부식의 영향으로부터 접지전극은 보호됨

㉨ 암반지역(대지저항률 높음)이거나 전자통신시스템의 사용 장소는 시설환상도체 접지극(B극) 또는 기초접지극으로 할 것

㉩ 환상접지극(B형 접지극)은 벽과 1[m] 이상 이격, 최소깊이 0.5[m]에 매설할 것

## 5. 외부 피뢰시스템의 부품 및 접속기준

(1) **재료의 형상에 따른 최소단면적** : KS C IEC 62305-3의 [표 6] (수뢰도체, 피뢰침, 대지 인입붕괴 인하도선의 재료, 형성과 최소단면적)

(2) **피뢰시스템용의 부품** : KS C IEC 62305-3(구조물의 물리적 손상 및 인명위험) [표 5] (피뢰시스템의 재료와 사용조건)에 의한 재료를 사용할 것. 다만, 기계적·전기적·화학적 특성이 동등 이상인 경우 다른 재료를 사용할 수 있음

(3) 도체의 접속부 수는 최소한으로 할 것

(4) 접속은 용접, 압착, 봉합, 나사조임, 볼트조임 등의 방법으로 확실하게 할 것. 다만, 철근콘크리트 구조물 내부의 철골조의 접속은 152.2의 3의 "나"에 따름.

> **reference**
> 152.2 (인하도선시스템)의 3의 "나"
> 철근콘크리트 구조물의 철근을 자연적 구성부재의 인하도선으로 사용하기 위해서는 해당 철근 전체 길이의 전기저항값은 0.2[Ω] 이하가 되어야 하며, 전기적 연속성은 KS C IEC 62305-3(피뢰시스템-제3부 : 구조물의 물리적 손상 및 인명위험)의 "4.3 철근콘크리트 구조물에서 강제철골조의 전기적 연속성"에 따라야 한다.

### 6. 옥외에 시설된 전기설비의 피뢰시스템

**comment** 철탑의 가공지선 접지를 말함

(1) 고압 및 특고압 전기설비에 대한 피뢰시스템은 수뢰부시스템 내지 외부 피뢰시스템의 부품 및 접속 규정에 따름

(2) 외부에 낙뢰차폐선이 있는 경우 이것을 접지할 것

(3) 자연적 구성부재의 조건에 적합한 강철제 구조체 등을 자연적 구성부재 인하도선으로 사용할 수 있음

**040** 내부 피뢰시스템에 대한 다음 항목을 설명하시오.
1. 내부 피뢰시스템의 전기전자설비 보호의 일반사항
2. 내부 피뢰시스템의 전기전자설비 보호를 위한 전기적 절연
3. 내부 피뢰시스템의 전기전자설비를 보호하기 위한 접지와 본딩
4. 내부 피뢰시스템에 적용되는 서지보호장치 시설

**data** 전기안전기술사 및 건축전기설비기술사 출제예상문제 / KEC 153

**답안** 1. 내부 피뢰시스템의 전기전자설비 보호의 일반사항

(1) 내부 피뢰시스템 개념
  ① Internal Lightning Protection System로 표기
  ② 등전위본딩 및 외부 피뢰시스템의 전기적 절연으로 구성된 피뢰시스템의 일부를 말함
  ③ 외부 피뢰시스템 또는 구조물의 다른 도전부로 통해서 흐르는 뇌전류에 의해 보호대상의 구조물 안에서 위험한 불꽃방전이 발생되지 않게 하는 시설을 말함

(2) 뇌서지에 대한 보호는 다음 중 하나 이상에 의함
  **comment** 2중, 3중 대책 적용도 무방하다는 의미
  ① 접지 · 본딩
  ② 자기차폐와 서지유입경로 차폐
  ③ 서지보호장치 설치
  ④ 절연인터페이스 구성
  * 고급 건축물(반도체 공장, 정보통신, 종합병원, 항공시설 등)에 내부 피뢰시스템 적용임

(3) 전기전자설비의 뇌서지에 대한 보호
  ① 피뢰구역의 구분은 KS C IEC 62305-4(피뢰시스템-제4부 : 구조물 내부의 전기전자시스템)의 4.3[피뢰구역(LPZ)]에 의함
  ② 피뢰구역 경계부분에서는 접지 또는 본딩을 할 것
    다만, 직접 본딩이 불가능한 경우에는 서지보호장치를 설치할 것
  ③ 서로 분리된 구조물 사이가 전력선 또는 신호선으로 연결된 경우 각각의 피뢰구역은 153.1.3의 3의 "다"에 의한 방법으로 서로 접속할 것

**reference**
153.1.3(접지와 본딩)의 3
전자통신설비(또는 이와 유사한 것)에서 위험한 전위차를 해소하고 자계를 감소시킬 필요가 있는 경우 다음에 의한 등전위본딩망을 시설할 것

> 가. 등전위본딩망은 건축물·구조물의 도전성 부분 또는 내부설비 일부분을 통합시설할 것
> 나. 등전위본딩망은 메시 폭이 5[m] 이내가 되도록 하여 시설하고 구조과 구조물 내부의
>    금속부분은 다중으로 접속한다. 다만, 금속부분이나 도전성 설비가 피뢰구역의 경계를
>    지나가는 경우에는 직접 또는 서지보호장치를 통하여 본딩한다.
> 다. 도전성 부분의 등전위본딩은 방사형, 메시형 또는 이들의 조합형으로 한다.

**(4) 전기전자기기의 선정 시 정격 임펄스 내전압**

KS C IEC 60364-4-44(저압설비 제4-44부 : 안전을 위한 보호-전압 및 전기자기 방해에 대한 보호)의 [표 44.B](기기에 요구되는 정격 임펄스 내전압)에서 제시한 값 이상일 것

## 2. 내부 피뢰시스템의 전기전자설비 보호를 위한 전기적 절연

(1) 대상 및 기준 : 수뢰부 또는 인하도선과 건축물·구조물의 금속부분 사이의 전기적인 절연은 KS C IEC 62305-3(피뢰시스템-제3부 : 구조물의 물리적 손상 및 인명위험)의 "외부 피뢰시스템의 전기적 절연"에 의한 이격거리로 할 것

(2) 건축물·구조물이 금속제 또는 전기적 연속성을 가진 철근콘크리트 구조 등의 경우는 전기적 절연을 고려하지 않아도 됨

## 3. 내부 피뢰시스템의 전기전자설비를 보호하기 위한 접지와 본딩

(1) 전기전자설비를 보호하기 위한 접지와 피뢰등전위본딩은 다음에 따름
   ① 뇌서지 전류를 대지로 방류시키기 위한 접지를 시설할 것
   ② 전위차를 해소하고 자계를 감소시키기 위한 본딩을 구성할 것
(2) 접지극은 다음에 적합할 것
   ① 전자통신설비(또는 이와 유사한 것)의 접지는 환상도체 접지극 또는 기초접지극으로 할 것
   ② 개별 접지시스템으로 된 복수의 건축물·구조물 등을 연결하는 콘크리트덕트·금속제 배관의 내부에 케이블(또는 같은 경로로 배치된 복수의 케이블)이 있는 경우 각각의 접지 상호 간은 병행 설치된 도체로 연결할 것
   ③ 개별 접지시스템에서 차폐케이블인 경우는 차폐선을 양끝에서 각각의 접지시스템에 등전위본딩하는 것으로 할 것

## 4. 내부 피뢰시스템에 적용되는 서지보호장치 시설

(1) 전기전자설비 등에 연결된 전선로를 통하여 서지가 유입되는 경우 해당 선로에는 서지보호장치를 설치할 것
(2) 서지보호장치의 선정은 다음에 의할 것
   ① 전기설비의 보호용 서지보호장치

　　　㉠ KS C IEC 61643-12(저전압 서지보호장치-제12부 : 저전압 배전계통에 접속한 서지보호장치-선정 및 적용 지침)와 KS C IEC 60364-5-53(건축전기설비-제5-53부 : 전기기기의 선정 및 시공-절연, 개폐 및 제어)에 따름

　　　㉡ KS C IEC 61643-11(저압 서지보호장치-제11부 : 저압전력계통의 저압 서지보호장치-요구사항 및 시험방법)에 의한 제품을 사용할 것

　② 전자통신설비(또는 이와 유사한 것)의 보호용 서지보호장치
　　KS C IEC 61643-22(저전압 서지보호장치-제22부 : 통신망과 신호망 접속용 서지보호장치-선정 및 적용지침)에 따름

(3) 서지보호장치(SPD) 설치방법

　① 피뢰구역 경계부분에는 저압전기설비의 SPD설치에 관한 기술지침에 따른 서지보호장치 설치

　② 서로 분리된 구조물 사이가 전력선 또는 신호선으로 연결된 경우 각각의 피뢰구역은 외부 피뢰시스템의 접지극시스템의 시설방법으로 접속

　③ 다음 장소에 설치되는 전기선, 통신선 등에는 서지보호장치를 시설할 것
　　건축물 · 구조물은 하나 이상의 피뢰구역을 설정하고 각 피뢰구역의 인입선로에는 서지보호장치를 설치할 것

　④ 서지보호장치를 구분(SPD 구분)하여 설치
　　㉠ 전원용 : 병렬형을 사용
　　㉡ 통신용(신호용 및 데이터용 포함) : 직렬형을 사용

　⑤ 전원용 SPD에는 성능열화상태를 표시하는 표시장치를 설치할 것

　⑥ 건축물 안의 전기전자설비들이 낙뢰 피해가 없게 인입점, 분전반 등에 적합한 전원용을 설치할 것

　⑦ 통신용 SPD는 통신설비의 기능을 저해하거나 방해하지 않는 적합한 제품일 것

　⑧ 건축물의 인입점 부근과 건축 내의 피뢰구역 간의 경계에 사용하여 등전위본딩할 것

(4) 지중저압수전의 경우, 내부에 설치하는 전기전자기기의 과전압 범주별 임펄스 내전압이 규정값에 충족하는 경우는 서지보호장치를 생략할 수 있음

**041** 피뢰시스템 등전위본딩에 대하여 다음 사항을 설명하시오.
1. 일반사항
2. 금속제설비의 등전위본딩
3. 인입설비의 등전위본딩
4. 전기 및 통신설비의 등전위본딩
5. 등전위본딩 바
6. 전기전자설비의 접지·본딩을 이용한 내부 피뢰시스템의 보호

**data** 건축전기설비기술사 출제예상문제

**답안** **1. 일반사항**

(1) 피뢰시스템의 등전위화는 다음과 같은 설비들을 서로 접속함으로써 이루어진다.
  ① 금속제설비
  ② 내부 피뢰시스템
  ③ 구조물에 접속된 외부 도전성 부분

(2) 등전위본딩의 상호 접속은 다음에 의함
  ① 자연적 구성부재로 인한 본딩으로 전기적 연속성을 확보할 수 없는 장소는 본딩도체로 연결
  ② 본딩도체로 직접 접속이 적합하지 않거나 허용되지 않는 장소는 서지보호장치로 연결함
  ③ 본딩도체로 직접 접속이 허용되지 않는 장소의 경우에는 절연방전갭(ISG)을 이용

(3) 등전위본딩 부품의 재료 및 최소단면적은 KS C IEC 62305-3(피뢰시스템-제3부 : 구조물의 물리적 손상 및 인명위험)의 "5.6 재료 및 치수" 및 [표 1](피뢰레벨과 피뢰시스템 등급사이의 관계)에 따름

(4) 기타 등전위본딩에 대하여는 KS C IEC 62305-3(피뢰시스템-제3부 : 구조물의 물리적 손상 및 인명위험)의 "6.2 피뢰 등전위본딩"에 의할 것
  ① 피뢰설비, 금속구조체, 금속시설물, 전력계통의 도전부와 보호범위 내부의 전력, 약전 및 통신설비는 본딩용 도체 또는 서지보호장치(SPD)로 일괄 접속될 것
  ② 건축물 내의 금속제 시설물은 지표면에서 본딩 바를 본딩용 도체에 접속하여 접지시스템에 접속될 것
  ③ 가스관과 수도관의 도중에 절연부품이 사용되는 경우에는 서지보호장치(SPD)를 사용하여 연결될 것

(5) 내부 피뢰시스템에 적용하는 등전위본딩도체의 최소단면적

본딩 바를 상호 접속하는 본딩도체 및 접지극에 직접 접속시키는 본딩도체의 최소단면적과 내부 금속설비의 본딩 바 접속용 본딩도체의 최소굵기는 다음 표와 같음

‖ 피뢰용 등전위 접지도체의 최소굵기 ‖

| 본딩 바를 상호 접속용 본딩도체 | 내부 금속설비의 본딩 바 접속용 본딩도체 |
|---|---|
| • 동 : $16[mm^2]$<br>• 알루미늄 : $25[mm^2]$<br>• 철 : $50[mm^2]$ | • 동 : $6[mm^2]$<br>• 알루미늄 : $10[mm^2]$<br>• 철 : $16[mm^2]$ |

(6) 피뢰시스템에 등전위본딩이 불가능한 경우에는 안전한 이격거리를 확보할 것

## 2. 금속제설비의 등전위본딩

(1) 외부 피뢰시스템이 보호대상 건축물 · 구조물에서 분리된 외부 피뢰시스템인 경우, 등전위본딩은 지표면 부근에서 시행할 것

(2) 건축물 · 구조물과 접속된 외부 피뢰시스템의 경우, 피뢰 등전위본딩은 다음에 따름

① 기초부분 또는 지표면 부근 위치에서 하여야 하며, 등전위본딩도체는 등전위본딩 바에 접속하고, 등전위본딩 바는 접지시스템에 접속하며, 쉽게 점검할 수 있을 것

② 절연요구조건에 따른 안전이격거리를 확보할 수 없는 경우에는 피뢰시스템과 건축물 · 구조물 또는 내부설비의 도전성 부분은 등전위본딩을 할 것

③ 직접 접속하거나 충전부인 경우는 서지보호장치를 경유하여 접속할 것

④ 다만, 서지보호장치를 사용하는 경우 보호레벨은 보호구간 기기의 임펄스 내전압보다 작을 것

(3) 건축물 · 구조물의 등전위본딩은 다음과 같이 할 것

① 건축물 · 구조물에는 지하 0.5[m]와 높이 20[m] 마다 환상도체를 설치할 것

② 다만, 철근콘크리트, 철골 구조물의 구조체에 인하도선을 등전위본딩하는 경우, 환상도체는 설치하지 않아도 됨

## 3. 인입설비의 등전위본딩

(1) 건축물 · 구조물의 외부에서 내부로 인입되는 설비의 도전부에 대한 등전위본딩은 다음에 의함

① 인입구 부근에서 등전위본딩의 적용 규정에 의한 등전위본딩을 시공할 것

② 전원선은 서지보호장치를 경유하여 등전위본딩함

③ 통신 및 제어선은 내부와의 위험한 전위차 발생을 방지하기 위해 직접 또는 서지보호장치를 통해 등전위본딩함

(2) 저압수전하는 경우 인입용 배전반 또는 분전함 가까운 지점에서 등전위본딩을 하며, 본딩 바는 짧은 경로의 본딩용 도체로 접지에 접속할 것

(3) 가스관 또는 수도관의 연결부가 절연체인 경우, 해당 설비 공급사업자의 동의를 받아 적절한 공법(절연방전갭 등 사용)으로 등전위본딩할 것

(4) 저압 접지계통이 TN 계통인 경우, 보호도체(또는 중성선 겸용 보호도체)는 직접 또는 서지보호장치를 통하여 본딩 바에 접속할 것. 다만, 전원선 또는 통신선이 차폐되었거나 금속관 내에 배선되어 있으면 차폐층 또는 금속관을 본딩할 것

(5) 피뢰시스템에 근접한 설비로서 등전위본딩이 불가능한 경우 안전이격거리를 확보

## 4. 전기 및 통신설비의 등전위본딩

(1) 건축물의 인입점 부근에서 서지보호장치(SPD)를 사용하여 등전위본딩할 것

(2) 건축물 내 피뢰구역(LPZ) 간의 경계에 서지보호장치(SPD)를 사용하여 등전위본딩할 것

## 5. 등전위본딩 바

(1) 설치위치는 짧은 경로로 접지시스템에 접속할 수 있는 위치로 하여야 하며, 저압 수전계통인 경우 주배전반에 가까운 지표면 근방 내부 벽면에 설치할 것

(2) 접지시스템(환상접지전극, 기초접지전극, 구조물의 접지보강재 등)에 짧은 경로로 접속할 것

(3) 외부 도전성 부분, 전원선과 통신선의 인입점이 다른 경우 여러 개의 등전위본딩 바를 설치할 수 있음

(4) 건축물·구조물이 낮은 레벨의 서지 내전압이 요구되는 전자통신설비용인 경우, 시설하는 내부 환상도체는 5[m]마다 보강재에 접속할 것

## 6. 전기전자설비의 접지·본딩을 이용한 내부 피뢰시스템의 보호

(1) 접지극은 다음에 적합할 것

① 전자통신설비(또는 이와 유사한 것)의 접지는 환상도체접지극 또는 기초접지극일 것

② 접지를 환상도체접지극 또는 기초접지극으로 시설하는 경우

㉠ 메시접지망을 5[m] 이내의 간격으로 시설함

㉡ 다만, 기초철근콘크리트 바닥이 상호 잘 접속되어 철근 등이 메시망을 형성하거나, 접지극에 5[m] 이내마다 연결되는 경우는 접지극으로 본다.

③ 복수의 건축물·구조물 등을 각각 접지를 구성하고, 각각의 부분을 연결하는 콘크리트덕트·금속제 배관의 내부에 케이블이 있는 경우

㉠ 각각의 접지 상호 간은 병행 설치된 도체로 연결함

㉡ 다만, 차폐케이블인 경우는 차폐선을 양끝에서 각각의 접지시스템에 등전위본딩할 것

(2) 전자통신설비에서 위험한 전위차를 해소하고 자계를 감소시킬 필요가 있는 경우 다음에 의한 등전위본딩망을 시설할 것
  ① 등전위본딩망은 건축물·구조물의 도전성 부분 또는 내부설비 일부분을 통합하여 시설함
  ② 등전위본딩망은 메시 폭이 5[m] 이내가 되도록 하여 시설할 것
  ③ 구조물과 구조물 내부의 금속부분은 다중으로 접속함
  ④ 다만, 금속부분이나 도전성 설비가 피뢰구역의 경계를 지나가는 경우에는 직접 또는 서지보호장치를 통하여 본딩할 것
  ⑤ 도전성 부분의 등전위본딩은 방사형, 메시형 또는 이들의 조합형으로 함

**042** 발전설비의 내진설계 및 내진성능 평가기준에 대하여 설명하시오.

**(data)** 공통 출제예상문제 / KEC 180
**(comment)** 출제확률이 매우 높은 문제

**답안** **1. 내진등급 및 관리등급**

(1) 발전시설의 내진등급 및 시설물 관리등급은 시설 중요도에 따라서 '내진 특등급', '내진 I등급' 2가지로 분류한다.

(2) 발전설비 용량별로 '핵심시설', '중요시설', '일반시설'의 3종류로 구분하여 관리한다.

(3) 내진등급 및 내진대상 시설물의 관리등급의 구분은 다음 표와 같다.

**∥ 내진등급 및 내진대상 시설물의 관리등급 ∥**

| 내진등급 | 관리등급 | 적용 대상 발전시설 |
|---|---|---|
| '특'등급 | 핵심시설 | 2017. 10. 1. 이후 신규 인허가를 취득한 발전시설로서, 사업구역 내 총 설비용량이 3[GW]를 초과하는 시설 |
| | 중요시설 | ① 2017. 10. 1. 이후 신규 인허가를 취득한 발전시설로서, 사업구역 내 총 설비용량이 20[MW] 초과 3[GW] 이하인 시설 ② 2017. 10. 1. 이전 인허가를 취득한 발전시설로서, 사업구역 내 총 설비용량이 20[MW]를 초과하는 시설(해당 시설이 2017. 10. 1. 이후 같은 사업구역 내에서 증설되어 그 총 설비용량의 합이 3[GW]를 초과하는 경우 포함) |
| 'I'등급 | 일반시설 | 사업구역 내 총 설비용량이 20[MW] 이하인 발전시설(해당 시설이 2017. 10. 1. 이후 같은 사업구역 내에서 증설되어 그 총 설비용량의 합이 20[MW]를 초과하는 경우 포함) |

• 사업구역 내 총 설비용량의 확인 : '전기사업허가'(전기사업법), '전원개발사업 실시계획의 승인'(전원개발촉진법), '산업단지실시계획의 승인'(산업입지 및 개발에 관한 법률) 등에 의하여 발전설비를 설치·운용하기 위한 사업구역 내 설비용량

**2. 내진성능수준**

(1) 발전시설의 관리등급별 내진성능수준은 '기능수행', '즉시복구', '장기복구/인명보호', '붕괴방지'로 분류함

(2) 각 설계지진에 대하여 최소 다음의 내진성능을 만족하도록 하며, 세부적인 사항은 관계법령에서 정하는 시설별 내진설계기준에 따를 것

(3) 시설물의 최소내진성능수준은 다음 표와 같음

**∥ 시설물의 최소내진성능수준 ∥**

| 설계지진 재현주기 | 설계지진 (유효수평 지반가속도) | 내진성능수준 | | | |
|---|---|---|---|---|---|
| | | 기능수행 | 즉시복구 | 장기복구/인명보호 | 붕괴방지 |
| 100년 | 0.063[g] 이상 | 일반시설 | | | |
| 200년 | 0.08[g] 이상 | 핵심 · 중요시설 | 일반시설 | | |
| 500년 | 0.11[g] 이상 | | 핵심 · 중요시설 | 일반시설 | |
| 1,000년 | 0.154[g] 이상 | | | 핵심 · 중요시설 | 일반시설 |
| 2,400년 | 0.22[g] 이상 | | | | 중요시설 |
| 4,800년 | 0.3[g] 이상 | | | | 핵심시설 |

• 설계지진의 유효수평지반가속도는 지진구역(Ⅰ)을 기준으로 산정한 값이다.

## 3. 내진설계

(1) 발전설비에 대해 내진설계를 하는 경우「지진 · 화산재해대책법」시행령 제10조의2(내진설계기준 공통적용사항)를 반영한 관계 법령에서 정하는 시설별 내진설계기준에 따름

(2) 다만, 설비 정착부에 대한 내진설계를 하는 경우 "발전용 수력 및 화력시설 설비 정착부 내진설계지침"을 적용할 수 있음

## 4. 내진성능평가

(1) 「지진 · 화산재해대책법」제15조(기존 시설물의 내진보강계획 수립 등)에 따라, 발전설비의 내진설계기준이 강화되어 기존 시설물을 대상으로 내진성능을 평가하여야 하는 경우, "발전용 수력 및 화력시설 설비 정착부 내진성능평가지침" 및 "발전용 수력 및 화력시설 기존 건축물 내진성능평가지침"을 참조할 수 있음

(2) 다만, 전력수급 기본계획에 의거 폐지가 결정된 잔존수명 5년 이하의 시설물 또는 재건축 등이 예정된 시설물은 내진성능평가 대상에서 제외함

memo

chapter

# 02

# 저압전기설비

## section 01 저압전기설비 통칙 (KEC 2장 – 200)

**043** KEC 규정에서 적용되는 저압전기설비의 적용범위 및 저압의 전압밴드를 설명하시오.

**data** 공통 출제예상문제

**답안**

### 1. 저압전기설비 범위

(1) 교류 1[kV] 또는 직류 1.5[kV] 이하인 저압의 전기를 공급하거나 사용하는 전기설비

(2) 전기설비를 구성하거나 연결하는 선로와 전기기계기구 등의 구성품

(3) 저압기기에서 유도된 1[kV] 초과 회로 및 기기(예 : 저압전원에 의한 고압방전등, 전기집진기 등)

### 2. 저압의 전압밴드 구분

(1) 전압밴드의 종류

| 종 류 | 전압밴드(BAND)의 적용범위 |
|---|---|
| 밴드 I | ① 전압값의 특정조건에 따라 감전보호를 실시하는 경우의 설비 <br> ② 전기통신, 신호, 벨, 제어 및 경보설비 등 기능상의 이유로 전압을 제한하는 설비 |
| 밴드 II | ① 가정용, 상업용 및 공업용 설비에 공급하는 전압을 포함한다. <br> ② 이 밴드는 공공 배전계통 전체의 전압을 포함한다. |

(2) 설비의 공칭전압에 대응한 교류 및 직류의 저압 전압밴드

| 전 압 | 밴드 (Band) | 접지계통 | | 비접지 또는 비유효접지계통 |
|---|---|---|---|---|
| | | 대지[V] | 선간[V] | 선간[V] |
| 교류 | I | $U \leq 50$ | $U \leq 50$ | $U \leq 50$ |
| | II | $50 < U \leq 600$ | $50 < U \leq 1,000$ | $50 < U \leq 1,000$ |
| 직류 | I | $U \leq 120$ | $U \leq 120$ | $U \leq 120$ |
| | II | $120 < U \leq 900$ | $120 < U \leq 1,500$ | $120 < U \leq 1,500$ |

• $U$ : 설비의 공칭전압[V]
• 중성선이 있는 경우, 중성선에서 공급되는 전기기기는 그 절연이 극간 전압에 해당되는 것을 선정할 것

## 3. 배전계통의 전압범위 구분

comment 표로 표현해도 되나 시험장소에서는 표 작성시간에 그냥 기록하는 것이 시간을 단축시킬 수 있음

(1) 저압

① 직류는 1,500[V] 이하

② 교류는 1,000[V] 이하

(2) 교류

① 직류는 1.5[kV]를 초과하고 7[kV] 이하

② 교류는 1.0[kV]를 초과하고 7[kV] 이하

(3) 특고압 : 7[kV] 초과

## **044** 저압전로의 배전방식 기준에 대하여 회로별로 구분하여 설치기준을 설명하시오.

**data** 전기안전기술사 및 건축전기설비기술사 출제예상문제 / KEC 202

**답안** **1. 교류회로의 배전방식**

   (1) 단상 2선식

      다음 항목 중의 어느 하나로 공급한다.

      ① 2개의 도체 모두가 선도체인 경우

      ② 1개의 선도체와 중성선

      ③ 1개의 선도체와 PEN 도체

   (2) 3상 3선식

      3개의 선도체로 부하가 선간에 접속(중성선은 필요하지 않을 수 있다)

   (3) 3상 4선식

      3개의 선도체와 중성선 또는 PEN 도체

      (단, 중성선 또는 PEN 도체는 충전도체는 아니지만 운전전류를 흘리는 도체이다)

> **reference**
> PEN = PE(즉, 보호도체) + 중성선(N) 조합 → 교류회로에서 중성선 겸용 보호도체
> • N : 중성선
> • PEN 도체(protective earthing conductor and neutral conductor)

**2. 직류회로의 배전방식**

   (1) 2선식 : 양도체와 음도체로 구성

   (2) 3선식 : 양도체, 음도체, PEM 또는 M(중간선)

   (3) PEL과 PEM 도체는 충전도체는 아니지만 운전전류를 흘리는 도체이다.

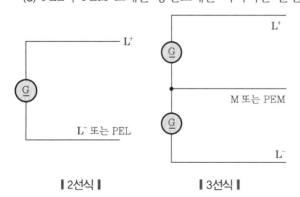

• M : 중간선
• PEL : PEL 도체(protective earthing conductor and a line conductor) 직류회로에서 선도체 겸용 보호도체
• PEM : PEM 도체(protective earthing conductor and a mid-point conductor) 직류회로에서 중간선 겸용 보호도체

∥2선식∥　　　∥3선식∥

## 045 저압전기설비의 계통접지의 구성에 대하여 설명하시오.

(data) 전기안전기술사 및 건축전기설비기술사 출제예상문제

답안 **1. 계통접지(System Earthing)**

(1) 전력계통에서 돌발적으로 발생하는 이상현상에 대비하여 대지와 계통을 연결하는 것

(2) 중성점을 대지에 접속하는 것

**2. 저압전로의 보호도체 및 중성선의 접속방식에 따른 접지계통의 분류**

(1) TN 계통(5가지 방식이 있음)

(2) TT 계통(2가지 방식이 있음)

(3) IT 계통(2가지 방식이 있음)

**3. 계통접지에서 사용되는 문자의 정의**

(1) 제1문자 – 전원계통과 대지의 관계

① T : 한 점을 대지에 직접 접속

② I : 모든 충전부를 대지와 절연시키거나 높은 임피던스를 통하여 한 점을 대지에 직접 접속

(2) 제2문자 – 전기설비의 노출도전부와 대지의 관계

① T : 노출도전부를 대지로 직접 접속, 전원계통의 접지와는 무관

② N : 노출도전부를 전원계통의 접지점(교류계통에서는 통상적으로 중성점, 중성점이 없을 경우는 선도체)에 직접 접속

(3) 그 다음 문자(문자가 있을 경우) – 중성선과 보호도체의 배치

① S : 중성선 또는 접지된 선도체 외에 별도의 도체에 의해 제공되는 보호기능

② C : 중성선과 보호기능을 한 개의 도체로 겸용(PEN 도체)

**4. 각 계통에서 나타내는 그림의 기호**

▮ 기호 설명 ▮

| | |
|---|---|
| | 중성선(N), 중간도체(M) |
| | 보호도체(PE) |
| | 중성선과 보호도체 겸용(PEN) |

## 046 TN 계통방식을 설명하시오.

**data** 전기안전기술사 및 건축전기설비기술사 출제예상문제 / KEC 203.2

**답안** 1. TN 계통방식의 개념

    (1) 전원측의 한 점을 직접 접지하고 설비의 노출도전부를 보호도체로 접속시키는 방식

    (2) 중성선 및 보호도체(PE 도체)의 배치 및 접속방식에 따라 분류함

        ① TN-S 방식(3가지) : 계통 전체를 보호도체(PE)와 중성선(N) 분리

        ② TN-C 계통 : 계통 전체를 PE와 N을 PEN선으로 이용

        ③ TN-C-S 계통 : 계통의 일부에선 PE와 N을 분리

## 2. TN-S 계통

    (1) 계통 전체에 대해 별도의 중성선 또는 PE 도체를 사용함

    (2) 배전계통에서 PE 도체를 추가로 접지할 수 있음

    (3) 3가지 방식이 있음

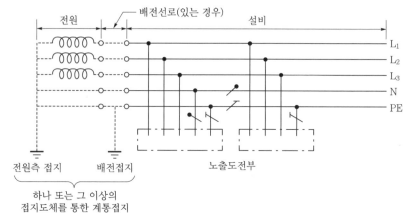

‖ 계통 내에서 별도의 중성선과 보호도체가 있는 TN-S 계통 ‖

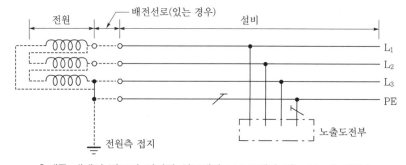

‖ 계통 내에서 별도의 접지된 선도체와 보호도체가 있는 TN-S 계통 ‖

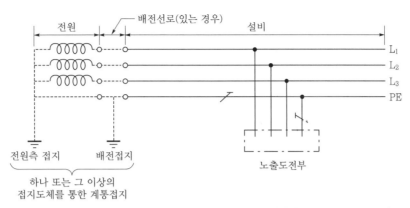

┃계통 내에서 접지된 보호도체는 있으나 중성선의 배선이 없는 TN-S 계통┃

## 3. TN-C 계통

(1) 계통 전체에 대해 중성선과 보호도체의 기능을 동일 도체로 겸용한 PEN 도체를 사용함

(2) 배전계통에서 PEN 도체를 추가로 접지할 수 있음

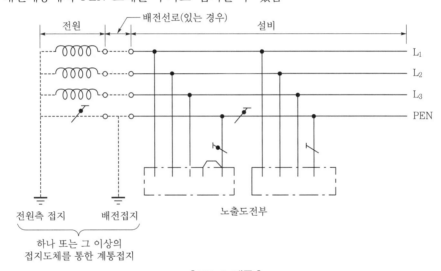

┃TN-C 계통┃

### 4. TN-C-S 계통

(1) 계통의 일부분에서 PEN 도체를 사용하거나, 중성선과 별도의 PE 도체를 사용하는 방식
이 있음

(2) 배전계통에서 PEN 도체와 PE 도체를 추가로 접지할 수 있음

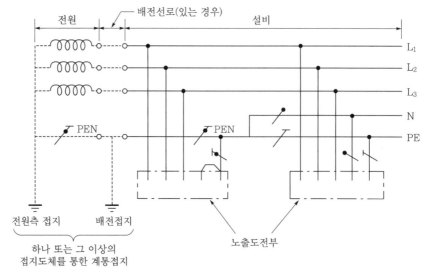

┃ 설비의 어느 곳에서 PEN이 PE와 N으로 분리된 3상 4선식 TN-C-S 계통 ┃

## 047 TT 계통방식에 대하여 설명하시오.

**data** 전기안전기술사 및 건축전기설비기술사 출제예상문제

**답안** 1. 개념

    (1) 전원의 한 점을 직접 접지하고 설비의 노출도전부는 전원의 접지전극과 전기적으로 독립적인 접지극에 접속시킨 방식

    (2) 배전계통에서 PE 도체를 추가로 접지할 수 있음

## 2. TT 계통방식 구분

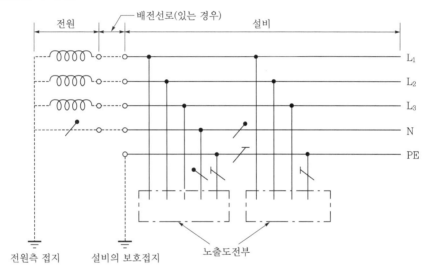

‖ 설비 전체에서 별도의 중성선과 보호도체가 있는 TT 계통 ‖

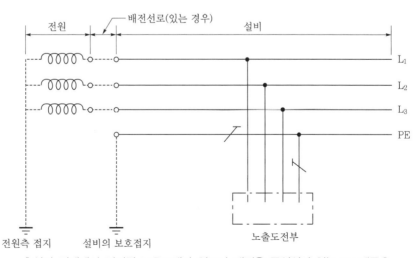

‖ 설비 전체에서 접지된 보호도체가 있으나 배전용 중성선이 없는 TT 계통 ‖

# 048 IT 계통방식에 대하여 설명하시오.

**data** 전기안전기술사 및 건축전기설비기술사 출제예상문제

**답안** 1. 개념

(1) 충전부 전체를 대지로부터 절연시키거나, 한 점을 임피던스를 통해 대지에 접속시킨다.

(2) 전기설비의 노출도전부를 단독 또는 일괄적으로 계통의 PE 도체에 접속

(3) 배전계통에서 추가접지가 가능

(4) 계통은 충분히 높은 임피던스를 통하여 접지 가능

(5) 접속은 중성점, 인위적 중성점, 선도체 등에서 할 수 있음

(6) 중성선은 배선할 수도 있고, 배선하지 않을 수도 있다.

2. IT 계통방식의 구분

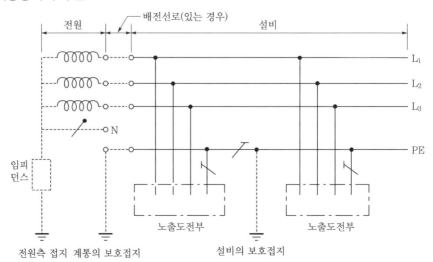

‖ 계통 내의 모든 노출도전부가 보호도체에 의해 접속되어 일괄 접지된 IT 계통 ‖

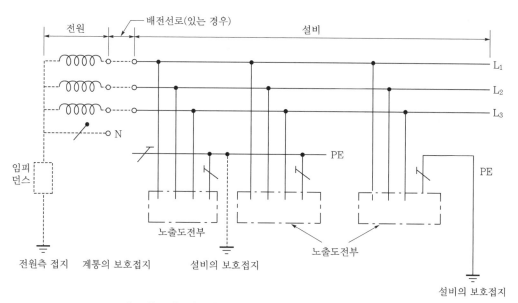

┃노출도전부가 조합으로 또는 개별로 접지된 IT 계통┃

## section **02** 안전을 위한 보호 (KEC 2장 – 210)

**049** 저압전기설비 규정에서 정한 감전에 대한 보호대책의 적용기준에 있어 그 적용범위를 설명하시오.

**data** 전기안전기술사 및 건축전기설비기술사 출제예상문제 / KEC 211

**답안** (1) 인축에 대한 기본보호와 고장보호를 위한 필수 조건을 규정함

(2) 외부 영향과 관련된 조건의 적용도 범위에 포함함

(3) 특수설비 및 특수장소의 시설의 추가적인 보호의 적용을 위한 조건도 규정함

　① 특수시설 : 241의 설비(전기울타리, 전기욕기, 전기자동차 전원설비 등)

　② 특수장소 : 방전등 공사의 시설 제한, 분진 위험장소, 의료장소 등

(4) 외부 영향의 특정 조건 구분

　① 배선설비의 선정과 설치에 고려하여야 할 외부 영향의 특정조건

　② 특정조건 : 주위온도, 외부열원, 물의 존재 또는 높은 습도, 부식 또는 오염물질의 존재, 충격, 진동, 그 밖의 기계적 응력, 식물, 곰팡이의 존재, 동물의 존재, 태양 방사 및 자외선 방사, 지진의 영향, 바람, 가공 또는 보관된 자재의 특성, 건축물의 설계

**reference**
관련 출제예상문제
문101. 배선설비는 예상되는 모든 외부 영향에 대한 보호가 이루어져야 한다. 이때, 배선설비의 선정과 설치에 고려해야 할 외부 영향의 항목을 설명하시오(232.4).

**050** 저압전기설비 규정에서 정한 감전에 대한 보호대책의 적용기준에 있어 일반 요구사항 중 다음 항목을 설명하시오.
1. 감전보호시스템의 체계 (25점 예상)
2. 전압 규정
3. 환경적 특성과 인체의 임피던스와 허용접촉전압의 한계 (10점 예상)
4. 교류 감전전류의 한계와 생리학적 영향 (25점 예상)

**data** 전기안전기술사 및 건축전기기술사 출제예상문제 / KEC 211
**comment** 반복학습이 요구되는 매우 중요한 문제임

**답안** 1. 감전보호시스템의 체계

**reference**
전기안전기술사 17년도-111회-2-6. 출제된 문제
KS C IEC 60364 감전보호방식 중 정상 공급 시와 고장 시 감전보호방식에 대하여 설명하시오.

(1) 감전에 대한 보호는 기본보호와 고장보호 2가지 보호수단을 조합하여 실시할 것
(2) 감전보호시스템의 체계

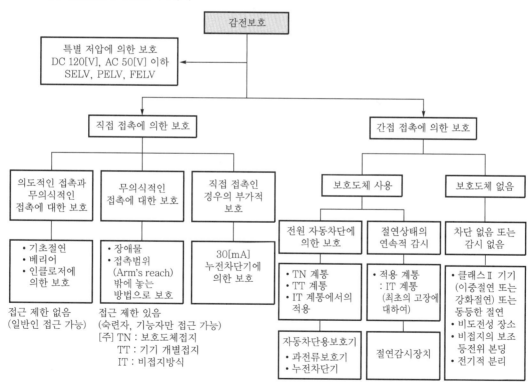

(3) 정상 공급 시의 감전보호방식[즉, 직접접촉에 대한 감전보호(기본보호)]

    ① 정의 : 직접접촉 보호란 정상 운전상태에서 충전부에 인축접촉 시 감전방지를 말함

    ② 방법(다음 항목에서 하나 이상을 적용할 것)

        ㉠ 의식 및 무의식 접촉보호 : 충전부 절연, 격벽 또는 외함, 장애물

        ㉡ 무의식 접촉보호 : 접촉범위(Arm's reach) 밖에 두는 보호

        ㉢ 추가보호 : 누전차단기(30[mA])

(4) 간접접촉에 대한 감전보호(고장보호)

    ① 정의 : 간접접촉 보호란 지락 등의 고장이 발생한 경우 인축접촉 시 감전방지를 말함

    ② 방법(전원차단에 의한 방법이 주로 사용함)

        ㉠ 전원의 자동차단

        ㉡ 클래스Ⅱ 기기 사용

        ㉢ 비전도성 장소에 의한 보호

        ㉣ 비접지 국부적 본딩에 의한 보호

        ㉤ 전기적 분리에 의한 보호

## 2. 일반 요구사항 중 전압 규정

(1) 교류 전압은 실효값으로 할 것

(2) 직류 전압은 리플프리로 할 것

    교류를 직류로 변환할 때 리플성분의 실효값이 10[%] 이하로 포함된 직류를 말함

## 3. 환경적 특성과 인체의 임피던스와 허용접촉전압의 한계

(1) 정상적인 상황의 환경적인 특성과 인체임피던스($Z$)

    ① 건조하거나 습한 장소, 상당한 저항을 가진 바닥

    ② $Z = 1,000 + 0.5Z_{75\%}$

    여기서, $Z_{75\%}$ : 인구 5[%]가 초과하지 않는 인체의 임피던스값

           0.5 : 양손에서 양발까지 이중접촉을 고려한 계수

(2) 특수한 상황의 환경적인 특성과 인체임피던스($Z$)

    ① 젖은 장소, 젖은 피부, 바닥저항은 낮다.

    ② $Z = 200 + 0.5Z_{75\%}$

(3) 허용접촉전압 한계

    ① 교류

        ㉠ 특수상황에서 25[V] 이하

        ㉡ 정상적 상황에서 50[V] 이하

② 직류

　㉠ 특수상황에서 60[V] 이하

　㉡ 정상적 상황에서 120[V] 이하

## 4. 교류 감전전류의 한계와 생리학적 영향

### (1) 인체에 미치는 교류 전류의 영향과 시간의 관계

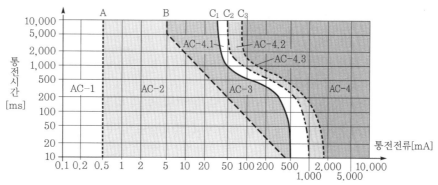

❚ 인체에 미치는 교류 전류 영향에 관한 시간전류 구역(IEC 61200-413) ❚

그림에 나타낸 곡선 $L_c$(차단시간과 전류의 함수)는 영역 AC-4 경계 이하로 일정한 안전상의 여유를 갖고 설정한 것으로, 전원 자동차단에 의한 보호수단으로 이용해야 할 추정접촉전압과 차단시간의 관계를 규정하기 위한 기초가 된다.

### (2) 각각의 생리학적 영향은 표와 같음

❚ 시간 및 전류 영역에 따른 인체의 생리학적 영향 ❚

| 영 역 | 영역범위 | 생리학적 영향 |
|---|---|---|
| AC-1 | A선(0.5[mA]) | 유해한 생리학적 영향은 없음(무반응 효과) |
| AC-2 | 선 A~B 사이 | 보통 예상되는 생리적 영향은 없음(무해한 생리학적 효과) |
| AC-3 | 곡선 B~C 사이 | ① 보통 예상되는 기관장해는 없고, 전류가 초보다 길게 지속하는 경우 경련성의 근육수축이나 호흡곤란 가능성이 있음<br>② 전류값과 시간의 증가에 따라서 심실세동이나 일시적 심장정지를 포함한 심장 임펄스의 생성과 전도의 회복 가능한 혼란이 심실세동의 원인이 됨 |
| AC-4 | 곡선 $C_1$의 위쪽 | 전류값과 시간의 증가에 따라서 심장정지, 호흡정지, 3도 화상 등 위험한 병태 생리학적 영향이 일어날 가능성이 있음 |
| AC-4.1 | 곡선 $C_1 \sim C_2$ | 심실세동의 확률이 5[%]까지 증대 |
| AC-4.2 | 곡선 $C_2 \sim C_3$ | 심실세동의 확률이 약 50[%] 이하 |
| AC-4.3 | 곡선 $C_3$ 초과 | 심실세동의 확률이 약 50[%] 초과 |

• 통전계속시간이 10[ms] 미만의 경우 선 b의 인체통과 전류한계값은 200[mA]로 일정함
• 심실세동이란 심실근육이 국부적으로 불규칙한 수축운동을 하는 상태

**051** 저압전기설비 규정에서 정한 감전에 대한 보호대책의 적용기준에 있어 일반 요구사항
중 다음 항목을 설명하시오.
1. 안전을 위한 보호대책의 구성
2. 기본보호(직접접촉)에 의한 보호대책 적용
3. 고장보호방식의 보호대책(간접접촉)
4. 누전차단기와 보조 보호 등전위본딩에 의한 추가적인 보호
5. 누설전류 감시장치의 적용
6. 특수설비 또는 특수장소의 보호대책
7. 보조대책의 적용
8. 동일한 설비, 설비의 일부 또는 기기 안에서 달리 적용하는 보호대책
9. 고장보호에 관한 규정의 기기에서 생략하는 경우

**(data)** 전기안전기술사 및 건축전기설비기술사 출제예상문제 / KEC 211.1

**답안** 1. 안전을 위한 보호대책은 다음과 같이 구성할 것
　　(1) 기본보호와 고장보호를 독립적으로 적절하게 조합
　　(2) 기본보호와 고장보호를 모두 제공하는 강화된 보호 규정
　　(3) 추가적 보호는 외부 영향의 특정조건과 특정한 특수장소에서의 보호대책의 일부로 규정

2. 기본보호(직접접촉)에 의한 보호대책 적용
　　(1) 개념
　　　　기본보호란 전압설비, 기기 및 시스템의 충전부에 직접접촉에 의한 감전보호로서, 설비
　　　　또는 기기 고장이 없는 상태에서의 직접접촉에 대한 보호를 말함
　　(2) 일반인의 접근이 가능한 전기설비에 대한 보호대책
　　　　① 충전부의 기본절연
　　　　② 격벽 또는 외함 설치
　　(3) 기능자 또는 숙련자의 감독관리 아래 있는 전기설비에 대한 보호대책
　　　　① 장애물의 설치
　　　　② 접촉범위 밖에 설치

3. 고장보호방식의 보호대책(간접접촉)
　　즉, 설비의 각 부분에서 하나 이상의 보호대책은 외부 영향의 조건을 고려하여 적용할 것
　　　① 전원의 자동차단
　　　② 이중절연 또는 강화절연

③ 한 개의 전기사용기기에 전기를 공급하기 위한 전기적 분리

④ SELV와 PELV에 의한 특별저압

⑤ 전기기기의 선정과 시공을 할 때는 설비에 적용되는 보호대책을 고려할 것

⑥ 숙련자와 기능자의 통제 또는 감독이 있는 설비에 적용 가능한 보호대책 적용

    ㉠ 비도전성 장소

    ㉡ 비접지 국부 등전위본딩

    ㉢ 두 개 이상의 전기사용기기에 공급하기 위한 전기적 분리

## 4. 누전차단기와 보조 보호 등전위본딩에 의한 추가적인 보호

(1) 외부 영향의 특정조건

    ① 배선설비의 선정과 설치에 고려하여야 할 외부 영향에서 기술된 주위 온도, 외부 열원, 물의 존재 또는 높은 습도 등으로 인하여 인체의 저항이 현저하게 저하하여 감전의 위험성이 있는 특정조건

    ② 과도한 온도로 인한 화재 및 화상, 폭발 위험성이 있는 분위기의 점화 등 특정조건

(2) 특정한 특수장소

    ① 물이 항상 존재하는 장소이나, 의료기기의 일부분을 환자에 접촉시켜 사용함으로 인하여 감전의 위험성이 현저하게 높은 장소

    ② 이동식 숙박차량 정박지, 야영지 및 이와 유사한 장소, 의료장소, 전시회 및 공연장

## 5. 누설전류 감시장치의 적용

(1) 전원의 연속성을 이유로 IT 계통을 적용하는 경우, 지락사고를 표시하기 위한 누설전류 감시장치를 설치하여야 함

(2) 단일 고장 시 감시장치의 종류

    ① 절연고장점 검출장치

    ② 절연감시장치(IMDs)

    ③ 누설전류 감시장치(RCMS)

(3) 고장이 지속되는 동안 지속적으로 음향 또는 시각신호를 발생

## 6. 특수설비 또는 특수장소의 보호대책

특수설비 규정에 해당되는 특별한 보호대책을 적용할 것

## 7. 보조대책의 적용

(1) 보호대책의 특정조건을 충족시킬 수 없는 경우

(2) 기능적 특별저압(FELV)을 적용시켜 동등한 안전수준을 달성하도록 시설할 것

**8. 동일한 설비, 설비의 일부 또는 기기 안에서 달리 적용하는 보호대책**

한 가지 보호대책의 고장이 다른 보호대책에 나쁜 영향을 줄 수 있으므로 상호 영향을 주지 않도록 할 것

**9. 고장보호에 관한 규정은 다음 기기에서는 생략할 수 있음**

(1) 건물에 부착되고 접촉범위 밖에 있는 가공선 애자의 금속 지지물

(2) 가공선의 철근강화콘크리트주로서 그 철근에 접근할 수 없는 것

(3) 볼트, 리벳트, 명판, 케이블 클립 등과 같이 크기가 작은 경우(약 50[mm]×50[mm] 이내) 또는 배치가 손에 쥘 수 없거나 인체의 일부가 접촉할 수 없는 노출도전부로서 보호도체의 접속이 어렵거나 접속의 신뢰성이 없는 경우

(4) 211.3에 따라 전기기기를 보호하는 금속관 또는 다른 금속제 외함

> **reference**
> 211.3 : 이중절연 또는 강화절연에 의한 보호 규정

**052** 감전사고 방지를 위한 기본보호 및 고장보호에 대한 보호조치 방안을 간략히 설명하시오.

(data) 전기안전기술사 및 건축전기설비기술사 출제예상문제

답안 **1. 기본보호(직접접촉)의 개념과 기본보호를 위한 보호조치**

(1) 개념

① 기본보호란 전압설비, 기기 및 시스템의 충전부에 직접접촉에 의한 감전보호를 말함

② 즉, 설비 또는 기기 고장이 없는 상태에서의 직접접촉에 대한 보호를 말함

(2) 보호조치 방안으로 다음과 같은 기본절연 시공

① 이중절연 또는 강화절연에 의한 보호를 위한 충전부의 기본절연과 강화절연

② 등전위본딩을 통한 보호를 위해 기본절연

③ 전원의 자동차단을 통한 보호를 위해 기본절연

④ 전기적 분리에 의한 보호를 위해 기본절연

⑤ 비도전성 환경에 의한 보호를 위해 기본절연

⑥ 기능자 또는 숙련자의 감독관리 아래 있는 전기설비에 대한 보호조치

　　㉠ 장애물의 설치

　　㉡ 접촉범위(Arm's reach) 밖에 설치

⑦ 내부 장애물(격벽) 또는 외함 설치

⑧ 후면장애물 설치

**2. 고장보호의 개념과 고장보호를 위한 보호조치**

(1) 개념

설비의 각 부분에서 외부 영향의 조건을 고려하여 하나 이상의 보호대책이 적용된 단일 고장상태의 고장보호를 말함

(2) 보호조치 방안으로 다음과 같은 조치를 적용할 것

① 이중절연 또는 강화절연에 의한 보호를 위한 보조절연과 강화절연

② 등전위본딩을 통한 보호를 위해 보호 등전위본딩을 아래 개소에 적용

　　㉠ 기기 또는 설비 간의 보호 등전위본딩

　　㉡ 보호도체

　　㉢ PEN 도체

　　㉣ 보호차폐

③ 전원의 자동차단

④ SELV와 PELV에 의한 특별저압

⑤ 숙련자와 기능자의 통제 또는 감독이 있는 설비에 적용 가능한 보호대책 적용

　㉠ 비도전성 환경에 의한 보호를 위해 비도전성 환경 조성

　㉡ 비접지 국부 등전위본딩

　㉢ 두 개 이상의 전기사용기기에 공급하기 위한 전기적 분리

**053** 저압전기설비의 감전보호를 위한 기본보호방법을 설명하시오.

**data** 전기안전기술사 및 건축전기설비기술사 출제예상문제 / KEC 211.7

**답안** **1. 기본보호(직접접촉)의 개념**

(1) 기본보호란 전압설비, 기기 및 시스템의 충전부에 직접접촉에 의한 감전보호를 말함

(2) 즉, 설비 또는 기기 고장이 없는 상태에서의 직접접촉에 대한 보호를 말함

(3) 즉, 정상 공급 시의 감전보호방식은 직접접촉 보호를 말하며, 정상운전상태에서 충전부에 인축접촉 시 감전방지를 위한 보호방식임

**2. 감전보호를 위한 기본보호 방법**

(1) 전기설비의 충전부에 대한 보호대책을 다음의 방법 중 하나 이상을 적용할 것

① 의식 및 무의식 접촉보호 : 충전부 절연, 격벽 또는 외함, 장애물

② 무의식 접촉보호 : 접촉범위(Arm's reach) 밖에 두는 보호

③ 추가보호 : 누전차단기(30[mA])

(2) 충전부의 기본절연

① 절연은 충전부에 접촉하는 것을 방지하기 위한 것임

② 충전부는 파괴하지 않으면 제거될 수 없는 절연물로 완전히 보호될 것

③ 기기에 대한 절연은 그 기기에 관한 표준을 적용할 것

(3) 격벽 또는 외함은 인체가 충전부에 접촉방지하기 위한 것으로 다음과 같이할 것

① 쉽게 접근 가능한 격벽 또는 외함의 상부 수평면의 보호등급은 최소한 IPXXD 또는 IP4X 등급 이상일 것

② 완전히 고정하고 필요한 보호등급을 유지하기 위해 충분한 안정성과 내구성을 가질 것

③ 정상 사용조건에서 관련된 외부 영향을 고려하여 충전부로부터 충분히 격리할 것

④ 충전부는 최소한 IPXXB 또는 IP2X 보호등급의 외함 내부 또는 격벽 뒤쪽에 있을 것

⑤ 격벽을 제거 또는 외함을 열거나, 외함의 일부를 제거할 필요가 있을 때에는 다음과 같은 경우에만 가능하도록 할 것

㉠ 열쇠 또는 공구를 사용할 것

㉡ 보호를 제공하는 외함이나 격벽에 대한 충전부의 전원차단 후 격벽이나 외함을 교체 또는 다시 닫은 후에만 전원복구가 가능하도록 할 것

㉢ 최소한 IPXXB 또는 IP2X 보호등급을 가진 중간 격벽에 의해 충전부와 접촉을 방지하는 경우에는 열쇠 또는 공구의 사용에 의해서만 중간 격벽의 제거가 가능할 것

⑥ 격벽의 뒤쪽 또는 외함의 안에서 개폐기가 개로된 후에도 위험한 충전상태가 유지되는 기기(커패시터 등)가 설치된다면 경고표지를 할 것

다만, 아크 소거, 계전기의 지연동작 등을 위해 사용하는 소용량의 커패시터는 위험한 것으로 보지 않음

⑦ 인축이 충전부에 무의식적 접촉의 방지를 위한 충분한 예방대책을 강구할 것

⑧ 사람들이 개구부를 통하여 충전부에 접촉할 수 있음을 알 수 있도록 하며 의도적으로 접촉하지 않도록 할 것

⑨ 개구부는 적절한 기능과 부품교환의 요구사항에 맞는 한 최소한으로 할 것

**(4) 기능자 또는 숙련자의 감독관리 아래 있는 전기설비에 대한 기본보호**

① 장애물의 설치

ㄱ 인축이 무의식적으로 충전부에 접근하지 못하게 장애물을 설치하는 것

ㄴ 정상적인 사용상태에서 충전된 기기를 조작하는 동안 충전부에 무의식인 접촉을 방지하기 위해 장애물을 설치

ㄷ 장애물은 열쇠 또는 공구를 사용하지 않고, 쉽게 제거할 수 없도록 견고하게 고정할 것

ㄹ 장애물의 종류 : 보호프레임, 금속망, 울타리, 난간 등

② 접촉범위 밖에 배치

ㄱ 위험 충전부를 손의 접촉 가능 범위 밖에 설치하여 사람이 충전부에 무의식적으로 접촉하는 것을 방지함

ㄴ 접촉 가능 범위

- 인체의 손이 미칠 수 있는 한계를 의미함
- 사람이 일상적으로 일어서서 임의의 지점에서 보조기구 없이 손이 미칠 수 있는 한계
- 아래 그림과 같이 동시 접근이 가능한 부분이 접촉범위 안에 있으면 안 되며, 두 부분의 거리가 2.5[m] 이하인 경우는 동시 접근이 가능한 것으로 본다.

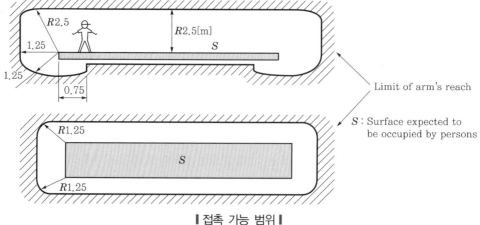

┃접촉 가능 범위┃

**054** 감전에 대한 기본보호방법 중 격벽 및 외함에 의한 보호방법의 시설기준에 대하여 설명하시오.

**(data)** 전기안전기술사 및 건축전기설비기술사 출제예상문제

**답안** 격벽 또는 외함은 인체가 충전부에 접촉방지하기 위한 것으로 다음과 같이할 것

(1) 쉽게 접근 가능한 격벽 또는 외함의 상부 수평면의 보호등급은 최소한 IPXXD 또는 IP4X 등급 이상일 것

(2) 완전히 고정하고 필요한 보호등급을 유지하기 위해 충분한 안정성과 내구성을 가질 것

(3) 정상 사용조건에서 관련된 외부 영향을 고려하여 충전부로부터 충분히 격리할 것

(4) 충전부는 최소한 IPXXB 또는 IP2X 보호등급의 외함 내부 또는 격벽 뒤쪽에 있을 것

(5) 격벽을 제거 또는 외함을 열거나, 외함의 일부를 제거할 필요가 있을 때에는 다음과 같은 경우에만 가능하도록 할 것

① 열쇠 또는 공구를 사용할 것

② 보호를 제공하는 외함이나 격벽에 대한 충전부의 전원차단 후 격벽이나 외함을 교체 또는 다시 닫은 후에만 전원복구가 가능하도록 할 것

③ 최소한 IPXXB 또는 IP2X 보호등급을 가진 중간 격벽에 의해 충전부와 접촉을 방지하는 경우에는 열쇠 또는 공구의 사용에 의해서만 중간 격벽의 제거가 가능할 것

## **055** 저압전기설비의 감전보호를 위한 고장보호방법을 설명하시오.

**(data)** 전기안전기술사 및 건축전기설비기술사 출제예상문제

**답안** **1. 고장보호의 정의**

고장 시 노출된 기기에 간접접촉에서 발생할 수 있는 위험에서 인축을 보호하는 것

**2. 고장보호(간접접촉)의 방법**

(1) 보호접지

① 노출도전부는 계통접지별로 규정된 특정조건에서 보호도체에 접속할 것

② 동시에 접근 가능한 노출도전부는 개별적 또는 집합적으로 같은 접지계통에 접속할 것

③ 보호접지에 관한 도체는 140(접지시스템)에 따라야 하고, 각 회로는 해당 접지단자에 접속된 보호도체를 이용할 것

(2) 보호 등전위본딩

① 등전위본딩의 적용기준에서 정하는 도전성 부분은 보호 등전위본딩으로 접속할 것

② 건축물 외부로부터 인입된 도전부는 건축물 안쪽의 가까운 지점에서 본딩할 것

③ 다만, 통신케이블의 금속외피는 소유자 또는 운영자의 요구사항을 고려하여 보호 등전위본딩에 접속할 것

(3) 고장 시의 자동차단

① 보호장치는 회로의 선도체와 노출도전부 또는 선도체와 기기의 보호도체 사이의 임피던스가 무시할 정도로 되는 고장의 경우, 규정된 차단시간 내에서 회로의 선도체 또는 설비의 전원을 자동으로 차단할 것

② 다음 표는 최대차단시간 32[A] 이하 분기회로에 적용할 것

‖ **32[A] 이하 분기회로의 최대차단시간** ‖

(단위 : 초)

| 계통 | $50[V] < U_0 \leq 120[V]$ | | $120[V] < U_0 \leq 230[V]$ | | $230[V] < U_0 \leq 400[V]$ | | $U_0 > 400[V]$ | |
|---|---|---|---|---|---|---|---|---|
| | 교류 | 직류 | 교류 | 직류 | 교류 | 직류 | 교류 | 직류 |
| TN | 0.8 | [비고 1] | 0.4 | 5 | 0.2 | 0.4 | 0.1 | 0.1 |
| TT | 0.3 | [비고 1] | 0.2 | 0.4 | 0.07 | 0.2 | 0.04 | 0.1 |

• TT 계통에서 차단은 과전류보호장치에 의해 이루어지고 보호 등전위본딩은 설비 안의 모든 계통외 도전부와 접속되는 경우 TN 계통에 적용 가능한 최대차단시간이 사용될 수 있다.

• $U_0$는 대지에서 공칭교류전압 또는 직류 선간전압이다.

[비고] 1. 차단은 감전보호 외에 다른 원인에 의해 요구될 수도 있다.

  2. 누전차단기에 의한 차단은 KEC 211.2.4 참조

③ TN 계통에서 배전회로(간선)와 "②"의 경우를 제외하고는 5초 이하의 차단시간을 허용함

④ TT 계통에서 배전회로(간선)와 "②"의 경우를 제외하고는 1초 이하의 차단시간을 허용함

⑤ 공칭대지전압 $U_0$가 교류 50[V] 또는 직류 120[V]를 초과하는 계통에서 다음의 경우 (즉, 보호장치 최대시간에 대한 적용이 제외되는 경우)

　㉠ 선도체와 대지 간에 고장발생 시, 전원의 출력전압이 5초 이내에 교류 50[V]로 또는 직류 120[V]로 또는 더 낮게 감소되면 위 표는 요구되지 않음

　㉡ "㉠"의 경우 감전보호 외에 다른 차단요구사항에 관한 것을 고려할 것

⑥ 보조 보호 등전위본딩

자동차단이 요구되는 시간에 적절하게 이루어질 수 없을 경우 추가적으로 보조 보호 등전위본딩을 할 것

(4) (누전차단기에 의한) 추가적 보호

① 일반적으로 사용 시 : 일반인이 사용하는 정격전류 20[A] 이하 콘센트

② 옥외에서 사용 시 : 정격전류 32[A] 이하 이동용 전기기기를 설치

## 056 저압전기설비의 감전보호를 위한 고장보호방법 중 고장 시의 자동차단의 시설기준에 대하여 설명하시오.

**data** 전기안전기술사 및 건축전기설비기술사 출제예상문제

**답안**
### 1. 고장보호의 정의

고장 시 노출된 기기에 간접접촉에서 발생할 수 있는 위험에서 인축을 보호하는 것

### 2. 고장보호(간접접촉)의 방법 중 고장 시의 자동차단

(1) 보호장치는 회로의 선도체와 노출도전부 또는 선도체와 기기의 보호도체 사이의 임피던스가 무시할 정도로 되는 고장의 경우, 규정된 차단시간 내에서 회로의 선도체 또는 설비의 전원을 자동으로 차단할 것

(2) 다음 표의 최대차단시간은 32[A] 이하 분기회로에 적용할 것

‖ 32[A] 이하 분기회로의 최대차단시간 ‖

(단위 : 초)

| 계통 | $50[V] < U_0 \leq 120[V]$ | | $120[V] < U_0 \leq 230[V]$ | | $230[V] < U_0 \leq 400[V]$ | | $U_0 > 400[V]$ | |
|---|---|---|---|---|---|---|---|---|
| | 교류 | 직류 | 교류 | 직류 | 교류 | 직류 | 교류 | 직류 |
| TN | 0.8 | [비고 1] | 0.4 | 5 | 0.2 | 0.4 | 0.1 | 0.1 |
| TT | 0.3 | [비고 1] | 0.2 | 0.4 | 0.07 | 0.2 | 0.04 | 0.1 |

- TT 계통에서 차단은 과전류보호장치에 의해 이루어지고 보호 등전위본딩은 설비 안의 모든 계통외 도전부와 접속되는 경우 TN 계통에 적용 가능한 최대차단시간이 사용될 수 있다.
- $U_0$는 대지에서 공칭교류 전압 또는 직류 선간전압이다.
[비고] 1. 차단은 감전보호 외에 다른 원인에 의해 요구될 수도 있다.
　　　 2. 누전차단기에 의한 차단은 KEC 211.2.4 참조

(3) TN 계통에서 배전회로(간선)와 "(2)"의 경우를 제외하고는 5초 이하의 차단시간을 허용함

(4) TT 계통에서 배전회로(간선)와 "(2)"의 경우를 제외하고는 1초 이하의 차단시간을 허용함

(5) 공칭대지전압 $U_0$가 교류 50[V] 또는 직류 120[V]를 초과하는 계통에서 다음의 경우(즉, 보호장치 최대시간에 대한 적용이 제외되는 경우)

① 선도체와 대지 간에 고장발생 시 전원의 출력전압이 5초 이내에 교류 50[V]로 또는 직류 120[V]로 또는 더 낮게 감소되면 위 [표]는 요구되지 않음

② "①"의 경우 감전보호 외에 다른 차단요구사항에 관한 것을 고려할 것

(6) 보조 보호 등전위본딩

자동차단이 요구되는 시간에 적절하게 이루어질 수 없을 경우 추가적으로 보조 보호 등전위본딩을 할 것

## 057 저압전기설비 전원의 자동차단에 의한 보호대책을 설명하시오.

**data** 전기안전기술사 및 건축전기설비기술사 출제예상문제 / KEC 211.2

**답안** 1. 보호대책 일반 요구사항

(1) 전원의 자동차단에 의한 보호대책

① 기본보호(직접접촉)는 기본보호의 요구사항에 따라 충전부의 기본절연 또는 격벽이나 외함에 의함

② 고장보호(간접접촉)는 고장보호의 요구사항 조항부터 211.2.7(IT 계통) 조항까지에 따른 고장일 경우 보호 등전위본딩 및 자동차단에 의함

③ 추가적인 보호로 누전차단기를 시설할 수 있음

(2) 누설전류 감시장치는 보호장치는 아니나 전기설비의 누설전류를 감시하는 데 사용. 다만, 누설전류 감시장치는 누설전류의 설정값을 초과하는 경우 음향 또는 음향과 시각적인 신호를 발생시킬 것

### 2. 기본보호의 요구사항

(1) 모든 전기설비는 211.7(기본보호방법)의 조건에 따를 것

(2) 숙련자 또는 기능자에 의해 통제 또는 감독되는 경우에는 211.8(장애물 및 접촉범위 밖에 배치)에서 규정하고 있는 조건에 따를 수 있음

### 3. 고장보호(간접접촉)의 요구사항(고장보호방법)

(1) 고장보호

노출된 기기에 간접접촉에서 발생할 수 있는 위험에서 인축을 보호함

(2) 보호접지

① 노출도전부는 계통접지별로 규정된 특정조건에서 보호도체에 접속할 것

② 동시에 접근 가능한 노출도전부는 개별적 또는 집합적으로 같은 접지계통에 접속할 것

③ 보호접지에 관한 도체는 140(접지시스템)에 따라야 하고, 각 회로는 해당 접지단자에 접속된 보호도체를 이용할 것

(3) 보호 등전위본딩

① 등전위본딩의 적용기준에서 정하는 도전성 부분은 보호 등전위본딩으로 접속할 것

② 건축물 외부로부터 인입된 도전부는 건축물 안쪽의 가까운 지점에서 본딩할 것

③ 다만, 통신케이블의 금속외피는 소유자 또는 운영자의 요구사항을 고려하여 보호 등전위본딩에 접속할 것

**(4) 고장 시의 자동차단(10점 예상)**

> **reference**
> 관련 출제예상문제
> 저압회로에 있어 고장 시의 자동차단기준을 설명하시오.

① 보호장치는 회로의 선도체와 노출도전부 또는 선도체와 기기의 보호도체 사이의 임피던스가 무시할 정도로 되는 고장의 경우, 규정된 차단시간 내에서 회로의 선도체 또는 설비의 전원을 자동으로 차단할 것

② 다음 표의 최대차단시간은 32[A] 이하 분기회로에 적용할 것

**∥ 32[A] 이하 분기회로의 최대차단시간 ∥**

(단위 : 초)

| 계통 | $50[V] < U_0 \leq 120[V]$ | | $120[V] < U_0 \leq 230[V]$ | | $230[V] < U_0 \leq 400[V]$ | | $U_0 > 400[V]$ | |
| --- | --- | --- | --- | --- | --- | --- | --- | --- |
| | 교류 | 직류 | 교류 | 직류 | 교류 | 직류 | 교류 | 직류 |
| TN | 0.8 | [비고 1] | 0.4 | 5 | 0.2 | 0.4 | 0.1 | 0.1 |
| TT | 0.3 | [비고 1] | 0.2 | 0.4 | 0.07 | 0.2 | 0.04 | 0.1 |

- TT 계통에서 차단은 과전류보호장치에 의해 이루어지고 보호 등전위본딩은 설비 안의 모든 계통외 도전부와 접속되는 경우 TN 계통에 적용 가능한 최대차단시간이 사용될 수 있다.
- $U_0$는 대지에서 공칭교류 전압 또는 직류 선간전압이다.
- [비고] 1. 차단은 감전보호 외에 다른 원인에 의해 요구될 수도 있다.
  2. 누전차단기에 의한 차단은 KEC 211.2.4 참조

③ TN 계통에서 배전회로(간선)와 "②"의 경우를 제외하고는 5초 이하의 차단시간을 허용함

④ TT 계통에서 배전회로(간선)와 "②"의 경우를 제외하고는 1초 이하의 차단시간을 허용함

⑤ 공칭대지전압 $U_0$가 교류 50[V] 또는 직류 120[V]를 초과하는 계통에서 다음의 경우 (즉, 보호장치 최대시간에 대한 적용이 제외되는 경우)

  ㉠ 선도체와 대지 간에 고장발생 시, 전원의 출력전압이 5초 이내에 교류 50[V]로 또는 직류 120[V]로 또는 더 낮게 감소되면 위 표는 요구되지 않음

  ㉡ "㉠"의 경우 감전보호 외에 다른 차단요구사항에 관한 것을 고려할 것

⑥ 보조 보호 등전위본딩
  자동차단이 요구되는 시간에 적절하게 이루어질 수 없을 경우 추가적으로 보조 보호 등전위본딩을 할 것

**(5) (누전차단기에 의한) 추가적 보호**

① 일반적으로 사용되며 일반인이 사용하는 정격전류 20[A] 이하 콘센트

② 옥외에서 사용되는 정격전류 32[A] 이하 이동용 전기기기

## 058 누전차단기의 시설기준을 설명하시오.

**data** 전기안전기술사 및 건축전기설비기술사 출제예상문제 / KEC 221.2.4

**답안** **1. 전원의 자동차단에 의한 저압전로의 보호대책으로 누전차단기를 시설해야 할 대상**

(1) 금속제 외함을 가지는 사용전압이 50[V]를 초과하는 저압의 기계기구로서 사람이 쉽게 접촉할 우려가 있는 곳에 시설하는 것에 전기를 공급하는 전로

(2) 주택의 인입구

(3) 특고압 전로, 고압전로 또는 저압전로와 변압기에 의하여 결합되는 사용전압 400[V] 초과의 저압전로 또는 발전기에서 공급하는 사용전압 400[V] 초과의 저압전로(발전소 및 변전소와 이에 준하는 곳에 있는 부분의 전로를 제외)

(4) 자동복구기능을 갖는 누전차단기를 시설

① 독립된 무인 통신중계소 · 기지국

② 관련 법령에 의해 일반인의 출입을 금지 또는 제한하는 곳

③ 옥외의 장소에 무인으로 운전하는 통신중계기 또는 단위기기 전용회로
  단, 일반인이 특정한 목적을 위해 지체하는(머물러 있는) 장소로서 버스정류장, 횡단보도 등에는 시설할 수 없음

**2. 누전차단기 설치 생략 대상**

(1) 기계기구를 발전소 · 변전소 · 개폐소 또는 이에 준하는 곳에 시설하는 경우

(2) 기계기구를 건조한 곳에 시설하는 경우

(3) 대지전압이 150[V] 이하인 기계기구를 물기가 있는 곳 이외의 곳에 시설하는 경우

(4) 「전기용품 및 생활용품 안전관리법」의 적용을 받는 이중절연구조의 기계기구를 시설 시

(5) 그 전로의 전원측에 절연변압기(2차 전압이 300[V] 이하인 경우에 한한다)를 시설하고 또한 그 절연변압기의 부하측의 전로에 접지하지 아니하는 경우

(6) 기계기구가 고무 · 합성수지, 기타 절연물로 피복된 경우

(7) 기계기구가 유도전동기의 2차측 전로에 접속되는 것일 경우

(8) 기계기구가 대지로부터 절연을 하지 않고 전기를 사용하는 것이 부득이할 경우

(9) 기계기구 내에 「전기용품 및 생활용품 안전관리법」의 적용을 받는 누전차단기를 설치하고 또한 기계기구의 전원 연결선이 손상을 받을 우려가 없도록 시설하는 경우

**3. 공공의 안전 확보에 지장을 줄 우려가 있어 누전차단기를 생략할 수 있는 경우**

그 전로에서 지락이 생겼을 때 이를 기술원 감시소에 경보하는 장치 설치 시 다음 사항

(1) 저압용 비상용 조명장치·비상용 승강기·유도등·철도용 신호장치, 비접지 저압전로

(2) 계속적인 전력공급이 요구되는 장소 : 화학공장, 시멘트공장, 철강공장 등 연속공정 또는 이에 준하는 공정이 요구되는 장소

**4. IEC 표준을 도입한 누전차단기를 저압전로에 사용하는 경우**

(1) 일반인이 접촉할 우려가 있는 장소(세대 내 분전반 및 이와 유사한 장소)

(2) 단, 이때 주택용 누전차단기를 설치할 것

## 059 TN 계통에서 전원 자동차단장치에 의한 감전보호기준을 설명하시오.

(**data**) 전기안전기술사 및 건축전기설비기술사 출제예상문제

### 1. TN 계통에서 설비의 접지 신뢰성

PEN 도체 또는 PE 도체와 접지극과의 효과적인 접속에 의함

### 2. 접지가 공공계통 또는 다른 전원계통으로부터 제공되는 경우

그 설비의 외부측에 필요한 조건은 전기공급자가 준수할 것

(1) PEN 도체는 여러 지점에서 접지하여 PEN 도체의 단선 위험을 최소화할 수 있을 것

(2) TN 계통방식에 있어 전원측 접지저항 제한은 다음 식에 의할 것

$$\frac{R_B}{R_E} \leq \frac{50}{(U_0 - 50)}$$

여기서, $R_B$ : 병렬 접지극 전체의 접지저항값[Ω]

$R_E$ : 설비의 계통외도전부와 대지와의 접촉저항 최소값[Ω]

$U_0$ : 공칭대지전압(실효값)[V]

### 3. TN 계통에서 전원차단으로 감전보호방법

(1) 전원공급계통의 중성점이나 중간점은 접지하여야 하나, 접지하지 못할 경우에는 선도체 중 하나를 접지할 것

(2) 설비의 노출도전부는 보호도체로 전원공급계통의 접지점에 접속할 것

(3) 다른 유효한 접지점이 있다면, 보호도체(PE 및 PEN 도체)는 건물이나 구내의 인입구 또는 추가로 접지할 것

(4) 고정설비에서 보호도체와 중성선을 겸하여(PEN 도체) 사용될 수 있음. 이러한 경우, PEN 도체에는 어떠한 개폐장치나 단로장치가 삽입되지 않아야 하며, PEN 도체는 보호도체(142.3.2)의 조건을 충족할 것

(5) 보호장치의 특성과 회로의 임피던스 제한관계

$$Z_s \times I_a \leq U_0$$

① $Z_s$ : 다음과 같이 구성된 고장루프임피던스[Ω]

㉠ 전원의 임피던스

㉡ 고장점까지의 선도체 임피던스

㉢ 고장점과 전원 사이의 보호도체 임피던스

② $I_a$ : 규정의 표에서 제시된 시간 내에 차단장치 또는 누전차단기의 자동동작전류[A]

③ $U_0$ : 공칭대지전압[V]

## 4. TN 계통에서 누전차단기 설치 시 유의사항

(1) 과전류보호장치 및 누전차단기를 고장보호에 사용 시는 과전류보호 겸용일 것

(2) TN-C 계통에는 누전차단기를 사용해서는 아니 됨

(3) TN-C-S 계통에 누전차단기를 설치하는 경우에는 누전차단기의 부하측에는 PEN 도체를 사용할 수 없음. 이러한 경우 PE 도체는 누전차단기의 전원측에서 PEN 도체에 접속할 것

## 060 IT 계통에서 전원자동차단에 의한 감전보호방법에 대하여 설명하시오.

**(data)** 전기안전기술사 및 건축전기설비기술사 출제예상문제

**답안** 1. 노출도전부 또는 대지로 단일고장이 발생한 경우

(1) 노출도전부는 개별 또는 집합적으로 접지하여야 하며, 다음 조건을 충족할 것

① 교류계통

$$R_A \times I_d \leq 50[\text{V}]$$

② 직류계통

$$R_A \times I_d \leq 120[\text{V}]$$

여기서, $R_A$ : 접지극과 노출도전부에 접속된 보호도체 저항의 합

$I_d$ : 하나의 선도체와 노출도전부 사이에서 무시할 수 있는 임피던스로 1차 고장이 발생했을 때의 고장전류[A]로 전기설비의 누설전류와 총 접지 임피던스를 고려한 값

(2) 고장전류가 작기 때문에 조건을 충족시키는 경우에는 자동차단이 절대적 요구사항은 아니다.

(3) 두 곳에서 고장발생 시 동시에 접근이 가능한 노출도전부에 접촉되는 경우에는 인체에 위험을 피하기 위한 조치를 할 것

### 2. IT 계통의 적용

다음과 같은 감시장치와 보호장치를 사용할 수 있으며, 1차 고장이 지속되는 동안 작동될 것

(1) **절연감시장치** : 단, 절연감시장치는 음향 및 시각신호를 갖출 것

(2) 누설전류감시장치

(3) 절연고장점검출장치

(4) 과전류보호장치

(5) 누전차단기

### 3. 1차 고장이 발생한 후 다른 충전도체에서 2차 고장이 발생하는 경우 전원자동차단 조건

(1) 노출도전부가 같은 접지계통에 집합적으로 접지된 보호도체와 상호 접속된 경우에는 TN 계통과 유사한 조건을 적용한다.

① 중성선과 중점선이 배선되지 않은 경우의 충족조건

$$2I_a Z_s \leq U$$

② 중성선과 중점선이 배선된 경우의 충족조건

$$2I_a Z_s' \leq U_0$$

여기서, $U_0$ : 선도체와 중성선 또는 중점선 사이의 공칭전압[V]

$U$ : 선간 공칭전압[V]

$Z_s$ : 회로의 선도체와 보호도체를 포함하는 고장루프임피던스[Ω]

$Z_s'$ : 회로의 중성선과 보호도체를 포함하는 고장루프임피던스[Ω]

$I_a$ : TN 계통에서 요구하는 차단시간 내에 보호장치를 동작시키는 전류[A]

(2) 노출도전부가 그룹별 또는 개별로 접지되어 있을 경우의 조건 적용

$$R_A \times I_d \leq 50[\text{V}]$$

여기서, $R_A$ : 접지극과 노출도전부에 접속된 보호도체와 접지극 저항의 합

$I_d$ : TT 계통에 요구하는 차단시간 내에 보호장치를 동작시키는 전류[A]

## 4. IT 계통에서 누전차단기를 이용하여 고장보호하는 경우

과부하전류에 대한 보호 규정을 준용할 것(211.2.4를 준용)

**061** TT 계통에서 전원자동차단에 의한 감전보호방법과 저압계통 접지방식에 따른 보호접지(공칭저압별 차단시간)에 대하여도 설명하시오.

**(data)** 전기안전기술사 및 건축전기설비기술사 출제예상문제

**답안** **1. TT 계통에서 전원자동차단에 의한 감전보호방법**

(1) 전원공급계통의 중성점이나 중간점은 접지하여야 하나, 접지 못할 경우에는 선도체 중 하나를 접지할 것

(2) TT 계통은 누전차단기를 사용하여 고장보호를 하여야 하며, 누전차단기를 적용하는 경우에는 누전차단기의 시설 규정에 의함

(3) 다만, 고장루프임피던스가 충분히 낮을 때는 과전류보호장치로 고장보호 가능함

(4) 누전차단기를 사용한 TT 계통의 고장보호의 조건

① 보호장치의 최대차단시간의 표에 적합한 차단시간일 것

**‖32[A] 이하 분기회로의 최대차단시간‖**

(단위 : 초)

| 계통 | $50[V] < U_0 \leq 120[V]$ | | $120[V] < U_0 \leq 230[V]$ | | $230[V] < U_0 \leq 400[V]$ | | $U_0 > 400[V]$ | |
|---|---|---|---|---|---|---|---|---|
| | 교류 | 직류 | 교류 | 직류 | 교류 | 직류 | 교류 | 직류 |
| TN | 0.8 | [비고 1] | 0.4 | 5 | 0.2 | 0.4 | 0.1 | 0.1 |
| TT | 0.3 | [비고 1] | 0.2 | 0.4 | 0.07 | 0.2 | 0.04 | 0.1 |

• TT 계통에서 차단은 과전류보호장치에 의해 이루어지고 보호 등전위본딩은 설비 안의 모든 계통외 도전부와 접속되는 경우 TN 계통에 적용 가능한 최대차단시간이 사용될 수 있다.
• $U_0$는 대지에서 공칭교류전압 또는 직류 선간전압이다.
[비고] 1. 차단은 감전보호 외에 다른 원인에 의해 요구될 수도 있다.
      2. 누전차단기에 의한 차단은 KEC 211.2.4 참조

② 보호장치의 특성과 회로의 전압강하의 제한관계

$$R_A \times I_{\Delta n} \leq 50[V]$$

여기서, $R_A$ : 노출도전부에 접속된 보호도체와 접지극 저항의 합[Ω]
$I_{\Delta n}$ : 누전차단기의 정격동작전류[A], 보통 30[mA]

(5) 과전류보호장치를 사용한 TT 계통의 고장보호 시의 충족조건

$$Z_s \times I_a \leq U_0$$

① $Z_s$ : 다음과 같이 구성된 고장루프임피던스[Ω]

㉠ 전원

㉡ 고장점까지의 선도체

㉢ 노출도전부의 보호도체

**117**

ㄹ 접지도체

ㅁ 설비의 접지극

ㅂ 전원의 접지극

② $I_a$ : 규정의 표에서 제시된 시간 내에 과전류차단장치의 자동동작전류[A]

③ $U_0$ : 공칭대지전압[V]

## 2. 계통접지방식에 따른 보호접지

### (1) 보호접지의 개념

고장이 발생된 기기의 한 점 또는 여러 점을 접지하여 인체에 대한 감전보호 목적의 접지

### (2) 보호접지의 적용방법

TN, TT, IT 접지계통에 따라 고장이 발생한 경우에서 고장전류의 차단시간 및 인체의 허용접촉전압에 의한 기준을 적용하며 다음과 같다.

① 보호장치의 최대차단시간의 다음 표와 같이 적합한 차단시간일 것

**‖ 32[A] 이하 분기회로의 최대차단시간 ‖**

(단위 : 초)

| 계통 | $50[V] < U_0 \le 120[V]$ | | $120[V] < U_0 \le 230[V]$ | | $230[V] < U_0 \le 400[V]$ | | $U_0 > 400[V]$ | |
|---|---|---|---|---|---|---|---|---|
| | 교류 | 직류 | 교류 | 직류 | 교류 | 직류 | 교류 | 직류 |
| TN | 0.8 | [비고 1] | 0.4 | 5 | 0.2 | 0.4 | 0.1 | 0.1 |
| TT | 0.3 | [비고 1] | 0.2 | 0.4 | 0.07 | 0.2 | 0.04 | 0.1 |

- TT 계통에서 차단은 과전류보호장치에 의해 이루어지고 보호 등전위본딩은 설비 안의 모든 계통외도전부와 접속되는 경우 TN 계통에 적용 가능한 최대차단시간이 사용될 수 있다.
- $U_0$는 대지에서 공칭교류 전압 또는 직류 선간전압이다.

[비고] 1. 차단은 감전보호 외에 다른 원인에 의해 요구될 수도 있다.
       2. 누전차단기에 의한 차단은 KEC 211.2.4 참조

② 32[A]를 초과하는 분기회로 및 배전회로의 최대차단시간

　　ㄱ TN 계통의 50[V] 초과~400[V] 이하 및 400[V] 초과 저압회로 : 5초 이하

　　ㄴ IT 계통의 50[V] 초과~400[V] 이하 및 400[V] 초과 저압회로 : 1초 이하

## 062 기능적 특별저압(FELV)에 의한 감전보호방법에 대하여 설명하시오.

**(data)** 전기안전기술사 및 건축전기설비기술사 출제예상문제 / KEC 211.2.8

**답안**

### 1. FELV의 필요성

기능상의 이유로 교류 50[V], 직류 120[V] 이하인 공칭전압을 사용하지만 SELV 또는 PELV(211.5)에 대한 모든 요구조건이 충족되지 않고 SELV와 PELV가 필요치 않은 경우에는 기본보호 및 고장보호의 보장을 위해서 필요하다.

### 2. FELV의 기본보호

다음 중 어느 하나에 따른다.

(1) 전원의 1차 회로의 공칭전압에 대응하는 저압전기설비의 안전을 위한 기본보호(211.7)에 따른 기본절연일 것

(2) 기본보호(211.7)에 따른 격벽 또는 외함

### 3. FELV의 고장보호

1차 회로가 저압전기설비의 안전을 위한 규정(211.2.3부터 211.2.7까지)에 명시된 전원의 자동차단에 의한 보호가 될 경우 FELV 회로기기의 노출도전부는 전원의 1차 회로의 보호도체에 접속할 것

### 4. FELV 계통의 전원

(1) 최소한 단순 분리형 변압기 또는 단락전류 보호 규정(211.5.3)에 의한다.

(2) 만약 FELV 계통이 단권변압기 등과 같이 최소한의 단순 분리가 되지 않은 기기에 의해 높은 전압계통으로부터 공급되는 경우

① FELV 계통은 높은 전압계통의 연장으로 간주됨

② 높은 전압계통에 적용되는 보호방법에 의해 보호할 것

### 5. FELV 계통용 플러그와 콘센트 요구사항(시설기준)

(1) 플러그를 다른 전압계통의 콘센트에 꽂을 수 없을 것

(2) 콘센트는 다른 전압계통의 플러그를 수용할 수 없을 것

(3) 콘센트는 보호도체에 접속할 것

**063** 저압회로에서 감전보호방법 중 이중절연 또는 강화절연에 의한 보호에 대하여 설명하시오.

**data** 전기안전기술사 출제예상문제 / KEC 211.3.2

**답안** **1. 이중절연 또는 강화절연에 의한 보호대책의 일반 요구사항**

(1) **개념** : 기본절연의 고장으로 인해 전기기기의 접근 가능한 부분에 위험전압이 발생하는 것을 방지하기 위한 이중절연 또는 강화절연시킨 감전보호를 말함

(2) **이중절연** : 충전부에는 기본절연에 의한 기본보호, 보조절연에 의한 고장보호된 절연방식

(3) **강화절연** : 이중절연과 동등할 정도의 기본보호 및 고장보호를 동시에 하는 보호의 절연방식

(4) **보호대책 일반 요구사항**

① 기본보호는 기본절연에 의하며, 고장보호는 보조절연에 의함

② 기본보호 및 고장보호는 충전부의 접근 가능한 부분의 강화절연에 의함

(5) 이중절연 또는 강화절연에 의한 보호대책은 특수설비(240)의 몇 가지 제한사항 이외에는 모든 상황에 적용이 가능함

(6) 이 보호대책이 유일한 보호대책으로 사용될 경우, 관련 설비 또는 회로가 정상사용 시 보호대책의 효과를 손상시키는 변경이 일어나지 않도록 실효성 있는 감시 완성이 입증될 것

(7) 따라서, 콘센트를 사용하거나 사용자가 허가 없이 부품을 변경할 수 있는 기기가 포함된 어떠한 회로에도 적용하지 말 것

**2. 기본보호와 고장보호를 위한 요구사항**

(1) **전기기기에서의 요구사항**

① 이중절연 또는 강화절연을 사용하는 보호대책이 설비의 일부분 또는 전체 설비에 사용될 경우, 전기기기는 다음 중 어느 하나에 따라야 함

㉠ "②"의 사항

㉡ "③"의 사항과 "(2)"의 외함 사항

㉢ "④"의 사항과 "(2)"의 외함 사항

② 전기기기는 관련 표준에 따라 형식 시험과 표시된 다음의 종류일 것

㉠ 이중절연 또는 강화절연을 갖는 전기기기(2종 기기)

㉡ 2종 기기와 동등하게 관련 제품 표준에서 공시된 전기기기로 전체 절연이 된 전기기기의 조립품과 같은 것[KS C IEC 60439-1(저전압 개폐장치 및 제어장치 부속품-제1부 : 형식 시험 및 부분 형식 시험 부속품을 참조)]

③ (1)의 "②"의 조건과 동등한 전기기기의 안전등급을 제공하고, (2)의 "①"에서 "③" 까지의 조건을 충족하기 위해서는 기본 절연만을 가진 전기기기는 그 기기의 설치과 정에서 보조절연을 할 것

④ (1)의 "②"의 조건과 동등한 전기기기의 안전등급을 제공하고, (2)의 "②"에서 "③" 까지의 조건을 충족하기 위해서는 절연되지 않은 충전부를 가진 전기기기는 그 기기 의 설치과정에서 강화절연을 할 것. 다만, 이러한 절연은 그 구조의 특성상 이중절연 의 적용이 어려운 경우에만 인정됨

(2) 외함

① 모든 도전부가 기본절연만으로 충전부로부터 분리되어 작동하도록 되어 있는 전기 기기는 최소한 보호등급 IPXXB 또는 IP2X 이상의 절연 외함 안에 수용할 것

② 다음과 같은 요구사항을 적용한다.

㉠ 전위가 나타날 우려가 있는 도전부가 절연 외함을 통과하지 않아야 한다.

㉡ 절연 외함은 설치 및 유지보수를 하는 동안 제거될 필요가 있거나 제거될 수도 있는 절연재로 된 나사 또는 다른 고정수단을 포함해서는 안 된다.

㉢ 이들은 외함의 절연성을 손상시킬 수 있는 금속제의 나사 또는 다른 고정수단으 로 대체될 수 있는 것이어서는 안 된다.

㉣ 기계적 접속부 또는 연결부(예 고정형 기기의 조작핸들)가 절연 외함을 관통해야 하는 경우에는 고장 시 감전에 대한 보호의 기능이 손상되지 않는 구조로 한다.

③ 절연 외함의 덮개나 문을 공구 또는 열쇠를 사용하지 않고도 열 수 있다면, 덮개나 문이 열렸을 때 접근 가능한 전체 도전부는 사람이 무심코 접촉되는 것을 방지하기 위해 절연 격벽(IPXXB 또는 IP2X이상 제공)의 뒷부분에 배치하여야 한다. 이러한 절연 격벽은 공구 또는 열쇠를 사용해서만 제거할 수 있어야 한다.

④ 절연 외함으로 둘러싸인 도전부를 보호도체에 접속해서는 안 된다. 그러나 외함 내 다른 품목의 전기기기의 전원회로가 외함을 관통하며 이 기기의 사용을 위해 필요한 경우 보호도체의 외함 관통 접속을 위한 시설이 가능하다. 다만, 외함 내에서 이들 도체 및 단자는 모두 충전부로 간주하여 절연하고 단자들은 PE 단자라고 표시 하여야 한다.

⑤ 외함은 이와 같은 방법으로 보호되는 기기의 작동에 나쁜 영향을 주어서는 안 된다.

(3) 설치

① "(1)"에 따른 기기의 설치(고정, 도체의 접속 등)는 기기 설치 시방서에 따라 보호기 능이 손상되지 않는 방법으로 시설할 것

② 이중절연 규정(211.3.1의 3)이 적용되는 경우를 제외하고 2종 기기에 공급하는 회로 는 각 배선점과 부속품까지 배선되어 단말 접속되는 회로 보호도체를 가질 것

**(4) 배선계통**

배선설비 규정(232)에 따라 설치된 배선계통은 다음과 같은 경우 이중절연 규정(211.3.2)의 요구사항을 충족하는 것으로 본다.

① 배선계통의 정격전압은 계통의 공칭전압 이상이며, 최소 300/500[V]이어야 한다.

② 기본절연의 적절한 기계적 보호는 다음의 하나 이상이 될 것

    ㉠ 비금속 외피케이블

    ㉡ 비금속 트렁킹 및 덕트[KS C IEC 61084(전기설비용 케이블 트렁킹 및 덕트 시스템)] 또는 비금속 전선관[KS C IEC 60614(전기설비용 전선관) 또는 KS C IEC 61386(전기설비용 전선관시스템)]

③ 배선계통은 ▣ 기호나 ⊗ 기호에 의해 식별을 하여서는 아니 됨

## 064 저압전기설비의 감전에 대한 보호방법 중 전기적 분리에 의한 보호에 대하여 설명하시오.

**data** 전기안전기술사 출제예상문제

**답안** 1. **전기적 분리에 의한 보호대책 일반 요구사항**

(1) 기본보호 : 충전부의 기본절연 또는 211.7(저압전기설비의 기본보호방법)에 따른 격벽과 외함에 의함

(2) 고장보호 : 분리된 다른 회로와 대지로부터 단순한 분리

(3) 이 보호대책은 단순 분리된 하나의 비접지 전원으로부터 한 개의 전기사용기기에 공급되는 전원으로 제한됨("(4)"에서 허용되는 것은 제외)

(4) 두 개 이상의 전기사용기기가 단순 분리된 비접지 전원으로부터 전력을 공급받을 경우 211.9.3(저압전기설비의 숙련자와 관련된 보호대책)을 충족할 것

2. **전기적 분리의 기본보호를 위한 요구사항**

모든 전기기기는 충전부의 기본절연, 격벽 또는 외함, 이중절연 또는 강화절연으로 보호대책을 할 것

3. **전기적 분리의 고장보호를 위한 요구사항**

전기적 분리에 의한 고장보호는 다음에 의함

① 분리된 회로는 최소한 단순 분리된 전원을 통하여 공급되어야 하며, 분리된 회로의 전압은 500[V] 이하일 것

② 분리된 회로의 충전부는 어떤 곳에서도 다른 회로, 대지 또는 보호도체에 접속되어서는 안 되며, 전기적 분리를 보장하기 위해 회로 간에 기본절연을 할 것

③ 가요케이블과 코드는 기계적 손상을 받기 쉬운 전체 길이에 대해 육안으로 확인이 가능할 것

④ 분리된 회로들에 대해서는 분리된 배선계통의 사용이 권장된다. 다만, 분리된 회로와 다른 회로가 동일 배선계통 내에 있으면 금속외장이 없는 다심케이블, 절연전선관 내의 절연전선, 절연덕팅 또는 절연트렁킹에 의한 배선이 되어야 하며 다음의 조건을 만족할 것

ⓧ 정격전압은 최대공칭전압 이상일 것

ⓛ 각 회로는 과전류에 대한 보호를 할 것

⑤ 분리된 회로의 노출도전부는 다른 회로의 보호도체, 노출도전부 또는 대지에 접속되어서는 아니 됨

## 065 SELV와 PELV와 FELV를 적용한 특별저압에 의한 보호에 대하여 설명하시오.

**data** 전기안전기술사 및 건축전기설비기술사 출제예상문제 / KEC 211.5

**답안** 1. 보호대책 일반 요구사항(보호 개념)

(1) 특별저압에 의한 보호는 다음의 특별저압계통에 의한 보호대책이다.

① SELV(Safety Extra-Low Voltage)

② PELV(Protective Extra-Low Voltage)

③ FELV(Fucntional Extra-Low Voltage)

(2) 보호대책의 요구사항(조건)

① 특별저압계통의 전압한계 : 전압밴드 I의 상한값인 교류 50[V] 이하, 직류 120[V] 이하

② 특별저압회로를 제외한 모든 회로에서 특별저압계통을 보호 분리

③ 특별저압계통과 다른 특별저압계통 사이에는 기본절연할 것

④ 특별저압계통(SELV, PELV, FELV)과 대지 간의 기본절연을 할 것

(3) 특별저압의 계통전압은 KS C 규정의 전압밴드 I 을 사용함

(4) 공급전원(주로 일반전기사업으로부터 수전 받는)과 특별저압회로의 분리조건이 충족될 것

(5) 기본보호(직접접촉에 대한 보호)와 고장보호(간접접촉에 대한 보호)를 동시에 실현하는 방식

### 2. 기본보호와 고장보호에 관한 요구사항

다음의 조건들을 충족할 경우에는 기본보호와 고장보호가 제공되는 것으로 간주함

(1) 전압밴드 I의 상한값(교류 50[V] , 직류 120[V] 이하)을 초과하지 않는 공칭전압인 경우

(2) SELV와 PELV용 전원 중 하나에서 공급되는 경우

(3) SELV와 PELV 회로에 대한 요구사항의 조건에 충족하는 경우

### 3. SELV와 PELV용 전원

(1) 안전절연변압기 전원(KS C IEC 61558-2-6 사항에 적합한 것)

① 1차 전압, 2차 전압 : 1,100[V] 이하, 교류 50[V] 이하

② 정력출력 : 단상 10[kVA] 이하, 3상 16[kVA] 이하

③ 입력회로와 출력회로는 전기적으로 서로 분리된 구조일 것

(2) 안전절연변압기 및 이와 동등한 절연의 전원

(3) 축전지 및 디젤발전기 등과 같은 독립전원

(4) 전력변환장치

① 내부고장이 발생한 경우에도 출력단자의 전압이 규정된 값을 초과하지 않을 것

② 적절한 표준에 따른 전력변환장치(교류 50[V], 직류 120[V] 초과하지 않게 제한된 장치)

(5) 특별저압공급의 안전절연변압기, 전동발전기 등의 이동용 전원은 이중 또는 강화절연된 것일 것

## 4. SELV와 PELV 회로에 대한 요구사항

(1) SELV 및 PELV 회로는 다음을 포함할 것

① 충전부와 다른 SELV와 PELV 회로 사이의 기본절연

② 이중절연 또는 강화절연 또는 최고전압에 대한 기본절연 및 보호차폐에 의한 SELV 또는 PELV 이외의 회로들의 충전부로부터 보호분리

③ SELV 회로는 충전부와 대지 사이에 기본절연

④ PELV 회로 및 PELV 회로에 의해 공급되는 기기의 노출도전부는 접지

(2) 기본절연이 된 다른 회로의 충전부로부터 특별저압회로 배선계통의 보호분리방법

① SELV와 PELV 회로의 도체들은 기본절연을 하고 비금속외피 또는 절연된 외함으로 시설할 것

② SELV와 PELV 회로의 도체들은 전압밴드 I보다 높은 전압회로의 도체들로부터 접지된 금속시스 또는 접지된 금속 차폐물에 의해 분리할 것

③ SELV와 PELV 회로의 도체들이 사용 최고전압에 대해 절연된 경우 전압밴드 I보다 높은 전압의 다른 회로 도체들과 함께 다심케이블 또는 다른 도체그룹에 수용할 수 있다.

④ 다른 회로의 배선계통은 이중절연규정(211.3.2의 4)에 의함

(3) SELV와 PELV 계통의 플러그와 콘센트는 다음에 따라야 함

① 플러그는 다른 전압계통의 콘센트에 꽂을 수 없을 것

② 콘센트는 다른 전압계통의 플러그를 수용할 수 없을 것

③ SELV 계통에서 플러그 및 콘센트는 보호도체에 접속하지 말 것

(4) SELV 회로의 노출도전부는 대지 또는 다른 회로의 노출도전부나 보호도체에 접속하지 않을 것

(5) 공칭전압이 교류 25[V] 또는 직류 60[V]를 초과하거나 기기가 (물에) 잠겨 있는 경우 기본보호는 특별저압회로에 대해 다음의 사항에 의함

①기본보호방법 중 충전부의 기본절연규정(211.7.1)에 따른 절연

②기본보호방법 중 격벽 또는 외함의 규정(211.7.2)에 의함

(6) 건조한 상태에서 기본보호를 하지 않아도 되는 경우

① SELV 회로에서 공칭전압이 교류 25[V] 또는 직류 60[V]를 초과하지 않는 경우

② PELV 회로에서 공칭전압이 교류 25[V] 또는 직류 60[V]를 초과하지 않고 노출도전부 및 충전부가 보호도체에 의해서 주접지단자에 접속된 경우

(7) SELV 또는 PELV 계통의 공칭전압이 교류 12[V] 또는 직류 30[V]를 초과하지 않는 경우 기본보호를 하지 않아도 됨

## 5. FELV용 전원

(1) SELV와 PELV용 전원

(2) 단순분리형 변압기 : 권선 상호 간 및 권선과 대지 사이를 기본절연에 의해 분리된 것

(3) 단권변압기 : 단순분리가 아니된 변압기

(4) SELV와 PELV가 필요하지 않을 경우에는 적용되는 특별저압용 전원

단, 기능상의 이유로 교류 50[V], 직류 120[V]의 공칭전압을 사용함

## 6. SELV와 PELV 및 FELV 전원사항과 개념도 비교

(1) FELV, PELV, SELV의 전원사항 비교

| 구분 | 적용 전원 | 접지와 보호도체와의 관계 | 전원과 회로 |
|------|-----------|---------------------------|-------------|
| SELV | ① 안전절연변압기<br>② ①과 동등한 절연의 전원<br>③ 축전지<br>④ 디젤발전기 등과 같은 독립전원 | • 회로는 비접지<br>• 노출도전성 부분은 대지 및 보호도체와 접속되지 않음 | 안전절연변압기 등으로 구조적 전기적인 분리가 됨 |
| PELV |  | • 회로는 접지<br>• 회로의 접지를 1차측 보호도체에 접속해도 됨<br>• 노출도전성 부분은 접지할 것 | 안전절연변압기를 사용하지 않아 구조적 분리 없음 |
| FELV | ① SELV와 PELV용 전원<br>② 단순분리형 변압기<br>③ 단권변압기 | • 회로는 접지<br>• 노출도전성 부분은 1차 회로의 보호도체에 접속할 것 |  |

## (2) 개념도

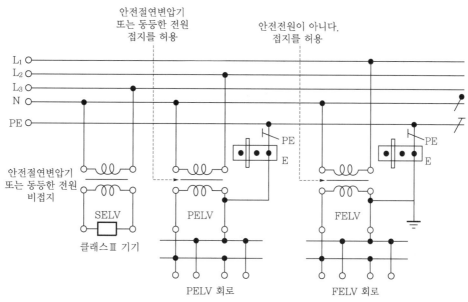

여기서, E : 외부 도체로의 접지(금속 배관과 건물의 철근)
       PE : 보호도체

━━●━━ : 중성선(N)

━━╱━━ : 보호도체(PE)

❚ SELV, PELV, FELV 회로의 비교 ❚

## 066 저압전기설비의 감전보호를 위한 추가적 보호방법에 대하여 설명하시오.

**data** 전기안전기술사 및 건축전기설비기술사 출제예상문제 / KEC 211.6

**답안** **1. 누전차단기에 의한 추가적인 보호**

(1) 추가보호 대상

기본보호 및 고장보호를 위한 대상 설비의 고장 또는 사용자의 부주의로 인하여 설비에 고장이 발생한 경우를 누전차단기에 의한 추가보호 대상으로 설정함

(2) 사용조건에 적합한 누전차단기를 사용하는 경우에는 추가적인 보호로 간주함

(3) 누전차단기의 사용은 단독적인 보호대책으로 인정하지 않음

(4) 누전차단기를 다음의 규정된 보호대책 중 하나를 적용할 때에는 추가적인 보호로 사용할 수 있음

① 저압전기설비의 안전을 위한 보호 규정 중 전원의 자동차단에 의한 보호대책

② 저압전기설비의 안전을 위한 보호 규정 중 이중절연 또는 강화절연에 의한 보호

③ 저압전기설비의 안전을 위한 보호 규정 중 전기적 분리에 의한 보호

④ 저압전기설비의 안전을 위한 보호 규정 중 SELV와 PELV를 적용한 특별저압에 의한 보호

**2. 보조 보호 등전위본딩에 의한 추가적 보호**

(1) 동시 접근이 가능한 고정기기의 노출도전부와 계통외도전부에 보조 보호 등전위본딩을 한 경우에는 추가적인 보호로 간주함

(2) 전기설비에서 고장 시 자동차단 조건이 충족되지 않을 경우임

(3) 이때, 계통외도전부 및 전기설비 간 및 철근 바닥과의 이격거리($L$)는 다음과 같음

① 계통외도전부와 보조 보호 등전위본딩도체 간의 이격거리 : $L < 2.5[m]$

② 전기설비 간의 이격거리 : $L \geq 2.5[m]$

③ 전기설비와 철근 바닥과의 이격거리 : $L < 2.5[m]$

**067** 저압전기설비의 감전보호를 위한 장애물 및 접촉범위 밖에 배치에 대해 설명하시오.

**data** 전기안전기술사 및 건축전기설비기술사 출제예상문제

**답안**

## 1. 목적

(1) 장애물을 두거나 접촉범위 밖에 배치하는 보호대책은 기본보호만 해당함

(2) 이 방법은 숙련자 또는 기능자에 의해 통제 또는 감독되는 설비에 적용할 것

## 2. 장애물

(1) 장애물은 충전부에 무의식적인 접촉을 방지하기 위해 시설할 것

다만, 고의적 접촉까지 방지하는 것은 아님

(2) 장애물은 다음에 대한 보호를 할 것

① 충전부에 인체가 무의식적으로 접근하는 것

② 정상적인 사용상태에서 충전된 기기를 조작하는 동안 충전부에 무의식적으로 접촉하는 것

③ 장애물은 열쇠 또는 공구를 사용하지 않고 제거될 수 있지만, 비고의적인 제거를 방지하기 위해 견고하게 고정할 것

## 3. 접촉범위 밖에 배치

(1) 접촉범위 밖에 배치하는 방법에 의한 보호는 충전부에 무의식적으로 접촉하는 것을 방지하기 위함

(2) 서로 다른 전위로 동시에 접근 가능한 부분이 접촉범위 안에 있으면 안 된다. 두 부분의 거리가 2.5[m] 이하인 경우에는 동시 접근이 가능한 것으로 간주함

**068** 저압전기설비의 과전류 보호에 대한 다음 항목을 설명하시오.
1. 적용범위
2. 선도체의 보호

**data** 전기안전기술사 및 건축전기설비기술사 출제예상문제

**답안** **1. 적용범위**

(1) 과전류의 영향으로부터 회로도체를 보호하기 위한 요구사항으로서 과부하 및 단락고장이 발생할 때 전원을 자동으로 차단하는 하나 이상의 장치에 의해서 회로도체를 보호하기 위한 방법을 규정한다.

(2) 과전류 보호 : 과전류로 인한 회로의 도체, 절연체, 접속부, 단자부 또는 도체를 감싸는 물체 등에 유해한 열적 및 기계적인 위험이 발생되지 않도록 그 회로의 과전류를 차단하는 보호장치를 설치해야 한다.

(3) 적용 제외

① 플러그 및 소켓으로 고정설비에 기기를 연결하는 가요성 케이블(또는 가요성 전선)

② "①"의 경우에서, 과전류에 대한 보호가 반드시 이루어지지는 않는다.

**2. 선도체의 보호**

(1) 과전류검출기의 설치

① 모든 선도체에 대하여 과전류검출기를 설치

② 과전류가 발생할 때 전원을 안전하게 차단할 것

③ 다만, 과전류가 검출된 도체 이외의 다른 선도체는 차단하지 않아도 된다.

④ 단, 3상 전동기 등과 같이 단상 차단이 위험을 일으킬 수 있는 경우 적절한 보호조치를 할 것(위험이 있을 경우 모든 선도체를 동시 차단)

(2) 과전류검출기 설치 예외

TT 계통 또는 TN 계통에서 선도체만을 이용하여 전원을 공급하는 회로의 경우, 다음 조건들을 충족 시 선도체 중 어느 하나에는 과전류검출기를 설치하지 않아도 됨

① 동일 회로 또는 전원측에서 부하 불평형을 감지하고 모든 선도체를 차단하기 위한 보호장치를 갖춘 경우

② "①"에서 불평형 검출기 : 역상과전류계전기(46), 결상계전기(47P), 영상과전압계전기(47N)

③ "①"에서 규정한 보호장치의 부하측에 위치한 회로의 인위적 중성점으로부터 중성선을 배선하지 않는 경우

## 069 저압전기설비의 중성선의 보호방법을 설명하시오.

(data) 전기안전기술사 및 건축전기설비기술사 출제예상문제

답안

### 1. TT 계통 또는 TN 계통의 중성선 보호

(1) 중성선의 단면적이 선도체의 단면적보다 작은 경우
   과전류검출기를 설치할 필요가 있다.

(2) 중성선에 과전류검출기 또는 차단장치를 설치하지 않아도 되는 경우
   중성선의 단면적이 선도체의 단면적과 동등 이상의 크기이고 그 중성선의 전류가 선도
   체의 전류보다 크지 않을 것으로 예상될 경우

(3) "(1)" 및 "(2)"의 2가지 경우 모두 단락전류로부터 중성선을 보호해야 한다.

(4) TN-C 계통의 보호도체 겸용(PEN) 도체는 개방 불가함

### 2. IT 계통의 중성선 보호

(1) 중성선을 배선하는 경우 중성선에 과전류검출기를 설치해야 함

(2) 과전류가 검출되면 중성선을 포함한 해당 회로의 모든 충전도체를 차단할 것

(3) 과전류검출기 설치 예외

   ① 설비의 전력 공급점과 같은 전원측에 설치된 보호장치에 의해 그 중성선이 과전류에
      대해 효과적으로 보호되는 경우

   ② 정격감도전류가 해당 중성선 허용전류의 0.2배 이하인 누전차단기로 그 회로를 보호
      하는 경우

### 3. 중성선의 차단 및 재폐로

(1) 개폐기 및 차단기의 차단 시 : 중성선이 선도체보다 늦게 차단할 것

(2) 투입 또는 재폐로 시 : 중성선이 선도체와 동시 또는 선도체보다 먼저 재폐로될 것

### 4. 고조파 전류에 대한 보호

(1) 다싱회로의(3상 4선식) 중성선에 고조파가 흐르면서 그 중성선 도체의 허용전류를 초과
   할 것이 예상되는 경우는 중성선에 과부하검출기를 설치할 것

(2) 과부하 시 선도체를 차단하여야 하며, 중성선을 차단할 필요는 없다.

## 070 저압회로의 보호장치의 종류 및 특성에 대하여 설명하시오.

**data** 전기안전기술사 및 건축전기설비기술사 출제예상문제

**답안** 1. 과부하전류 및 단락전류 겸용 보호장치

(1) 종류

① 과부하전류 및 단락전류를 차단하는 기능이 보유된 회로차단기

② 퓨즈와 조합된 회로차단기

③ 퓨즈

(2) 능력

설치점에서 예상되는 단락전류를 포함한 모든 과전류를 차단 및 투입이 가능할 것

### 2. 과부하전류 전용 보호장치

(1) 종류

MCCB, 퓨즈, 과전류보호장치를 보유한 누전차단기

(2) 능력

① 과부하전류에 대한 보호규정(212.4)의 요구사항을 충족할 것

② 차단용량은 그 설치점에서의 예상 단락전류값 미만으로 할 수 있음

### 3. 단락전류 전용 보호장치

(1) 종류

단락차단 기능이 있는 회로차단기(ACB, MCCB, MCB)

(2) 능력

① 과부하 보호를 별도의 보호장치에 의할 것

② 고장점의 예상단락전류 이상의 차단능력을 보유할 것

③ 차단기인 경우에는 이 단락전류에 투입이 가능할 것

### 4. 보호장치의 특성

과전류보호장치는 KS C 또는 KS C IEC 관련 표준(배선차단기, 누전차단기, 퓨즈 등의 표준)의 동작특성에 적합할 것

**071** 한국전기설비규정에 의한 과전류보호장치 중 배선용 차단기에 관한 다음 항목을 설명하시오.
1. 배선용 차단기의 종류별 설치장소
2. 주택용 배선용 차단기의 주된 용도
3. 배선용 차단기의 전류–시간 동작특성

**data** 전기안전기술사 및 건축전기설비기술사, 전기응용기술사 출제예상문제 / 전기안전기술사 유사 기출문제

**답안** 1. 배선용 차단기의 종류별 설치장소

| 구 분 | | 적용 장소 |
|---|---|---|
| 주택용 배선차단기 | 일반인이 접촉할 우려가 있는 장소 | 주택(단독주택, 공동주택), 준주택(기숙사, 고시원, 노인복지주택, 오피스텔)의 세대 내 분전반 및 이외 유사한 장소 |
| 산업용 배선차단기 | 일반인이 접촉할 우려가 없는 장소 | "주택용 배선차단기"에서 정하는 장소 중 세대 내 이외의 장소(계단, 주차장, 공용설비 등) |

2. 주택용 배선용 차단기의 주된 용도(KS C IEC 60947–2)

| TYPE | 순시동작범위 정격전류($I_n$)×배수 | 적용 부하 |
|---|---|---|
| B | 3~5배 범위 | 조명설비,기동전류가 낮은 부하 (조명설비, 저항성 부하) |
| C | 5~10배 범위 | 기동전류가 보통인 부하 (유도전동기 등) |
| D | 10~20배 범위 | 돌입전류가 큰 부하 (부하측 변압기, X선 발생장치 등) |

3. 배선차단기의 전류–시간 동작특성

| 정격전류 | 규정시간 | 정격전류($I_n$)×배수 | | | |
|---|---|---|---|---|---|
| | | 주택용 | | 산업용 | |
| | | 부동작전류 | 동작전류 | 부동작전류 | 동작전류 |
| 63[A] 이하 | 60분 | 1.13배 | 1.45배 | 1.05배 | 1.3배 |
| 63[A] 초과 | 120분 | 1.13배 | 1.45배 | 1.05배 | 1.3배 |

## 072 저압전기설비의 전선에 있어 과부하전류에 대한 보호협조에 대하여 설명하시오.

**data** 전기안전기술사 및 건축전기설비기술사 출제예상문제

**답안**

### 1. 과부하 설계조건 개념

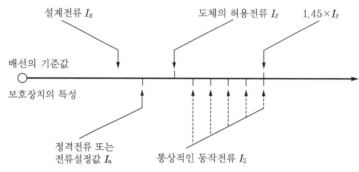

┃ 과부하 보호설계 조건도 ┃

### 2. 도체와 과부하보호장치 사이의 협조

과부하에 대해 케이블(전선)을 보호하는 장치의 동작특성은 다음 두 조건을 충족할 것

(1) 식 1

$$I_B \leq I_n \leq I_Z$$

① $I_B$ : 회로의 설계전류

㉠ $I_B = \dfrac{\sum P_i}{KV} \times \alpha \times h \times k [\text{A}]$

여기서, $P_i$ : 단상 또는 3상 부하의 입력[VA]

$K$ : 상계수(3상은 $\sqrt{3}$, 단상은 1)

$V$ : 부하의 정격전압[V]

$\alpha$ : 수용률

$h$ : 고조파 발생부하의 선전류 증가계수

$k$ : 부하의 불평형에 따른 선전류 증가계수

㉡ 정상 시 회로에 공급되는 전류

㉢ 부하의 효율, 역률, 수용률, 선전류의 불평형, 고조파에 의한 전류 증가 및 장래 부하 증가에 대한 여유 등을 고려한 전류임

② $I_n$ : 보호장치의 정격전류

대기 중에 노출된 상태에서 규정된 온도상승한도를 초과하지 않는 한도 이내에 연속하여 보호장치에 흐르게 하는 최대전류

③ $I_Z$ : 케이블의 허용전류

도체가 정상상태에서 지정된 온도(절연 형태별 최고사용온도)를 초과하지 않는 범위 내에서 연속적으로 케이블에 흐르게 하는 최대전류

(2) 식 2

$$I_2 \leq 1.45 \times I_Z$$

① $I_2$ : 보호장치가 규약시간 이내에 유효하게 동작 보장하는 전류(규약동작전류)

② $1.45I_Z$ : 1.45배의 허용전류가 60분간 지속 시, 연속사용온도에 도달지점의 전류

**073** 저압 옥내간선으로 선정 시 고려할 사항 중 장소와 간선의 허용전류에 대하여 간단히 설명하시오.

**data** 전기안전기술사 및 건축전기설비기술사 출제예상문제

**답안** (1) 저압의 옥내간선은 손상을 받을 우려가 없는 장소에 시설할 것

(2) **전선의 허용전류** : 저압 옥내간선의 각 부분마다 그 부분을 통하여 공급되는 전기사용기계기구의 정격전류의 합계 이상인 허용전류가 있는 것일 것

(3) 전등·전열기기의 정격전류의 합계가 전동기 정격전류의 합계보다 큰 경우

(즉, $\sum I_H \geq \sum I_M$ 일 경우)

① 전선의 허용전류 : 저압 옥내간선의 각 부분마다 그 부분을 통하여 공급되는 전기사용기계기구의 정격전류 합계 이상의 허용전류일 것

② 즉, $I_A \geq (\sum I_M + \sum I_H)$

(4) 전동기의 정격전류 합계가 전등·전열기기의 정격전류 합계보다 클 경우

(즉, $\sum I_M \geq \sum I_H$ 일 경우)

| 구 분 | 전동기 등의 정격전류 합계가 50[A] 이하인 경우 | 전동기 등의 정격전류 합계가 50[A] 넘는 경우 |
|---|---|---|
| 간선의 허용전류 | $I_A \geq (\sum I_M) \times 1.25 + \sum I_H$ | $I_A \geq (\sum I_M) \times 1.1 + \sum I_H$ |

- $I_A$ : 간선의 허용전류
- $I_M$ : 전동기의 정격전류
- $I_H$ : 전등·전열기기의 정격전류

**074** 저압전로 중 과전류차단기에 시설하는 퓨즈의 종류 및 용단특성을 설명하시오.

**data** 전기안전기술사 및 건축전기설비기술사 출제예상문제 / KEC 212.6.3

**답안** 1. 저압용 퓨즈의 종류

| 퓨즈 종류 | 용 도 |
|---|---|
| aM | 모터 회로의 단락보호용으로 사용되는 차단용량이 일부인 퓨즈 |
| gD | 차단용량이 전 범위인 한시형 퓨즈 |
| gG | 일반적으로 사용하는 차단용량이 전 범위인 퓨즈 |
| gM | 모터 회로를 보호하기 위해 사용되는 차단용량이 전 범위인 퓨즈 |
| gN | 차단용량이 전 범위인 순시형 퓨즈 |

• 첫 번째 문자 : 차단영역, 두 번째 문자 : 사용범주
• g : 퓨즈링크 – 차단용량이 전 전류범위
• M : 모터
• a : 퓨즈링크 – 차단용량이 일부 전류범위

## 2. 저압용 퓨즈 종류별 용단특성

### (1) 퓨즈(gG)의 용단특성

| 정격전류의 구분 | 시 간 | 정격전류의 배수 | |
|---|---|---|---|
| | | 불용단전류 | 용단전류 |
| 4[A] 이하 | 60분 | 1.5배 | 2.1배 |
| 4[A] 초과 16[A] 미만 | 60분 | 1.5배 | 1.9배 |
| 16[A] 이상 63[A] 이하 | 60분 | 1.25배 | 1.6배 |
| 63[A] 초과 160[A] 이하 | 120분 | 1.25배 | 1.6배 |
| 160[A] 초과 400[A] 이하 | 180분 | 1.25배 | 1.6배 |
| 400[A] 초과 | 240분 | 1.25배 | 1.6배 |

### (2) 단락보호 전용 퓨즈(aM)의 용단특성

| 정격전류의 배수 | 불용단시간 | 용단시간 |
|---|---|---|
| 4배 | 60초 이내 | – |
| 6.3배 | – | 60초 이내 |
| 8배 | 0.5초 이내 | – |
| 10배 | 0.2초 이내 | – |
| 12.5배 | – | 0.5초 이내 |
| 19배 | – | 0.1초 이내 |

(3) 차단용량이 전 범위인 한시형 퓨즈(gD)와 순시형 퓨즈(gN)의 용단특성

| 정격전류의 구분 | 시 간 | 정격전류의 배수 | |
|---|---|---|---|
| | | 불용단전류 | 용단전류 |
| 60[A] 이하 | 60분 | 1.1배 | 1.35배 |
| 60[A] 초과 600[A] 미만 | 120분 | 1.1배 | 1.35배 |
| 600[A] 이상 6,000[A] 이하 | 240분 | 1.1배 | 1.5배 |

**075** 과부하 및 단락 보호장치의 설치위치에 대한 시설기준을 설명하시오.

**(data)** 전기안전기술사 및 건축전기설비기술사 출제예상문제 / 전기안전기술사 유사기출문제

**답안** **1. 분기회로의 과부하 및 단락 보호장치를 분기회로에 설치 시**

(1) 과부하보호장치는 전로 중 도체의 단면적, 특성, 설치방법, 구성의 변경으로 도체의 허용전류값이 줄어드는 곳(이하 분기점이라 함)에 설치할 것

(2) 분기점(O)과 설치점(B) 사이의 배선부분에 다른 분기회로나 콘센트 접속이 없을 것

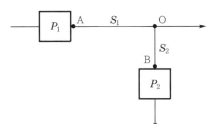

$S_1$의 단면적 > $S_2$의 단면적
- $S_1$ : 전원측 배선
- $S_2$ : 분기회로 배선
- $P_1$ : 전원측 보호장치
- $P_2$ : 분기회로의 보호장치

▎분기회로($S_2$)의 분기점(O)에 설치되지 않은 분기회로 과부하보호장치($P_2$) ▎

**2. 분기회로가 배전간선의 3[m] 이내에 설치된 경우**

(1) 단락의 위험과 화재 및 인체에 대한 위험성이 최소화되도록 시설된 경우이다.

(2) 분기회로($S_2$)의 분기점(O)에서 3[m] 이내에 과부하보호장치($P_2$)가 설치된 경우임

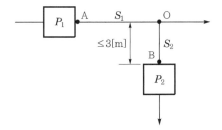

▎분기회로($S_2$)의 분기점(O)에서 3[m] 이내에 설치된 과부하보호장치($P_2$) ▎

(3) 분기회로의 보호장치($P_2$)는 분기회로의 분기점(O)으로부터 3[m]까지 이동하여 설치가 능함

(4) 전원측 보호장치($P_1$)는 분기회로($S_2$)의 단락보호는 보장하지 않는 경우임

**3. 분기점에서 거리제한 없이 보호장치를 설치할 수 있는 경우**

(1) 전원측 보호장치($P_1$)로 분기회로($S_2$)의 단락보호가 되는 경우

(2) 전원측 보호장치($P_1$)가 분기회로의 과부하를 보호할 경우 과부하보호장치($P_2$)는 생략 가능함

## 076 저압전기설비에 있어 과부하 및 단락 보호장치를 생략할 수 있는 경우를 설명하시오.

**data** 전기안전기술사 및 건축전기설비기술사 출제예상문제

**답안** **1. 과부하보호장치의 생략**

(1) 분기회로의 전원측에 설치된 보호장치에 의하여 분기회로에서 발생하는 과부하에 대해 유효하게 보호되고 있는 분기회로의 경우

(2) 전원측 보호장치로 단락보호가 되는 다음의 경우
분기점 이후의 분기회로에 다른 분기회로 및 콘센트가 접속없는 분기회로 중 부하에 설치된 과부하보호장치가 유효하게 동작하여 과부하전류가 분기회로에 전달되지 않도록 조치를 하는 경우

(3) 통신회로용, 제어회로용, 신호회로용 및 이와 유사한 설비

(4) 다만, 화재 또는 폭발 위험성이 있는 장소에 설치되는 설비 또는 특수설비 및 특수장소의 요구사항들을 별도 규정하는 경우, 과부하보호장치는 생략할 수 없음

**2. IT 계통에서 과부하보호장치 설치위치 변경 또는 생략**

(1) 2차 고장이 발생할 때 즉시 작동하는 누전차단기로 각 회로를 보호

(2) 이중절연 또는 강화절연에 의한 보호인 경우

(3) 지속적으로 감시되는 시스템의 경우 다음 중 어느 하나의 기능을 구비한 절연감시장치의 사용
① 최초 고장이 발생한 경우 회로를 차단하는 기능
② 고장을 나타내는 신호(시각 또는 청각 신호)를 제공하는 기능

(4) 중성선이 없는 IT 계통에서 각 회로에 누전차단기가 설치된 경우에는 선도체 중의 어느 1개에는 과부하보호장치를 생략할 수 있음

**3. 안전을 위해 과부하보호장치를 생략할 수 있는 경우**

사용 중 예상치 못한 회로의 개방이 위험 또는 큰 손상을 초래할 수 있는 다음과 같은 부하에 전원을 공급하는 회로에 대해서는 과부하보호장치를 생략할 수 있다.

(1) 회전기의 여자회로

(2) 전자석 크레인의 전원회로

(3) 전류 변성기의 2차 회로

(4) 소방설비의 전원회로

(5) 안전설비(주거침입경보, 가스누출경보 등)의 전원회로

### 4. 단락보호장치의 생략

(1) 배선을 단락위험이 최소화할 수 있는 방법과 가연성 물질 근처에 설치하지 않는 조건이 모두 충족된 경우

(2) 발전기, 변압기, 정류기, 축전지와 보호장치가 설치된 제어반을 연결하는 도체

(3) "3."의 내용같이 전원차단이 설비의 운전에 위험을 가져올 수 있는 회로

(4) **특정 측정회로** : PT 및 CT 2차측 측정회로

## 077 병렬도체의 과부하와 단락보호방법에 대하여 설명하시오.

**data** 전기안전기술사 및 건축전기설비기술사 출제예상문제 / 건축전기설비기술사 유사기출문제

**답안**

### 1. 병렬도체의 과부하 보호

(1) 하나의 보호장치가 여러 개의 병렬도체를 보호할 경우, 병렬도체나 분리 또는 개폐장치를 사용할 수 없음

(2) 병렬도체 간 전류의 균등 분담

하나의 보호장치가 전류를 균등하게 분담하는 병렬도체를 보호할 경우, 케이블의 연속 허용전류($I_Z$)값은 여러 도체의 허용전류 합이 됨

(3) 병렬도체 간 전류의 불균등 분담

① 상마다 단일도체의 사용이 불가능하고 병렬도체의 전류가 불균등할 경우에는 각 도체의 과부하 보호를 위한 설계전류 및 요건을 개별적으로 고려할 것

② 병렬도체의 전류는 전류차가 각 도체의 설계전류값의 10[%]를 초과할 경우 불균등한 것으로 간주할 것

(4) 병렬도체의 구성

동일 단면적, 재질, 길이가 거의 같은 다심케이블 또는 절연전선일 것

### 2. 병렬도체의 단락보호

(1) 1개의 보호기로 단락보호

보호장치의 동작특성이 하나의 병렬도체 중 가장 동작하기 어려운 지점에서 발생한 고장에 대해 효과적인 동작을 보장하는 경우

(2) 하나의 보호장치 동작이 단락보호에 효과적이지 못한 경우에는 다음 중 하나 이상의 조치를 취할 것

① 배선의 기계적인 손상 보호와 같은 방법으로 병렬도체에서의 단락위험을 최소화할 수 있는 방법으로 수행하고, 화재 위험성 또는 인체에 대한 위험을 최소화할 수 있는 방법으로 전선을 설치할 것

② 병렬도체가 2개인 경우, 단락보호장치를 각 병렬도체의 전원측에 설치할 것

③ 병렬도체가 3개 이상인 경우, 단락보호장치를 각 병렬도체의 전원측과 부하측에 설치할 것

## 078 저압전기설비의 단락보호장치의 일반적인 특성에 대하여 설명하시오.

**data** 전기안전기술사 및 건축전기설비기술사 출제예상문제 / KEC 212.5.5

**답안** 1. 차단용량

(1) 정격차단용량은 단락전류보호장치 설치점에서 예상되는 최대크기의 단락전류보다 커야 함

(2) 다만, 전원측 전로에 단락고장전류 이상의 차단능력이 있는 과전류차단기가 설치되는 경우에는 그렇지 않음

(3) "(2)"의 경우에 두 장치를 통과하는 에너지가 부하측 장치와 이 보호장치로 보호를 받는 도체가 손상을 입지 않고 견뎌낼 수 있는 에너지를 초과하지 않도록 양쪽 보호장치의 특성이 협조되도록 할 것

2. 케이블 등의 단락전류

(1) 회로의 임의의 지점에서 발생한 모든 단락전류는 케이블 및 절연도체의 허용온도를 초과하지 않는 시간 내에 차단되게 할 것

(2) 단락지속시간이 5초 이하인 경우, 통상 사용조건에서의 단락전류에 의해 절연체의 허용온도에 도달하기까지의 시간 $t$는 아래 식으로 계산함

$$t = \left(\frac{kS}{I}\right)^2$$

여기서, $t$ : 단락전류 지속시간[초]

$S$ : 도체의 단면적[mm$^2$]

$I$ : 유효단락전류[A, rms]

$k$ : 도체재료의 저항률, 온도계수, 열용량, 해당 초기온도와 최종온도를 고려한 계수로서, 일반적인 도체의 절연물에서 선도체에 대한 $k$값은 KEC 표 212.5-1과 같다.

| 구 분 | 도체절연 형식 | | | | | 고무 (열경화성) 60[℃] | 무기재료 | |
|---|---|---|---|---|---|---|---|---|
| | PVC (열가소성) | | PVC (열가소성) 90[℃] | | 에틸렌프로필렌 고무 /가교폴리에틸렌 (열경화성) | | PVC 외장 | 노출 비외장 |
| 단면적[mm$^2$] | ≤ 300 | > 300 | ≤ 300 | > 300 | | | | |
| 초기온도[℃] | 70 | | 90 | | 90 | 60 | 70 | 105 |
| 최종온도[℃] | 160 | 140 | 160 | 140 | 250 | 200 | 160 | 250 |

| 구 분 | 도체절연 형식 | | | | | | | |
|---|---|---|---|---|---|---|---|---|
| | PVC (열가소성) | | PVC (열가소성) 90[℃] | | 에틸렌프로필렌 고무 /가교폴리에틸렌 (열경화성) | 고무 (열경 화성) 60[℃] | 무기재료 | |
| | | | | | | | PVC 외장 | 노출 비외장 |
| 도체재료 : 구리, 알루미늄, 구리의 납땜접속 | 115 | 103 | 100 | 86 | 143 | 141 | 115 | 135/ 115* |
| | 76 | 68 | 66 | 57 | 94 | 93 | – | – |
| | 115 | – | | | – | – | – | – |

\* 이 값은 사람이 접촉할 우려가 있는 노출케이블에 적용되어야 한다.
1) 다음 사항에 대한 다른 $k$값은 검토 중이다.
   – 가는 도체(특히, 단면적이 10[mm²] 미만)
   – 기타 다른 형식의 전선 접속
   – 노출 도체
2) 단락보호장치의 정격전류는 케이블의 허용전류보다 있다.
3) 위의 계수는 KS C IEC 60724(정격전압 1[kV] 및 3[kV] 전기케이블의 단락온도한계)에 근거한다.
4) 계수 $k$의 계산방법에 대해서는 IEC 60364-5-54(전기기기의 선정 및 설치-접지설비 및 보호도 체)의 "부속서 A" 참조

**079** 저압전로 중의 개폐기 및 과전류차단장치의 시설기준을 설명하시오. (각 항마다 10점 예상)

**data** 전기안전기술사 및 건축전기설비기술사 출제예상문제 / KEC 212.6

**답안**

## 1. 저압전로 중의 개폐기의 시설

(1) 각 극에 설치할 것

다만, 중성선 또는 접지측 전선 규정(212.6.5의 "가")의 경우에는 생략 가능함

(2) 사용전압이 다른 개폐기는 상호 식별이 용이하도록 시설

## 2. 저압 옥내전로 인입구에서의 개폐기의 시설

(1) 저압 옥내전로에는 인입구에 가까운 곳으로서 개폐가 용이한 위치에 전용의 개폐기를 각 극에 시설

(2) 개폐기의 용량이 큰 경우

① 적정 회로로 분할하여 각 회로별로 개폐기를 시설할 수 있음

② 이 경우에 각 회로별 개폐기는 집합하여 시설할 것

(3) 화약류저장소에 시설 시는 인입구에 가깝고, 쉽게 개폐할 수 있는 곳에 개폐기를 각 극에 시설

(4) "(1)"의 규정에 의하지 아니할 수 있는 경우(인입구에 개폐기를 생략하는 경우)

① 다른 옥내전로로부터 15[m] 이하의 전로에서 전기의 공급을 받을 때

② 저압전로에 접속하는 전원측 전용의 개폐기를 개폐할 수 있는 곳에 시설 시

③ 사용전압이 400[V] 미만인 다른 옥내전로에서 다음의 경우

옥내전로의 정격전류가 16[A] 이하인 과전류차단기 또는 정격전류가 16[A]를 초과하고 20[A] 이하인 배선용 차단기로 보호되고 있는 것

## 3. 저압전로 중의 과전류차단기의 시설(25점 예상)

(1) 과전류차단기로 저압전로에 사용하는 퓨즈는 다음 표에 적합한 것일 것

**| 퓨즈(gG)의 용단특성 |**

| 정격전류의 구분 | 시 간 | 정격전류의 배수 | |
|---|---|---|---|
| | | 불용단전류 | 용단전류 |
| 4[A] 이하 | 60분 | 1.5배 | 2.1배 |
| 4[A] 초과 16[A] 미만 | 60분 | 1.5배 | 1.9배 |
| 16[A] 이상 63[A] 이하 | 60분 | 1.25배 | 1.6배 |
| 63[A] 초과 160[A] 이하 | 120분 | 1.25배 | 1.6배 |
| 160[A] 초과 400[A] 이하 | 180분 | 1.25배 | 1.6배 |
| 400[A] 초과 | 240분 | 1.25배 | 1.6배 |

(2) 과전류차단기로 산업용 배선차단기와 주택용 배선차단기는 다음 표에 적합한 것일 것.
다만, 일반인이 접촉할 우려가 있는 장소(세대 내 분전반 및 이와 유사한 장소)에는
주택용 배선차단기를 시설할 것

**┃ 과전류트립 동작시간 및 특성(산업용 배선차단기) ┃**

| 정격전류의 구분 | 시 간 | 정격전류의 배수(모든 극에 통전) | |
|---|---|---|---|
| | | 부동작전류 | 동작전류 |
| 63[A] 이하 | 60분 | 1.05배 | 1.3배 |
| 63[A] 초과 | 120분 | 1.05배 | 1.3배 |

**┃ 순시트립에 따른 구분(주택용 배선차단기) ┃**

| 형 | 순시트립 범위 |
|---|---|
| B | $3I_n$ 초과 ~ $5I_n$ 이하 |
| C | $5I_n$ 초과 ~ $10I_n$ 이하 |
| D | $10I_n$ 초과 ~ $20I_n$ 이하 |

• B, C, D : 순시트립전류에 따른 차단기 분류
• $I_n$ : 차단기 정격전류

**┃ 과전류트립 동작시간 및 특성(주택용 배선차단기) ┃**

| 정격전류의 구분 | 시 간 | 정격전류의 배수(모든 극에 통전) | |
|---|---|---|---|
| | | 부동작전류 | 동작전류 |
| 63[A] 이하 | 60분 | 1.13배 | 1.45배 |
| 63[A] 초과 | 120분 | 1.13배 | 1.45배 |

## 4. 저압전로 중의 전동기 보호용 과전류보호장치의 시설

(1) 과전류차단기로 저압전로에 시설하는 과부하보호장치(전동기가 손상될 우려가 있는
과전류 발생 시 자동적으로 이것을 차단하는 것)와 단락보호 전용차단기 또는 과부하보
호장치와 단락보호 전용퓨즈를 조합한 장치는 전동기에만 연결하는 저압전로에 사용하
고 다음 각각에 적합한 것일 것
① 과부하보호장치, 단락보호전용 차단기 및 단락보호전용 퓨즈에 적용을 받는 것 이외
에는 한국산업표준에 적합하여야 하며, 다음에 따라 시설할 것
ⓐ 과부하보호장치로 전자접촉기를 사용할 경우에는 반드시 과부하계전기가 부착
될 것
ⓑ 단락보호 전용차단기의 단락동작설정 전류값은 기동방식에 따른 기동돌입전류
를 고려할 것
ⓒ 단락보호 전용퓨즈는 다음 표의 용단특성에 적합한 것일 것

┃ 단락보호 전용퓨즈(aM)의 용단특성 ┃

| 정격전류의 배수 | 불용단시간 | 용단시간 |
|---|---|---|
| 4배 | 60초 이내 | – |
| 6.3배 | – | 60초 이내 |
| 8배 | 0.5초 이내 | – |
| 10배 | 0.2초 이내 | – |
| 12.5배 | – | 0.5초 이내 |
| 19배 | – | 0.1초 이내 |

② 과부하보호장치와 단락보호 전용차단기 또는 단락보호 전용퓨즈를 하나의 전용함 속에 넣어 시설한 것일 것

③ 과부하보호장치가 단락전류에 의하여 손상되기 전에 그 단락전류를 차단하는 능력을 가진 단락보호 전용차단기 또는 단락보호 전용퓨즈를 시설한 것일 것

④ 과부하보호장치와 단락보호 전용퓨즈를 조합한 장치는 단락보호 전용퓨즈의 정격전류가 과부하보호장치의 설정 전류(setting current)값 이하가 되도록 시설한 것(그 값이 단락보호 전용퓨즈의 표준 정격에 해당하지 아니하는 경우는 단락보호 전용퓨즈의 정격전류가 그 값의 바로 상위의 정격이 되도록 시설한 것을 포함)일 것

(2) 저압옥내에 시설하는 보호장치의 정격전류 또는 전류 설정값은 전동기 등이 접속되는 경우에는 그 전동기의 기동방식에 따른 기동전류와 다른 전기사용기계기구의 정격전류를 고려하여 선정

(3) 옥내에 시설하는 전동기에는 전동기가 손상될 우려가 있는 과전류가 생겼을 때 자동적으로 이를 저지하거나 이를 경보하는 장치를 할 것

(4) 옥내시설의 전동기에서 전동기 과전류보호장치 생략 규정

① 전동기를 운전 중 상시 취급자가 감시할 수 있는 위치에 시설하는 경우

② 전동기의 구조나 부하의 성질로 보아 전동기가 손상될 수 있는 과전류가 생길 우려가 없는 경우

③ 단상전동기[KS C 4204(2013)의 표준정격의 것]로써 그 전원측 전로에 시설하는 과전류차단기의 정격전류가 16[A](배선용 차단기는 20[A]) 이하인 경우

④ 정격출력이 0.2[kW] 이하인 것

## 5. 분기회로의 시설

(1) 분기 개폐기는 각 극에 시설할 것

(2) 다음의 도체의 극에 분기 개폐를 생략해도 되는 경우

① 접지공사를 한 저압전로에 접속하는 배선의 중성선 또는 접지측 도체에 분기접속하는 분기회로용 배전반 또는 분전반 및 캐비닛 내부의 주개폐기가 모든 극을 개폐할 수 있는 구조에서는 중성선 또는 접지측 전선은 분기 계기를 생략할 수 있음

② 접지공사를 한 저압전로에 접속하는 배선의 중성선 또는 접지측 도체에서 분기접속
하는 개폐기의 시설 장소에 중성선 또는 접지측 도체에 전기적으로 완전히 접속하고
또한 도체로부터 쉽게 분리시킬 수 있는 것(전로에 지락이 생겼을 때 자동적으로
전로를 차단하는 장치를 시설하지 아니할 경우에는 접지공사의 접지저항값이 3[Ω]
이하인 것에 한함)

③ 분기회로용 과전류차단기에 플러그 퓨즈를 사용하는 등 절연저항의 측정 등을 할
때 그 저압전로를 개폐할 수 있도록 하는 경우

(3) 분기회로의 과전류차단기 시설 기준

① 분기회로의 과전류차단기는 각 극에 설치할 것

② 분기회로에 과전류차단기를 생략해도 되는 경우

ㄱ 접지측 전선의 극

ㄴ 다선식 전로의 중성선의 극

(4) 정격전류가 50[A]를 초과하는 경우의 분기회로 시설

① 분기회로의 과전류차단기의 정격전류($I_n$)는 부하전류의 1.3배 이하일 것

$I_n \leq I_B \times 1.3$(여기서, $I_B$ : 부하의 설계전류[A])

② 저압전로에 그 전기사용기계기구 이외의 부하를 접속시키지 아니하는 전용회로일 것

③ '도체의 허용전류 ≥ 과부하보호장치의 정격전류'일 것

④ '보호장치의 유효동작보장 전류($I_2$) ≤ 도체 허용전류×1.45'일 것

## 6. 과부하 및 단락보호의 협조

(1) 한 개의 보호장치를 이용한 보호(즉, 겸용 보호장치)

과부하 및 단락전류 보호장치는 과부하전류에 대한 보호의 요구사항과 단락전류에 대한
보호의 요구사항을 만족시킬 것

(2) 개별장치를 이용한 보호

① 과부하보호장치는 과부하보호장치의 요구사항이 만족될 것

② 단락보호장치는 단락전류에 대한 요구사항이 만족될 것

③ 단락보호장치의 통과에너지가 과부하보호장치에 손상을 주지 않고 견딜 수 있는
값을 초과하지 않도록 보호장치의 특성을 협조시킬 것

## 7. 전원 특성을 이용한 과전류 제한

(1) 과전류 제한 전원의 특성 : 전원장치에서 공급되는 전류가 제한된 장치임

(2) "(1)"의 경우에서는 과부하 및 단락보호가 적용된 것으로 간주함

## 080 고압계통 지락으로 저압전기설비의 과전압에 대한 보호를 설명하시오.

**data** 전기안전기술사 및 건축전기설비기술사 출제예상문제

**답안** 1. 개요

(1) 변압기의 전압 변압에 의한 저압으로 공급되는 경우에서 고압계통의 지락고장 시, 저압 계통에서의 과전압 발생

(2) 이때의 과전압 유형은 다음과 같다.

① 상용주파 고장전압($U_f$)

② 상용주파 스트레스 전압($U_1$ 및 $U_2$)

## 2. 변전소에서 고압측 지락고장 시 저압설비에 나타나는 상용주파 고장전압($U_f$)

(1) 고압계통 지락 시 저압기기의 노출도전부에 발생하는 고장전압이다.

(2) $U_f$는 저압기기에 사람이 접촉 시 전압인 접촉전압으로서 크기와 지속시간이 안전에 영향을 준다.

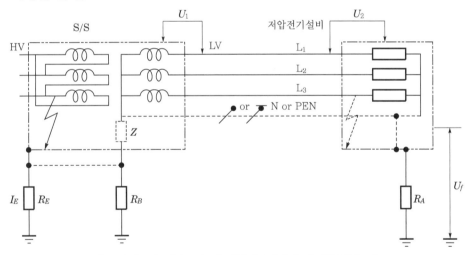

▐ 고압계통의 지락고장 시 저압계통에서의 과전압 발생도 ▐

## 3. 상용주파 스트레스 전압($U_1$ 및 $U_2$)

변압기 고압에서 지락고장으로 인해 저압회로의 노출도전부와 저압의 선도체 사이에 발생되는 전압으로 $U_1$과 $U_2$가 있음

(1) $U_1$ : 변압기 2차측과 저압 선도체 간에 발생하는 스트레스 전압

(2) $U_2$ : 저압 선도체와 저압기기의 외함 간에 발생하는 스트레스 전압

### 4. 상용주파 스트레스 전압의 크기와 지속시간

(1) 고압계통에서의 지락으로 인한 저압설비 내의 저압기기의 상용주파 스트레스 전압($U_1$과 $U_2$)이 저압기기의 절연강도를 초과 시 저압기기의 절연은 파괴된다.

(2) 따라서 저압기기의 안전 확보를 위해 저압계통에 가해지는 상용주파 과전압은 다음 표에서 정한 스트레스 전압의 크기와 시간을 초과해서는 안 된다.

**‖ 저압설비 허용상용주파 과전압 ‖**

| 고압계통에서<br>지락고장시간[초] | 저압설비 허용상용주파<br>과전압[V] | 비 고 |
|---|---|---|
| > 5 | $U_0 + 250$ | 중성선 도체가 없는 계통에서 |
| ≤ 5 | $U_0 + 1,200$ | $U_0$는 선간전압을 말한다. |

- 순시상용주파 과전압에 대한 저압기기의 절연설계기준과 관련된다.
- 중성선이 변전소 변압기의 접지계통에 접속된 계통에서 건축물 외부에 설치한 외함이 접지되지 않은 기기의 절연에는 일시적 상용주파 과전압이 나타날 수 있다.

**081** 저압전기설비의 낙뢰 또는 개폐에 따른 과전압 보호에 대하여 설명하시오.

**data** 전기안전기술사 및 건축전기설비기술사 출제예상문제

**답안** **1. 목적**

(1) 배전계통으로부터 전달되는 기상현상에 기인한 과도과전압에 대한 저압설비의 보호

(2) 설비 내 기기에 의해 발생하는 개폐 과전압에 대한 전기설비의 보호를 다룬다.

**2. 기기에 요구되는 임펄스 내전압**

기기의 정격 임펄스 내전압이 최소한 다음 표에 제시된 필수 임펄스 내전압보다 높게 기기를 선정할 것

‖ 기기에 요구되는 정격 임펄스 내전압 ‖

| 설비의 공칭전압[V] | | 요구되는 임펄스 내전압[1)][kV] | | | |
|---|---|---|---|---|---|
| 3상 계통 | 중성선이 있는 단상 계통 | 설비전력 공급점에 있는 기기 (과전압 범주 IV) | 배전 및 회전 기기 (과전압 범주 III) | 전기제품 및 전류–사용 기기 (과전압 범주 II) | 특별히 보호된 기기 (과전압 범주 I) |
| – | 120~240 | 4 | 2.5 | 1.5 | 0.8 |
| (220/380)[2)] 230/400 277/480 | – | 6 | 4 | 2.5 | 1.5 |
| 400/690 | – | 8 | 6 | 4 | 2.5 |
| 1,000 | – | 12 | 8 | 6 | 4 |

[주] 1) 이 임펄스 내전압은 활성 도체와 PE 사이에 적용된다.
　　 2) 국내 적용 현재의 전압 IEC 60038에 의함

**3. 낙뢰 또는 개폐에 따른 과전압 억제대책**

(1) 인입선로 직접 뇌격($S_3$)의 영향에 있어 피뢰구역(LPZ) 구분상 시험등급 I, II급 SPD를 설치함

① 여기서 피뢰구역(LPZ)의 구분은 다음과 같음

| 피뢰구역 | 뇌격에 의한 뇌전자 환경과 |
|---|---|
| LPZ $O_A$ | 직격뢰 뇌격, 뇌전자계 위협지역, 내부 전자시스템 위험 |
| LPZ $O_B$ | 직격뢰 뇌격보호, 뇌전자계의 위협이 있는 지역, 내부 전자시스템 위험 |
| LPZ 1 | 경계지역 뇌격전류 분류, SPD 서지전류 제한지역, 공간자폐, 뇌전자계 약화 |
| LPZ 2…$n$ | 추가적인 뇌격전류 분류, SPD, 공간차폐, LPZ 1보다 뇌전자계 더욱 악화 |

② 구조물의 손상유형은 다음과 같음

| 손상유형 | 구조물의 손상 |
|---|---|
| $S_1$ | 건축물 직접 뇌격(구조물의 뇌격) |
| $S_2$ | 건축물 간접 뇌격(구조물의 근처의 뇌격) |
| $S_3$ | 인입선로 직접 뇌격(구조물에 연결된 선로 뇌격) |
| $S_4$ | 인입선로 간접 뇌격(구조물의 연결된 선로 근처 뇌격) |

③ SPD(서지보호장치)의 시험등급

| 시험등급 | 요구 정보 | 등급별 수행시험 |
|---|---|---|
| I | 임펄스전류($I_{imp}$) | $I_{imp}$ 또는 $I_{imp}$ 이상의 동급 파고값을 지닌 8/20[$\mu$s]의 전류파형, 1.2/50[$\mu$s]의 전압파형으로 실시하는 시험 |
| II | 공칭방전전류($I_n$) | 1.2/50[$\mu$s]의 전압파형과 $I_n$으로 실시하는 시험 |
| III | 개방회로전압($U_{oc}$) | 1.2/50[$\mu$s]의 전압파형 및 8/20[$\mu$s]의 전류파형의 조합파 발생기로 실시하는 시험 |

(2) 인입선로 간접 뇌격($S_3$)의 영향에 있어 LPZ 구분상 시험등급 I, II급 SPD를 설치하여 과전압 보호를 하며, 필요시 시험등급 III의 SPD(서지보호장치)를 적용함

(3) 기상현상에 기인한 과도과전압보다 개폐 시의 과전압이 작으므로 기상현상에 기인한 과도과전압 대책을 한 경우는 개폐 시의 과전압 보호 추가 불필요

**082** 한국전기설비규정의 열 영향에 대한 보호에 대하여 다음 각 사항을 설명하시오.

1. 적용범위
2. 화재 및 화상 방지에 대한 보호
3. 과열에 대한 보호

**data** 전기안전기술사 및 건축전기설비기술사 출제예상문제 / 전기안전기술사 유사기출문제 / KEC 214

**답안** **1. 적용범위**

(1) 전기기기에 의한 열적인 영향, 재료의 연소 또는 기능 저하 및 화상의 위험

(2) 화재재해의 경우, 전기설비로부터 격벽으로 분리된 인근의 다른 화재구획으로 전파되는 화염

(3) 전기기기 안전기능의 손상

**2. 화재 및 화상 방지에 대한 보호**

(1) 전기기기에 의한 화재방지

① 전기기기에 의해 발생하는 열은 근처에 고정된 재료나 기기에 화재위험을 주지 않을 것

② 고정기기의 온도가 인접한 재료에 화재의 위험을 줄 온도까지 도달할 우려가 있는 경우 이 기기에는 다음 조치를 취할 것

　㉠ 이 온도에 견디고 열전도율이 낮은 재료 위나 내부에 기기를 설치

　㉡ 이 온도에 견디고 열전도율이 낮은 재료를 사용하여 건축구조물로부터 기기를 차폐

　㉢ 이 온도에서 열이 안전하게 발산되도록 유해한 열적 영향을 받을 수 있는 재료로부터 충분히 거리를 유지하고 열전도율이 낮은 지지대에 의한 설치

③ 열의 집중을 야기하는 고정기기는 어떠한 고정물체나 건축부재가 정상조건에서 위험온도에 노출되지 않게 충분한 거리를 유지할 것

④ 정상운전 중에 아크 또는 스파크가 발생할 수 있는 전기기기의 보호조치

　㉠ 내아크 재료로 기기 전체를 둘러싼다.

　㉡ 분출이 유해한 영향을 줄 수 있는 재료로부터 내아크 재료로 차폐

　㉢ 분출이 유해한 영향을 줄 수 있는 재료로부터 충분한 거리에서 분출을 안전하게 소멸시키도록 기기를 설치

⑤ 설치 중 전기기기의 주위에 설치하는 외함의 재료는 그 전기기기에서 발생할 수 있는 최고온도에 견딜 것

⑥ 단일 장소에 있는 전기기기가 상당한 양의 인화성 액체를 포함 시 액체, 불꽃 및 연소생성물의 전파를 방지하는 충분한 예방책을 취할 것

    ㉠ 누설된 액체를 모을 수 있는 저유조를 설치하고 화재 시 소화를 확실히할 것

    ㉡ 기기를 적절한 내화성이 있고 연소 액체가 건물의 다른 부분으로 확산되지 않게 방지턱 또는 다른 수단이 마련된 방에 설치할 것. 단, 이러한 방은 외부공기로만 환기되게 할 것

(2) 전기기기에 의한 화상방지

① 접촉범위 내에 있고, 접촉 가능성이 있는 전기기기의 부품류는 인체에 화상을 일으킬 우려가 있는 온도에 도달해서는 안 됨

② 아래 표에 제시된 제한값을 준수할 것. 단, 이 경우 우발적 접촉도 발생하지 않게 보호할 것

**∥ 접촉범위 내에 있는 기기에 접촉 가능성이 있는 부분에 대한 온도 제한 ∥**

| 접촉할 가능성이 있는 부분 | 접촉할 가능성이 있는 표면의 재료 | 최고표면온도[℃] |
|---|---|---|
| 손으로 잡고 조작시키는 것 | 금속 | 55 |
| | 비금속 | 65 |
| 손으로 잡지 않지만 접촉하는 부분 | 금속 | 70 |
| | 비금속 | 80 |
| 통상 조작 시 접촉할 필요가 없는 부분 | 금속 | 80 |
| | 비금속 | 90 |

## 3. 과열에 대한 보호

(1) 강제 공기 난방시스템

① 강제 공기 난방시스템에서 중앙 축열기의 발열체가 아닌 발열체는 정해진 풍량에 도달할 때까지는 동작할 수 없고, 풍량이 정해진 값 미만이면 정지

② 공기덕트 내에서 허용온도가 초과하지 않도록 하는 2개의 서로 독립된 온도제한장치가 설치될 것

③ 열소자의 지지부, 프레임과 외함은 불연성 재료이어야 함

(2) 온수기 또는 증기발생기

① 온수 또는 증기를 발생시키는 장치는 어떠한 운전상태에서도 과열 보호가 되도록 설계 또는 공사를 하여야 한다.

② 보호장치는 기능적으로 독립된 자동온도조절장치로부터 독립적 기능을 하는 비자동 복귀형 장치이어야 한다. 다만, 관련된 표준 모두에 적합한 장치는 제외한다.

③ 장치에 개방 입구가 없는 경우에는 수압을 제한하는 장치를 설치하여야 한다.

**154**

(3) 공기난방설비

① 공기난방설비의 프레임 및 외함은 불연성 재료이어야 한다.

② 열복사에 의해 접촉되지 않는 복사 난방기의 측벽은 가연성 부분으로부터 충분한 간격을 유지하여야 한다.

③ 불연성 격벽으로 간격을 감축하는 경우, 이 격벽은 복사 난방기의 외함 및 가연성 부분에서 0.01[m] 이상의 간격을 유지하여야 한다.

④ 제작자의 별도 표시가 없으며, 복사 난방기는 복사 방향으로 가연성 부분으로부터 2[m] 이상의 안전거리를 확보할 수 있도록 부착하여야 한다.

# section 03 전선로 (KEC 2장 – 220)

## 083 저압 인입선의 시설기준에 대하여 설명하시오.

**data** 전기안전기술사 및 발송배전기술사 출제예상문제

**답안** 1. 저압 가공인입선의 전선 종류

(1) 전선은 절연전선 또는 케이블일 것

(2) 전선이 케이블인 경우 이외에는 인장강도 2.30[kN] 이상의 것 또는 지름 2.6[mm] 이상의 인입용 비닐절연전선일 것

(3) 다만, 경간이 15[m] 이하인 경우는 인장강도 1.25[kN] 이상의 것 또는 지름 2[mm] 이상의 인입용 비닐절연전선일 것

## 2. 저압 가공인입선의 시설방법

(1) 전선이 옥외용 비닐절연전선인 경우에는 사람이 접촉할 우려가 없도록 시설할 것

(2) 옥외용 비닐절연전선 이외의 절연전선인 경우에는 사람이 쉽게 접촉할 우려가 없도록 시설할 것

(3) 전선이 케이블인 경우에는 가공케이블 시설기준(332.2)의 규정에 준하여 시설할 것. 다만, 케이블의 길이가 1[m] 이하인 경우에는 조가하지 않아도 된다.

(4) 전선의 높이는 다음에 의할 것

① 도로(차도와 보도의 구별이 있는 도로인 경우에는 차도)를 횡단하는 경우에는 노면상 5[m](기술상 부득이한 경우에 교통에 지장이 없을 때에는 3[m]) 이상

② 철도 또는 궤도를 횡단하는 경우에는 레일면상 6.5[m] 이상

③ 횡단보도교의 위에 시설하는 경우에는 노면상 3[m] 이상

④ "①"에서 "③"까지 이외의 경우에는 지표상 4[m](기술상 부득이한 경우에 교통에 지장이 없을 때에는 2.5[m]) 이상

(5) 기술상 부득이한 경우는 저압 가공인입선을 직접 이입한 조영물 이외의 시설물(도로·횡단보도교·철도·궤도·삭도·교류 전차선·저압 및 고압의 전차선·저압 가공전선·고압 가공전선 및 특고압 가공전선은 제외)에 대하여는 위험의 우려가 없는 경우에 한하여 221.1.1(저압 인입선의 시설)의 "1."에서 준용하는 332.11(3은 제외)부터 332.15까지·222.16·222.18(4는 제외)의 규정은 적용하지 아니한다.

(6) 이 경우에 저압 가공인입선과 다른 시설물 사이의 이격거리는 다음 표에서 정한 값 이상일 것

‖ 저압 가공인입선 조영물의 구분에 따른 이격거리 ‖

| 시설물의 구분 | | 이격거리 |
|---|---|---|
| 조영물의 상부 조영재 | 위쪽 | 2[m]<br>(전선이 옥외용 비닐절연전선 이외의 저압 절연전선인 경우는 1.0[m], 고압 절연전선, 특고압 절연전선 또는 케이블인 경우는 0.5[m]) |
| | 옆쪽 또는 아래쪽 | 0.3[m]<br>(전선이 고압 절연전선, 특고압 절연전선 또는 케이블인 경우는 0.15[m]) |
| 조영물의 상부 조영재 이외의 부분 또는 조영물 이외의 시설물 | | 0.3[m]<br>(전선이 고압 절연전선, 특고압 절연전선 또는 케이블인 경우는 0.15[m]) |

## 084 저압 및 고압의 연접인입선 시설기준에 대하여 설명하시오.

**data** 발송배전기술사 출제예상문제

**답안**

### 1. 저압 연접인입선의 시설

(1) 인입선에서 분기하는 점으로부터 100[m]를 초과하는 지역에 미치지 아니할 것

(2) 폭 5[m]를 초과하는 도로를 횡단하지 아니할 것

(3) 옥내를 통과하지 아니할 것

### 2. 고압 및 특고압의 연접인입선 시설

연접인입선은 시설 불가함

## 085 저압 전기설비의 전선로 중 옥측전선로에 대한 시설기준을 설명하시오.

**data** 전기안전기술사 및 발송배전기술사 출제예상문제 / KEC 221.2

**답안** 1. **저압 옥측전선로는 다음의 어느 하나에 해당하는 경우에 한하여 시설할 것**

(1) 1구내 또는 동일 기초구조물 및 여기에 구축된 복수의 건물과 구조적으로 일체화된 하나의 건물에 시설하는 전선로의 전부 또는 일부로 시설하는 경우

(2) 1구내 등 전용의 전선로 중 그 구내에 시설하는 부분의 전부 또는 일부로 시설하는 경우

2. **저압 옥측전선로는 다음에 따라 시설할 것**

(1) 저압 옥측전선로는 다음의 공사방법에 의할 것

① 애자사용배선(전개된 장소에 한함)

② 합성수지관배선

③ 금속관배선(목조 이외의 조영물에 시설하는 경우에 한한다)

④ 버스덕트배선[목조 이외의 조영물(점검할 수 없는 은폐된 장소는 제외)에 시설하는 경우에 한한다]

⑤ 케이블배선(연피케이블 · 알루미늄피케이블 또는 미네럴인슐레이션케이블을 사용하는 경우에는 목조 이외의 조영물에 시설하는 경우에 한한다)

(2) 애자사용배선에 의한 저압 옥측전선로는 다음에 의하고 또한 사람이 쉽게 접촉될 우려가 없도록 시설할 것

① 전선은 공칭단면적 4[mm$^2$] 이상의 연동 절연전선일 것. 단, 옥외용 비닐절연전선 및 인입용 절연전선은 제외

② 전선 상호 간의 간격 및 전선과 그 저압 옥측전선로를 시설하는 조영재 사이의 이격거리는 다음 표에서 정한 값 이상일 것

**┃ 시설장소별 조영재 사이의 이격거리 ┃**

| 시설장소 | 전선 상호 간의 간격 | | 전선과 조영재 사이의 이격거리 | |
|---|---|---|---|---|
| | 사용전압이 400[V] 미만인 경우 | 사용전압이 400[V] 이상인 경우 | 사용전압이 400[V] 미만인 경우 | 사용전압이 400[V] 이상인 경우 |
| 비나 이슬에 젖지 않는 장소 | 0.06[m] | 0.06[m] | 0.025[m] | 0.025[m] |
| 비나 이슬에 젖는 장소 | 0.06[m] | 0.12[m] | 0.025[m] | 0.045[m] |

③ 전선의 지지점 간의 거리는 2[m] 이하일 것

④ 전선에 인장강도 1.38[kN] 이상의 것 또는 지름 2[mm] 이상의 경동선을 사용할 것

⑤ 전선 상호 간의 간격을 0.2[m] 이상, 전선과 저압 옥측전선로를 시설한 조영재 사이의 이격거리를 0.3[m] 이상으로 하여 시설하는 경우에 한하여 옥외용 비닐절연전선을 사용하거나 지지점 간의 거리를 2[m] 초과 15[m] 이하로 할 수 있다.

⑥ 사용전압이 400[V] 미만인 경우에 다음에 의하고 또한 전선을 손상할 우려가 없게 시설 시는 "①" 및 "②"(전선 상호 간의 간격에 관한 것에 한함)에 의하지 아니할 수 있다.

  ㉠ 전선은 공칭단면적 4[mm²] 이상의 연동 절연전선 또는 지름 2[mm] 이상의 인입용 비닐절연전선일 것

  ㉡ 전선을 바인드선에 의하여 애자에 붙이는 경우에는 각각의 선심을 애자의 다른 홈에 넣고 또한 다른 바인드선으로 선심 상호 간 및 바인드선 상호 간이 접촉하지 않게 견고히 시설할 것

  ㉢ 전선을 접속하는 경우에는 각각의 선심의 접속점은 0.05[m] 이상 띄울 것

  ㉣ 전선과 그 저압 옥측전선로를 시설하는 조영재 사이의 이격거리는 0.03[m] 이상일 것

⑦ "⑥"에 의하는 경우로 전선과 그 저압 옥측전선로를 시설하는 조영재 사이의 이격거리를 0.3[m] 이상으로 시설 시, 지지점 간의 거리를 2[m] 초과 15[m] 이하로 할 수 있다.

⑧ 애자는 절연성 · 난연성 및 내수성이 있는 것일 것

(3) 합성수지관배선에 의한 저압 옥측전선로는 합성수지관배선의 규정에 준하여 시설할 것

(4) 금속관배선에 의한 저압 옥측전선로는 금속관배선의 규정에 준하여 시설할 것

(5) 버스덕트배선에 의한 저압 옥측전선로는 버스덕트배선의 규정에 준하여 시설하는 이외의 덕트는 물이 스며들어 고이지 않는 것일 것

(6) 케이블배선에 의한 저압 옥측전선로는 다음의 어느 하나에 의하여 시설할 것

  ① 케이블을 조영재에 따라서 시설할 경우에는 케이블배선의 규정에 준하여 시설할 것

  ② 케이블을 조가용선에 조가하여 시설할 경우에는 가공케이블의 시설 규정에 준한 시설일 것

  ③ 또한 저압 옥측전선로에 시설하는 전선은 조영재에 접촉하지 않도록 시설할 것

3. 저압 옥측전선로의 전선이 그 저압 옥측전선로를 시설하는 조영물에 시설하는 다른 저압 옥측전선 · 관등회로의 배선 · 약전류전선 등 또는 수관 · 가스관이나 이들과 유사한 것과 접근하거나 교차하는 경우에는 배선설비와 다른 공급설비의 접근 규정의 2.의 "(4)"에서 "(6)"의 규정에 준할 것

**4.** "3."의 경우 이외에는 애자사용배선에 의한 저압 옥측전선로의 전선이 다른 시설물과 접근하는 경우 또는 애자사용배선에 의한 저압 옥측전선로의 전선이 다른 시설물의 위나 아래에 시설되는 경우에 저압 옥측전선로의 전선과 다른 시설물 사이의 이격거리는 다음 표에서 정한 값 이상일 것

**▌ 저압 옥측전선로 조영물의 구분에 따른 이격거리 ▌**

| 시설물의 구분 | 접근형태 | 이격거리 |
|---|---|---|
| 조영물의 상부 조영재 | 위쪽 | 2[m]<br>(전선이 고압 절연전선, 특고압 절연전선 또는 케이블인 경우는 1[m]) |
| | 옆쪽 또는 아래쪽 | 0.6[m]<br>(전선이 고압 절연전선, 특고압 절연전선 또는 케이블인 경우는 0.3[m]) |
| 조영물의 상부 조영재 이외의 부분 또는 조영물 이외의 시설물 | | 0.6[m]<br>(전선이 고압 절연전선, 특고압 절연전선 또는 케이블인 경우는 0.3[m]) |

**5.** 애자사용배선에 의한 저압 옥측전선로의 전선과 식물 사이의 이격거리는 0.2[m] 이상일 것. 다만, 저압 옥측전선로의 전선이 고압 절연전선 또는 특고압 절연전선인 경우에 그 전선을 식물에 접촉하지 않도록 시설하는 경우에는 적용하지 아니한다.

**086** 저압 가공전선 규정에 따른 다음 사항을 설명하시오.
1. 저압 가공전선의 굵기 및 종류
2. 저압 가공전선의 안전율
3. 저압 가공전선의 높이
4. 저압 가공전선로의 지지물의 강도
5. 저·고압 가공전선 등의 병행 설치

**data** 발송배전기술사 출제예상문제 / KEC 222.5, 222.6, 222.7, 222.8, 222.9

**답안** **1. 저압 가공전선의 굵기 및 종류**

(1) 저압 가공전선은 나전선, 절연전선, 다심형 전선 또는 케이블을 사용함(단, 나전선은 중성선 또는 다중접지된 접지측 전선으로 사용하는 전선에 한한다)

(2) 사용전압이 400[V] 미만의 저압 가공전선

저압 가공전선은 케이블인 경우를 제외하고는 인장강도 3.43[kN] 이상 또는 지름 3.2[mm] 이상(절연전선인 경우는 인장강도 2.3[kN] 이상의 것 또는 지름 2.6[mm] 이상의 경동선)

(3) 사용전압이 400[V] 이상인 저압 가공전선

① 케이블인 경우 이외의 시가지에 시설하는 것

㉠ 인장강도 8.01[kN] 이상의 것

㉡ 또는 지름 5[mm] 이상의 경동선

② 시가지 외에 시설하는 것

㉠ 인장강도 5.26[kN] 이상의 것

㉡ 또는 지름 4[mm] 이상의 경동선

(4) 사용전압이 400[V] 이상인 저압 가공전선에는 인입용 비닐절연전선 사용 불가

**2. 저압 가공전선의 안전율**

저압 가공전선이 다음의 어느 하나에 해당하는 경우에는 고압 가공전선의 안전율 규정 (332.4)에 준하여 시설할 것

(1) 케이블 이외의 다심형 전선인 경우(경동선 또는 내열 동합금선) : 안전율 2.2 이상

(2) 케이블 이외의 다심형 전선인 경우(경동선 또는 내열 동합금선)로서 사용전압이 400[V] 이상인 경우 : 안전율 2.2 이상

(3) "(1)", "(2)"의 경우가 아닌 그 밖의 전선의 안전율 : 2.5 이상이 되는 이도(弛度)로 시설할 것(저압선으로 ACSR-OC 전선을 사용 시 안전율을 2.5 이상으로 본다)(고압선의 경우도 동일함 : 특고압전선에 ACSR-OC 전선의 안전율은 2.5 이상임)

## 3. 저압 가공전선의 높이

(1) 도로를 횡단하는 경우 : 지표상 6[m] 이상

(2) 철도 또는 궤도를 횡단하는 경우 : 레일면상 6.5[m] 이상

(3) 횡단보도교의 위에 시설하는 경우

① 저압 가공전선은 그 노면상 3.5[m]

② 다심형 전선 또는 케이블인 경우 : 3[m] 이상

(4) "(1)"부터 "(3)"까지 이외의 경우 : 지표상 5[m] 이상

(5) 예외

① 도로 이외의 곳에 시설하는 경우 또는 절연전선이나 케이블을 사용한 저압 가공전선으로서 옥외 조명용에 공급하는 것으로 교통에 지장이 없도록 시설하는 경우에는 지표상 4[m]까지

② 다리의 하부, 기타 이와 유사한 장소에 시설하는 저압의 전기철도용 급전선은 지표상 3.5[m]까지

(6) 수면상에 시설 시 : 전선의 수면상의 높이를 선박의 항해 등에 위험을 주지 않게 유지할 것

## 4. 저압 가공전선로의 지지물의 강도

(1) 저압 가공전선로의 지지물은 목주인 경우에는 풍압하중의 1.2배의 하중

(2) 기타의 경우에는 풍압하중에 견디는 강도를 가질 것

## 5. 저·고압 가공전선 등의 병행 설치

저압 가공전선(다중접지된 중성선은 제외)과 고압 가공전선을 동일 지지물에 시설 시에는 고압 가공전선 등의 병행 설치 규정(332.8)에 따라야 한다.

**087** 다음의 저압 선로에 대한 시설기준을 설명하시오.

1. 저압 보안공사
2. 저압 가공전선과 건조물의 접근
3. 저압 가공전선과 도로 등의 접근 또는 교차
4. 저압 가공전선과 가공약전류전선 등의 접근 또는 교차
5. 저압 가공전선과 안테나의 접근 또는 교차
6. 저압 가공전선과 교류 전차선 등의 접근 또는 교차
7. 저압 가공전선 상호 간의 접근 또는 교차

**data** 전기안전기술사 및 발송배전기술사 출제예상문제

**답안** 1. 저압 보안공사

(1) 보안공사 : 저압 또는 고압의 가공전선이 다른 시설물과 접근·교차하는 경우의 시설방법 중 일반적으로 규정되어 있는 시설방법보다도 강화하여야 할 점(전선굵기, 목주의 풍압하중에 대한 안전율, 말구의 굵기 및 지지물의 경간)을 규정한 공통의 공사방법을 말함

(2) 전선은 케이블인 경우 이외에는 인장강도 8.01[kN] 이상의 것 또는 지름 5[mm] 이상의 경동선이어야 하며, 또한 이를 222.6(저압 가공전선의 안전율)의 규정에 준하여 시설할 것. 단, 사용전압이 400[V] 미만인 경우에는 인장강도 5.26[kN] 이상의 것 또는 지름 4[mm] 이상의 경동선 이상이어도 됨

(3) 목주는 다음에 의할 것

① 풍압하중에 대한 안전율은 1.5 이상일 것

② 목주의 굵기는 말구(末口)의 지름 0.12[m] 이상일 것

(4) 경간은 다음 표에서 정한 값 이하일 것

**┃지지물 종류에 따른 경간┃**

| 지지물의 종류 | 경 간 |
|---|---|
| 목주·A종 철주 또는 A종 철근콘크리트주 | 100[m] |
| B종 철주 또는 B종 철근콘크리트주 | 150[m] |
| 철탑 | 400[m] |

다만, 전선에 인장강도 8.71[kN] 이상의 것 또는 단면적 22[mm$^2$] 이상의 경동연선을 사용하는 경우에는 332.20의 1 또는 3의 규정에 준할 수 있다.

**reference**
332.20 : 고압 옥측전선로 등에 인접하는 가공전선의 시설

## 2. 저압 가공전선과 건조물의 접근

저압 가공전선이 건조물과 접근상태로 시설되는 경우에는 332.11에 준하여 시설할 것

> **reference**
> 332.11 : 고압 가공전선과 건조물의 접근

## 3. 저압 가공전선과 도로 등의 접근 또는 교차

저압 가공전선이 도로 등과 접근 또는 교차상태로 시설되는 경우에는 332.12에 준하여 시설할 것

> **reference**
> 332.12 : 고압 가공전선과 도로 등의 접근 또는 교차

## 4. 저압 가공전선과 가공약전류전선 등의 접근 또는 교차

저압 가공전선이 가공약전류전선 등과 접근 또는 교차상태로 시설되는 경우에는 332.13에 준하여 시설할 것

> **reference**
> 332.13 : 고압 가공전선과 도로 등의 접근 또는 교차

**comment** 고압설비에서 상세 설명되어 있음

## 5. 저압 가공전선과 안테나의 접근 또는 교차

저압 가공전선이 안테나와 접근 또는 교차상태로 시설되는 경우에는 332.14에 준하여 시설할 것

> **reference**
> 332.14 : 고압 가공전선과 안테나의 접근 또는 교차

## 6. 저압 가공전선과 교류 전차선 등의 접근 또는 교차

저압 가공전선이 교류 전차선 등과 접근 또는 교차상태로 시설되는 경우에는 332.15(고압 가공전선과 교류 전차선 등의 접근 또는 교차)에 준하여 시설할 것

## 7. 저압 가공전선 상호 간의 접근 또는 교차

저압 가공전선이 다른 저압 가공전선과 접근상태로 시설되거나 교차하여 시설되는 경우
(1) 저압 가공전선 상호 간의 이격거리는 0.6[m] 이상
(2) 단, 어느 한 쪽의 전선이 고압 절연전선, 특고압 절연전선 또는 케이블인 경우에는 0.3[m] 이상이어도 됨
(3) 하나의 저압 가공전선과 다른 저압 가공전선로의 지지물 사이의 이격거리는 0.3[m] 이상일 것

**088** 저압 전선로의 접근 또는 교차에 대한 다음 항목을 설명하시오.
1. 고압 가공전선 등과 저압 가공전선 등의 접근 또는 교차
2. 저압 가공전선과 다른 시설물의 접근 또는 교차

**data** 전기안전기술사 및 발송배전기술사 출제예상문제 / KEC 222.17, 222.18

**답안** **1. 고압 가공전선 등과 저압 가공전선 등의 접근 또는 교차**

고압 가공전선이 저압 가공전선 또는 고압 전차선과 접근상태로 시설되거나 교차하는 경우 또는 고압 가공전선 등의 위에 시설되는 때에는 332.16에 준하여 시설할 것

**reference**
332.16 : 고압 가공전선 등과 저압 가공전선 등의 접근 또는 교차

**2. 저압 가공전선과 다른 시설물의 접근 또는 교차**

(1) 저압 가공전선이 건조물 · 도로 · 횡단보도교 · 철도 · 궤도 · 삭도 · 가공약전류 전선로 등· 안테나 · 교류 전차선 등 · 저압 또는 고압의 전차선 · 다른 저압 가공전선 · 고압 가공전선 및 특고압 가공전선 이외의 시설물과 접근상태로 시설되는 경우에는 저압 가공전선과 다른 시설물 사이의 이격거리는 다음 표에서 정한 값 이상이어야 한다.

∥ 저압 가공전선과 조영물의 구분에 따른 이격거리 ∥

| 다른 시설물의 구분 | | 이격거리 |
|---|---|---|
| 조영물의 상부 조영재 | 위쪽 | 2[m]<br>(전선이 고압 절연전선, 특고압 절연전선 또는 케이블인 경우는 1[m]) |
| | 옆쪽 또는 아래쪽 | 0.6[m]<br>(전선이 고압 절연전선, 특고압 절연전선 또는 케이블인 경우는 0.3[m]) |
| 조영물의 상부 조영재 이외의 부분 또는 조영물 이외의 시설물 | | 0.6[m]<br>(전선이 고압 절연전선, 특고압 절연전선 또는 케이블인 경우는 0.3[m]) |

(2) 저압 가공전선이 다른 시설물의 위에서 교차하는 경우에는 "(1)"의 규정에 준하여 시설할 것

(3) 저압 가공전선이 다른 시설물과 접근하는 경우에 저압 가공전선이 다른 시설물의 아래쪽에 시설 시 상호 간의 이격거리를 0.6[m](전선이 고압 절연전선, 특고압 절연전선 또는 케이블인 경우에 0.3[m]) 이상으로 하고 또한 위험의 우려가 없도록 시설할 것

(4) 저압 가공전선을 다음의 어느 하나에 따라 시설하는 경우에는 "(1)"부터 "(3)"까지(이격 거리에 관한 부분에 한함)의 규정에 의하지 아니할 수 있음

① 저압 방호구에 넣은 저압 가공나전선을 건축현장의 비계틀 또는 이와 유사한 시설물에 접촉하지 않도록 시설하는 경우

② 저압 방호구에 넣은 저압 가공절연전선 등을 조영물에 시설된 간이한 돌출간판, 기타 사람이 올라갈 우려가 없는 조영재 또는 조영물 이외의 시설물에 접촉하지 않도록 시설하는 경우

③ 저압 절연전선 또는 저압 방호구에 넣은 저압 가공나전선을 조영물에 시설된 간이한 돌출간판, 기타 사람이 올라갈 우려가 없는 조영재에 0.3[m] 이상 이격한 경우

**089** 저압 가공전선과 식물의 이격거리 등의 다음 사항을 설명하시오.
  1. 저압 가공전선과 식물의 이격거리
  2. 저압 옥측전선로 등에 인접하는 가공전선의 시설
  3. 저압 가공전선과 가공약전류전선 등의 공용설치
  4. 농사용 저압 가공전선로의 시설
  5. 구내에 시설하는 저압 가공전선로

**data** 발송배전기술사 출제예상문제

**답안** 1. 저압 가공전선과 식물의 이격거리
  (1) 저압 가공전선은 상시 부는 바람 등에 의하여 식물에 접촉하지 않게 시설할 것
  (2) 저압 가공절연전선을 방호구에 넣어 시설하거나 절연내력 및 내마모성이 있는 케이블을 시설하는 경우는 그러하지 아니함

  **comment** 내마모성 : '식물에 닿아도 된다'는 의미임 → 현장에서는 오랜 경과년도가 지난 후 산불의 화재가 되기도 함

2. 저압 옥측전선로 등에 인접하는 가공전선의 시설
  저압 옥측전선로 또는 335.9의 2의 규정에 의하여 시설하는 저압 전선로에 인접하는 1경간의 가공전선은 221.1.1의 규정에 준하여 시설하여야 한다.

  **reference**
  335.9 : 옥내에 시설하는 전선로
  221.1 : 구내 인입선
  222.7 : 저압 가공전선의 높이

3. 저압 가공전선과 가공약전류전선 등의 공용설치
  저압 가공전선과 가공약전류전선 등(전력보안통신용의 가공약전류전선은 제외)을 동일 지지물에 시설하는 경우에는 332.21에 준하여 시설하여야 한다.

  **reference**
  332.21 : 고압 가공전선과 가공약전류전선 등의 공용설치

4. 농사용 저압 가공전선로의 시설
  (1) 사용전압은 저압일 것
  (2) 저압 가공전선은 인장강도 1.38[kN] 이상의 것 또는 지름 2[mm] 이상의 경동선일 것

(3) 저압 가공전선의 지표상의 높이는 3.5[m] 이상일 것. 다만, 저압 가공전선을 사람이 쉽게 출입하지 못하는 곳에 시설하는 경우에는 3[m]까지로 감할 수 있다.

(4) 목주의 굵기는 말구지름이 0.09[m] 이상일 것

(5) 전선로의 지지점 간 거리는 30[m] 이하일 것

(6) 다른 전선로에 접속하는 곳 가까이에 그 저압 가공전선로 전용의 개폐기 및 과전류차단기를 각 극(과전류차단기는 중성극을 제외)에 시설할 것

## 5. 구내에 시설하는 저압 가공전선로

(1) 전선은 지름 2[mm] 이상의 경동선의 절연전선일 것. 다만, 경간이 10[m] 이하인 경우에 한하여 공칭단면적 4[mm²] 이상의 연동 절연전선 사용 가능

(2) 전선로의 경간 : 30[m] 이하일 것

(3) 전선과 다른 시설물과의 이격거리

┃ 구내에 시설하는 저압 가공전선로 조영물의 구분에 따른 이격거리 ┃

| 다른 시설물의 구분 | | 이격거리 |
|---|---|---|
| 조영물의 상부 조영재 | 위쪽 | 1[m] |
| | 옆쪽 또는 아래쪽 | 0.6[m] (전선이 고압 절연전선, 특고압 절연전선 또는 케이블인 경우는 0.3[m]) |
| 조영물의 상부 조영재 이외의 부분 또는 조영물 이외의 시설물 | | 0.6[m] (전선이 고압 절연전선, 특고압 절연전선 또는 케이블인 경우는 0.3[m]) |

(4) 1구내에만 시설하는 사용전압이 400[V] 미만인 저압 가공전선로의 전선의 높이

① 도로를 횡단하는 경우에는 4[m] 이상이고 교통에 지장이 없는 높이일 것

② 도로를 횡단하지 않는 경우에는 3[m] 이상의 높이일 것

**090** 지중전선로에 대한 다음의 시설기준을 설명하시오.

1. 지중전선로의 시설
2. 지중함의 시설
3. 케이블 가압장치의 시설
4. 지중전선의 피복금속체(被覆金屬體)의 접지
5. 지중약전류전선의 유도장해방지(誘導障害防止)
6. 지중전선과 지중약전류전선 등 또는 관과의 접근 또는 교차
7. 지중전선 상호 간의 접근 또는 교차

**(data)** 공통 출제예상문제

**답안** 1. 지중전선로의 시설

(1) 지중전선로와 포설방식

① 전선은 케이블 사용

② 지중선로 포설방식은 관로식·암거식 또는 직접 매설식으로 시설할 것

(2) 직매식

① 지중전선로를 직접 매설식에 의하여 시설하는 경우임

② 매설깊이를 차량, 기타 중량물의 압력을 받을 우려가 있는 장소 : 1.2[m] 이상

③ 기타 장소에는 0.6[m] 이상

④ 지중전선을 견고한 트라프, 기타 방호물에 넣어 시설할 것

⑤ 지중전선을 견고한 트라프, 기타 방호물에 넣지 아니하여도 되는 경우

ㄱ 저압 또는 고압의 지중전선을 차량, 기타 중량물의 압력을 받을 우려가 없는 경우에 그 위를 견고한 판 또는 몰드로 덮어 시설하는 경우

ㄴ 저압 또는 고압의 지중전선에 콤바인덕트 케이블 또는 개장한 케이블을 사용 시

ㄷ 특고압 지중전선은 "ㄴ"에서 규정하는 개장한 케이블을 사용하고 또한 견고한 판 또는 몰드로 지중전선의 위와 옆을 덮어 시설하는 경우

ㄹ 지중전선에 파이프형 압력케이블을 사용하거나 최대사용전압이 60[kV]를 초과하는 연피케이블, 알루미늄피케이블, 그 밖의 금속피복을 한 특고압 케이블을 사용하고 또한 지중전선의 위를 견고한 판 또는 몰드 등으로 덮어 시설하는 경우

(3) 관로식

① 매설깊이는 1.0[m] 이상일 것

② 단, 매설깊이가 충분하지 못한 장소에는 견고하고 차량, 기타 중량물의 압력에 견디는 것을 사용할 것

③ 다만, 중량물의 압력을 받을 우려가 없는 곳은 0.6[m] 이상일 것

### (4) 암거식 방법

① 시설 시 견고하고 차량, 기타 중량물의 압력에 견딜 것

② 암거에 시설하는 지중전선은 다음의 어느 하나에 해당하는 난연조치를 하거나 암거 내에 자동소화설비를 시설하여야 한다.

㉠ 불연성 또는 자소성이 있는 난연성 피복이 된 지중전선을 사용할 것

㉡ 불연성 또는 자소성이 있는 난연성의 연소방지테이프, 연소방지시트, 연소방지 도료, 기타 이와 유사한 것으로 지중전선을 피복할 것

㉢ 불연성 또는 자소성이 있는 난연성의 관 또는 트라프에 넣어 지중전선을 시설할 것

㉣ 규정한 「불연성」 또는 「자소성이 있는 난연성」은 다음에 따른다.

• 「불연성의 피복」, 「불연성의 연소방지테이프, 연소방지시트, 연소방지도료, 기타 이와 유사한 것」 및 「불연성의 관 또는 트라프」는 건축법 시행령의 불연재 료로 만들어진 것 또는 이와 동등 이상의 성능을 가진 것

• 「자소성(自消性)이 있는 난연성」은 대상물에 따라 다음과 같다.

– 지중전선의 피복 또는 지중전선을 피복한 상태에서의 연소방지테이프, 연소 방지시트, 연소방지도료, 기타 이와 유사한 것은 IEC 60332-3-24(수직 배 치된 케이블 또는 전선의 불꽃 시험-카테고리 C) 표준에 적합한 것 또는 이와 동등 이상의 성능을 갖는 것

– 관 또는 트라프는 IEC 60614-1(전기설비용 전선관-일반 요구사항)의 11(내 화성)에 적합한 것 또는 이와 동등 이상의 성능을 갖는 것

### (5) 지중전선을 냉각하기 위하여 케이블을 넣은 관내에 물을 순환 시, 지중전선로는 순환수 압력에 견디고 또한 물이 새지 아니하도록 시설할 것

## 2. 지중함의 시설

(1) 지중함은 견고하고 차량, 기타 중량물의 압력에 견디는 구조일 것

(2) 지중함은 그 안의 고인 물을 제거할 수 있는 구조로 되어 있을 것

(3) 폭발성 또는 연소성의 가스가 침입할 우려가 있는 것에 시설하는 지중함으로서 그 크기가 $1[m^3]$ 이상인 것에는 통풍장치, 기타 가스를 방산시키기 위한 적당한 장치를 시설할 것

(4) 지중함의 뚜껑은 시설자 이외의 자가 쉽게 열 수 없도록 시설할 것

(5) 저압 지중함의 경우에는 절연성능이 있는 고무판을 주철(강)재의 뚜껑 아래에 설치할 것

(6) 차도 이외의 장소에 설치하는 저압 지중함은 절연성능이 있는 재질의 뚜껑을 사용할 것

## 3. 케이블 가압장치의 시설

(1) 압축가스 또는 압유를 통하는 압력관, 압축가스탱크 또는 압유탱크 및 압축기는 각각의 최고사용압력의 1.5배의 유압 또는 수압(유압 또는 수압으로 시험하기 곤란한 경우에는

최고사용압력의 1.25배의 기압)을 연속하여 10분간 가하여 시험을 하였을 때 이에 견디고 또한 누설되지 아니하는 것일 것

(2) 압력탱크 및 압력관은 용접에 의하여 잔류응력이 생기거나 나사조임에 의하여 무리한 하중이 걸리지 아니하도록 할 것

(3) 가압장치에는 압축가스 또는 유압의 압력을 계측하는 장치를 설치할 것

(4) 압축가스는 가연성 및 부식성의 것이 아닐 것

## 4. 지중전선의 피복금속체(被覆金屬體)의 접지

(1) 관·암거, 기타 지중전선을 넣은 방호장치의 금속제 부분(케이블을 지지하는 금구류는 제외)·금속제의 전선 접속함 및 지중전선의 피복으로 사용하는 금속체에는 접지규정에 준하여 접지공사를 할 것

(2) 다만, 이에 방식조치(防蝕措置)를 한 부분에 대하여는 적용하지 않는다.

## 5. 지중약전류전선의 유도장해방지(誘導障害防止)

지중전선로는 기설 지중약전류전선로에 대하여 누설전류 또는 유도작용에 의하여 통신상의 장해를 주지 않도록 기설 약전류전선로로부터 충분히 이격시키거나, 기타 적당한 방법으로 시설할 것

## 6. 지중전선과 지중약전류전선 등 또는 관과의 접근 또는 교차

(1) 지중약전류전선과 지중전선이 접근 또는 교차 시 이격거리는 다음과 같다. 단, 내화성의 격벽을 설치할 것

① 지중약전류전선과 지중의 저압 또는 고압선의 이격거리 : 0.3[m] 이상

② 지중약전류전선과 지중의 특고압선의 이격거리 : 0.6[m] 이상

③ 유독성의 유체를 내포하는 관과 접근 또는 교차 시의 이격거리

　　㉠ 특고압 지중전선 : 1[m] 이상 유지

　　㉡ 25[kV] 이하, 다중접지방식 : 0.5[m]

　　㉢ "㉠", "㉡" 이외의 조건 : 0.3[m]

(2) 지중전선을 견고한 불연성 또는 난연성의 관에 넣어 그 관이 가연성이나 유독성의 유체를 내포하는 관과 직접접촉하지 아니하도록 시설할 것

## 7. 지중전선 상호 간의 접근 또는 교차

지중함 내 이외의 곳에서 상호 간의 거리가 다음과 같을 것

(1) 저압 지중전선과 고압 및 특고압 지중전선에 있어서는 0.5[m] 이상 이격할 것

(2) 저압과 고압의 지중전선 및 특고압 지중전선의 이격이 0.3[m] 이하로 가능한 경우

① 각각을 견고한 난연성의 관에 넣어 시설하는 경우

② 어느 한쪽의 지중전선에 불연성의 피복으로 되어 있는 것을 사용하는 경우

③ 어느 한쪽의 지중전선을 견고한 불연성의 관에 넣어 시설하는 경우

④ 지중전선 상호 간에 견고한 내화성의 격벽을 설치할 경우

(3) 사용전압이 25[kV] 이하인 다중접지방식의 특고압 지중전선을 지중관로에 넣은 경우 저·고압의 지중전선과의 0.1[m] 이상 이격하여 시설할 수 있음

# 091 터널 안 전선로의 시설에 대하여 구분하여 설명하시오.

**data** 전기안전기술사 및 전기응용기술사 출제예상문제

**답안** 1. **철도 · 궤도 또는 자동차도 전용터널 안의 전선로**

(1) 저압 전선

① 애자사용배선은 지름 2.6[mm] 이상(인장강도 2.30[kN]) 이상의 절연전선 또는 경동선의 절연전선을 사용, 높이는 레일면상 또는 노면상 2.5[m] 이상 유지

② 케이블배선은 합성수지관, 금속관, 가요전선관으로 하며, 높이는 "①"과 동일

(2) 고압 전선

인장강도 5.26[kN] 이상의 것 또는 지름 4[mm] 이상의 경동선의 고압 절연전선 또는 특고압 절연전선 사용, 높이는 레일면상 또는 노면상 3.0[m] 이상 유지

2. **사람이 상시 통행하는 터널 안의 전선로**

(1) 저압

① 애자사용배선은 지름 2.6[mm] 이상(인장강도 2.30[kN]) 이상의 절연전선 또는 경동선의 절연전선을 사용, 높이는 레일면상 또는 노면상 2.5[m] 이상 유지

② 케이블배선은 합성수지관, 금속관, 가요전선관으로 하며, 높이는 "①"과 동일

(2) 고압

규정에 준하는 케이블배선에 의하여 시설할 것

3. **터널 안 전선로의 전선과 약전류전선 등 또는 관 사이의 이격거리**

① 터널 안의 전선로의 저압 전선이 그 터널 안의 다른 저압전선(관등회로 배선 제외) · 약전류전선 등 또는 수관 · 가스관이나 이와 유사한 것과 접근하거나 교차하는 경우에는 232.16.7의 규정에 준하여 시설할 것

> **reference**
> 232.16.7 : 배선설비와 다른 공급설비와의 접근

② 터널 안의 전선로의 고압 전선 또는 특고압 전선이 그 터널 안의 저압 전선 · 고압 전선(관등회로의 배선은 제외) · 약전류전선 등 또는 수관 · 가스관이나 이와 유사한 것과 접근하거나 교차 시에는 331.13(옥측전선로)의 3 및 5의 규정에 준하여 시설할 것

**comment** 실제 국내 1,000[m] 넘는 장대터널에는 전기공사비가 150억 넘는 대형공사도 일부 있고, 계약전략이 5만[kW]에 근접하는 경우도 있는 단일 전기공사로서는 중형 규모 이상이다.

## 092 수상전선로와 물밑전선로의 시설기준을 설명하시오.

**(data)** 전기안전기술사 및 건축전기설비기술사 출제예상문제 / KEC 335.3, 335.4

**답안**

### 1. 수상전선로의 시설기준

(1) 사용전압 : 저압 또는 고압(특고압은 아니 됨)

(2) 저압선 전선 : 클로로프렌 캡타이어케이블

(3) 고압선 전선 : 캡타이어케이블

(4) 수상전선로의 전선을 가공전선로의 전선과 접속 시 주의점

　① 접속점으로부터 전선의 절연 피복안에 물이 스며들지 아니하도록 시설할 것

　② 전선의 접속점은 다음의 높이로 지지물에 견고하게 붙일 것

　　㉠ 접속점이 육상에 있는 경우에는 지표상 5[m] 이상. 다만, 수상전선로의 사용전압이 저압인 경우에 도로상 이외의 곳에 있을 때에는 지표상 4[m]까지로 감할 수 있다.

　　㉡ 접속점이 수면상에 있는 경우의 높이

　　　• 저압 : 수면상 4[m] 이상

　　　• 고압 : 수면상 5[m] 이상

　③ 수상전선로에 사용하는 부대는 쇠사슬 등으로 견고하게 연결한 것일 것

　④ 수상전선로의 전선은 부대의 위에 지지하여 시설하고 또한 그 절연피복을 손상하지 아니하도록 시설할 것

(5) 수상전선로에는 이와 접속하는 가공전선로에 전용개폐기 및 과전류차단기를 각 극(과전류차단기는 다선식 전로의 중성극을 제외)에 시설할 것

(6) 수상전선로의 사용전압이 고압인 경우에는 전로에 지락 발생 시, 자동적으로 전로를 차단하기 위한 장치를 시설할 것

### 2. 물밑전선로의 시설기준

(1) 물밑전선로는 손상을 받을 우려가 없는 곳에 위험의 우려가 없도록 시설할 것

(2) 저압 또는 고압의 물밑전선로의 전선은 표준에 적합한 물밑케이블 또는 규정에서 정하는 구조로 개장한 케이블일 것

(3) 저압 또는 고압의 물밑전선로에 개장한 케이블을 사용하지 않아도 되는 경우

　① 전선에 케이블을 사용하고 또한 이를 견고한 관에 넣어서 시설하는 경우

　② 전선에 지름 4.5[mm] 아연도철선 이상의 기계적 강도가 있는 금속선으로 개장한 케이블을 사용하고 또한 이를 물밑에 매설하는 경우

③ 전선에 지름 4.5[mm](비행장의 유도로 등, 기타 표지 등에 접속하는 것은 지름 2[mm]) 아연도철선 이상의 기계적 강도가 있는 금속선으로 개장하고 또한 개장 부위에 방식피복을 한 케이블을 사용하는 경우

> **reference**
>
> 개장은 고압 전선에 사용하는 2줄 또는 3줄의 선심을 쥬트, 기타 섬유질의 것과 함께 꼬아서 원형으로 만든 것 위에 방부처리를 한 쥬트 등을 두께 2[mm] 이상으로 감고 그 위에 지름 6[mm] 이상의 방식성 콤파운드를 도포한 아연도금철선을 입힌 뒤 다시 쥬트 등을 두께 3.5[mm] 이상으로 감은 것

(4) 특고압 물밑전선로는 다음에 따라 시설할 것(해저케이블을 말함)

① 전선은 케이블일 것

② 케이블은 견고한 관에 넣어 시설할 것

③ 다만, 전선에 지름 6[mm]의 아연도철선 이상의 기계적 강도가 있는 금속선으로 개장한 케이블을 사용하는 경우에는 그러하지 아니하다.

**093** 다음 특수장소에서의 시설기준에 대하여 설명하시오.
1. 교량에 시설하는 전선로 시설기준
2. 전선로 전용교량 등에 시설하는 전선로
3. 급경사지에 시설하는 전선로의 시설

**[답안]** **1. 교량에 시설하는 전선로 시설기준**

(1) 교량에 시설하는 저압 전선로는 다음에 따라 시설하여야 한다.

① 교량의 윗면에 시설 시 : 전선의 높이를 교량의 노면상 5[m] 이상일 것

② 전선은 케이블인 경우 이외에는 인장강도 2.30[kN] 이상의 것 또는 지름 2.6[mm] 이상의 경동선의 절연전선일 것

③ 전선과 조영재 사이의 이격거리 : 전선이 케이블인 경우 이외에는 0.3[m] 이상일 것

④ 전선은 케이블인 경우 이외에는 조영재에 견고하게 붙인 완금류에 절연성 · 난연성 및 내수성의 애자로 지지할 것

⑤ 전선이 케이블인 경우에는 전선과 조영재 사이의 이격거리 : 0.15[m] 이상일 것

(2) 교량에 시설하는 고압 전선로는 다음에 따라 시설할 것

① 교량의 윗면에 시설 시의 전선높이 : 교량의 노면상 5[m] 이상으로 할 것

② 전선은 케이블일 것. 다만, 철도 또는 궤도 전용의 교량에는 인장강도 5.26[kN] 이상의 것 또는 지름 4[mm] 이상의 경동선을 사용하고 또한 이를 332.4의 규정에 준하여 시설하는 경우에는 그러하지 아니하다.

> **(reference)**
> 332.4 : 고압 가공전선의 안전율

③ 전선이 케이블인 경우에는 가공케이블의 시설(332.2)의 규정에 준하는 이외에 전선과 조영재 사이의 이격거리는 0.3[m] 이상일 것

④ 전선이 케이블 이외의 경우에는 이를 조영재에 견고하게 붙인 완금류에 절연성 · 난연성 및 내수성의 애자로 지지하고 또한 진선과 조영재 사이의 이격거리는 0.6[m] 이상일 것

**2. 전선로 전용교량 등에 시설하는 전선로**

(1) 진선로 진용의 교량, 파이프스탠드, 기타 이와 유사한 것에 시설하는 서압 전선로는 다음에 따르고 또한 위험의 우려가 없도록 시설할 것

① 버스덕트배선에 의하는 경우는 다음에 의할 것

㉠ 1구내에만 시설하는 전선로의 전부 또는 일부로 시설할 것

ⓛ 버스덕트배선의 규정에 준하여 시설하는 이외에 덕트에 물이 스며들어 고이지 않을 것

② 버스덕트배선에 의하는 경우 이외의 경우에 전선 : 케이블 또는 클로로프렌 캡타이어케이블일 것

③ 전선이 케이블인 경우에는 케이블배선의 규정에 준하여 시설할 것

④ 전선이 캡타이어케이블인 경우에는 335.5의 2의 "다"의 규정에 준하여 시설할 것

> **reference**
> 335.5 : 지상에 시설하는 전선로
> 331.13 : 옥측전선로

(2) 전선로 전용의 교량, 파이프스탠드, 기타 이와 유사한 것에 시설하는 고압 전선로는 다음에 따르고 또한 위험의 우려가 없도록 시설할 것

① 전선은 고압용 케이블 또는 고압용의 클로로프렌 캡타이어케이블일 것

② 전선이 케이블인 경우에는 331.13.1의 2부터 5까지의 규정에 준하여 시설할 것

③ 전선이 캡타이어케이블인 경우에는 335.5의 2의 "다"의 규정에 준하여 시설할 것

(3) 전선로 전용의 교량이나 이와 유사한 것에 시설하는 특고압 가공전선로, 파이프스탠드 또는 이와 유사한 것에 시설하는 사용전압이 100[kV] 이하인 특고압 가공전선로는 331.13.1의 2부터 5까지의 규정에 준하고 또한 위험의 우려가 없도록 시설하여야 한다. 이 경우에 331.13.1의 2의 "라" 중 "332.2(3은 제외한다)"는 333.3으로 본다.

### 3. 급경사지에 시설하는 전선로의 시설

(1) 급경사지에 시설하는 저압 또는 고압의 전선로는 그 전선이 건조물의 위에 시설되는 경우, 도로 · 철도 · 궤도 · 삭도 · 가공약전류전선 등 · 가공전선 또는 전차선과 교차하여 시설되는 경우 및 수평거리로 이들(도로를 제외)과 3[m] 미만에 접근하여 시설되는 경우 이외의 경우로서 기술상 부득이한 경우 이외에는 시설하여서는 안 된다.

(2) 전선로는 규정에 준하는 이외에 다음에 따르고 시설하여야 한다.

① 전선의 지지점 간의 거리 : 15[m] 이하일 것

② 전선은 케이블인 경우 이외에는 벼랑에 견고하게 붙인 금속제 완금류에 절연성 · 난연성 및 내수성의 애자로 지지할 것

③ 전선에 사람이 접촉할 우려가 있는 곳 또는 손상을 받을 우려가 있는 곳에 시설하는 경우에는 적당한 방호장치를 시설할 것

④ 저압 전선로와 고압 전선로를 같은 벼랑에 시설하는 경우에는 고압 전선로를 저압 전선로의 위로 하고 또한 고압 전선과 저압 전선 사이의 이격거리는 0.5[m] 이상일 것

## 094 (재해복구를 한) 임시전선로의 시설기준에 대하여 설명하시오.

**(data)** 발송배전기술사 출제예상문제 / KEC 224.10, 335.10

**답안**

1. 저압 가공전선 또는 고압 가공전선 및 특고압 가공전선로에 케이블을 사용 시 그 전선에 케이블을 사용하는 경우

   그 설치공사가 완료한 날로부터 2월 이내에 한하여 사용하는 것으로 할 것

2. 저압 방호구에 넣은 절연전선 등을 사용하는 저압 가공전선 또는 고압 방호구에 넣은 고압 절연전선 등을 사용하는 고압 가공전선과 조영물의 조영재 사이의 이격거리

   방호구의 사용기간이 6개월 이내의 것에 한하여 표에서 정한 값까지 감할 수 있다.

   ▌임시전선로 시설(저압 방호구)의 이격거리 ▌

   | 조영물 조영재의 구분 | | 접근형태 | 이격거리 |
   |---|---|---|---|
   | 건조물 | 상부 조영재 | 위쪽 | 1[m] |
   | | | 옆쪽 또는 아래쪽 | 0.4[m] |
   | | 상부 이외의 조영재 | – | 0.4[m] |
   | 건조물 이외의 조영물 | 상부 조영재 | 위쪽 | 1[m] |
   | | | 옆쪽 또는 아래쪽 | 0.4[m] (저압 가공전선은 0.3[m]) |
   | | 상부 조영재 이외의 조영재 | – | 0.4[m] (저압 가공전선은 0.3[m]) |

3. 400[V] 미만인 저압 인입선의 옥측부분 또는 옥상부분인 경우

   (1) 그 설치공사가 완료한 날로부터 4개월 이내에 한하여 사용 시

   (2) 비 또는 이슬에 젖지 아니하는 장소에 애자사용배선에 의하여 시설하는 경우

   221.1.1의 4(221.1.2에서 준용하는 경우를 포함)에서 준용하는 221.2의 2의 "나" (2)의 규정에 불구하고 전선 상호 간 및 전선과 조영재 사이를 이격하지 아니하고 시설 가능함

   **(reference)**
   221.1 : 구내인입선
   221.2 : 옥측전선로

**4. 지상 시설의 저압 또는 고압의 전선로 및 재해복구를 위하여 지상에 시설의 특고압 전선일 경우의 시설기준**

(1) 해당 공사가 완료한 날로부터 2개월 이내에 한하여 사용할 경우임

(2) 전선

① 저압인 경우 : 케이블 또는 공칭단면적 10[mm²] 이상인 클로로프렌 캡타이어케이블

② 고압인 경우 : 케이블 또는 고압용의 클로로프렌 캡타이어케이블

③ 특고압인 경우는 케이블일 것

(3) 전선을 시설하는 장소에는 취급자 이외의 자가 쉽게 들어갈 수 없도록 울타리 · 담 등을 설치하고 또한 사람이 보기 쉽도록 적당한 간격으로 위험표시를 할 것

(4) 전선은 중량물의 압력 또는 현저한 기계적 충격을 받을 우려가 없도록 시설할 것

# section 04 배선 및 조명설비 등 (KEC 2장 – 230)

**095** 배선 및 조명설비 등에 대한 시설기준에서 정하고 있는 적용범위와 운전조건 및 외부 영향에 대하여 설명하시오.

**data** 전기응용기술사 및 건축전기설비기술사 출제예상문제 / KEC 231.2.2

**답안** 1. 적용범위

(1) 전기설비의 안전을 위한 보호방식

(2) 전기설비의 적합한 기능을 위한 요구사항

(3) 예상되는 외부 영향에 대한 요구사항

2. 운전조건 및 외부 영향

(1) 운전조건

① 전압

㉠ 전기설비는 해당 사용기기의 표준전압에 적합한 것일 것

㉡ IT 계통 설비에서 중성선이 배선된 경우에는 상과 중성선 사이에 접속된 기기는 상간 전압에 대해 절연될 것

② 전류

㉠ 전기설비는 정상 사용상태에서 설계전류에 적합하도록 선정할 것

㉡ 전기설비는 보호장치의 특성에 따라 비정상 조건에서 발생할 수 있는 고장전류를 흘려보낼 수 있을 것

③ 주파수

주파수가 전기설비의 특성에 영향을 미치는 경우, 전기설비의 정격 주파수는 관련 회로의 정격 주파수와 일치할 것

④ 전력

전기설비는 부하율을 고려한 정상 운전조건에서 부하특성이 적합하도록 선정할 것

⑤ 적합성

전기설비의 시공단계에서 적절한 예방조치를 취하지 않은 경우, 개폐 조작을 포함한 정상 사용상태 동안, 기타 다른 기기에 유해한 영향을 미치거나 전원을 손상시키지 않도록 할 것

⑥ 임펄스 내전압

전기설비는 설치지점의 과전압 범주에 따라 213.2에서 규정한 최소 임펄스 내전압을 견디는 것으로 선정하여야 한다.

> **reference**
> 213.2 : 낙뢰 또는 개폐에 따른 과전압 보호 규정

## 3. 외부 영향

(1) 전기설비의 외부 영향과 특성의 요구사항은 KS C IEC 60364-5-51(전기기기의 선정 및 시공-공통 규칙)의 표에 따라 시설할 것

**‖ 외부 영향과 특성 ‖**

| 구 분 | | 외부 영향 |
|---|---|---|
| | 주위온도 | 사용장소의 통상 운전의 최고허용온도 |
| | 외부열원 | 외부열원으로부터 차폐, 이격, 내력, 국부적 강화 |
| AD/AB | 물의 존재/높은 습도 | 결로, 물의 침입 방지, 적정 IP 보호등급 |
| AE | 침입 고형물 존재 | 고형물 침입 방지, 적정 IP 보호등급, 먼지 제거 |
| AF | 부식, 오염물질 존재 | 부식 또는 오염물질에 내력 확보, 비접촉 상태 |
| AG | 충격 | 공사, 사용, 보수 중 기계적 응력 고려, 적정 보호등급 |
| AH | 진동 | 구조체 지지, 고정배선, 고정형 설비(유연성 케이블) |
| AJ | 그 밖의 기계적 응력 | 공사, 사용, 보수 중 절연물, 단말, 외장의 손상 방지 |
| AK | 식물, 곰팡이,<br>동물의 존재 | 경험 또는 예측에 의해 위험조건(AK2)이 되는 경우의 고려사항<br>• 폐쇄형 설비(전선관, 케이블덕트 또는 케이블 트렁킹)<br>• 식물에 대한 이격거리 유지<br>• 배선설비의 정기적인 청소 |
| AL | 동물의 존재 | 경험 또는 예측을 통해 위험조건(AL2)이 되는 경우의 고려사항<br>• 배선설비의 기계적 특성 고려<br>• 적절한 장소의 선정<br>• 부분적 또는 전체적인 기계적 보호조치의 추가<br>• 위 고려사항들의 조합 |
| AN | 태양방사(AN) 및<br>자외선 방사 | 경험 또는 예측에 의해 영향을 줄만 한 양의 태양방사(AN2) 및 외부 영향에 대한 자재 선정, 적절한 차폐 |
| AP | 지진의 영향 | • 지진 위험도를 고려한 배선설비 선정 및 설치<br>• 지진 위험도가 낮은 위험도(AP2) 이상인 경우<br>배선설비를 건축물 구조에 고정 시 가요성을 고려할 것<br>예 비상설비 등 모든 중요한 기기와 고정 배선 사이의<br>접속은 가요성을 고려하여 선정 |
| AR | 바람 | 진동(AH)과 그 밖의 기계적 응력(AJ) 준용 |

| 구 분 | | 외부 영향 |
|---|---|---|
| BE | 가공 또는 보관된 자재의 특성 | 화재 예방, 확대 최소화 |
| CB | 건축물의 설계 | • 구조체 변위, 기계적 응력 고려<br>가요성 구조체 또는 비고정 구조체(CB4)에 대해서는<br>가요성 배선방식으로 할 것 |

(2) 전기설비가 구조상의 이유로 설치장소의 외부 영향 관련 조건을 만족하지 못한다면 이를 보완하기 위한 적절한 보호조치를 추가로 적용시킬 것. 이러한 보호조치가 보호대상기기의 운전에 영향을 미쳐서는 아니 됨

(3) 서로 다른 외부 영향이 동시에 발생할 경우 이 영향은 개별적으로 또는 상호적으로 영향을 미칠 수 있기 때문에 그에 맞는 안전보호등급을 제공할 것

(4) 이 규정에서 명시하고 있는 외부 영향에 따른 전기설비를 선정하는 것은 설비가 적절한 기능을 수행하고 안전보호대책에 대한 신뢰성을 확보하는 데 필요하다.

(5) 설비의 구성으로부터 만족하는 보호방식은 해당 설비가 외부 영향에 대한 성능시험을 만족하는 경우에만 주어진 조건의 외부 영향에 대해서 유효하다.

## 096 배선을 포함한 모든 전기설비에 대한 접근 용이성과 식별기준에 대하여 설명하시오.

**data** 전기안전기술사 및 건축전기설비기술사 출제예상문제

**답안** 1. 접근 용이성

(1) 배선을 포함한 모든 전기설비는 운전, 검사 및 유지보수가 쉬울 것

(2) 접속부에 접근이 용이하도록 설치할 것

(3) 이러한 설비는 외함 또는 구획 내에 기기를 설치함으로써 심각하게 손상되지 않게 할 것

### 2. 식별

(1) 혼동 가능성이 있는 곳은 개폐장치 및 제어장치에 표찰이나, 기타 적절한 식별 수단을 적용하여 그 용도를 표시하여야 한다.

(2) 운전자가 개폐장치 및 제어장치의 동작을 감시할 수 없고, 이로 인하여 위험을 야기할 수 있는 경우에는 KS C IEC 60073(인간 – 컴퓨터 간 인터페이스, 표시와 확인을 위한 기본과 안전지침 – 표시기와 작용기를 위한 코딩) 및 KS C IEC 60447(인간과 기계 간 인터페이스(MMI), 표시, 식별의 기본 및 안전원칙–작동원칙)에 적합한 표시기를 운전자가 볼 수 있는 위치에 부착할 것

### 3. 배선계통의 표시

배선은 설비의 검사, 시험, 수리 또는 교체 시 식별 가능하도록 121.1의 2에 적합하게 표시할 것

> **reference**
> 121.1 : 전선 일반 요구사항 및 선정

### 4. 중성선 및 보호도체의 식별

중성선 및 보호도체의 식별은 121.2에 따른다.

> **reference**
> 121.2 : 전선의 식별

### 5. 보호장치의 식별

보호장치는 보호되는 회로를 쉽게 알아볼 수 있도록 배치하고 식별할 수 있도록 배치할 것

## 6. 도식 및 문서

(1) 다음에 해당하는 사항은 판독 가능한 도형, 차트, 표 또는 동등한 정보 형식 등을 사용하여 표시할 것

① 각 회로의 종류 및 구성(공급점, 도체의 수와 굵기, 배선의 종류)

② 211.1.2의 2의 규정 적용

> (reference)
> 211.1 : 보호대책 일반 요구사항

③ 보호, 격리 및 개폐 기능을 수행하는 각 장치의 식별과 그 위치에 대해 필요한 정보

④ KS C IEC 60364-6(검증)에서 요구하는 검증에 취약한 모든 회로나 장비

(2) 사용되는 기호는 IEC 60617 시리즈(기호 규정)에 따를 것

## 097 배선설비의 운전조건 및 외부 영향 규정에서 유해한 상호영향의 방지에 대한 내용을 설명하시오.

**data** 전기안전기술사 및 건축전기설비기술사 출제예상문제 / KEC 231.2.5

**답안** (1) 전기설비는 다른 설비에 유해한 영향을 미치지 않도록 시설할 것

(2) 해당 설비 뒤쪽에 안전판(back plate)이 설치되어 있지 않은 경우는 다음 요구사항이 충족되지 않는 한 건물의 표면에 설치해서는 안 된다.

① 건물 표면을 통하여 전압의 전이가 발생하지 않도록 조치를 취한 경우

② 전기설비와 건물의 가연성 표면 사이에 방화구획이 설치된 경우

(3) 건물 표면이 비금속이고 불연성인 경우 외에 만족시킬 요구사항는 다음 중 하나일 것

① 건물 표면이 금속인 경우 금속부는 143.2.2 및 140에 따라 설비의 보호도체(PE) 또는 등전위본딩도체에 접속할 것

② 건물의 표면이 가연성인 경우 KS M ISO 9772(발포 플라스틱 – 소형 화염에 의한 수평 연소성의 측정)에 따른 가연성 정격 HF-1을 갖는 연제를 이용하여 적절한 중간층을 두어 기기를 건물 표면에서 분리한다.

(4) 전류의 종류 또는 사용전압이 상이한 설비를 시설하는 경우 상호영향을 방지하기 위해 조치를 취할 것

(5) 전자기 적합성(EMC)에 대한 내성 및 방출 수준의 선정

① 전기설비의 내성 수준은 정상 운전조건에서 시설할 경우에 전기기기의 선정 및 시공 – 공통 규칙의 [표 51A]의 전자기의 영향을 고려할 것

② 전기설비는 건물의 내부 또는 외부의 다른 전기설비에 무선 전도 및 전파로 전자적 간섭을 일으키지 않도록 충분히 낮은 방출 수준을 갖도록 선정할 것

③ 필요한 경우에는 과도과전압에 대한 보호규정(213 규정)을 참조하여 방출을 최소화하기 위한 완화수단을 설치할 것

## 098 보호도체 전류와 관련 조치사항에 대하여 설명하시오.

**data** 전기안전기술사 및 건축전기설비기술사 출제예상문제 / KEC 231.2.6
**comment** 보호도체 설명에도 함께 언급하면 좋음

**답안** 1. 정상운전과 전기설비 설계의 조건하의 보호도체의 전류

전기설비에서 발생하는 보호도체의 전류는 안전보호 및 정상운전에 적합할 것

### 2. 제작자 정보를 활용할 수 없는 경우 전기설비의 보호도체 허용전류

KS C IEC 61140(감전보호 – 설비 및 기기의 공통사항)의 "7.5.2 보호도체 전류" 및 "부속서 B"의 규정을 준용해야 한다.

### 3. 보호도체 전류 제한

(1) 절연변압기로 제한된 지역에만 전원을 공급 시 전기설비에서 보호도체 전류를 제한할 수 있음

(2) 보호도체는 어떠한 활선도체와 함께 신호용 귀로로 사용할 수 없음

## 099 저압 옥내배선의 사용전선과 나전선의 사용제한에 대하여 설명하시오.

**(data)** 전기안전기술사 및 건축전기설비기술사 출제예상문제

**답안**

### 1. 저압 옥내배선의 전선의 사용기준

(1) 단면적 2.5[mm²] 이상의 연동선 또는 이와 동등 이상의 강도 및 굵기의 것

(2) 단면적이 1[mm²] 이상의 미네럴인슈레이션케이블

### 2. 옥내배선의 사용전압이 400[V] 미만인 경우의 예외기준

전광표시장치 · 출퇴표시등, 기타 이와 유사한 장치 또는 제어회로 배선

(1) 진열장, 진열창 내부에 단면적 0.75[mm²] 이상인 코드 또는 캡타이어케이블을 사용 시

(2) 엘리베이터, 덤웨이터의 규정에 의하여 리프트케이블을 사용하는 경우

(3) 단면적 1.5[mm²] 이상의 연동선을 사용하고 이를 합성수지관배선 · 금속관배선 · 금속몰드배선 · 금속덕트배선 · 플로어덕트배선 또는 셀룰러덕트배선에 의하여 시설하는 경우

(4) 단면적 0.75[mm²] 이상인 다심케이블 또는 다심 캡타이어케이블을 사용하고 또한 과전류가 생겼을 때 자동적으로 전로에서 차단하는 장치를 시설하는 경우(단, 전광표시장치 · 출퇴표시등, 기타 이와 유사한 장치 또는 제어회로 등의 용도임)

### 3. 나전선의 사용제한

(1) 옥내시설용 저압 전선에는 나전선의 사용은 불가함

(2) 옥내에 나전선을 사용해도 되는 경우

  ① 애자사용배선에 의하여 전개된 곳에 다음의 전선을 시설 시

    ㉠ 전기로용 전선

    ㉡ 전선의 피복 절연물이 부식하는 장소에 시설하는 전선

    ㉢ 취급자 이외의 자가 출입할 수 없도록 설비한 장소에 시설하는 전선

  ② 라이팅덕트배선에 의하여 시설하는 경우

  ③ 규정에 준하는 접촉전선을 시설하는 경우

  ④ 버스덕트배선에 의하여 시설하는 경우

  **(comment)** • fool proof safety concept 개념상 안전사고 및 전기화재 우려가 상시 존재하므로 버스덕트배선 외에는 절연전선을 권장함

  • 건축전기설비에서 전선은 항상 고정설비임을 인식하고 설계시 · 시공시부터 안전과 여유율을 고려한 기획 · 시공이 요구됨

**100** 도체의 최소단면적에 대한 다음 항목을 설명하시오.
1. 교류회로의 선도체와 직류회로의 충전용 도체의 최소단면적
2. 중성선의 단면적에 대한 시설기준

**data** 전기안전기술사 및 건축전기설비기술사 출제예상문제

**답안** 1. 교류회로의 선도체와 직류회로의 충전용 도체의 최소단면적

| 배선설비의 종류 | | 사용회로 | 도 체 | |
|---|---|---|---|---|
| | | | 재료 | 단면적[mm²] |
| 고정설비 | 나전선 | 전력회로 | 구리 | 10 |
| | | | 알루미늄 | 16 |
| | | 신호와 제어회로 | 구리 | 4 |
| | 절연전선과 케이블 | 전력과 조명회로 | 구리 | 2.5 |
| | | | 알루미늄 | 10 |
| | | 신호와 제어회로 | 구리 | 1.5 |
| 절연전선과 케이블의 가요 접속 | | 특수한 적용을 위한 특별 저압회로 | 구리 | 0.75 |
| | | 특정 기기 | | 0.75 |
| | | 기타 적용 | | IEC 표준 |

2. **중성선의 단면적에 대한 시설기준**

(1) 중성선의 단면적은 최소한 선도체의 단면적 이상인 경우(중성선단면적 ≥ 선도체 단면적)

① 2선식 단상회로

② 선도체의 단면적이 구리선 16[mm²], 알루미늄선 25[mm²] 이하인 다상회로

③ 제3고조파 및 제3고조파의 홀수배수의 고조파 전류가 흐를 가능성이 높은 회로

④ 전류 종합 고조파 왜형률이 15~33[%]인 3상 회로

(2) 중성선 단면적을 선도체의 단면적보다 증가시켜야 되는 경우

① 제3고조파 및 제3고조파 홀수배수의 전류 종합 고조파 왜형률이 33[%]를 초과하는 경우

② 다심케이블의 경우 선도체의 단면적
   ㉠ 중성선의 단면적과 같아야 한다.
   ㉡ 이때 단면적은 선도체의 $1.45 \times I_B$(회로 설계전류)를 흘릴 수 있는 중성선일 것

③ 단심케이블의 중성선 단면적은 다음 전류에 해당하는 단면적일 것
   ㉠ 선도체 전류 : $I_B$(회로 설계전류) 이상의 전류
   ㉡ 중성선 전류 : 선도체의 1.45배 이상의 전류

(3) 중성선의 단면적을 선도체 단면적보다 작게 해도 되는 경우

　① 다상회로의 각 선도체 단면적이 구리선 $16[\text{mm}^2]$ 또는 알루미늄선 $25[\text{mm}^2]$ 초과 시

　② 통상적인 사용 시

　　㉠ 상(phase)과 제3고조파 전류 간에 회로부하가 균형을 이룰 경우

　　㉡ 제3고조파 홀수배수 전류가 선도체 전류의 $15[\%]$를 넘지 않을 경우

　③ 중성선이 보호규정(212.2.2)에 따라 과전류보호가 되는 경우

**101** 고주파 전류에 의한 장해의 방지를 위하여 시설하여야 하는 기준에 대하여 설명하시오.

**data** 건축전기설비기술사 출제예상문제 / KEC 231.5

**답안** 1. 전기기계기구가 무선설비의 기능에 계속적이고 또한 중대한 장해를 주는 고주파 전류를 발생시킬 우려가 있는 경우에는 이를 방지하기 위하여 다음에 따라 시설할 것

(1) 형광 방전등에는 적당한 곳에 정전용량이 $0.006[\mu F]$ 이상 $0.5[\mu F]$ 이하인 커패시터를 시설할 것(예열시동식의 것으로 글로우램프에 병렬로 접속할 경우에는 $0.006[\mu F]$ 이상 $0.01[\mu F]$ 이하)

(2) 정격출력이 1[kW] 이하인 소형 교류직권전동기는 다음 중 어느 하나에 의할 것

① 단자 상호 간 및 각 단자의 소형 교류직권전동기를 사용하는 전기기계기구의 금속제 외함이나 소형 교류직권전동기의 외함 또는 대지 사이에 각각 정전용량이 $0.1[\mu F]$ 및 $0.003[\mu F]$인 커패시터를 시설할 것

② 금속제 외함·철대 등 사람이 접촉할 우려가 있는 금속제 부분으로부터 소형 교류직권전동기의 외함이 절연되어 있는 기계기구는 단자 상호 간 및 각 단자와 외함 또는 대지 사이에 각각 정전용량이 $0.1[\mu F]$인 커패시터 및 정전용량이 $0.003[\mu F]$을 초과하는 커패시터를 시설할 것

③ 각 단자와 대지와의 사이에 정전용량이 $0.1[\mu F]$인 커패시터를 시설할 것

④ 기계기구에 근접할 곳에 기계기구에 접속하는 전선 상호 간 및 각 전선과 기계기구의 금속제 외함 또는 대지 사이에 각각 정전용량이 $0.1[\mu F]$ 및 $0.003[\mu F]$인 커패시터를 시설할 것

(3) 정격출력이 1[kW] 이하인 전기드릴용의 소형 교류직권전동기에는 단자 상호 간에 정전용량이 $0.1[\mu F]$ 무유도형 커패시터를, 각 단자와 대지와의 사이에 정전용량이 $0.003[\mu F]$인 충분한 측로효과가 있는 관통형 커패시터를 시설할 것

(4) 네온점멸기에는 전원단자 상호 간 및 각 접점에 근접하는 곳에서 이들에 접속하는 전로에 고주파 전류의 발생을 방지하는 장치를 할 것

2. 1.의 "(1)"부터 "(3)"까지의 규정에 의하여 시설하여도 무선설비의 기능에 계속적이고 또한 중대한 장해를 주는 고주파 전류를 발생시킬 우려가 있는 경우

(1) 전기기계기구에 근접한 곳에 이에 접속하는 전로에는 고주파 전류의 발생을 방지하는 장치를 할 것

(2) 이 경우에 고주파 전류의 발생을 방지하는 장치의 접지측 단자는 접지공사를 하지 아니한 전기기계기구의 금속제 외함·철대 등 사람이 접촉할 우려가 있는 금속제 부분과 접속하지 말 것

**3.** 1.의 "(2)" 및 "(3)"의 커패시터(전로와 대지 사이에 시설하는 것)와 1.의 "(4)" 및 "2."의 고주파 발생을 방지하는 장치의 접지측 단자에는 140 및 211의 규정에 준하여 접지공사를 할 것

> **reference**
> 140 : 접지시스템 규정
> 211 : 감전에 대한 보호규정

**4.** 1.의 "(1)"부터 "(3)"까지의 커패시터는 다음 표에서 정하는 교류 전압을 커패시터의 양단자 상호 간 및 각 단자와 외함 간에 연속하여 1분간 가하는 절연내력 시험에 견딜 것

**‖ 커패시터의 시험전압 ‖**

| 정격전압[V] | 시험전압[V] | |
|---|---|---|
| | 단자 상호 간 | 인출단자 및 일괄과 접지단자 및 케이스 사이 |
| 110 | 253 | 1,000 |
| 220 | 506 | 1,000 |

**5.** 1.의 "(4)" 및 "2."의 고주파 전류의 발생을 방지하는 장치의 표준은 다음에 적합한 것일 것

(1) 네온점멸기의 각 접점에 근접하는 곳에서 이들에 접속하는 전로에 시설하는 경우
C형 표준방송 수신장해방지기의 구조 및 성능의 DCR 2-10 또는 DCR 3-10에 관한 것에 적합할 것

(2) 네온점멸기의 전원단자 상호 간에 시설하는 경우
C형 표준방송 수신장해방지기의 구조 및 성능의 DCB 3-66에 관한 것 또는 F형 표준방송 수신장해방지기의 구조 및 성능에 적합한 것일 것

(3) 예열기동열음극형광방전등 또는 교류 직권전동기에 근접하는 곳에서 이들에 접속하는 전로에 시설하는 경우에는 C형 표준방송 수신장해방지기 규정의 연속내용성에 적합한 것일 것

## 102 옥내전로의 대지전압의 제한규정에 대하여 설명하시오.

**(data)** 전기안전기술사 및 건축전기설비기술사 출제예상문제 / KEC 231.6

**답안** **1. 백열전등 또는 방전등에 전기를 공급하는 옥내의 전로**

(1) 주택의 옥내전로는 제외

(2) 대지전압은 300[V] 이하

(3) 시설방법

① 백열전등 또는 방전등 및 이에 부속하는 전선은 사람이 접촉할 우려가 없게 시설

② 백열전등(기계장치에 부속하는 것을 제외한다) 또는 방전등용 안정기는 저압의 옥내 배선과 직접 접속하여 시설하여야 한다.

③ 백열전등의 전구소켓은 키나 그 밖의 점멸기구가 없는 것이어야 한다.

(4) 시설방법의 예외

① 전기스탠드 및 「전기용품 및 생활용품 안전관리법」의 적용을 받는 장식용 기구

② 전기스탠드, 기타 이와 유사한 방전등 기구를 제외

③ 대지전압 150[V] 이하의 전로인 경우

**2. 주택의 옥내전로(전기기계기구 내의 전로를 제외)**

(1) 대지전압은 300[V] 이하

(2) 시설방법

① 사용전압은 400[V] 이하이어야 한다.

② 주택의 전로 인입구에는 「전기용품 및 생활용품 안전관리법」에 적용을 받는 감전보호용 누전차단기를 시설하여야 한다.

③ 다만, 전로의 전원측에 정격용량이 3[kVA] 이하인 절연변압기(1차 전압이 저압이고, 2차 전압이 300[V] 이하인 것)를 사람이 쉽게 접촉할 우려가 없도록 시설하고 또한 그 절연변압기의 부하측 전로를 접지하지 않는 경우에는 예외로 한다.

④ "②"의 누전차단기를 자연재해대책법에 의한 자연재해위험개선지구의 지정 등에서 지정되어진 지구 안의 지하주택에 시설하는 경우에는 침수 시 위험의 우려가 없도록 지상에 시설하여야 한다.

⑤ 전기기계기구 및 옥내의 전선은 사람이 쉽게 접촉할 우려가 없도록 시설할 것. 다만, 전기기계기구로서 사람이 쉽게 접촉할 우려가 있는 부분이 절연성이 있는 재료로 견고하게 제작되어 있는 것 또는 건조한 곳에서 취급하도록 시설된 것 및 142.7의 2의 "아"에 준하여 시설된 것은 예외로 한다.

> **reference**
> **142.7 기계기구의 철대 및 외함의 접지**
> 1. 전로에 시설하는 기계기구의 철대 및 금속제 외함(외함이 없는 변압기 또는 계기용변성기는 철심)에는 140에 의한 접지공사를 하여야 한다.
> 2. 다음의 어느 하나에 해당하는 경우에는 1의 규정에 따르지 않을 수 있다.
>    아. 물기 있는 장소 이외의 장소에 시설하는 저압용의 개별 기계기구에 전기를 공급하는 전로에 「전기용품 및 생활용품 안전관리법」의 적용을 받는 인체감전보호용 누전차단기(정격감도전류가 30[mA] 이하, 동작시간이 0.03초 이하의 전류동작형에 한한다)를 시설하는 경우

⑥ 백열전등의 전구소켓은 키나 그 밖의 점멸기구가 없는 것일 것

⑦ 정격 소비전력 3[kW] 이상의 전기기계기구에 전기를 공급하기 위한 전로 : 전용의 개폐기 및 과전류차단기를 시설하고 그 전로의 옥내배선과 직접 접속하거나 적정 용량의 전용콘센트를 시설할 것

⑧ 주택의 옥내를 통과하여 그 주택 이외의 장소에 전기를 공급하기 위한 옥내배선 : 사람이 접촉할 우려가 없는 은폐된 장소에는 합성수지관공사, 금속관공사 또는 케이블공사에 의하여 시설할 것

⑨ 주택의 옥내를 통과하여 시설하는 전선로는 사람이 접촉할 우려가 없는 은폐된 장소에 합성수지관공사, 금속관공사나나 케이블공사에 의하여 시설

(3) 주택의 옥내전로의 예외사항 : 대지전압 150[V] 이하의 전로인 경우

## 3. 주택 이외의 곳의 옥내에 시설하는 가정용 전기기계기구에 전기를 공급하는 옥내전로(여관, 호텔, 다방, 사무소, 공장 등 또는 이와 유사한 곳의 옥내)

(1) 대지전압은 300[V] 이하일 것

(2) 가정용 전기기계기구와 이에 전기를 공급하기 위한 옥내배선과 배선기구(개폐기 · 차단기 · 접속기 그 밖에 이와 유사한 기구)를 231.6의 2의 "가", "다"부터 "마"까지의 규정에 준하여 시설하거나 또는 취급자 이외의 자가 쉽게 접촉할 우려가 없도록 시설할 것

> **reference**
> **231.6의 2 옥내전로의 대지전압의 제한**
> 2. 주택의 옥내전로(전기기계기구 내의 전로를 제외한다)의 대지전압은 300[V] 이하이어야 하며 다음에 따라 시설할 것. 다만, 대지전압 150[V] 이하의 전로인 경우에는 다음에 따르지 않을 수 있다.
>    가. 사용전압은 400[V] 이하이어야 한다.
>    나. 주택의 전로 인입구에는 「전기용품 및 생활용품 안전관리법」에 적용을 받는 감전보호용 누전차단기를 시설할 것

다만, 전로의 전원측에 정격용량이 3[kVA] 이하인 절연변압기(1차 전압이 저압이고, 2차 전압이 300[V] 이하인 것)를 사람이 쉽게 접촉할 우려가 없도록 시설하고 또한 그 절연변압기의 부하측 전로를 접지하지 않는 경우에는 예외로 한다.

다. "나"의 누전차단기를 자연재해대책법에 의한 자연재해위험개선지구의 지정 등에서 지정되어진 지구 안의 지하주택에 시설하는 경우에는 침수 시 위험의 우려가 없도록 지상에 시설하여야 한다.

라. 전기기계기구 및 옥내의 전선은 사람이 쉽게 접촉할 우려가 없도록 시설하여야 한다. 다만, 전기기계기구로서 사람이 쉽게 접촉할 우려가 있는 부분이 절연성이 있는 재료로 견고하게 제작되어 있는 것 또는 건조한 곳에서 취급하도록 시설된 것 및 142.7의 2의 "아"에 준하여 시설된 것은 예외로 한다.

마. 백열전등의 전구소켓은 키나 그 밖의 점멸기구가 없는 것이어야 한다.

## 103 배선설비 적용 시 고려사항 중 회로구성과 병렬접속 시 고려할 사항을 설명하시오.

**data** 전기안전기술사 및 건축전기설비기술사 출제예상문제 / KEC 232.3.1, 232.3.2
**comment** 출제될 확률이 높음

**답안** ⚷ **1. 회로구성**

(1) 하나의 회로도체는 다른 다심케이블, 다른 전선관, 다른 케이블덕팅시스템 또는 다른 케이블트렁킹시스템을 통해 배선해서는 안 된다.

(2) 또한 다심케이블을 병렬로 포설하는 경우 각 케이블은 각 상의 1가닥의 도체와 중성선이 있다면 중성선도 포함하여야 한다.

(3) 여러 개의 주회로에 공통 중성선을 사용하는 것은 허용되지 않는다. 다만, 단상 교류 최종 회로는 하나의 선도체와 한 다상 교류회로의 중성선으로부터 형성될 수도 있다. 이 다상회로는 모든 선도체를 단로하도록 단로장치에 의해 설치해야 한다.

(4) 여러 회로가 하나의 접속상자에서 단자 접속되는 경우 각 회로에 대한 단자는 '가정용 및 이와 유사한 용도의 저전압용 접속기구' 시리즈에 따른 접속기 및 '저전압 개폐장치 및 제어 장치'에 따른 단자블록에 관한 것을 제외하고 절연 격벽으로 분리해야 한다.

(5) 모든 도체가 최대공칭전압에 대해 절연되어 있다면 여러 회로를 동일한 전선관시스템, 케이블덕팅시스템 또는 케이블트렁킹시스템의 분리된 구획에 설치할 수 있다.

**2. 병렬접속[두 개 이상의 선도체(충전도체) 또는 PEN 도체를 계통에 병렬로 접속하는 경우]**

(1) 병렬도체 사이에 부하전류가 균등하게 배분될 수 있도록 조치를 취한다. 도체가 같은 재질, 같은 단면적을 가지고, 거의 길이가 같고, 전체 길이에 분기회로가 없으며 다음과 같을 경우 이 요구사항을 충족하는 것으로 본다.

① 병렬도체가 다심케이블, 트위스트(twist) 단심케이블 또는 절연전선인 경우

② 병렬도체가 비트위스트(non-twist) 단심케이블 또는 삼각형태(trefoil) 혹은 직사각형 (flat) 형태의 절연전선이고, 단면적이 구리 50[mm²], 알루미늄 70[mm²] 이하인 것

③ 병렬도체가 비트위스트(non-twist) 단심케이블 또는 삼각형태(trefoil) 혹은 직사각형(flat) 형태의 절연전선이고, 단면적이 구리 50[mm²], 알루미늄 70[mm²]를 초과하는 것으로 이 형상에 필요한 특수 배치를 적용한 것. 특수한 배치법은 다른 상 또는 극의 적절한 조합과 이격으로 구성한다.

(2) 절연물의 허용온도 규정에 적합하도록 부하전류를 배분하는데 특별히 주의한다. 적절한 전류 분배를 할 수 없거나 4가닥 이상의 도체를 병렬로 접속하는 경우에는 버스바트 렁킹시스템의 사용을 고려한다.

**104** 저압배선설비 공사의 다음 항목에 대하여 설명하시오.
**1. 전선 및 케이블의 구분에 따른 배선설비의 공사방법**
**2. 시설상태 및 설치방법을 고려한 공사방법**

**(data)** 전기안전기술사 및 건축전기설비기술사 출제예상문제

**답안** **1. 전선 및 케이블의 구분에 따른 배선설비의 공사방법**

(1) 232.4의 외부적인 영향을 고려하여야 한다.

**(reference)**
232.4 : 배선설비의 선정과 설치에 고려해야 할 외부영향

(2) 버스바트렁킹시스템 및 파워트랙시스템은 제외한다.

**(reference)**
bus bar trunking system : 전기 · 전자 덕트, 트러프 또는 이와 같은 밀폐물 내에 절연물에 의하여 사이를 띄거나 지지한 형태인 모선으로 구성된 도체방식의 모양으로 공장에서 제작한 어셈블리

(3) 시설상태에 따른 배선설비의 설치방법은 KS C IEC 60364-5-52(전기기기의 선정 및 시공 – 배선설비) "부속서 A(설치방법)"의 설치방법을 말함

‖ 전선 및 케이블의 구분에 따른 배선설비의 공사방법 ‖

| 전선 및 케이블 | | 공사방법 | | | | | | | |
| --- | --- | --- | --- | --- | --- | --- | --- | --- | --- |
| | | 케이블공사 | | | 전선관시스템 | 케이블트렁킹시스템(몰드형, 바닥매입형 포함) | 케이블덕팅시스템 | 케이블트레이시스템(래더, 브래킷 등 포함) | 애자공사 |
| | | 비고정 | 직접고정 | 지지선 | | | | | |
| 나전선 | | – | – | – | – | – | – | – | + |
| 절연전선[2] | | – | – | – | + | +[1] | + | – | + |
| 케이블(외장 및 무기질 절연물을 포함) | 다심 | + | + | + | + | + | + | + | 0 |
| | 단심 | 0 | + | + | + | + | + | + | 0 |

- + : 사용할 수 있다.
- – : 사용할 수 없다.
- 0 : 적용할 수 없거나 실용상 일반적으로 사용할 수 없다.
- 1) : 케이블트렁킹시스템이 IP4X 또는 IPXXD급의 이상의 보호조건을 제공하고, 도구 등을 사용하여 강제적으로 덮개를 제거할 수 있는 경우에 한하여 절연전선을 사용할 수 있다.
- 2) : 보호도체 또는 보호본딩도체로 사용되는 절연전선은 적절하다면 어떠한 절연방법이든 사용할 수 있고 전선관시스템, 트렁킹시스템 또는 덕팅시스템에 배치하지 않아도 된다.

## 2. 시설상태 및 설치방법을 고려한 공사방법

**┃공사방법의 분류┃**

| 종 류 | 공사방법 |
|---|---|
| 전선관시스템 | 합성수지관공사, 금속관공사, 가요전선관공사 |
| 케이블트렁킹시스템 | 합성수지몰드공사, 금속몰드공사, 금속트렁킹공사[1] |
| 케이블덕팅시스템 | 플로어덕트공사, 셀룰러덕트공사, 금속덕트공사[2] |
| 애자공사 | 애자공사 |
| 케이블트레이시스템<br>(래더, 브래킷 포함) | 케이블트레이공사 |
| 케이블공사 | 고정하지 않는 방법, 직접 고정하는 방법, 지지선 방법 |

- 1) : 금속 본체와 커버가 별도로 구성되어 커버를 개폐할 수 있는 금속덕트공사를 말함
- 2) : 본체와 커버 구분 없이 하나로 구성된 금속덕트공사를 말함

### (1) 케이블트렁킹시스템

건축물에 고정된 본체부와 벗겨내기가 가능한 덮개로 이루어진 것으로 절연전선, 케이블 또는 코드를 완전히 수용할 수 있는 크기의 것

### (2) 케이블덕팅시스템

① 케이블 덕트를 이용한 배선설비 시스템

② 케이블 덕트

   ㉠ 출입구와 같은 교통 구역을 통과하거나 보지 않고 벽을 뚫어야 하는 케이블을 위한 하우징 형태

   ㉡ 환경과 사용 목적에 따라 케이블 덕트는 여러 재료로 제조될 수 있음

   ㉢ 재질은 모든 색상의 플라스틱에서 스테인리스 스틸에 이르기까지 다양함

### (3) 파워트랙시스템

실내의 가구나 주방, 벽면 등의 실내에 보기 좋게 수납시킨 저압배선 시스템.

## 105 배선설비 적용 시 9가지 고려사항을 나타내시오.

**data** 전기안전기술사 및 건축전기설비기술사 출제예상문제 / KEC 232.3

**답안** (1) 회로구성

(2) 병렬접속

(3) 전기적 접속

(4) 교류회로 – 전기자기적 영향(맴돌이 전류 방지)

(5) 하나의 다심케이블 속의 복수회로

(6) 화재의 확산을 최소화하기 위한 배선설비의 선정과 공사

(7) 배선설비와 다른 공급설비와의 접근

(8) 금속외장 단심케이블

(9) 수용가설비에서의 전압강하

## 106 저압배선설비 공사의 시설상태에 따른 배선설비의 설치방법에 대하여 설명하시오.

**data** 건축전기설비기술사 출제예상문제

**답안** 1. 개요

(1) 다음 표를 따르며 이 표에 포함되어 있지 않는 케이블이나 전선의 다른 설치방법은 이 규정에서 제시된 요구사항을 충족할 경우에만 허용함

(2) 표의 33, 40 등 번호는 KS C IEC 60364-5-52(전기기기의 선정 및 시공-배선설비) "부속서 A(설치방법)"에 따른 설치방법을 말한다.

## 2. 시설 상태를 고려한 배선설비의 공사방법

**∥ 시설상태를 고려한 배선설비의 공사방법 ∥**

| 시설상태 | | 공사방법 | | | | | | | |
|---|---|---|---|---|---|---|---|---|---|
| | | 케이블공사 | | | 전선관 시스템 | 케이블 트렁킹 시스템 (몰드형, 바닥 매입형 포함) | 케이블 덕팅 시스템 | 케이블 트레이 시스템 (래더, 브래킷 등 포함) | 애자 공사 |
| | | 비고정 | 직접 고정 | 지지선 | | | | | |
| 건물의 빈공간 | 접근 가능 | 40 | 33 | 0 | 41*, 42* | 6, 7, 8, 9, 12 | 43, 44 | 30, 31, 32, 33, 34 | − |
| | 접근 불가 | 40 | 0 | 0 | 41*, 42* | 0 | 43 | 0 | 0 |
| 케이블채널 | | 56 | 56 | − | 54, 55 | 0 | | 30, 31, 32, 34 | − |
| 지중 매설 | | 72, 73 | 0 | − | 70, 71 | − | 70, 71 | 0 | − |
| 구조체 매입 | | 57, 58 | 3 | − | 1, 2, 59, 60 | 50, 51, 52, 53 | 46, 45 | 0 | − |
| 노출표면에 부착 | | − | 20, 21, 22, 23, 33 | − | 4, 5 | 6, 7, 8, 9, 12 | 6, 7, 8, 9 | 30, 31, 32, 34 | 36 |
| 가공/기중 | | − | 33 | 35 | 0 | 10, 11 | 10, 11 | 30, 31, 32, 34 | 36 |
| 창틀 내부 | | 16 | 0 | − | 16 | 0 | 0 | 0 | − |
| 문틀 내부 | | 15 | 0 | − | 15 | 0 | 0 | 0 | − |
| 수중(물속) | | + | + | − | + | − | + | 0 | − |

- − : 사용할 수 없다.
- 0 : 적용할 수 없거나 실용상 일반적으로 사용할 수 없다.
- + : 제조자 지침에 따름
- * : 이중천장(반자 속 포함) 내에는 합성수지관 공사를 시설할 수 없다.

## 107 전선관시스템에 의한 합성수지관공사의 시설조건 및 합성수지관 및 부속품의 시설기준에 대하여 설명하시오.

**data** 건축전기설비기술사 출제예상문제 / KEC 232.10, 232.11.1, 232.11.3

**답안** **1. 합성수지관공사 시설조건**

(1) 전선은 절연전선(옥외용 비닐절연전선을 제외한다)일 것

(2) 전선은 연선일 것. 다만, 다음의 것은 적용하지 않는다.

① 짧고 가는 합성수지관에 넣은 것

② 단면적 10[mm²](알루미늄선은 단면적 16[mm²]) 이하의 것

(3) 전선은 합성수지관 안에서 접속점이 없도록 할 것

(4) 중량물의 압력 또는 현저한 기계적 충격을 받을 우려가 없도록 시설할 것

(5) 이중천장(반자 속 포함) 내에는 시설할 수 없다.

### 2. 합성수지관 및 부속품의 시설기준

(1) 관 상호 간 및 박스와는 관을 삽입하는 깊이를 관의 바깥지름의 1.2배(접착제를 사용하는 경우에는 0.8배) 이상으로 하고 또한 꽂음접속에 의하여 견고하게 접속할 것

(2) 관의 지지점 간의 거리는 1.5[m] 이하로 하고, 또한 그 지지점은 관의 끝·관과 박스의 접속점 및 관 상호 간의 접속점 등에 가까운 곳에 시설할 것

(3) 습기가 많은 장소 또는 물기가 있는 장소에 시설하는 경우에는 방습 장치를 할 것

(4) 합성수지관을 금속제의 박스에 접속하여 사용하는 경우 또는 232.11.2의 1의 단서에 규정하는 분진방폭형 가요성 부속을 사용하는 경우에는 박스 또는 분진방폭형 가요성 부속에 감전에 대한 보호규정과 접지시스템규정에 준하여 접지공사를 할 것. 다만, 사용전압이 400[V] 이하로서 다음 중 하나에 해당하는 경우에는 그러하지 아니하다.

① 건조한 장소에 시설하는 경우

② 옥내배선의 사용전압이 직류 300[V] 또는 교류 대지전압이 150[V] 이하로서 사람이 쉽게 접촉할 우려가 없도록 시설하는 경우

(5) 합성수지관을 풀박스에 접속하여 사용하는 경우에는 "(1)"의 규정에 준하여 시설할 것. 다만, 기술상 부득이한 경우에 관 및 풀박스를 건조한 장소에서 불연성의 조영재에 견고하게 시설하는 때에는 그러하지 아니하다.

(6) 콤바인덕트관은 직접 콘크리트에 매입(埋入)하여 시설하거나 옥내 전개된 장소에 시설하는 경우 이외에는 불연성 마감재 내부, 전용의 불연성 관 또는 덕트에 넣어 시설할 것

(7) 합성수지제 휨(가요) 전선관 상호 간은 직접 접속하지 말 것

## 108 배선설비 적용 시 고려사항 중 전기적 접속에 대하여 설명하시오.

**data** 전기안전기술사 및 건축전기설비기술사 출제예상문제 / KEC 232.3.3

**답안**

### 1. 도체 상호 간 도체와 다른 기기와의 접속

(1) 내구성이 있는 전기적 연속성이 있어야 한다.

(2) 적절한 기계적 강도와 보호를 갖추어야 한다.

### 2. 접속방법은 다음 사항을 고려하여 선정

(1) 도체와 절연재료

(2) 도체를 구성하는 소선의 가닥수와 형상

(3) 도체의 단면적

(4) 함께 접속되는 도체의 수

### 3. 접속부는 다음의 경우를 제외하고 검사, 시험과 보수를 위해 접근이 가능할 것

(1) 지중매설용으로 설계된 접속부

(2) 충전재 채움 또는 캡슐 속의 접속부

(3) 실링히팅시스템(천정난방설비), 플로어히팅시스템(바닥난방설비) 및 트레이스히팅시스템(열선난방설비) 등의 발열체와 리드선과의 접속부

(4) 용접(welding), 연납땜(soldering), 경납땜(brazing) 또는 적절한 압착공구로 만든 접속부

(5) 적절한 제품표준에 적합한 기기의 일부를 구성하는 접속부

### 4. 통상적인 사용 시에 온도가 상승하는 접속부

접속부에 연결하는 도체의 절연물 및 그 도체 지지물의 성능을 저해하지 않도록 주의할 것

### 5. 도체 접속(단말뿐 아니라 중간 접속도)

(1) 접속함, 인출함 또는 제조자가 이 용도를 위해 공간을 제공한 곳 등의 적절한 외함 안에서 수행되어야 한다.

(2) 이 경우, 기기는 고정접속장치가 있거나 접속장치의 설치를 위한 조치가 마련되어 있어야 한다.

(3) 분기회로 도체의 단말부는 외함 안에서 접속되어야 한다.

### 6. 전선의 접속점 및 연결점

(1) 접속점 및 연결점에는 기계적 응력이 미치지 않아야 한다.

(2) 장력(스트레스) 완화장치는 전선의 도체와 절연체에 기계적인 손상이 가지 않도록 설계될 것

### 7. 외함 안에서 접속되는 경우 외함

충분한 기계적 보호 및 관련 외부 영향에 대한 보호가 이루어져야 한다.

### 8. 다중선, 세선, 극세선의 접속

(1) 다중선, 세선, 극세선의 개별 전선이 분리되거나 분산되는 것을 막기 위해서 적합한 단말부를 사용하거나 도체 끝을 적절히 처리하여야 한다.

(2) 적절한 단말부를 사용한다면 다중선, 세선, 극세선의 전체 도체의 말단을 연납땜(soldering)하는 것이 허용된다.

(3) 사용 중 도체의 연납땜한 부위와 연납땜하지 않은 부위의 상대적인 위치가 움직이게 되는 연결점에서는 세선 및 극세선 도체의 말단을 납땜하는 것이 허용되지 않는다.

(4) 세선과 극세선은 절연케이블용 도체의 5등급과 6등급의 요구사항에 적합할 것

### 9. 전선관, 덕트 또는 트렁킹의 말단에서 시스를 벗긴 케이블과 시스 없는 케이블의 심선은 "5."의 요구사항대로 외함 안에 수납할 것

### 10. 전선 및 케이블 등의 접속방법에 대하여는 전선의 접속 규정(123)에 적합하도록 한다.

## 109 교류회로-전기자기적 영향(맴돌이 전류 방지)의 대책에 대하여 설명하시오.

(data) 전기안전기술사 및 건축전기설비기술사 출제예상문제

**답안**

**1. 강자성체(강제금속관 또는 강제덕트 등) 안에 설치하는 교류회로의 도체의 시설방법**

(1) 보호도체를 포함하여 각 회로의 모든 도체를 동일한 외함에 수납하도록 시설할 것

(2) 도체를 철제 외함에 수납하는 도체는 집합적으로 금속물질로 둘러싸이도록 시설할 것

**2. 강자성체 안에 교류회로 설치 시 문제점**

맴돌이 전류 발생으로 발열, 진동, 소음 증가

**3. 대책**

(1) 강선외장 또는 강대외장 단심케이블은 교류회로에 사용해서는 안 된다.

(2) 이러한 경우 알루미늄외장케이블을 권장한다.

(3) 또한 덕트의 면도 비자성체 금속면(알루미늄판)을 이용한다.

**110** 화재의 확산을 최소화하기 위한 배선설비의 선정과 공사기준에 대하여 설명하시오.

**(data)** 전기안전기술사 및 건축전기설비기술사, 소방기술사 출제예상문제 / KEC 232.3.6

**답안** **1. 화재의 확산 위험을 최소화하기 위해 적절한 재료를 선정하고 다음에 따라 공사할 것**

(1) 배선설비는 건축구조물의 일반 성능과 화재에 대한 안정성을 저해하지 않도록 설치

(2) 최소한 '화재조건에서의 전기/광섬유케이블 시험'에 적합한 케이블 및 자소성으로 인정받은 제품은 특별한 예방조치 없이 설치할 수 있다.

(3) '화재조건에서의 전기/광섬유케이블 시험'의 화염 확산을 저지하는 요구사항에 적합하지 않은 케이블을 사용하는 경우

① 기기와 영구적 배선설비의 접속을 위한 짧은 길이에만 사용할 수 있다.

② 어떠한 경우에도 하나의 방화구획에서 다른 구획으로 관통시켜서는 안 된다.

(4) '저전압 개폐장치 및 제어장치 부속품', '케이블 관리−케이블트레이시스템 및 케이블래더시스템', '전기설비용 케이블트렁킹 및 덕트시스템' 시리즈 및 '전기설비용 전선관 시스템' 시리즈 표준에서 자소성으로 분류되는 제품은 특별한 예방조치 없이 시설할 수 있다. 화염 전파를 저지하는 유사 요구사항이 있는 표준에 적합한 그 밖의 제품은 특별한 예방조치 없이 시설할 수 있다.

(5) '저전압 개폐장치 및 제어장치 부속품', '등기구 전원 공급용 트랙 시스템', '케이블 관리−케이블트레이시스템 및 케이블래더시스템', '전기설비용 케이블트렁킹 및 덕트시스템' 시리즈 및 '전기설비용 전선관 시스템' 시리즈 및 '파워트랙시스템' 시리즈 표준에서 자소성으로 분류되지 않은 케이블 이외의 배선설비의 부분은 그들의 개별 제품표준의 요구사항에 모든 다른 관련 사항을 준수하여 사용하는 경우 적절한 불연성 건축 부재로 감싸야 한다.

**2. 배선설비 관통부의 밀봉**

(1) 배선설비가 바닥, 벽, 지붕, 천장, 칸막이, 중공벽 등 건축구조물을 관통하는 경우, 배선설비가 통과한 후에 남는 개구부는 관통 전의 건축구조 각 부재에 규정된 내화등급에 따라 밀폐하여야 한다.

(2) 내화성능이 규정된 건축구조 부재를 관통하는 배선설비는 "1."에서 요구한 외부의 밀폐와 마찬가지로 관통 전에 각 부의 내화등급이 되도록 내부도 밀폐하여야 한다.

(3) 관련 제품표준에서 자소성으로 분류되고 최대내부단면적이 710[mm²] 이하인 전선관, 케이블트렁킹 및 케이블덕팅시스템은 다음과 같은 경우라면 내부적으로 밀폐하지 않아도 된다.

① 보호등급 IP33에 관한 '외곽의 방진보호 및 방수보호등급'의 시험에 합격한 경우

② 관통하는 건축구조체에 의해 분리된 구획의 하나 안에 있는 배선설비의 단말이 보호
등급 IP33에 관한 '외함의 밀폐 보호등급 구분(IP 코드)'의 시험에 합격한 경우

(4) 배선설비는 그 용도가 하중을 견디는 데 사용되는 건축구조 부재를 관통해서는 안 됨

(5) "(1)" 또는 "(2)"를 충족시키기 위한 밀폐조치는 그 밀폐가 사용되는 배선설비와 같은
등급의 외부 영향에 대해 견디고, 다음 요구사항을 모두 충족하여야 한다.

① 연소 생성물에 대해서 관통하는 건축구조 부재와 같은 수준에 견딜 것

② 물 침투에 대해 설치되는 건축구조 부재에 요구되는 것과 동등한 보호등급을 갖출 것

③ 밀폐 및 배선설비는 밀폐에 사용된 재료가 최종적으로 결합·조립되었을 때 습성을
완벽하게 막을 수 있는 경우가 아닌 한 배선설비를 따라 이동하거나 밀폐 주위에
모일 수 있는 물방울로부터의 보호조치를 갖출 것

④ 다음의 어느 한 경우라면 "③"의 요구사항이 충족될 수 있다.

㉠ 케이블클리트, 케이블타이 또는 케이블 지지재는 밀폐재로부터 750[mm] 이내
에 설치한다.

㉡ 그것들이 밀폐재에 인장력을 전달하지 않을 정도까지 밀폐부의 화재측의 지지재
가 손상되었을 때 예상되는 기계적 하중에 견딜 수 있다.

㉢ 밀폐방식 그 자체가 충분한 지지기능을 갖도록 설계한다.

## 111 배선설비와 다른 공급설비와의 접근 시의 시설기준에 대하여 설명하시오.

**data** 전기안전기술사 및 건축전기설비기술사 출제예상문제 / KEC 232.3.7

**답안** 1. 다른 전기 공급설비의 접근

(1) 건축전기설비의 전압밴드에 의한 전압밴드 Ⅰ과 전압밴드 Ⅱ 회로는 다음의 경우를 제외하고는 동일한 배선설비 중에 수납하지 않아야 한다.

| 전압 | Band | 접지계통 | | 비접지 또는 비유효접지계통 |
|---|---|---|---|---|
| | | 대지[V] | 선간[V] | 선간[V] |
| 교류 | Ⅰ | $U \leq 50$ | $U \leq 50$ | $U \leq 50$ |
| | Ⅱ | $50 < U \leq 600$ | $50 < U \leq 1,000$ | $50 < U \leq 1,000$ |
| 직류 | Ⅰ | $U \leq 120$ | $U \leq 120$ | $U \leq 120$ |
| | Ⅱ | $120 < U \leq 900$ | $120 < U \leq 1,500$ | $120 < U \leq 1,500$ |

(2) 동일한 배선설비에 수납되는 경우

① 모든 케이블 또는 도체가 존재하는 최대전압에 대해 절연되어 있는 경우

② 다심케이블의 각 도체가 케이블에 존재하는 최대전압에 절연되어 있는 경우

③ 케이블이 그 계통의 전압에 대해 절연되어 있으며, 케이블이 케이블덕팅시스템 또는 케이블트렁킹시스템의 별도 구획에 설치되어 있는 경우

④ 케이블이 격벽을 써서 물리적으로 분리되는 케이블트레이시스템에 설치되어 있는 경우

⑤ 별도의 전선관, 케이블트렁킹시스템 또는 케이블덕팅시스템을 이용하는 경우

⑥ 저압 옥내배선이 다른 저압 옥내배선 또는 관등회로의 배선과 접근하거나 교차하는 경우, 애자공사로 다른 저압 옥내배선과 다른 저압 옥내배선 또는 관등회로의 배선 사이의 이격거리는 0.1[m](애자공사로 시설하는 저압 옥내배선이 나전선인 경우에는 0.3[m]) 이상

⑦ 다만, 다음의 어느 하나에 해당하는 경우에는 그러하지 아니하다.

   ○ 애자공사에 의하여 시설하는 저압 옥내배선과 다른 애자공사에 의하여 시설하는 저압 옥내배선 사이에 절연성의 격벽을 견고하게 시설하거나 어느 한쪽의 저압 옥내배선을 충분한 길이의 난연성 및 내수성이 있는 견고한 절연관에 넣어 시설하는 경우

   ○ 애자공사에 의하여 시설하는 저압 옥내배선과 애자공사에 의하여 시설하는 다른 저압 옥내배선 또는 관등회로의 배선이 병행하는 경우에 상호 간의 이격거리를 60[mm] 이상으로 하여 시설할 때

ⓒ 애자공사에 의하여 시설하는 저압 옥내배선과 다른 저압 옥내배선(애자공사에 의하여 시설하는 것을 제외) 또는 관등회로의 배선 사이에 절연성의 격벽을 견고히 시설하거나 애자공사에 의하여 시설하는 저압 옥내배선이나 관등회로의 배선을 충분한 길이의 난연성 및 내수성이 있는 견고한 절연관에 넣어 시설하는 경우

## 2. 통신 케이블과의 접근

(1) 지중통신케이블과 지중전력케이블이 교차하거나 접근하는 경우 100[mm] 이상의 간격을 유지

(2) 아래의 "①" 또는 "②"의 요구사항을 충족하여야 한다.

① 케이블 사이에 예를 들어 벽돌, 케이블 보호 캡(점토, 콘크리트), 성형블록(콘크리트) 등과 같은 내화격벽을 갖추거나 케이블 전선관 또는 내화물질로 만든 트로프(troughs)에 의해 추가보호조치를 하여야 한다.

② 교차하는 부분에 대해서는 케이블 사이에 케이블 전선관, 콘크리트제 케이블 보호 캡, 성형블록 등과 같은 기계적인 보호조치를 하여야 한다.

③ 지중전선이 지중약전류전선 등과 접근하거나 교차하는 경우에 상호 간의 이격거리가 저압 지중전선은 0.3[m] 이하인 때에는 지중전선과 지중약전류전선 등 사이에 견고한 내화성의 격벽을 설치하는 경우 이외에는 지중전선을 견고한 불연성 또는 난연성의 관에 넣어 그 관이 지중약전류전선 등과 직접접촉하지 아니하도록 할 것

(3) 예외사항 : 다음의 어느 하나에 해당하는 경우에는 그러하지 아니하다.

① 지중약전류전선 등이 전력보안 통신선인 경우에 불연성 또는 자소성이 있는 난연성의 재료로 피복한 광섬유케이블인 경우 또는 불연성 또는 자소성이 있는 난연성의 관에 넣은 광섬유케이블인 경우

② 지중약전류전선 등이 전력보안 통신선인 경우

③ 지중약전류전선 등이 불연성 또는 자소성이 있는 난연성 재료로 피복한 광섬유케이블인 경우 또는 불연성 또는 자소성이 있는 난연성의 관에 넣은 광섬유케이블로서 그 관리자와 협의한 경우

(4) 저압 옥내배선이 약전류전선 등 또는 수관·가스관이나 이와 유사한 것과 접근하거나 교차하는 경우에 저압 옥내배선을 애자공사에 의하여 시설하는 때에는 저압 옥내배선과 약전류전선 등 또는 수관·가스관이나 이와 유사한 것과의 이격거리는 0.1[m](전선이 나전선인 경우에 0.3[m]) 이상이어야 한다.

다만, 저압 옥내배선의 사용전압이 400[V] 이하인 경우에 저압 옥내배선과 약전류전선 등 또는 수관·가스관이나 이와 유사한 것과의 사이에 절연성의 격벽을 견고하게 시설하거나 저압 옥내배선을 충분한 길이의 난연성 및 내수성이 있는 견고한 절연관에 넣어 시설하는 때에는 그러하지 아니하다.

(5) 저압 옥내배선이 약전류전선 또는 수관·가스관이나 이와 유사한 것과 접근하거나 교차하는 경우에 저압 옥내배선을 합성수지몰드공사·합성수지관공사·금속관공사·금속몰드공사·가요전선관공사·금속덕트공사·버스덕트공사·플로어덕트공사·셀룰러덕트공사·케이블공사·케이블트레이공사 또는 라이팅덕트공사에 의하여 시설할 때에는 "(6)"의 항목의 경우 이외에는 저압 옥내배선이 약전류전선 또는 수관·가스관이나 이와 유사한 것과 접촉하지 아니하도록 시설하여야 한다.

(6) 저압 옥내배선을 합성수지몰드공사·합성수지관공사·금속관공사·금속몰드공사·가요전선관공사·금속덕트공사·버스덕트공사·플로어덕트공사·케이블트레이공사 또는 셀룰러덕트공사에 의하여 시설하는 경우에는 다음의 어느 하나에 해당하는 경우 이외에는 전선과 약전류전선을 동일한 관·몰드·덕트·케이블트레이나 이들의 박스, 기타의 부속품 또는 풀박스 안에 시설하지 말 것

① 저압 옥내배선을 합성수지관공사·금속관공사·금속몰드공사 또는 가요전선관공사에 의하여 시설하는 전선과 약전류전선을 각각 별개의 관 또는 몰드에 넣어 시설하는 경우에 전선과 약전류전선 사이에 견고한 격벽을 시설하고 또한 금속제 부분에 접지공사를 한 박스 또는 풀박스 안에 전선과 약전류전선을 넣어 시설할 때

② 저압 옥내배선을 금속덕트공사·플로어덕트공사 또는 셀룰러덕트공사에 의하여 시설하는 경우에 전선과 약전류전선 사이에 견고한 격벽을 시설하고 또한 접지공사를 한 덕트 또는 박스 안에 전선과 약전류전선을 넣어 시설할 때

③ 저압 옥내배선을 버스덕트공사 및 케이블트레이공사 이외의 공사에 의하여 시설 시, 약전류전선이 제어회로 등의 약전류전선이고 또한 약전류전선에 절연전선과 동등 이상의 절연성능이 있는 것(저압 옥내배선과 식별이 쉽게 될 수 있는 것에 한한다)을 사용할 때

④ 저압 옥내배선을 버스덕트공사 및 케이블트레이공사 이외에 공사로 시설 시, 약전류전선에 접지공사를 한 금속제의 전기적 차폐층이 있는 통신용 케이블을 사용할 때

⑤ 저압 옥내배선을 케이블트레이공사에 의하여 시설하는 경우에 약전류전선이 제어회로 등의 약전류전선이고 또한 약전류전선을 금속관 또는 합성수지관에 넣어 케이블트레이에 시설할 때

> **reference**
> '약전류전선과 옥내배선을 함께 배선공사하는 경우'를 묻는 문제로 출제될 수 있음.

## 3. 비전기 공급설비와의 접근

(1) 배선설비는 배선을 손상시킬 우려가 있는 열, 연기, 증기 등을 발생시키는 설비에 접근해서 설치하지 않아야 한다.

(2) 다만, 배선에서 발생한 열의 발산을 저해하지 않도록 배치한 차폐물을 사용하여 유해한 외적 영향으로부터 적절하게 보호하는 경우는 제외한다.

(3) 각종 설비의 빈 공간이나 비어있는 지지대(service shaft) 등과 같이 특별히 케이블 설치를 위해 설계된 구역이 아닌 곳에서는 통상적으로 운전하고 있는 인접 설비(가스관, 수도관, 스팀관 등)의 해로운 영향을 받지 않도록 케이블을 포설하여야 한다.

(4) 응결을 일으킬 우려가 있는 공급설비(예를 들면 가스, 물 또는 증기공급설비) 아래에 배선설비를 포설하는 경우는 배선설비가 유해한 영향을 받지 않도록 예방조치를 마련하여야 한다.

(5) 전기공급설비를 다른 공급설비와 접근하여 설치하는 경우는 다른 공급설비에서 예상할 수 있는 어떠한 운전을 하더라도 전기공급설비에 손상을 주거나 그 반대의 경우가 되지 않도록 각 공급설비 사이의 충분한 이격을 유지하거나 기계적 또는 열적 차폐물을 사용하는 등의 방법으로 전기공급설비를 배치한다.

(6) 전기공급설비가 다른 공급설비와 매우 접근하여 배치가 된 경우는 다음 두 조건을 충족할 것
① 다른 공급설비의 통상 사용 시 발생할 우려가 있는 위험에 대해 배선설비를 적절히 보호한다.
② 금속제의 다른 공급설비는 계통외도전부로 간주하고, 전기적 분리에 의한 보호 규정에 의한 보호에 따른 고장보호를 한다.

(7) 배선설비는 승강기(또는 호이스트) 설비의 일부를 구성하지 않는 한 승강기(또는 호이스트) 통로를 지나서는 안 된다.

(8) 가스계량기 및 가스관의 이음부(용접이음매를 제외한다)와 전기설비의 이격거리는 다음에 따라야 한다.
① 가스계량기 및 가스관의 이음부와 전력량계 및 개폐기의 이격거리는 0.6[m] 이상
② 가스계량기와 점멸기 및 접속기의 이격거리는 0.3[m] 이상
③ 가스관의 이음부와 점멸기 및 접속기의 이격거리는 0.15[m] 이상

## 112 금속외장 단심케이블의 시설기준에 대하여 설명하시오.

**(data)** 전기안전기술사 및 건축전기설비기술사 출제예상문제 / KEC 232.3.8

**답안** (1) 동일 회로의 단심케이블의 금속시스 또는 비자성체 강대외장 그 배선의 양단에서 모두 접속하여야 한다.

(2) 통전용량을 향상시키기 위해 단면적 50[mm²] 이상의 도체를 가진 케이블의 경우는 시스 또는 비전도성 강대외장은 접속하지 않는 한쪽 단에서 적절한 절연을 하고, 전체 배선의 한쪽 단에서 함께 접속해도 된다.

(3) 이 경우 다음과 같이 시스 또는 강대외장의 대지전압을 제한하기 위해 접속지점으로부터의 케이블 길이를 제한하여야 한다.

① 최대전압을 25[V]로 제한하는 등으로 케이블에 최대부하의 전류가 흘렀을 때 부식을 일으키지 않을 것

② 케이블에 단락전류가 발생했을 때 재산피해(설비손상)나 위험을 초래하지 않을 것

211

## 113 수용가설비에서의 전압강하 기준을 설명하시오.

(**data**) 전기안전기술사 및 건축전기설비기술사 출제예상문제 / KEC 232.3.9

**답안** 1. 수용가설비의 인입구로부터 기기까지의 전압강하[%]는 표의 값 이하일 것

∥ 수용가설비의 전압강하 ∥

| 설비의 유형 | 조명[%] | 기타[%] |
|---|---|---|
| A - 저압으로 수전하는 경우 | 3 | 5 |
| B - 고압 이상으로 수전하는 경우* | 6 | 8 |

\* 가능한 한 최종회로 내의 전압강하가 A유형의 값을 넘지 않는 것이 바람직함
　사용자의 배선설비가 100[m]를 넘는 부분의 전압강하는 미터당 0.005[%] 증가할 수 있으나 이러한 증가
　분은 0.5[%]를 넘지 않아야 한다.

2. 다음의 경우에는 표보다 더 큰 전압강하를 허용할 수 있다.

(1) 기동시간 중의 전동기

(2) 돌입전류가 큰 기타 기기

3. 다음과 같은 일시적인 조건은 고려하지 않는다.

(1) 과도과전압

(2) 비정상적인 사용으로 인한 전압 변동

**114** 배선설비는 예상되는 모든 외부 영향에 대한 보호가 이루어져야 한다. 이때, 배선설비의 선정과 설치에 고려해야 할 외부 영향의 항목을 설명하시오.

**data** 전기안전기술사 및 건축전기설비기술사 출제예상문제 / KEC 232.4

**답안**

‖ 외부 영향과 특성 ‖

| 구 분 | | 고려할 외부 영향 및 특성 |
|---|---|---|
| | 주위온도 | • 사용 장소의 통상 운전의 최고허용온도<br>• 케이블과 배선기구류 등의 배선설비의 구성품은 해당 제품표준 또는 제조자가 제시하는 한도 내의 온도에서만 시설하거나 취급하여야 한다. |
| | 외부열원 | 외부열원으로부터 차폐, 이격, 내력, 온도상승, 국부적 강화 |
| AD/AB | 물의 존재(AD)/높은 습도(AB) | 결로, 물의 침입방지, 적정 IP 보호등급 |
| AE | 침입 고형물 존재 | 고형물 침입방지, 적정 IP 보호등급, 먼지 제거 |
| AF | 부식, 오염물질 존재 | 부식 또는 오염물질에 내력 확보, 비접촉 상태 |
| AG | 충격 | • 공사, 사용, 보수 중 기계적 응력 고려, 적정 보호등급<br>• 고정설비에 있어 중간 가혹도(AG2) 또는 높은 가혹도(AG3)의 충격이 발생할 수 있는 경우는 다음을 고려하여야 한다.<br> – 배선설비의 기계적 특성<br> – 장소의 선정<br> – 부분적 또는 전체적으로 실시하는 추가 기계적 보호 조치<br> – 위 고려사항들의 조합 |
| AH | 진동 | • 구조체 지지, 고정배선, 고정형 설비(유연성 케이블)<br>• 중간 가혹도(AH2) 또는 높은 가혹도(AH3)의 진동을 받은 기기의 구조체에 지지 또는 고정하는 배선설비는 이들 조건에 적절히 대비 |
| AJ | 그 밖의 기계적 응력 | 공사, 사용, 보수 중 절연물, 단말, 외장의 손상방지 |
| AK | 식물, 곰팡이, 동물의 존재 | 경험 또는 예측에 의해 위험조건(AK2)이 되는 경우의 고려사항<br>• 폐쇄형 설비(전선관, 케이블덕트 또는 케이블트렁킹)<br>• 식물에 대한 이격거리 유지<br>• 배선설비의 정기적인 청소 |

| 구 분 | | 고려할 외부 영향 및 특성 |
|---|---|---|
| AL | 동물의 존재 | 경험 또는 예측을 통해 위험조건(AL2)이 되는 경우의 고려사항<br>• 배선설비의 기계적 특성 고려<br>• 적절한 장소의 선정<br>• 부분적 또는 전체적인 기계적 보호조치의 추가<br>• 위 고려사항들의 조합 |
| AN | 태양방사(AN) 및 자외선 방사 | 경험 또는 예측에 의해 영향을 줄 만한 양의 태양방사(AN2) 및 외부 영향에 대한 자재 선정, 적절한 차폐 |
| AP | 지진의 영향 | • 지진 위험도를 고려한 배선설비 선정 및 설치<br>• 지진 위험도가 낮은 위험도(AP2) 이상인 경우 배선설비를 건축물 구조에 고정 시 가요성을 고려할 것<br>예 비상설비 등 모든 중요한 기기와 고정 배선 사이의 접속은 가요성을 고려하여 선정 |
| AR | 바람 | 진동(AH)과 그 밖의 기계적 응력(AJ) 준용 |
| BE | 가공 또는 보관된 자재의 특성 | 화재 예방, 확대 최소화 |
| CB | 건축물의 설계 | • 구조체 변위, 기계적 응력 고려<br>• 구조체 등의 변위에 의한 위험(CB3)이 존재하는 경우는 그 상호 변위를 허용하는 케이블의 지지와 보호방식을 채택하여 전선과 케이블에 과도한 기계적 응력이 실리지 않게 할 것<br>• 가요성 구조체 또는 비고정 구조체(CB4)에 대해서는 가요성 배선방식으로 할 것 |

## 115 배선설비의 외부 영향 중 그 밖의 기계적 응력(AJ) 항목에 검토할 사항을 설명하시오.

**data** 전기안전기술사 및 건축전기설비기술사 출제예상문제

**답안** (1) 배선설비는 공사 중, 사용 중 또는 보수 시에 케이블과 절연전선의 외장이나 절연물과 단말에 손상을 주지 않도록 선정하고 설치할 것

(2) 전선관시스템, 덕팅시스템, 트렁킹시스템, 트레이 및 래더시스템에 케이블 및 전선을 설치하기 위해 실리콘유를 함유한 윤활유를 사용해서는 아니 됨

(3) 구조체에 매입하는 전선관시스템, 케이블덕팅시스템, 그 밖에 설비를 위해 특별히 설계된 전선관 조립품은 절연전선 또는 케이블을 설치하기 전에 그 연결구간이 완전하게 시공될 것

(4) 배선설비의 모든 굴곡부는 전선과 케이블이 손상을 받지 않으며 단말부가 응력을 받지 않는 반지름을 가져야 함

(5) 전선과 케이블이 연속적으로 지지되지 않은 공사방법인 경우는 전선과 케이블이 그 자체의 무게나 단락전류로 인한 전자력(단면적이 50$[mm^2]$ 이상의 단심케이블인 경우)에 의해 손상을 받지 않도록 적절한 간격과 적절한 방법으로 지지할 것

(6) 배선설비가 영구적인 인장응력을 받는 경우(수직 포설에서의 자기 중량 등)는 전선과 케이블이 자체 중량에 의해 손상되지 않도록 필요한 단면적을 갖는 적절한 종류의 케이블이나 전선 등의 설치방법을 선정하여야 함

(7) 전선 또는 케이블을 인입 또는 인출이 가능하도록 의도된 배선설비는 그 작업을 위해 설비에 접근할 수 있는 적절한 방법을 갖추고 있을 것

(8) 바닥에 매입한 배선설비는 바닥 용도에 따른 사용에 의해 발생하는 손상을 방지하기 위해 충분히 보호할 것

(9) 벽 속에 견고하게 고정하여 매입하는 배선설비는 수평 또는 수직으로 벽의 가장자리와 평행하게 포설할 것. 다만, 천장 속이나 바닥 속의 배선설비는 실용적인 최단 경로를 취할 수 있음

(10) 배선설비는 도체 및 접속부에 기계적 응력이 걸리는 것을 방지하도록 시설할 것

(11) 지중에 매설되는 케이블, 전선관 또는 덕팅시스템 등은 기계적인 손상에 대한 보호를 하거나 그러한 손상의 위험을 최소화할 수 있는 깊이로 매설할 것, 매설 케이블은 덮개 또는 적당한 표시 테이프로 표시할 것, 매설 전선관과 덕트는 적절하게 식별할 수 있는 조치를 취할 것

(12) 케이블 지지대 및 외함은 케이블 또는 절연전선의 피복 손상이 용이한 날카로운 가장자리가 없을 것

(13) 케이블 및 전선은 고정방법에 의해 손상을 입지 않을 것

(14) 신축 이음부를 통과하는 케이블, 버스바 및 그 밖의 전기적 도체는 가요성 배선방식을 사용하는 등 예상되는 움직임으로 인해 전기설비가 손상되지 않도록 선정 및 시공할 것

(15) 배선이 고정 칸막이(파티션 등)를 통과하는 장소에는 금속시스케이블, 금속외장케이블 또는 전선관이나 그로미트(고리)를 사용하여 기계적인 손상에 대해 배선을 보호할 것

(16) 배선설비는 건축물의 내하중을 받는 구조체 요소를 관통하지 않게 할 것. 다만, 관통배선 후 내하중 요소를 보증하는 경우에는 예외로 함

## 116 케이블 절연물의 종류별 최고허용온도에 대하여 설명하시오.

**(data)** 전기안전기술사 및 건축전기설비기술사 출제예상문제

**답안** 1. 케이블 절연물의 종류에 대한 최고허용온도 표

**▮ 케이블 절연물의 종류별 최고허용온도 ▮**

| 절연물의 종류 | 최고허용온도[℃][1),4)] |
|---|---|
| 열가소성 물질[폴리염화비닐(PVC)] | 70(도체) |
| 열경화성 물질[가교폴리에틸렌(XLPE) 또는 에틸렌프로필렌고무(EPR) 혼합물] | 90(도체)[2)] |
| 무기물(열가소성 물질 피복 또는 나도체로 사람이 접촉할 우려가 있는 것) | 70(시스) |
| 무기물(사람의 접촉에 노출되지 않고, 가연성 물질과 접촉할 우려가 없는 나도체) | 105(시스)[2),3)] |

- 1) : 이 표에서 도체의 최고허용온도(최대연속운전온도)는 KS C IEC 60364-5-52(저압전기설비-제5-52부 : 전기기기의 선정 및 설치 – 배선설비)의 "부속서 B(허용전류)"에 나타낸 허용전류값의 기초가 되는 것으로서 KS C IEC 60502(정격전압 1~30[kV] 압출성형 절연 전력케이블 및 그 부속품) 및 IEC 60702(정격전압 750[V] 이하 무기물 절연 케이블 및 단말부) 시리즈에서 인용하였다.
- 2) : 도체가 70[℃]를 초과하는 온도에서 사용될 경우, 도체에 접속되어 있는 기기가 접속 후에 나타나는 온도에 적합한지 확인하여야 한다.
- 3) : 무기절연(MI)케이블은 케이블의 온도 정격, 단말처리, 환경조건 및 그 밖의 외부 영향에 따라 더 높은 허용온도로 할 수 있다.
- 4) : (공인)인증된 경우, 도체 또는 케이블 제조자의 규격에 따라 최대허용온도 한계(범위)를 가질 수 있다.

### 2. 상기 표의 미적용 규정 – 아래의 경우에는 적용하지 않음

(1) KS C IEC 60439-2(저전압 개폐장치 및 제어장치 부속품 – 제2부 : 버스바트렁킹시스템의 개별 요구사항)

(2) KS C IEC 61534-1(전원 트랙 – 제1부 : 일반 요구사항) 등에 따라 제조자가 허용전류 범위를 제공해야 하는 버스바트렁킹시스템, 전원 트랙시스템 및 라이팅 트랙시스템

### 3. 다른 종류의 절연물에 대한 허용온도

케이블 표준 또는 제조자 시방에 의함

**117** 저압전기설비의 배선기준 아래 항목의 시설기준에 대하여 설명하시오.
1. 허용전류의 정의 및 고려사항
2. 복수회로로 포설된 그룹
3. 통전도체의 수
4. 배선경로 중 설치조건의 변화

**(data)** 전기안전기술사 및 건축전기설비기술사 출제예상문제

**답안**
## 1. 허용전류의 정의 및 고려사항

(1) 정상상태 도체 온도가 규정된 값을 초과하지 않은 상태에서 연속적으로 도체에 통전할 수 있는 최대전류값. 단, 이때 특정조건인 주위온도, 병렬도체, 부설방법, 통전도체의 수, 보정계수를 고려할 것

(2) 내용기간 중 정상적으로 사용하는 상태에서 절연물의 온도상승 한도를 넘지 않을 때의 연속적 통전 가능한 최대전류값이다.

(3) 절연도체와 비외장케이블에 대한 전류가 KS C IEC60364-5-52(저압전기설비-제5-52부 : 전기기기의 선정 및 설치-배선설비)의 "부속서 B(허용전류)"의 표(공사방법, 도체의 종류 등을 고려 허용전류)에서 선정된 적절한 값을 참조하여 결정함

(4) 허용전류의 적정 값은 KS C IEC 60287(전기 케이블 – 전류 정격 계산) 시리즈에서 규정한 방법, 시험 또는 방법이 정해진 경우 승인된 방법을 이용한 계산을 통해 결정할 수도 있다. 이것을 사용하려면 부하특성 및 토양 열저항의 영향을 고려할 것

(5) 주위온도는 해당 케이블 또는 절연전선이 무부하일 때 주위 매체의 온도이다.

## 2. 복수회로로 포설된 그룹

(1) KS C IEC 60364-5-52(저압전기설비-제5-52부 : 전기기기의 선정 및 설치-배선설비)의 "부속서 B(허용전류)"의 그룹감소계수는 최고허용온도가 동일한 절연전선 또는 케이블의 그룹에 적용할 것

(2) 최고허용온도가 다른 케이블 또는 절연전선이 포설된 그룹의 경우 해당 그룹의 모든 케이블 또는 절연전선의 허용전류용량은 그룹의 케이블 또는 절연전선 중에서 최고허용온도가 가장 낮은 것을 기준으로 적절한 집합감소계수를 적용할 것

(3) 사용조건을 알고 있는 경우
 ① 1가닥의 케이블 또는 절연전선이 그룹 허용전류의 30[%] 이하를 유지하는 경우는 해당 케이블 또는 절연전선을 무시함
 ② 그룹의 나머지에 대하여 감소계수를 적용할 수 있음

## 3. 통전도체의 수

(1) 한 회로에서 고려해야 하는 전선의 수

① 부하전류가 흐르는 도체의 수이다.

② 다상회로 도체의 전류가 평형상태로 간주되는 경우 중성선은 고려하지 않는다.

③ 4심 케이블의 허용전류는 각 상이 동일 도체 단면적인 3심 케이블과 같다.

④ 4심, 5심 케이블에서 3도체만이 통전도체일 때 허용전류를 더 크게 할 수 있다.

⑤ "④"의 경우에서 15[%] 이상의 THDi(전류 종합 고조파 왜형률)가 있는 제3고조파 또는 3의 홀수(기수) 배수 고조파가 존재하는 경우에는 별도로 고려해야 한다.

(2) 선전류의 불평형으로 인해 다심케이블의 중성선에 전류가 흐르는 경우

① 중성선 전류에 의한 온도상승은 1가닥 이상의 선도체에 발생한 열이 감소함으로써 상쇄된다.

② 이 경우에서도 중성선의 굵기는 가장 많은 선전류에 따라 선택해야 한다.

③ 중성선은 어떠한 경우에도 "(1)"에 적합한 단면적을 가져야 한다.

(3) 중성선 전류값이 도체의 부하전류보다 커지는 경우

① 회로의 허용전류를 결정하는 데 있어서 중성선도 고려해야 한다.

② 즉, 중성선의 전류는 3상 회로의 3배수 고조파(영상분 고조파) 전류를 무시할 수 없는 데서 기인한다.

③ 고조파 함유율이 기본파 선전류의 15[%]를 초과하는 경우 중성선의 굵기는 선도체 이상이어야 한다.

④ 고조파 전류에 의한 열의 영향 및 고차 고조파 전류에 대응하는 감소계수를 KS C IEC 60364-5-52(저압전기설비-제5-52부 : 전기기기의 선정 및 설치-배선설비)의 "부속서 E(고조파 전류가 평형 3상 계통에 미치는 영향)"를 참조 요함

comment) 실제 고조파로 인한 중성선이 단선되는 경우도 가끔 있어 이로 인한 저압수용가의 과전압 피해(특히 PC방)가 막대하여 민원이 폭주한 과거 사례도 있음

(4) 보호도체로만 사용되는 도체(PE 도체)는 고려하지 않는다.

(5) PEN 도체는 중성선과 같은 방법으로 취급한다.

## 4. 배선경로 중 설치조건의 변화

(1) 배선경로 중의 일부에서 다른 부분과 방열조건이 다른 경우, 배선경로 중 가장 나쁜 조건의 부분을 기준으로 허용전류를 결정할 것

(2) 단, 배선이 0.35[m] 이하인 벽을 관통하는 장소에서만 방열조건이 다른 경우에는 이 요구사항을 무시할 수 있음

## 118 합성수지관공사에 대하여 설명하시오.

**data** 전기안전기술사 및 건축전기설비기술사 출제예상문제

**답안** 1. 합성수지관공사 시설조건

(1) 전선은 절연전선(옥외용 비닐절연전선을 제외한다)일 것

(2) 전선은 연선일 것. 다만, 다음의 것은 적용하지 않는다.

① 짧고 가는 합성수지관에 넣은 것

② 단면적 $10[mm^2]$(알루미늄선은 단면적 $16[mm^2]$) 이하의 것

(3) 전선은 합성수지관 안에서 접속점이 없도록 할 것

(4) 중량물의 압력 또는 현저한 기계적 충격을 받을 우려가 없도록 시설할 것

(5) 이중천장(반자 속 포함) 내에는 시설할 수 없다.

2. 합성수지관 및 부속품의 시설

(1) 관 상호 간 및 박스와는 관을 삽입하는 깊이

① 관의 바깥지름의 1.2배(접착제를 사용 시 0.8배) 이상으로 할 것

② 꽂음접속에 의하여 견고하게 접속할 것

(2) 관의 지지점 간의 거리

① 1.5[m] 이하로 할 것

② 지지점은 관의 끝·관과 박스의 접속점 및 관 상호 간의 접속점 등에 가까운 곳에 시설할 것

(3) 습기가 많은 장소 또는 물기가 있는 장소에 시설하는 경우에는 방습장치를 할 것

(4) 합성수지관을 금속제 박스에 접속 사용하는 경우 또는 합성수지관 선정 규정에 의해 분진방폭형 가요성 부속을 사용하는 경우

① 박스 또는 분진방폭형 가요성 부속에 140과 211에 준하여 접지공사를 할 것

② 다만, 사용전압이 400[V] 이하로서 다음 중 하나에 해당하는 경우는 그렇지 않음

㉠ 건조한 장소에 시설하는 경우

㉡ 옥내배선의 사용전압이 직류 300[V] 또는 교류 대지전압이 150[V] 이하로서 사람이 쉽게 접촉할 우려가 없도록 시설하는 경우

**reference**
140 : 감전에 대한 보호, 211 : 접지시스템

(5) 합성수지관을 풀박스에 접속하여 사용하는 경우

   ① "(1)"의 규정에 준하여 시설할 것

   ② 다만, 기술상 부득이한 경우에 관 및 풀박스를 건조한 장소에서 불연성의 조영재에 견고하게 시설하는 때에는 그러하지 아니하다.

(6) 난연성이 없는 콤바인덕트관은 직접 콘크리트에 매입하여 시설하는 경우 이외에는 전용의 불연성 또는 난연성의 관 또는 덕트에 넣어 시설할 것

(7) 합성수지제 휨(가요) 전선관 상호 간은 직접 접속하지 말 것

## 3. 합성수지관 및 부속품의 선정

합성수지관공사에 사용하는 경질비닐 전선관 및 합성수지제 전선관, 기타 부속품 등(관 상호 간을 접속하는 것 및 관의 끝에 접속하는 것에 한하며 리듀서를 제외)은 다음에 적합한 것이어야 한다.

합성수지제의 전선관 및 박스, 기타의 부속품은 다음 "(1)"에 적합한 것일 것. 다만, 부속품 중 금속제의 박스 및 다음 "(2)"에 적합한 분진방폭형 가요성 부속은 그러하지 아니하다.

(1) 합성수지제의 전선관 및 박스 기타의 부속품

   ① 합성수지제의 전선관은 KS C 8431(경질 폴리염화비닐 전선관) 성능, 구조, 일반요구사항과 KS C 8454[합성수지제 휨(가요) 전선관] 성능, 구조, 치수와 KS C 8455(파상형 경질 폴리에틸렌 전선관) 재료, 치수, 성능, 구조에 의함

   ② 박스는 KS C 8436(합성수지제 박스 및 커버)의 성능, 겉모양 및 모양, 치수 및 재료의 규정에 의함

   ③ 부속품은 KS C IEC 61386-21-A(전기설비용 전선관 시스템-제21부 : 경질 전선관 시스템의 개별 요구사항)의 일반 요구사항, 분류, 구조 및 기계적 특성, 전기적 특성, 내열 특성에 의함

(2) 분진방폭형(粉塵防爆型) 가요성 부속

   ① 구조

      ㉠ 이음매 없는 단동, 인청동이나 스테인리스의 가요관에 단동·황동이나 스테인리스의 편조피복을 입힌 것

      ㉡ 232.13.2의 1에 적합한 2종 금속제의 가요전선관에 두께 0.8[mm] 이상의 비닐피복을 입힌 것의 양쪽 끝에 커넥터 또는 유니온 커플링을 견고히 접속하고 안쪽면은 전선을 넣거나 바꿀 때에 전선피복의 손상이 없는 매끈한 것일 것

   ② 완성품

      ㉠ 실온에서 그 바깥지름의 10배의 지름을 가지는 원통의 주위에 180° 구부린 후 직선상으로 환원시키고 다음에 반대방향으로 180° 구부린 후 직선상으로 환원시

키는 조작을 10회 반복하였을 때 금이 가거나 갈라지는 등의 이상이 생기지 아니
하는 것일 것

ⓛ 관의 끝부분 및 안쪽 면은 전선의 피복을 손상하지 아니하도록 매끈한 것일 것

ⓒ 관[합성수지제 휨(가요) 전선관은 제외]의 두께는 2[mm] 이상일 것. 다만, 전개
된 장소 또는 점검할 수 있는 은폐된 장소로서 건조한 장소에 사람이 접촉할
우려가 없도록 시설한 경우(옥내배선의 사용전압이 400[V] 이하인 경우에 한한
다)에는 그렇지 않음

## **119** 금속관공사에 대하여 설명하시오.

**(data)** 전기안전기술사 및 건축전기설비기술사 출제예상문제

**답안** 1. **시설조건**

(1) 전선은 절연전선(옥외용 비닐절연전선[OW]은 제외)일 것

(2) 전선은 연선일 것. 다만, 다음의 것은 적용하지 않는다.

   ① 짧고 가는 금속관에 넣은 것

   ② 단면적 10[mm²](알루미늄선은 단면적 16[mm²]) 이하의 것

(3) 전선은 금속관 안에서 접속점이 없도록 할 것

(4) **금속제 전선관 종류** : 알루미늄 전선관, 금속제 박스류, 강제 전선관

### 2. **금속관 및 부속품의 시설**

(1) 관 상호 간 및 관과 박스, 기타의 부속품과는 나사접속, 기타 이와 동등 이상의 효력이 있는 방법에 의하여 견고하고 또한 전기적으로 완전하게 접속할 것

(2) 관의 끝부분에는 전선의 피복을 손상하지 아니하도록 적당한 구조의 부싱을 사용할 것

(3) 다만, 금속관공사로부터 애자사용공사로 옮기는 경우에는 그 부분의 관의 끝부분에는 절연부싱 또는 이와 유사한 것을 사용할 것

(4) 습기가 많은 장소 또는 물기가 있는 장소에 시설하는 경우에는 방습장치를 할 것

(5) 관에는 감전보호 규정과 접지시스템에 준하여 접지공사를 할 것

(6) 다만, 사용전압이 400[V] 이하로서 다음 중 하나에 해당하는 경우에는 예외임

   ① 관의 길이(2개 이상의 관을 접속하여 사용하는 경우에는 그 전체의 길이)가 4[m] 이하인 것을 건조한 장소에 시설하는 경우

   ② 옥내배선의 사용전압이 직류 300[V] 또는 교류 대지전압 150[V] 이하로서 그 전선을 넣는 관의 길이가 8[m] 이하인 것을 사람이 쉽게 접촉할 우려가 없도록 시설하는 경우 또는 건조한 장소에 시설하는 경우

(7) 금속관을 금속제의 풀박스에 접속하여 사용하는 경우에는 "(1)"에 준하여 시설할 것

(8) 다만, 기술상 부득이한 경우에는 관 및 풀박스를 건조한 곳에서 불연성의 조영재에 견고히 시설하고 또한 관과 풀박스 상호 간을 전기적으로 접속 시에는 그렇지 않음

(9) **굴곡반경** : 구부릴 때, 굴곡 바깥지름($D$) ≥ (관 안지름($d$)×6)

(10) 금속관 지지점 간의 거리는 2[m] 이내로 할 것

(11) **전선관 내 전선 점유율** : 동일굵기일 경우는 48[%] 이하, 다른 굵기일 경우는 32[%] 이하

### 3. 관의 두께

(1) 콘크리트에 매입하는 것은 1.2[mm] 이상

(2) 내입 이외의 것은 1[mm] 이상

(3) 관의 끝부분 및 안쪽 면은 전선의 피복을 손상하지 아니하도록 매끈한 것일 것

## 120 금속제 가요전선관공사에 대하여 설명하시오.

**data** 전기안전기술사 및 건축전기설비기술사 출제예상문제

**답안** 1. 시설조건

(1) 전선은 절연전선(옥외용 비닐절연전선[OW]을 제외)일 것

(2) 전선은 연선일 것

(3) 다만, 단면적 10[mm²](알루미늄선은 단면적 16[mm²]) 이하인 것은 그렇지 않음

(4) 가요전선관 안에는 전선에 접속점이 없도록 할 것

(5) 가요전선관은 2종 금속제 가요전선관일 것

(6) 다만, 전개된 장소 또는 점검할 수 있는 은폐된 장소(옥내배선의 사용전압이 400[V] 초과 시, 전동기에 접속하는 부분으로서 가요성을 필요로 하는 부분에 사용하는 것)에는 1종 가요전선관(습기가 많은 장소 또는 물기가 있는 장소에는 비닐 피복 1종 가요전선관) 의 사용이 가능함

## 2. 가요전선관 및 부속품의 시설

(1) 관 상호 간 및 관과 박스, 기타의 부속품과는 견고하고 또한 전기적으로 완전하게 접속할 것

(2) 가요전선관의 끝부분은 피복을 손상하지 아니하는 구조로 되어 있을 것

(3) 2종 금속제 가요전선관을 사용하는 경우에 습기 많은 장소 또는 물기가 있는 장소에 시설하는 때에는 비닐 피복 2종 가요전선관일 것

(4) 1종 금속제 가요전선관에는 단면적 2.5[mm²] 이상의 나연동선을 전체 길이에 걸쳐 삽입 또는 첨가하여 그 나연동선과 1종 금속제 가요전선관을 양쪽 끝에서 전기적으로 완전하게 접속할 것. 다만, 관의 길이가 4[m] 이하인 것을 시설하는 경우에는 그렇지 아니함

(5) 가요전선관공사는 감전에 대한 보호 규정과 접지시스템 규정에 준한 접지공사를 할 것

## **121** 합성수지몰드공사의 시설기준에 대하여 설명하시오.

**data** 전기안전기술사 및 건축전기설비기술사 출제예상문제

**답안** 1. 시설조건

(1) 전선은 절연전선(옥외용 비닐절연전선[OW]을 제외)일 것

(2) 합성수지몰드 안에는 전선에 접속점이 없도록 할 것

(3) 합성수지몰드 상호 간 및 합성수지몰드와 박스, 기타의 부속품과는 전선이 노출되지 아니하도록 접속할 것

2. 시설방법

(1) 합성수지몰드는 홈의 폭 및 깊이가 35[mm] 이하, 두께는 2[mm] 이상의 것일 것

(2) 다만, 사람이 쉽게 접촉할 우려가 없도록 시설하는 경우에는 폭이 50[mm] 이하, 두께 1[mm] 이상의 것을 사용할 수 있다.

## 122 금속몰드공사에 대한 시설기준을 설명하시오.

**data** 전기안전기술사 및 건축전기설비기술사 출제예상문제

**답안** 1. 시설조건

(1) 전선은 절연전선(옥외용 비닐절연전선은 제외)일 것

(2) 금속몰드 안에는 전선에 접속점이 없도록 할 것

(3) 다만, 2종 금속제 몰드를 사용하고 다음의 경우 접속 가능

① 전선을 분기하는 경우일 것

② 접속점을 쉽게 점검할 수 있도록 시설할 것

③ 몰드에 감전에 대한 보호 및 접지시스템 규정에 따라 접지공사를 한 경우

④ 몰드 안의 전선을 외부로 인출하는 부문은 몰드의 관통부분에서 전선이 손상될 우려가 없도록 시설할 것

### 2. 사용전압의 제한과 시설장소

(1) 400[V] 이하

(2) "(1)"의 경우에서는 옥내의 건조한 장소로 전개된 장소 또는 점검할 수 있는 은폐장소에 한하여 시설

### 3. 시설방법

(1) 표준에 적합한 금속제의 몰드 및 박스, 기타 부속품 또는 황동이나 동으로 견고하게 제작한 것으로서 안쪽 면이 매끈한 것일 것

(2) 황동제 또는 동제의 몰드는 폭이 50[mm] 이하, 두께 0.5[mm] 이상인 것일 것

(3) 몰드 상호 간 및 몰드 박스, 기타의 부속품과는 견고하고 또한 전기적으로 완전하게 접속할 것

(4) 몰드에는 감전에 대한 보호 및 접지시스템의 규정에 준하여 접지공사를 할 것

(5) "(4)"의 접지공사의 예외사항

① 몰드의 길이(2개 이상의 몰드를 접속하여 사용하는 경우에는 그 전체의 길이)가 4[m] 이하인 것을 시설하는 경우

② 옥내배선의 사용전압이 직류 300[V] 또는 교류 대지전압이 150[V] 이하로서, 그 전선을 넣는 관의 길이가 8[m] 이하인 것을 사람이 쉽게 접촉할 우려가 없도록 시설하는 경우 또는 건조한 장소에 시설하는 경우

(6) **종류별 폭** : 1종은 40[mm] 미만, 2종은 40~50[mm] 이하

(7) **금속몰드의 지지점 간의 거리** : 1.5[m] 이하

## 123 가요전선관 배선에 대한 시설기준을 설명하시오.

**data** 전기안전기술사 및 건축전기설비기술사 출제예상문제

**답안** 1. 시설조건

(1) 전선은 절연전선(옥외용 비닐절연전선을 제외한다)일 것

(2) 전선은 연선일 것. 다만, 단면적 10[mm²](알루미늄선은 단면적 16[mm²]) 이하인 것은 그러하지 아니하다.

(3) 가요전선관 안에는 전선에 접속점이 없도록 할 것

(4) 가요전선관은 2종 금속제 가요전선관일 것

(5) 1종 가요전선관을 사용할 수 있는 장소

① 비닐 피복 1종 가요전선관 : 습기가 많은 장소 또는 물기가 있는 장소에 사용

② 전개된 장소 또는 점검할 수 있는 은폐된 장소

③ 옥내배선의 사용전압이 400[V] 이상인 경우 : 전동기에 접속부분에서 가요성이 필요한 부분

### 2. 가요전선관 및 부속품의 시설방법

(1) 관 상호 간 및 관과 박스, 기타의 부속품과는 견고하고 또한 전기적으로 완전하게 접속할 것

(2) 가요전선관의 끝부분은 피복을 손상하지 아니하는 구조로 되어 있을 것

(3) 2종 금속제 가요전선관을 사용하는 경우에 습기 많은 장소 또는 물기가 있는 장소에 시설하는 때에는 비닐 피복 2종 가요전선관일 것

(4) 1종 금속제 가요전선관에는 단면적 2.5[mm²] 이상의 나연동선을 전체 길이에 걸쳐 삽입 또는 첨가하여 그 나연동선과 1종 금속제 가요전선관을 양쪽 끝에서 전기적으로 완전하게 접속할 것. 다만, 관의 길이가 4[m] 이하인 것을 시설하는 경우에는 그러하지 아니하다.

(5) 가요전선관공사는 감전에 대한 보호(211 규정)과 접지시스템 규정(140 규정)에 준하여 접지공사를 할 것

## 124 케이블트렌치공사에 대한 시설기준을 설명하시오.

**data** 전기안전기술사 및 건축전기설비기술사 출제예상문제 / KEC 232.24

**답안** 1. 케이블트렌치의 개념
   (1) 옥내배선공사를 위하여 바닥을 파서 만든 도랑 및 부속설비
   (2) 수용가의 옥내수전설비 및 발전설비 설치장소에만 적용

2. 케이블트렌치공사의 옥내배선 시설방법
   (1) 케이블트렌치 내의 사용전선 및 시설방법은 케이블트레이공사(232.41)를 준용할 것
   (2) 전선의 접속부는 방습효과를 갖도록 절연처리하고, 점검이 용이하도록 할 것
   (3) 케이블은 배선회로별로 구분하고, 2[m] 이내의 간격으로 받침대 등을 시설할 것
   (4) 케이블트렌치에서 케이블트레이, 덕트, 전선관 등 다른 공사방법으로 변경되는 곳에는 전선에 물리적 손상을 주지 않도록 시설할 것
   (5) 케이블트렌치 내부에는 전기배선설비 이외의 다른 시설물을 설치하지 말 것

3. 케이블트렌치의 구조
   (1) 케이블트렌치의 바닥 또는 측면에는 전선의 하중에 충분히 견디고 전선에 손상을 주지 않는 받침대를 설치할 것
   (2) 케이블트렌치의 뚜껑, 받침대 등 금속재는 내식성의 재료이거나 방식처리를 할 것
   (3) 케이블트렌치 굴곡부 안쪽의 반경은 통과하는 전선의 허용곡률반경 이상이어야 하고, 배선의 절연피복을 손상시킬 수 있는 돌기가 없는 구조일 것
   (4) 케이블트렌치의 뚜껑은 바닥 마감면과 평평하게 설치하고 장비의 하중 또는 통행하중 등 충격에 의하여 변형되거나 파손되지 않도록 할 것
   (5) 케이블트렌치의 바닥 및 측면에는 방수처리하고 물이 고이지 않도록 할 것
   (6) 케이블트렌치는 외부에서 고형물이 들어가지 않도록 IP2X 이상으로 시설할 것
   (7) 트렌치 구조물은 건축 측에서 설계 시공하므로 설계 및 전기설비 시공 시 충분히 해당 분야 기술자들과 협의 및 재확인할 것(현장에서 자주 부딪치는 현상임)

4. 케이블트렌치가 건축물의 방화구획을 관통하는 경우
   관통부는 불연성의 물질로 충전할 것

5. 케이블트렌치의 부속설비에 사용되는 금속재
   감전에 대한 보호규정과 접지시스템 규정에 준하여 접지공사를 할 것

## 125 금속덕트공사에 대한 시설기준을 설명하시오.

**data** 전기안전기술사 및 건축전기설비기술사 출제예상문제

**답안** 1. 시설조건

(1) 전선은 절연전선(옥외용 비닐절연전선[OW]은 제외)일 것

(2) 금속덕트에 넣은 전선의 단면적(절연피복의 단면적을 포함)의 합계는 덕트의 내부 단면적의 20[%](전광표시장치, 기타 이와 유사한 장치 또는 제어회로 등의 배선만을 넣는 경우에는 50[%]) 이하일 것

(3) 금속덕트 안에는 전선에 접속점이 없도록 할 것. 다만, 전선을 분기하는 경우에는 그 접속점을 쉽게 점검할 수 있는 때에는 그렇지 않음

(4) 금속덕트 안의 전선을 외부로 인출하는 부분은 금속덕트의 관통부분에서 전선이 손상될 우려가 없도록 시설할 것

(5) 금속덕트 안에는 전선의 피복을 손상할 우려가 있는 것을 넣지 아니할 것

(6) 금속덕트에 의하여 저압 옥내배선이 건축물의 방화구획을 관통하거나 인접 조영물로 연장되는 경우에는 그 방화벽 또는 조영물 벽면의 덕트 내부는 불연성의 물질로 차폐할 것

### 2. 금속덕트의 시설방법

(1) 폭이 50[mm] 이상, 두께가 1.2[mm] 이상인 철판 또는 동등 이상의 기계적 강도를 가지는 금속제의 것으로 견고하게 제작한 것일 것

(2) 안쪽 면은 전선의 피복을 손상시키는 돌기가 없는 것일 것

(3) 안쪽 면 및 바깥 면에는 산화 방지를 위하여 아연도금 또는 이와 동등 이상의 효과를 가지는 도장을 한 것일 것

(4) 덕트 상호 간은 견고하고 또한 전기적으로 완전하게 접속할 것

(5) 덕트를 조영재에 붙이는 경우에는 덕트의 지지점 간의 거리를 3[m](취급자 이외의 자가 출입할 수 없도록 설비한 곳에서 수직으로 붙이는 경우에는 6[m]) 이하로 하고 또한 견고하게 붙일 것

(6) 덕트의 본체와 구분하여 뚜껑을 설치하는 경우에는 쉽게 열리지 않게 시설할 것

(7) 덕트의 끝부분은 막을 것

(8) 덕트 안에 먼지가 침입하지 아니하도록 할 것

(9) 덕트는 물이 고이는 낮은 부분을 만들지 않도록 시설할 것

(10) 덕트는 감전에 대한 보호 및 접지시스템의 규정에 준하여 접지공사를 할 것

(11) 옥내에 연접하여 설치되는 연접설치 등기구는 다음에 따라 시설할 것

　① 등기구는 레이스웨이(raceway, KS C 8465)로 사용할 수 없다.

　② 설치장소의 환경조건을 고려하여 감전화재 위험의 우려가 없도록 시설할 것

# 126 플로어덕트공사에 대하여 설명하시오.

**data** 전기안전기술사 및 건축전기설비기술사 출제예상문제

**답안** 1. 플로어덕트공사의 개념

(1) 플로어덕트란, 통신선로 혹은 전력선로용 전선을 바닥에 배선한 경우 바닥에 포설되는 관로로서 600[mm] 간격마다 인출구를 갖는 강판제의 덕트

(2) 플로어덕트공사는 플로어덕트를 사용하는 공사로 그 플로어덕트 내에 배선하는 공사

(3) 두께가 2[mm] 이상인 강판으로 견고하게 제작한 것으로서 아연도금을 하거나 에나멜 등으로 피복한 것일 것

(4) 플로어덕트는 바닥 내에 삽입하여 사용하는 배선용(홈통)에서 바닥 위로 전선을 인출하는 목적으로 사용(주로 변전실 또는 설비 제어실에 적용)

(5) 플로어덕트는 실내의 건조한 콘크리트 바닥에 포함하여 시설 가능함

## 2. 시설조건

(1) 전선은 절연전선(옥외용 비닐절연전선을 제외한다)일 것

(2) 전선은 연선일 것. 다만, 단면적 10[mm$^2$](알루미늄선은 단면적 16[mm$^2$]) 이하인 것은 그러하지 아니하다(즉, 단선을 이 조건에 맞출 수 있다면 절연된 단선을 사용할 수 있다는 의미).

(3) 플로어덕트 안에는 전선에 접속점이 없도록 할 것. 다만, 전선을 분기하는 경우에 접속점을 쉽게 점검할 수 있을 때에는 그렇지 아니함

## 3. 플로어덕트 및 부속품의 시설방법

(1) 덕트 상호 간 및 덕트와 박스 및 인출구와는 견고하고 또한 전기적으로 완전하게 접속할 것

(2) 덕트 및 박스, 기타의 부속품은 물이 고이는 부분이 없도록 시설할 것

(3) 박스 및 인출구는 마루 위로 돌출하지 아니하도록 시설하고 또한 물이 스며들지 아니하도록 밀봉할 것

(4) 덕트의 끝부분은 막을 것

(5) 덕트는 감전에 대한 보호규정 및 접지시스템 규정에 준하여 접지공사를 할 것

(6) 덕트의 표면은 코팅처리되어 있기에 시공 시 흠집이 나지 않도록 적정한 포장처리 후 배전선 작업에 임할 것

(7) 덕트 서포트는 플로어 상부의 중량물에 견디는 구조이고, 높낮이 조정이 가능할 것

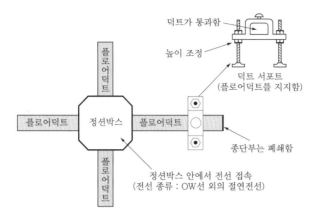

덕트가 통과함

높이 조정

덕트 서포트
(플로어덕트를 지지함)

플로어덕트

플로어덕트

정선박스

플로어덕트

플로어덕트

종단부는 폐쇄함

정선박스 안에서 전선 접속
(전선 종류 : OW선 외의 절연전선)

플로어덕트    support    정선박스

## 127 셀룰러덕트공사에 대한 시설기준을 설명하시오.

**data** 건축전기설비기술사 출제예상문제

**답안** 1. 시설조건

(1) 전선은 절연전선(옥외용 비닐절연전선을 제외한다)일 것

(2) 전선은 연선일 것

(3) 단선 : 단면적 10[mm$^2$](알루미늄선은 단면적 16[mm$^2$]) 이하의 것은 연선을 사용하지 않아도 됨

(4) 셀룰러덕트 안에는 전선에 접속점을 만들지 아니할 것. 다만, 전선을 분기하는 경우 그 접속점을 쉽게 점검할 수 있을 때에는 그렇지 않음

(5) 셀룰러덕트 안의 전선을 외부로 인출하는 경우에는 그 셀룰러덕트의 관통부분에서 전선이 손상될 우려가 없도록 시설할 것

(6) 점검할 수 없는 은폐 장소

(7) 건조한 장소로서 400[V] 미만에 공사하는 방법

### 2. 셀룰러덕트 및 부속품의 선정

(1) 강판으로 제작한 것일 것

(2) 덕트 끝과 안쪽 면은 전선의 피복이 손상하지 아니하도록 매끈한 것일 것

(3) 덕트의 안쪽 면 및 외면은 방청을 위하여 도금 또는 도장을 한 것일 것

(4) 셀룰러덕트의 판두께는 표에서 정한 값 이상일 것

**∥ 셀룰러덕트의 선정 ∥**

| 덕트의 최대폭 | 덕트의 판두께 |
|---|---|
| 150[mm] 이하 | 1.2[mm] |
| 150[mm] 초과 200[mm] 이하 | 1.4[mm]<br>(KS D 3602(강제 갑판) 중 SDP2, SDP3<br>또는 SDP2G에 적합한 것은 1.2[mm]) |
| 200[mm] 초과하는 것 | 1.6[mm] |

(5) 부속품의 판두께는 1.6[mm] 이상일 것

(6) 저판을 덕트에 붙인 부분은 다음 계산식에 의하여 계산한 값의 하중을 저판에 가할 때 덕트의 각부에 이상이 생기지 않을 것

$$P = 5.88D$$

여기서, $P$ : 하중[N/m], $D$ : 덕트의 단면적[cm$^2$]

### 3. 셀룰러덕트 및 부속품의 시설

(1) 덕트 상호 간, 덕트와 조영물의 금속 구조체, 부속품 및 덕트에 접속하는 금속체와는 견고하게 또한 전기적으로 완전하게 접속할 것

(2) 덕트 및 부속품은 물이 고이는 부분이 없도록 시설할 것

(3) 인출구는 바닥 위로 돌출하지 아니하도록 시설하고 또한 물이 스며들지 않게 할 것

(4) 덕트의 끝부분은 막을 것

(5) 덕트는 감전에 대한 보호규정 및 접지시스템 규정에 준하여 접지공사를 할 것

## 128 케이블트레이시스템 공사에 대한 시설기준을 설명하시오.

**(data)** 전기안전기술사 및 건축전기설비기술사 출제예상문제

**답안**

### 1. 케이블트레이공사의 개념

(1) 케이블트레이공사는 케이블을 지지하기 위하여 사용하는 금속재 또는 불연성 재료로 제작된 유닛 또는 유닛의 집합체 및 그에 부속하는 부속재 등으로 구성된 견고한 구조물을 말한다.

(2) **종류** : 사다리형, 펀칭형, 메시형, 바닥밀폐형

### 2. 시설조건

(1) **전선** : 연피케이블, 알루미늄피케이블 등 난연성 케이블, 기타 케이블 또는 금속관 혹은 합성수지관 등에 넣은 절연전선을 사용할 것

(2) "(1)"의 각 전선은 관련되는 각 규정에서 사용이 허용되는 것에 한하여 시설할 수 있음

(3) 케이블트레이 안에서 전선을 접속하는 경우에는 전선 접속부분에 사람이 접근할 수 있고 또한 그 부분이 측면 레일 위로 나오지 않도록 하고 그 부분을 절연처리할 것

(4) 수평으로 포설하는 케이블 이외의 케이블은 케이블트레이의 가로대에 견고하게 고정시킬 것

(5) 저압 케이블과 고압 또는 특고압 케이블은 동일 케이블트레이 안에 포설하여서는 아니 됨. 다만, 견고한 불연성의 격벽을 시설하는 경우 또는 금속외장케이블인 경우에는 그렇지 아니함

(6) 수평 트레이에 다심케이블을 포설 시 다음에 적합할 것

① 사다리형, 바닥밀폐형, 펀칭형, 메시형 케이블트레이 내에 다심케이블을 포설하는 경우 이들 케이블의 지름(케이블의 완성품의 바깥지름)의 합계는 트레이의 내측 폭 이하로 하고 단층으로 시설할 것

$$W \geq \sum D_e$$

여기서, $W$ : 케이블트레이 내측 폭

$\sum D_e$ : 시설하는 케이블 완성품의 바깥지름 합계

② 벽면과의 간격은 20[mm] 이상 이격, 트레이 간 수직간격은 300[mm] 이상, 6단 이하일 것

③ 트레이 설치 및 케이블 허용전류의 저감계수는 전기기기의 선정 및 설치-배선설비의 규정 표 B.52.20을 적용할 것

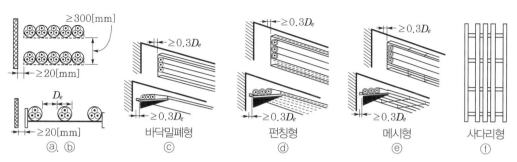

∥ 수평 트레이의 다심케이블 공사방법 ∥

(7) 수평 트레이에 단심케이블을 포설 시 다음에 적합할 것

① 사다리형, 바닥밀폐형, 펀칭형, 메시형 케이블트레이 내에 단심케이블을 포설하는 경우 이들 케이블의 지름의 합계는 트레이의 내측 폭 이하로 하고 단층으로 포설할 것

② 단, 삼각포설 시에는 묶음단위 사이의 간격은 단심케이블 지름의 2배 이상 이격하여 포설할 것(그림 참조)

③ 벽면과의 간격은 20[mm] 이상 이격하여 설치할 것

④ 트레이 간의 수직간격 : 300[mm] 이상, 3단 이하일 것

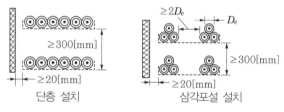

∥ 수평 트레이의 단심케이블 공사방법 ∥

(8) 수직 트레이에 다심케이블을 포설 시 다음에 적합할 것

① 다심케이블을 포설하는 경우 이들 케이블의 지름의 합계는 트레이의 내측 폭 이하로 하고 단층으로 포설할 것

② 벽면과의 간격 : 가장 굵은 케이블의 바깥지름의 0.3배 이상 이격

③ 트레이 사이의 수평간격 : 225[mm] 이상

④ 다단 설치 시 배면방향으로 1단 설치만 가능함

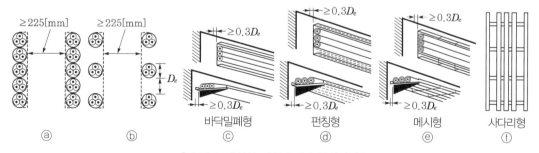

∥ 수직 트레이의 다심케이블 공사방법 ∥

(9) 수직 트레이에 단심케이블을 포설 시 다음에 적합할 것

   ① 단심케이블을 포설하는 경우 이들 케이블 지름의 합계는 트레이의 내측 폭 이하로 할 것

   ② 단층으로 포설하여야 할 것

   ③ 단, 삼각포설 시에는 묶음단위 사이의 간격은 단심케이블 지름의 2배 이상 이격하여 설치

   ④ 벽면과의 간격은 가장 굵은 단심케이블 바깥지름의 0.3배 이상 이격하여 설치

   ⑤ 트레이 사이의 수평간격 : 225[mm] 이상

   ⑥ 다단 설치 시 배면방향으로 1단 설치만 가능함

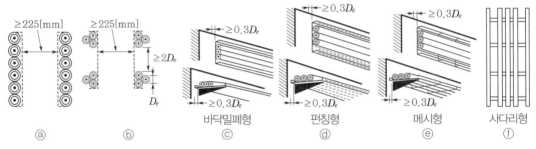

**‖ 수직 트레이의 단심케이블 공사방법 ‖**

## 3. 케이블트레이의 선정

(1) 수용된 모든 전선을 지지할 수 있는 적합한 강도의 것일 것. 이 경우 케이블트레이의 안전율은 1.5 이상으로 할 것

(2) 지지대는 트레이 자체 하중과 포설된 케이블 하중을 충분히 견딜 수 있는 강도를 가질 것

(3) 전선의 피복 등을 손상시킬 돌기 등이 없이 매끈할 것

(4) 금속재의 것은 적절한 방식처리를 한 것이거나 내식성 재료의 것일 것

(5) 측면 레일 또는 이와 유사한 구조재를 부착할 것

(6) 배선의 방향 및 높이를 변경하는 데 필요한 부속재, 기타 적당한 기구를 갖춘 것일 것

(7) 비금속제 케이블트레이는 난연성 재료의 것일 것

(8) 금속제 케이블트레이시스템은 기계적 및 전기적으로 완전하게 접속하여야 하며, 금속제 트레이는 감전보호 규정과 접지시스템 규정에 준하여 접지공사를 할 것

(9) 케이블이 케이블트레이시스템에서 금속관, 합성수지관 등 또는 함으로 옮겨가는 개소 에는 케이블에 압력이 가하여지지 않도록 지지할 것

(10) 별도로 방호를 필요로 하는 배선부분에는 필요한 방호력이 있는 불연성의 커버 등을 사용할 것

(11) 케이블트레이가 방화구획의 벽, 마루, 천장 등을 관통하는 경우에 관통부는 불연성의 물질로 충전시킬 것

(12) 케이블트레이 및 그 부속재의 표준은 KS C 8464(케이블트레이) 또는 「전력산업기술기 준(KEPIC)」 ECD 3100을 준용할 것

chapter 01

chapter 02

chapter 03

chapter 04

chapter 05

## **129** 저압 옥내에서 시공되는 케이블공사에 대한 시설기준을 설명하시오.

**data** 전기안전기술사 및 건축전기설비기술사 출제예상문제

**답안** 1. **시설방법(조건)**

(1) 전선은 케이블 및 캡타이어케이블일 것

(2) 중량물의 압력 또는 현저한 기계적 충격을 받을 우려가 있는 곳에 포설하는 케이블에는 적당한 방호장치를 할 것

(3) 전선을 조영재의 아랫면 또는 옆면에 따라 붙이는 경우에는 전선의 지지점 간의 거리를 케이블은 2[m](사람이 접촉할 우려가 없는 곳에서 수직으로 붙이는 경우에는 6[m]) 이하 캡타이어케이블은 1[m] 이하로 하고 또한 그 피복을 손상하지 아니하도록 붙일 것

(4) 관, 기타의 전선을 넣는 방호장치의 금속제 부분, 금속제의 전선 접속함 및 전선의 피복에 사용하는 금속체에는 감전보호 규정과 접지시스템 규정에 준하여 접지공사를 할 것. 다만, 사용전압이 400[V] 이하로서 다음 중 하나에 해당할 경우에는 관, 기타의 전선을 넣는 방호장치의 금속제 부분에 대하여는 그러하지 아니하다.

① 방호장치의 금속제 부분의 길이가 4[m] 이하인 것을 건조한 곳에 시설하는 경우

② 옥내배선의 사용전압이 직류 300[V] 또는 교류 대지전압이 150[V] 이하로서 방호장치의 금속제 부분의 길이가 8[m] 이하인 것을 사람이 쉽게 접촉할 우려가 없도록 시설하는 경우 또는 건조한 곳에 시설하는 경우

2. **콘크리트 직매용 케이블 포설**

(1) 전선은 콘크리트 직매용 케이블 또는 규정에서 정한 구조의 개장을 한 케이블일 것

(2) 공사에 사용하는 박스는 「전기용품 및 생활용품 안전관리법」의 적용을 받는 금속제이거나 합성수지제의 것 또는 황동이나 동으로 견고하게 제작한 것일 것

(3) 전선을 박스 또는 풀박스 안에 인입하는 경우는 물이 박스 또는 풀박스 안으로 침입하지 아니하도록 적당한 구조의 부싱 또는 이와 유사한 것을 사용할 것

(4) 콘크리트 안에는 전선에 접속점을 만들지 아니할 것

3. **수직 케이블의 포설**

(1) 전선을 건조물의 전기 배선용의 파이프 샤프트 안에 수직으로 매달아 시설하는 저압 옥내배선은 232.51.1의 2 및 4의 규정에 준하여 시설하는 이외의 다음에 따라 시설할 것

① 전선은 다음 중 하나에 적합한 케이블일 것

㉠ 정격전압 1~30[kV] 압출성형 절연 전력케이블 및 그 부속품에 적합한 비닐외장

케이블 또는 클로로프렌외장케이블로서 도체에 동을 사용하는 경우는 공칭단면적 25[mm²] 이상, 도체에 알루미늄을 사용한 경우는 공칭단면적 35[mm²] 이상의 것

ⓛ 강심알루미늄 도체 케이블은 「전기용품 및 생활용품 안전관리법」에 적합할 것

ⓒ 수직 조가용선 부(付)케이블로서 다음에 적합할 것

- 케이블은 인장강도 5.93[kN] 이상의 금속선 또는 단면적이 22[mm²] 아연도강 연선으로서 단면적 5.3[mm²] 이상의 조가용선을 비닐외장케이블 또는 클로로 프렌외장케이블의 외장에 견고하게 붙인 것일 것
- 조가용선은 케이블의 중량(조가용선의 중량을 제외한다)의 4배의 인장강도에 견디도록 붙인 것일 것

ⓡ 정격전압 1~30[kV] 압출성형 절연 전력케이블 및 그 부속품에 적합한 비닐외장 케이블 또는 클로로프렌외장케이블의 외장 위에 그 외장을 손상하지 아니하도록 좌상(座床)을 시설하고 또 그 위에 아연도금을 한 철선으로서 인장강도 294[N] 이상의 것 또는 지름 1[mm] 이상의 금속선을 조밀하게 연합한 철선 개장 케이블

② 전선 및 그 지지부분의 안전율은 4 이상일 것

③ 전선 및 그 지지부분은 충전부분이 노출되지 아니하도록 시설할 것

④ 전선과의 분기부분에 시설하는 분기선은 케이블일 것

⑤ 분기선은 장력이 가하여지지 아니하도록 시설하고 또한 전선과의 분기부분에는 진동방지장치를 시설할 것

⑥ "⑤"의 규정에 의하여 시설하여도 전선에 손상을 입힐 우려가 있을 경우에는 적당한 개소에 진동방지장치를 더 시설할 것

(2) "(1)"에서 규정하는 케이블은 242.2부터 242.5에서 규정하는 장소에는 시설 불가함

> **reference**
> 242.2 : 분진 위험장소
> 242.3 : 가연성 가스 등의 위험장소
> 242.4 : 위험물 등이 존재하는 장소
> 242.5 : 화약류 저장소 등의 위험장소

## 130 저압전기설비의 애자공사 시설기준에 대하여 설명하시오.

data 건축전기설비기술사 출제예상문제

답안 **1. 시설조건**

(1) 전선 : 절연전선(옥외용 비닐절연전선 및 인입용 비닐절연전선을 제외)일 것

(2) 나전선 사용이 가능한 경우

① 전기로용 전선

② 전선의 피복 절연물이 부식하는 장소에 시설하는 전선

③ 취급자 이외의 자가 출입할 수 없도록 설비한 장소에 시설하는 전선

(3) 전선 상호 간의 간격은 0.06[m] 이상일 것

(4) 전선과 조영재 사이의 이격거리

① 사용전압이 400[V] 이하인 경우에는 25[mm] 이상

② 400[V] 초과인 경우에는 45[mm](건조한 장소에 시설하는 경우는 25[mm]) 이상일 것

(5) 전선의 지지점 간의 거리

전선을 조영재의 윗면 또는 옆면에 따라 붙일 경우에는 2[m] 이하일 것

(6) 사용전압이 400[V] 초과인 것

"(5)"의 경우 이외에는 전선의 지지점 간의 거리는 6[m] 이하일 것

(7) 저압 옥내배선은 사람이 접촉할 우려가 없도록 시설할 것. 다만, 사용전압이 400[V] 이하인 경우에 사람이 쉽게 접촉할 우려가 없도록 시설하는 때에는 그러하지 아니하다.

(8) 전선이 조영재를 관통하는 경우에는 그 관통하는 부분의 전선을 전선마다 각각 별개의 난연성 및 내수성이 있는 절연관에 넣을 것. 다만, 사용전압이 150[V] 이하인 전선을 건조한 장소에 시설하는 경우로서 관통하는 부분의 전선에 내구성이 있는 절연 테이프를 감을 때에는 그러하지 않음

**2. 애자의 선정**

사용하는 애자는 절연성ㆍ난연성 및 내수성의 것일 것

## 131 버스덕트공사의 시설기준에 대하여 설명하시오.

**(data)** 전기안전기술사 및 건축전기설비기술사, 전기응용기술사 출제예상문제

**답안** 1. **시설조건**

(1) 덕트 상호 간 및 전선 상호 간은 견고하고 또한 전기적으로 완전하게 접속할 것

(2) 덕트를 조영재에 붙이는 경우

① 덕트의 지지점 간의 거리를 3[m] 이하로 견고하게 붙일 것

② 취급자 이외의 자가 출입할 수 없도록 설비한 곳에서 수직으로 붙이는 경우에는 6[m] 이하로 견고하게 붙일 것

(3) 덕트(환기형의 것은 제외)의 끝부분은 막을 것

(4) 덕트(환기형의 것은 제외)의 내부에 먼지가 침입하지 아니하도록 할 것

(5) 덕트는 감전보호 규정과 접지시스템 규정에 준하여 접지공사를 할 것

(6) 습기가 많은 장소 또는 물기가 있는 장소에 시설하는 경우

① 옥외용 버스덕트를 사용할 것

② 버스덕트 내부에 물이 침입하여 고이지 아니하도록 할 것

2. **버스덕트의 선정**

(1) 도체는 단면적 20[mm²] 이상의 띠 모양, 지름 5[mm] 이상의 관 모양이나 둥글고 긴 막대 모양의 동 또는 단면적 30[mm²] 이상의 띠 모양의 알루미늄을 사용한 것일 것

(2) 도체 지지물은 절연성·난연성 및 내수성이 있는 견고한 것일 것

(3) 덕트는 다음 표의 두께 이상의 강판 또는 알루미늄판으로 견고히 제작한 것일 것

**‖ 버스덕트의 선정 ‖**

| 덕트의 최대폭[mm] | 덕트의 판두께[mm] | | |
|---|---|---|---|
| | 강 판 | 알루미늄판 | 합성수지판 |
| 150 이하 | 1.0 | 1.6 | 2.5 |
| 150 초과 300 이하 | 1.4 | 2.0 | 5.0 |
| 300 초과 500 이하 | 1.6 | 2.3 | – |
| 500 초과 700 이하 | 2.0 | 2.9 | – |
| 700 초과하는 것 | 2.3 | 3.2 | – |

(4) 구조는 버스바트렁킹시스템의 개별 요구사항의 구조에 적합할 것

(5) 완성품은 버스바트렁킹시스템의 개별 요구사항의 시험방법으로 시험 시, 그 시험 표준서에 적합할 것

## 132 라이팅덕트공사에 대한 시설기준을 설명하시오.

**data** 전기응용기술사 및 건축전기설비기술사 출제예상문제

**답안** 1. 시설조건

(1) 덕트 상호 간 및 전선 상호 간은 견고하게 또한 전기적으로 완전히 접속할 것

(2) 덕트는 조영재에 견고하게 붙일 것

(3) 덕트의 지지점 간의 거리는 2[m] 이하로 할 것

(4) 덕트의 끝부분은 막을 것

(5) 덕트의 개구부는 아래로 향하여 시설할 것. 다만, 사람이 쉽게 접촉할 우려가 없는 장소에서 덕트의 내부에 먼지가 들어가지 아니하도록 시설하는 경우에 한하여 옆으로 향하여 시설 가능함

(6) 덕트는 조영재를 관통하여 시설하지 아니할 것

(7) 덕트에는 합성수지, 기타의 절연물로 금속재 부분을 피복한 덕트를 사용한 경우 이외에는 검전보호 규정과 접지시스템 규정에 준하여 접지공사를 할 것. 다만, 대지전압이 150[V] 이하이고 또한 덕트의 길이(2본 이상의 덕트를 접속하여 사용할 경우에는 그 전체 길이)가 4[m] 이하인 때는 그렇지 않음

(8) 덕트를 사람이 용이하게 접촉할 우려가 있는 장소에 시설하는 경우에는 전로에 지락이 생겼을 때 자동적으로 전로를 차단하는 장치를 시설할 것

## 2. 라이팅덕트 및 부속품의 선정

라이팅덕트공사에 사용하는 라이팅덕트 및 부속품은 등기구 전원 공급용 트랙 시스템에 적합할 것

## 133 옥내에 시설하는 저압 접촉전선 배선의 시설기준에 대하여 설명하시오.

**data** 건축전기설비기술사 출제예상문제

**답안** 1. 저압 접촉전선의 용도

(1) 이동기중기 · 자동청소기 그 밖에 이동하며 사용하는 저압의 전기기계기구에 전기를 공급하기 위하여 사용하는 전선

(2) 배선방법 : 옥내에 시설하는 경우에는 기계기구에 시설하는 경우 이외에는 전개된 장소 또는 점검할 수 있는 은폐된 장소에 애자공사 또는 버스덕트공사 또는 절연트롤리공사에 의함

2. 저압 접촉전선을 애자공사에 의하여 옥내의 전개된 장소에 시설 시

(1) 전선의 바닥에서의 높이 : 3.5[m] 이상으로 하고 또한 사람이 접촉할 우려가 없도록 시설할 것. 다만, 전선의 최대사용전압이 60[V] 이하이고 또한 건조한 장소에 시설하는 경우로서 사람이 쉽게 접촉할 우려가 없도록 시설하는 경우에는 그러하지 아니함

(2) 전선과 건조물 또는 주행 크레인에 설치한 보도 · 계단 · 사다리 · 점검대(전선 전용 점검대로서 취급자 이외의 자가 쉽게 들어갈 수 없도록 자물쇠 장치를 한 것은 제외)이거나 이와 유사한 것 사이의 이격거리는 위쪽 2.3[m] 이상, 옆쪽 1.2[m] 이상으로 할 것. 다만, 전선에 사람이 접촉할 우려가 없도록 적당한 방호장치를 시설한 경우는 그러하지 아니함

(3) 전선은 인장강도 11.2[kN] 이상의 것 또는 지름 6[mm]의 경동선으로 단면적이 28[mm²] 이상인 것. 다만, 사용전압이 400[V] 이하인 경우에는 인장강도 3.44[kN] 이상의 것 또는 지름 3.2[mm] 이상의 경동선으로 단면적이 8[mm²] 이상을 사용할 수 있음

(4) 전선은 각 지지점에 견고하게 고정시켜 시설하는 것 이외에는 양쪽 끝을 장력에 견디는 애자장치에 의하여 견고하게 인류할 것

(5) 전선의 지지점 간의 거리는 6[m] 이하일 것. 다만, 전선에 구부리기 어려운 도체를 사용하는 경우 이외에는 전선 상호 간의 거리를, 전선을 수평으로 배열하는 경우에는 0.28[m] 이상, 기타의 경우에는 0.4[m] 이상으로 하는 때에는 12[m] 이하로 할 수 있다.

(6) 전선 상호 간의 간격은 전선을 수평으로 배열하는 경우에는 0.14[m] 이상, 기타의 경우에는 0.2[m] 이상일 것. 다만, 다음에 해당하는 경우에는 그러하지 아니하다.

① 전선 상호 간 및 집전장치의 충전부분과 극성이 다른 전선 사이에 절연성이 있는 견고한 격벽을 시설하는 경우

② 전선을 표에서 정한 값 이하의 간격으로 지지하고 또한 동요하지 아니하도록 시설하는 이외에 전선 상호 간의 간격을 60[mm] 이상으로 하는 경우

**❚ 전선 상호 간의 간격 판정을 위한 전선의 지지점 간격 ❚**

| 단면적의 구분 | 지지점 간격 |
|---|---|
| 1[cm²] 미만 | 1.5[m](굴곡 반지름이 1[m] 이하인 곡선부분에서는 1[m]) |
| 1[cm²] 이상 | 2.5[m](굴곡 반지름이 1[m] 이하인 곡선부분에서는 1[m]) |

③ 사용전압이 150[V] 이하인 경우로서 건조한 곳에 전선을 0.5[m] 이하의 간격으로 지지하고 또한 집전장치의 이동에 의하여 동요하지 아니하도록 시설하는 이외에 전선 상호 간의 간격을 30[mm] 이상으로 하고 또한 그 전선에 전기를 공급하는 옥내배선에 정격전류가 60[A] 이하인 과전류차단기를 시설하는 경우

(7) 전선과 조영재 사이의 이격거리 및 그 전선에 접촉하는 집전장치의 충전부분과 조영재 사이의 이격거리는 습기가 많은 곳 또는 물기가 있는 곳에 시설하는 것은 45[mm] 이상, 기타의 곳에 시설하는 것은 25[mm] 이상일 것. 다만, 전선 및 그 전선에 접촉하는 집전장치의 충전부분과 조영재 사이에 절연성이 있는 견고한 격벽을 시설하는 경우에는 그러하지 아니하다.

(8) 애자는 절연성, 난연성 및 내수성이 있는 것일 것

## 3. 저압 접촉전선을 애자공사에 의하여 옥내의 점검할 수 있는 은폐된 장소에 시설 시 2.의 "(3)", "(4)" 및 "(8)"의 규정에 준하여 시설하는 이외에 다음에 따라 시설할 것

(1) 전선에는 구부리기 어려운 도체를 사용하고 또한 이를 표에서 정한 값 이하의 지지점 간격으로 동요하지 아니하도록 견고하게 고정시켜 시설할 것

(2) 전선 상호 간의 간격은 0.12[m] 이상일 것

(3) 전선과 조영재 사이의 이격거리 및 그 전선에 접촉하는 집전장치의 충전부분과 조영재 사이의 이격거리는 45[mm] 이상일 것. 다만, 전선 및 그 전선에 접촉하는 집전장치의 충전부분과 조영재 사이에 절연성이 있는 견고한 격벽을 시설하는 경우에 그러하지 아니하다.

## 4. 저압 접촉전선을 버스덕트공사에 의하여 옥내에 시설하는 경우

(1) 버스덕트는 다음에 적합한 것일 것
① 도체는 단면적 20[mm²] 이상의 띠 모양 또는 지름 5[mm] 이상의 관 모양이나 둥글고 긴 막대 모양의 동 또는 황동을 사용한 것일 것
② 도체 지지물은 절연성·난연성 및 내수성이 있는 견고한 것일 것
③ 덕트는 그 최대 폭에 따라 표의 두께 이상의 강판·알루미늄판 또는 합성수지판(최대 폭이 300[mm] 이하의 것)으로 견고히 제작한 것일 것

④ 구조는 트롤리버스관로 규정의 구조에 적합한 것일 것

⑤ 완성품은 트롤리버스관로 규정의 시험방법에 의하여 시험하였을 때 성능에 적합할 것

(2) 덕트의 개구부는 아래를 향하여 시설할 것

(3) 덕트의 끝부분은 충전부분이 노출하지 아니하는 구조로 되어 있을 것

(4) 사용전압이 400[V] 이하인 경우에는 금속제 덕트에 접지공사를 할 것

(5) 사용전압이 400[V] 초과인 경우에는 금속제 덕트에 특별접지공사를 할 것. 다만, 사람이 접촉할 우려가 없도록 시설하는 경우에는 접지공사에 의할 수 있다.

## 134 작업선 등의 실내 배선의 시설기준을 설명하시오.

**data** 건축전기설비기술사 출제예상문제

**답안** 수상 또는 수중에 있는 작업선 등의 저압 옥내배선 및 저압 관등회로 배선

케이블 배선에는 다음의 표준에 적합한 선박용 케이블을 사용할 수 있다.

(1) 정격전압은 600[V]일 것

(2) 재료 및 구조는 (선박용 전기설비-제350부 : 선박용 케이블의 구조 및 시험에 관한 일반 요구사항)의 "제2부 구조"에 적합할 것

(3) 완성품은 (선박용 전기설비-제350부 : 선박용 케이블의 구조 및 시험에 관한 일반 요구사항)의 "제3부 시험요구사항"에 적합한 것일 것

## 135 옥내에 시설하는 저압용 배·분전반 등의 시설기준에 대하여 설명하시오.

**(data)** 전기안전기술사 및 건축전기설비기술사 출제예상문제

**답안** 1. 옥내에 시설하는 저압용 배·분전반의 기구 및 전선은 쉽게 점검할 수 있게 시설할 것

(1) 노출된 충전부가 있는 배전반 및 분전반은 취급자 이외의 사람이 쉽게 출입할 수 없도록 설치할 것

(2) 한 개의 분전반에는 한 가지 전원(1회선의 간선)만 공급할 것. 다만, 안전 확보가 충분하도록 격벽을 설치하고 사용전압을 쉽게 식별할 수 있도록 그 회로의 과전류차단기 가까운 곳에 그 사용전압을 표시하는 경우에는 예외임

(3) 주택용 분전반은 노출된 장소(신발장, 옷장 등의 은폐된 장소에는 시설 불가)에 시설하며 구조는 KS C 8326 "7 구조, 치수 및 재료"에 의한 것일 것

(4) 옥내에 설치하는 배전반 및 분전반은 불연성 또는 난연성이 있도록 시설할 것

(5) 분전반의 적정공급범위 : 분전반을 중심점으로 한 반경 20~30[m]일 것

(6) 분전반의 취부높이는 다음과 같다.

① 분전반 상부가 1.8[m] 이하일 것

② 분전반 하부가 1.0[m] 이상일 것

③ 분전반 중심부가 1.4[m] 이상일 것

2. 옥내에 시설하는 저압용 전기계량기와 이를 수납하는 계기함을 사용할 경우

(1) 쉽게 점검 및 보수할 수 있는 위치에 시설할 것

(2) 계기함은 KS C 8326 "7.20 재료"와 동등 이상의 것으로서 KS C 8326 "6.8 내연성"에 적합한 재료일 것

**(comment)** 과거에 옷장에도 전기계량기가 있었던 난감한 사례도 있었음

## 136 등기구의 시설기준에 대하여 설명하시오.

**data** 건축전기설비기술사 출제예상문제

**답안**

### 1. 등기구 설치 시 고려사항

(1) 시동전류, 고조파 전류, 보상, 누설전류, 최초 점화전류, 전압강하

(2) 램프에서 발생되는 모든 주파수 및 과도전류에 관련된 자료를 고려하여 보호방법 및 제어장치를 선정하여야 한다.

### 2. 열 영향에 대한 주변의 보호

등기구의 주변에 발광과 대류에너지의 열 영향은 다음을 고려하여 선정 및 설치할 것

(1) 램프의 최대허용소모전력

(2) 인접 물질의 내열성

① 설치지점

② 열 영향이 미치는 구역

(3) 등기구 관련 표시

(4) 가연성 재료로부터 적절한 간격을 유지할 것

스포트라이트나 프로젝터는 모든 방향에서 가연성 재료로부터 다음의 최소거리를 둘 것

① 정격용량 100[W] 이하 : 0.5[m]

② 정격용량 100[W] 초과 300[W] 이하 : 0.8[m]

③ 정격용량 300[W] 초과 500[W] 이하 : 1.0[m]

④ 정격용량 500[W] 초과 : 1.0[m] 초과

### 3. 등기구의 집합

하나의 공통 중성선만으로 3상 회로의 3개 선도체 사이에 나뉘어진 등기구의 집합은 모든 선도체가 하나의 장치로 동시에 차단될 것

### 4. 보상 커패시터

총 정전용량이 $0.5[\mu F]$을 초과하는 보상 커패시터는 램프보조장치 - 형광램프 및 방전램프용 커패시터 - 일반 및 안전 요구사항에 적합한 방전 저항기와 결합한 경우에 한해 사용할 수 있다.

### 5. 조명 디스플레이 스탠드의 감전에 대한 보호

조명 디스플레이 스탠드의 감전에 대한 보호는 다음 중 어느 하나에 의해 제공할 것

(1) SELV 또는 PELV 전원 공급

(2) 211.2와 211.6.1에 따른 추가보호를 모두 제공

> **reference**
> 211.2 : 전원의 자동차단에 의한 보호대책
> 211.6.1 : 누전차단기

## 137 조명설비의 배선계통의 시설기준에 대하여 설명하시오.

**(data)** 전기응용기술사 및 건축전기설비기술사 출제예상문제

**답안**

### 1. 고정배선에 접속

배선계통은 다음 중 어느 하나와 같이 단말처리한다.

(1) 가정용 및 이와 유사한 용도의 고정 전기설비용 부속품의 박스와 외함 – 제1부 : 일반 요구사항의 관련 표준에 따른 박스

(2) 박스에 고정된 아웃렛 등기구 접속용 장치

(3) 배선계통에 직접 접속되도록 고안된 전기기기

### 2. 관통배선

(1) 등기구 관통배선의 설치는 관통배선용으로 고안된 등기구에만 허용된다.

(2) 접속기구가 필요하지만, 관통배선용으로 고안된 등기구에 포함되어 있지 않을 경우, 접속기구는 다음 중 어느 하나에 따른다.

① 가정용 및 이와 유사한 용도의 저전압용 접속기구 – 제2-3부 : 절연 관통형 전선 커넥터의 개별 요구사항에 따른 전원 접속에 사용되는 단자

② 관통배선의 접속에 사용되는 설치 커플러

③ 그 밖에 적합한 접속기구

(3) 관통배선 케이블은 온도 정보와 등기구 또는 다음의 제조자의 설치지침이 제공된다면 그에 따라 선정하여야 한다.

① KS C IEC 60598(등기구)에 따른 등기구 및 LED 등기구로서 표시온도에 대한 적절한 케이블 및 온도 표시된 것을 사용

② KS C IEC 60598(등기구)에 따른 등기구 및 LED 등기구로서 제조자의 지침에 명확히 요구되지 않는 한 내열케이블로 온도 표시가 없는 것

③ 정보가 없을 때, KS C IEC 60245-3(정격 전압 450/750[V] 이하 고무절연 케이블 – 제3부 : 내열 실리콘 고무절연전선)에 따른 내열케이블 및 절연도체 또는 그와 동등한 형식의 것을 사용

**138** 코드에 대한 다음 사항의 시설기준을 설명하시오.
1. 코드의 사용
2. 코드 및 이동전선
3. 코드 또는 캡타이어케이블의 접속
4. 코드 상호 또는 캡타이어케이블 상호의 접속
5. 코드 또는 캡타이어케이블과 전기사용 기계기구와의 접속

**(data)** 전기안전기술사 및 건축전기설비기술사 출제예상문제

**답안** **1. 코드의 사용**

(1) 코드는 조명용 전원코드 및 이동전선으로만 사용할 수 있다.

(2) 고정배선으로 사용하여서는 안 된다.

(3) 다만, 규정하는 건조한 곳에 시설하고 또한 내부를 건조한 상태로 사용하는 진열장 등의 내부에 배선할 경우는 고정배선으로 사용할 수 있다.

(4) 코드는 사용전압 400[V] 이하의 전로에 사용한다.

**2. 코드 및 이동전선**

(1) 조명용 전원코드 또는 이동전선 : 단면적 0.75[mm$^2$] 이상의 코드 또는 캡타이어케이블

(2) 조명용 전원코드를 비나 이슬에 맞지 않도록 시설(옥측에 시설하는 경우에 한함)

(3) 사람이 쉽게 접촉되지 않도록 시설할 경우에는 단면적이 0.75[mm$^2$] 이상인 450/ 750[V] 내열성 에틸렌아세테이트 고무절연전선을 사용할 수 있다.

(4) 옥내에서 조명용 전원코드 또는 이동전선을 습기가 많은 장소 또는 수분이 있는 장소에 시설할 경우에는 고무코드(사용전압이 400[V] 이하인 경우에 한함) 또는 0.6/1[kV] EP 고무절연 클로로프렌 캡타이어케이블로서 단면적이 0.75[mm$^2$] 이상인 것

**3. 코드 또는 캡타이어케이블의 접속**

(1) 점검할 수 없는 은폐장소에는 시설하지 말 것

(2) 옥내에 시설하는 저압의 이동전선과 저압 옥내배선과의 접속에는 꽂음접속기, 기타 이와 유사한 기구를 사용할 것. 다만, 이동전선을 조가용선에 조가하여 시설하는 경우에는 그러하지 아니하다.

(3) 접속점에는 조명기구 및 기타 전기기계기구의 중량이 걸리지 않도록 할 것

## 4. 코드 상호 또는 캡타이어케이블 상호의 접속

(1) 코드 상호, 캡타이어케이블 상호 또는 이들 상호 간의 접속은 코드접속기, 접속함 및 기타 기구를 사용할 것

(2) 다만, 단면적이 10[mm²] 이상의 캡타이어케이블 상호를 접속하는 경우로 접속부분을 123에 따라 시설하고 또한 다음에 의하여 시설할 경우는 적용하지 않는다.

　① 절연피복에는 자기융착성 테이프를 사용 또는 동등 이상의 절연효력을 갖게 할 것

　② 접속부분의 외면에는 견고한 금속제의 방호장치를 할 것

> **reference**
> 123 : 전선의 접속 규정

## 5. 코드 또는 캡타이어케이블과 전기사용 기계기구와의 접속

(1) 동전선과 전기기계기구 단자의 접속은 접촉이 완전하고 헐거워질 우려가 없게 할 것

　① 전선을 나사로 고정할 경우에 나사가 진동 등으로 헐거워질 우려가 있는 장소는 2중 너트, 스프링와셔 및 나사풀림 방지기구가 있는 것을 사용할 것

　② 전선을 1본만 접속할 수 있는 구조의 단자는 2본 이상의 전선을 접속하지 말 것

　③ 기구단자가 누름나사형, 클램프형이거나 이와 유사한 구조가 아닌 경우는 단면적 10[mm²]를 초과하는 단선 또는 단면적 6[mm²]를 초과하는 연선에 터미널러그를 부착할 것. 다만, 기구의 용량이 30[A] 이하이고, 기구단자에 접속하는 전선이 연선인 경우는 적당히 연선의 소선수를 감소하여 터미널러그를 생략할 수 있다.

　④ 연선에 터미널러그를 부착하지 않는 경우는 연선의 소선이 흩어지지 않도록 할 것. 다만, 누름나사형(와셔가 있는 것에 한한다), 클램프형이거나 이와 유사한 구조의 단자에 접속하는 경우 또는 전선에 연동 관을 사용하는 경우는 적용하지 않는다.

　⑤ 터미널러그는 (압착형 등은 제외한다) 납땜으로 전선을 부착할 것

　⑥ 접속점에 장력이 걸리지 않도록 시설할 것

　⑦ 누름나사형 단자 등에 전선을 접속하는 경우는 전선을 정해진 위치까지 확실하게 삽입할 것

(2) 알루미늄전선과 전기기계기구 단자의 접속은 접촉이 완전하고 헐거워질 우려가 없도록 하고 (1)의 "①", "②", "⑥"에 의하는 외에 다음에 따라야 한다.

　① 전기기계기구 단자는 알루미늄전선용 또는 알루미늄전선, 동전선 공용의 표시가 있는 것을 사용할 것. 다만, 장식(stud)단자 등의 경우 및 터미널러그 또는 터미널플러그 등을 사용하여 접속하는 경우는 적용하지 않는다.

　② 전선에 터미널러그 등을 부착하는 경우는 도체에 손상을 주지 않도록 피복을 벗기고 접속작업 직전에 도체의 표면을 잘 닦을 것

③ 나사단자에 전선을 접속하는 경우는 전선을 나사의 홈에 가능한 한 밀착하여 3/4바퀴 이상 1바퀴 이하로 감을 것

④ 누름나사단자 등에 전선을 접속하는 경우는 전선을 정해진 위치까지 확실하게 삽입할 것

⑤ 장식(stud)단자 등에 전선을 접속하는 경우는 터미널러그 등을 부착할 것. 다만, 단선을 "③"에 따라 접속하는 경우는 예외이다.

(3) "(1)" 및 "(2)"에 의하는 외에 다음에 따라야 한다.

① 충전부분이 노출되지 않는 구조의 단자금구에 나사로 고정하거나 또는 기구용 플러그 등을 사용할 것

② 기구단자가 누름나사형, 클램프형 또는 이와 유사한 구조로 된 것을 제외하고 단면적 $6[\text{mm}^2]$를 초과하는 코드 및 캡타이어케이블에는 터미널러그를 부착할 것

③ 코드와 형광등기구의 리드선과 접속은 전선접속기로 접속할 것

## **139** 콘센트의 시설기준에 대하여 설명하시오.

**data** 전기안전기술사 및 건축전기설비기술사 출제예상문제

**답안** 1. 콘센트의 정격전압

사용전압과 동등 이상의 KS C 8305(배선용 꽂음접속기)에 적합한 제품을 사용

### 2. 시설방법

(1) 노출형 콘센트는 기둥과 같은 내구성이 있는 조영재에 견고하게 부착할 것

(2) **콘센트를 조영재에 매입할 경우**

① 매입형의 것을 견고한 금속제 또는 난연성 절연물로 된 박스 속에 시설할 것

② 다만, 콘센트 자체에 그 단자 등의 충전부가 노출되지 않도록 견고한 난연성 절연물의 외함을 가지는 것은 벽에 견고하게 부착할 때에 한하여 박스 사용을 생략할 수 있다.

(3) 콘센트를 바닥에 시설하는 경우는 방수구조의 플로어박스에 설치하거나 또는 이들 박스의 표면 플레이트에 틀어서 부착할 수 있도록 된 콘센트를 사용할 것

(4) 욕조나 샤워시설이 있는 욕실 또는 화장실 등 인체가 물에 젖어있는 상태에서 전기를 사용하는 장소에 콘센트를 시설하는 경우에는 다음에 의함

① 「전기용품 및 생활용품 안전관리법」의 적용을 받는 인체감전보호용 누전차단기(정격감도전류 15[mA] 이하, 동작시간 0.03초 이하의 전류동작형의 것) 또는 절연변압기(정격용량 3[kVA] 이하인 것)로 보호된 전로에 접속하거나, 체감전보호용 누전차단기가 부착된 콘센트를 시설할 것

② 콘센트는 접지극이 있는 방적형 콘센트를 사용하여 감전에 대한 보호규정과 접지시스템의 규정에 준하여 접지할 것

(5) 습기가 많은 장소 또는 수분이 있는 장소에 시설 시

① 콘센트 및 기계기구용 콘센트는 접지용 단자가 있는 것을 사용하여 감전에 대한 보호규정과 접지시스템의 규정에 준하여 접지한다.

② 방습장치를 하여야 한다.

(6) 주택의 옥내전로에는 접지극이 있는 콘센트를 사용하여 감전에 대한 보호규정과 접지시스템의 규정에 준하여 접지할 것

## **140** 점멸기의 시설기준에 대하여 설명하시오.

**(data)** 건축전기설비기술사 출제예상문제

**답안** (1) 점멸기는 전로의 비접지측에 시설하고 분기개폐기에 배선차단기를 사용하는 경우는 이것을 점멸기로 대용할 수 있다.

(2) 노출형의 점멸기는 기둥 등의 내구성이 있는 조영재에 견고하게 설치할 것

(3) 점멸기를 조영재에 매입할 경우는 다음 중 어느 하나에 의할 것

① 매입형 점멸기는 금속제 또는 난연성 절연물의 박스에 넣어 시설할 것

② 점멸기 자체가 그 단자부분 등의 충전부가 노출되지 않도록 견고한 난연성 절연물로 덮여 있는 것은 이것을 벽 등에 견고하게 설치하고 방호 커버를 설치한 경우에 한하여 "①"에 관계없이 박스 사용을 생략할 수 있다. 다만, 방호 커버는 벽 내의 충진재가 접촉할 우려가 있는 경우를 제외하고는 생략할 수 있다.

(4) 욕실 내는 점멸기를 시설하지 말 것

다만, 소세력 회로의 규정에 따라 시설하는 경우에는 적용하지 않는다.

(5) 가정용 전등은 매 등기구마다 점멸이 가능하도록 할 것

다만, 장식용 등기구(샹들리에, 스포트라이트, 간접조명등, 보조등기구 등) 및 발코니 등기구는 예외임

(6) 공장·사무실·학교·상점 및 기타 이와 유사한 장소의 옥내에 시설하는 전체 조명용 전등은 부분조명이 가능하도록 전등군으로 구분하여 전등군마다 점멸이 가능하도록 하되, 태양광선이 들어오는 창과 가장 가까운 전등은 따로 점멸이 가능하도록 할 것. 다만, 다음의 경우는 적용하지 않는다.

① 자동조명제어장치가 설치된 장소

② 극장, 영화관, 강당, 대합실, 주차장, 기타 이와 유사 장소로 동시에 많은 인원을 수용할 특수장소

③ 등기구수가 1열로 되어 있고 그 열이 창의 면과 평행이 되는 경우에 창과 가장 가까운 전등

④ 광 천장 조명 또는 간접조명을 위하여 전등을 격등회로로 시설하는 경우

⑤ 건물구조가 창문(태양광선이 들어오는 창문)이 없거나 공장의 경우 제품의 생산공정이 연속으로 되는 곳에 설치되어 있는 전등

(7) 여인숙을 제외한 객실수가 30실 이상(「관광진흥법」 또는 「공중위생법」에 의한 관광숙박업 또는 숙박업)인 호텔이나 여관의 각 객실의 조명용 전원에는 출입문 개폐용 기구 또는

집중제어방식을 이용한 자동 또는 반자동의 점멸이 가능한 장치를 할 것. 다만, 타임스위치를 설치한 입구등의 조명용 전원은 적용받지 않는다.

(8) 다음의 경우에는 센서등(타임스위치 포함)을 시설하여야 한다.

① 「관광진흥법」과 「공중위생관리법」에 의한 관광숙박업 또는 숙박업(여인숙업을 제외한다)에 이용되는 객실의 입구등은 1분 이내에 소등되는 것

② 일반주택 및 아파트 각 호실의 현관등은 3분 이내에 소등되는 것

(9) 가로등, 보안등 또는 옥외에 시설하는 공중전화기를 위한 조명등용 분기회로에는 주광센서를 설치하여 주광에 의하여 자동점멸하도록 시설할 것. 다만, 타이머를 설치하거나 집중제어방식을 이용하여 점멸하는 경우는 적용하지 않는다.

(10) 국부조명설비는 그 조명대상에 따라 점멸할 수 있도록 시설할 것

(11) 자동조명제어장치의 제어반은 쉽게 조작 및 점검이 가능한 장소에 시설하고, 자동조명제어장치에 내장된 전자회로는 다른 전기설비 기능에 전기적 또는 자기적인 장애를 주지 않게 시설할 것

**141** 진열장 또는 이와 유사한 것의 내부 배선의 시설기준에 대하여 설명하시오.

(**data**) 전기안전기술사 및 건축전기설비기술사 출제예상문제 / KEC 234.8

답안 (1) 건조한 장소에 시설할 것

(2) 내부를 건조한 상태로 사용하는 진열장 또는 이와 유사한 것의 내부에 사용전압이 400[V] 이하의 배선을 외부에서 잘 보이는 장소에 한하여 코드 또는 캡타이어케이블로 직접 조영 재에 밀착하여 배선 가능함

(3) 배선은 단면적 0.75[mm²] 이상의 코드 또는 캡타이어케이블일 것

(4) 규정한 배선 또는 이것에 접속하는 이동전선과 다른 사용전압이 400[V] 이하인 배선과의 접속은 꽂음 플러그 접속기, 기타 이와 유사한 기구를 사용하여 시공함

## 142 옥외등의 시설기준에 대하여 설명하시오.

**data** 건축전기설비기술사 출제예상문제

**답안** 1. 옥외등의 사용전압

옥외등에 전기를 공급하는 전로의 사용전압은 대지전압을 300[V] 이하일 것

### 2. 옥외등의 분기회로

(1) 옥외등에 전기를 공급하는 분기회로는 212.6.4에 따라 시설할 것

> **reference**
> 212.6.4 : 분기회로의 시설

(2) 옥내용의 것을 사용해서는 안 됨

(3) 다만, 다음에 의하여 시설할 경우는 적용하지 않음

① 옥외등과 옥내등을 병용하는 분기회로는 20[A] 과전류차단기 분기회로로 할 것

② 옥내등 분기회로에서 옥외등 배선을 인출할 경우는 인출점 부근에 개폐기 및 과전류 차단기를 시설할 것

### 3. 옥외등의 배선

(1) 옥측에 시설할 경우는 212.6.4의 규정에 따라 시설할 것

(2) 옥외에 시설할 경우는 전선로의 규정에 따라 시설할 것

### 4. 옥외등의 인하선

옥외등 또는 그의 점멸기에 이르는 인하선은 사람의 접촉과 전선 피복의 손상을 방지하기 위하여 다음 공사방법으로 시설할 것

(1) 애자공사(지표상 2[m] 이상의 높이에서 노출된 장소에 시설할 경우에 한함)

(2) 금속관공사

(3) 합성수지관공사

(4) 케이블공사(단, 알루미늄피 등 금속제 외피가 있는 것은 목조 이외의 조영물에 시설할 경우임)

### 5. 옥외등의 기구의 시설

(1) 개폐기, 과전류차단기, 기타 이와 유사한 기구는 옥내에 시설할 것. 다만, 견고한 방수함 속에 설치하거나 또는 방수형의 것은 적용하지 않음

(2) 노출하여 사용하는 소켓 등은 선이 부착된 방수소켓 또는 방수형 리셉터클을 사용하고 하향으로 시설할 것

(3) 브라켓 등을 부착하는 목대에 삽입하는 절연관은 하향으로 하고 전선을 따라 빗물이 새어 들어가지 않도록 할 것

(4) 파이프펜던트 및 직부기구는 하향으로 부착하지 말 것. 다만, 처마 밑에 부착하는 것 또는 방수장치가 되어 플랜지 내에 빗물이 스며들 우려가 없는 것은 적용하지 않음

(5) 파이프펜던트 및 직부기구를 상향으로 부착할 경우는 홀더의 최하부에 지름 3[mm] 이상의 물 빼는 구멍을 2개소 이상 만들거나 또는 방수형으로 할 것

## 6. 옥외등의 누전차단기

옥측 및 옥외에 시설하는 저압의 전기간판에 전기를 공급하는 전로에는 전로에 지락 시, 자동으로 차단하는 누전차단기를 시설할 것. 시설은 211.6.1에 의한다.

**reference**
211.6.1 : 누전차단기

**143** 진열장 안의 관등회로의 배선과 출퇴표시등의 시설기준에 대하여 설명하시오.

**(data)** 전기안전기술사 및 건축전기설비기술사 출제예상문제

**답안** 1. **진열장 안의 관등회로의 배선을 외부로부터 보기 쉬운 곳의 조영재에 접촉하여 시설하는 경우에는 다음과 같이 시설할 것**
   (1) 전선의 사용은 234.3을 따를 것

   > **(reference)**
   > 234.3 : 조명코드 및 이동전선의 규정

   (2) 전선에는 방전등용 안정기의 리드선 또는 방전등용 소켓 리드선과의 접속점 이외에는 접속점을 만들지 말 것
   (3) 전선의 접속점은 조영재에서 이격하여 시설할 것
   (4) 전선은 건조한 목재·석재 등, 기타 이와 유사한 절연성이 있는 조영재에 그 피복을 손상하지 아니하도록 적당한 기구로 붙일 것
   (5) 전선의 부착점 간의 거리는 1[m] 이하로 하고 배선에는 전구 또는 기구의 중량을 지지하지 않도록 할 것

2. **출퇴표시등**
   (1) 출퇴표시등 회로용 변압기 : 절연변압기
   (2) 절연변압기의 사용전압
      ① 1차측 전로 : 대지전압 300[V] 이하
      ② 2차측 전로 : 60[V] 이하
   (3) 전원장치
      ① 절연변압기는 「전기용품 및 생활용품 안전관리법」의 적용을 받을 것
      ② 절연변압기의 2차측 전로의 각 극에는 해당 변압기의 근접한 곳에 과전류차단기를 설치할 것
   (4) 출퇴표시등 회로의 전선을 옥내의 조영재에 부착하여 시설하는 경우의 전선
      ① 전선
         ㉠ 단면적 1.0[mm] 이상 연동선과 동등 이상의 세기 및 굵기의 코드, 캡타이어 케이블, 케이블 혹은 절연전선
         ㉡ 또는 지름 0.65[mm]의 연동선과 동등 이상의 세기 및 굵기 이상의 통신용 케이블인 것

② 캡타이어케이블 또는 케이블인 경우 이외의 전선의 배관

합성수지몰드, 합성수지관, 금속관, 금속몰드, 가요전선관, 금속덕트 또는 플로어덕트에 넣어 시설할 것

## 144 수중조명등의 시설기준에 대하여 설명하시오.

**data** 전기안전기술사 및 건축전기설비기술사 출제예상문제

**답안** ♂ **1. 사용전압**

수영장, 기타 이와 유사한 장소에 사용하는 수중조명등에 전기를 공급하기 위해서는 절연변압기를 사용하고, 그 사용전압은 다음에 의하여야 한다.

(1) 절연변압기의 1차측 전로의 사용전압은 400[V] 이하일 것

(2) 절연변압기의 2차측 전로의 사용전압은 150[V] 이하일 것

**2. 전원장치(즉, 수중조명등에 전기를 공급하기 위한 절연변압기)**

(1) 절연변압기의 2차측 전로는 접지하지 말 것

(2) 절연변압기는 교류 5[kV]의 시험전압으로 하나의 권선과 다른 권선, 철심 및 외함 사이에 계속적으로 1분간 가하여 절연내력을 시험할 경우, 이에 견딜 것

**3. 수중조명등의 절연변압기의 2차측 배선 및 이동전선**

(1) 절연변압기의 2차측 배선은 금속관공사에 의하여 시설할 것

(2) 수중조명등에 전기를 공급하기 위하여 사용하는 이동전선 시설기준

① 접속점이 없는 단면적 2.5[mm²] 이상의 0.6/1[kV] EP 고무절연 클로로프렌 캡타이어케이블일 것

② 이동전선은 유영자가 접촉될 우려가 없도록 시설할 것

③ 외상을 받을 우려가 있는 곳에 시설하는 경우는 금속관에 넣는 등 적당한 외상 보호장치를 할 것

(3) 이동전선과 배선과의 접속은 꽂음접속기를 사용하고 물이 스며들지 않고 또한 물이 고이지 않는 구조의 금속제 외함에 넣어 수중 또는 이에 준하는 장소 이외의 곳에 시설할 것

(4) 수중조명등의 용기, 각종 방호장치와 금속제 부분, 금속제 외함 및 배선에 사용하는 금속관과 접지도체와의 접속에 사용하는 꽂음접속기의 1극은 전기적으로 서로 완전하게 접속할 것

**4. 수중조명등의 시설**

(1) 수중조명등의 용기에서 규정하는 용기에 넣고 또한 이것을 손상 받을 우려가 있는 곳에 시설하는 경우는 방호장치를 시설할 것

(2) 수중 또는 물과 접촉해 있는 상태로 사용하는 등기구는 등기구 제2-18부 : 수영장용 및 이와 유사한 등기구 – 개별 요구사항에 적합할 것

(3) 내수창의 후면에 설치하고 비추는 수중조명은 의도적이든 비의도적이든 상관없이 수중조명등의 노출도전부와 창의 도전부와의 사이에 도전성 접속이 발생하지 않을 것

## 5. 개폐기 및 과전류차단기

절연변압기의 2차측 전로에는 개폐기 및 과전류차단기를 각 극에 시설할 것

## 6. 접지

(1) 절연변압기는 그 2차측 전로의 사용전압이 30[V] 이하인 경우는 1차 권선과 2차 권선 사이에 금속제의 혼촉방지판을 설치하고, 감전보호 규정과 접지시스템 규정에 준하여 접지공사를 할 것

(2) 수중조명등을 규정하는 장치는 견고한 금속제의 외함에 넣고, 또한 그 외함에는 감전보호 규정과 접지시스템 규정에 준하여 접지공사를 할 것

(3) 용기 및 방호장치의 금속제 부분에는 211과 140의 규정에 준하여 접지공사를 할 것 이 경우에 규정하는 이동전선 심선의 하나를 접지도체로 사용하고, 접지도체와의 접속은 규정한 꽂음접속기의 1극을 사용하여야 한다.

> (reference)
> 211 : 감전보호 규정
> 140 : 접지시스템 규정

## 7. 누전차단기

수중조명등의 절연변압기의 2차측 전로의 사용전압이 30[V]를 초과 시, 전로에 지락이 생겼을 때에 자동적으로 차단하는 정격감도전류 30[mA] 이하의 누전차단기를 시설할 것

## 8. 사람 출입의 우려가 없는 수중조명등의 시설

(1) 조명등에 전기를 공급하는 전로의 대지전압은 150[V] 이하일 것

(2) 조명등에 전기를 공급하기 위한 이동전선은 다음에 의하여 시설할 것

① 케이블은 KS C IEC 60245(정격전압 450/750[V] 이하 고무절연케이블) 시리즈에 따라 형식 66 또는 이와 동등 이상의 성능을 갖는 것을 사용할 것

② 전선에는 접속점이 없을 것

(3) 수중조명등의 용기는 "9."[(1)에서의 조사용 창이 전구의 유리부분이 외부로 노출된 것은 제외]의 규정에 준하여 시설할 것

(4) 수중조명등에 사용하는 용기의 금속제 부분에는 211과 140의 규정의 접지공사 시공

## 9. 수중조명등의 용기

(1) 조사용 창으로는 유리 또는 렌즈, 기타의 부분은 녹이 잘 슬지 아니하는 금속 또는 카드뮴도금, 아연도금, 도장 등으로 방청을 한 금속으로 견고하게 제작한 것일 것

(2) 내부의 적당한 곳에 접지용 단자를 설치할 것. 이 경우에 접지단자의 나사는 그 지름이 4[mm] 이상의 것이어야 한다.

(3) 수중조명등의 나사접속기 및 소켓(형광등용 소켓은 제외한다)은 자기제(磁器製)일 것

(4) 완성품은 도전부분 이외의 부분과의 사이에 2[kV]의 교류 전압을 연속하여 1분간 가하여 절연내력을 시험하였을 때에 이에 견디는 것일 것

(5) 완성품은 최대적용 전등와트 수의 전구를 끼워 정격최대수심이 0.15[m]를 초과하는 것은 그 정격최대수심 이상, 정격최대수심이 0.15[m] 이하인 것은 0.15[m] 이상 깊이의 수중에 넣어 해당 전등의 정격전압에 상당하는 전압으로 30분간 전기를 공급하고, 다음에 30분간 전기의 공급을 중단하는 조작을 6회 반복할 때 용기 내에 물이 스며드는 등 이상이 없는 것일 것

(6) 최대적용 전등의 와트 수 및 정격최대수심의 표시를 보기 쉬운 곳에 표시한 것일 것

# 145 교통신호등의 시설기준에 대하여 설명하시오.

**data** 전기안전기술사 및 건축전기설비기술사 출제예상문제

**답안** 1. 사용전압

교통신호등 제어장치의 2차측 배선의 최대사용전압은 300[V] 이하

## 2. 2차측 배선

(1) 제어장치의 2차측 배선 중 케이블로 시설하는 경우에는 지중전선로 규정에 의함

(2) 전선은 케이블인 경우 이외에는 공칭단면적 2.5[mm²] 연동선과 동등 이상의 세기 및 굵기의 450/750[V] 일반용 단심비닐절연전선 또는 450/750[V] 내열성 에틸렌아세테이트 고무절연전선일 것

(3) 제어장치의 2차측 배선 중 전선(케이블은 제외)을 조가용선으로 조가하여 시설하는 방법

　① 조가용선은 인장강도 3.7[kN] 이상의 금속선 또는 지름 4[mm] 이상의 아연도철선을 2가닥 이상 꼰 금속선을 사용할 것

　② "①"에서 규정하는 전선을 매다는 금속선에는 지지점 또는 이에 근접하는 곳에 애자를 삽입할 것

## 3. 가공전선의 지표상 높이 등

(1) "2."에서 규정하는 가공전선의 지표상 높이는 저압 가공전선의 높이 규정에 의함

(2) 교통신호등 회로의 배선이 건조물·도로·횡단보도교·철도·궤도·삭도·가공 약전류전선 등·안테나·가공전선 및 전차선 또는 다른 교통신호등 회로의 배선과 접근하거나 교차하는 경우에는 222.11 내지 222.16의 저압 가공전선의 규정에 준하여 시설함

> **reference**
> 222.11 : 저압 가공전선과 건조물의 접근
> 222.16 : 저압 가공전선 상호 간의 접근 또는 교차

(3) "(2)" 이외의 시설물과 접근하거나 교차하는 경우에는 교통신호등 회로의 배선과 이들 사이의 이격거리는 0.6[m](교통신호등 회로가 케이블인 경우에는 0.3[m] 이상일 것)

## 4. 교통신호등의 인하선

(1) 인하선의 지표상의 높이는 2.5[m] 이상일 것. 다만, 전선을 금속관공사에 규정에 준하는 금속관공사 또는 케이블공사 규정(232.51.3을 제외)에 준하는 케이블공사에 의하여 시설하는 경우에는 그러하지 아니함

(2) 전선을 애자공사에 의하여 시설하는 경우에는 전선을 적당한 간격마다 묶을 것

## 5. 개폐기 및 과전류차단기

(1) 교통신호등의 제어장치 전원측에는 전용 개폐기 및 과전류차단기를 각 극에 시설할 것
(2) "(1)"의 개폐기 및 과전류차단기는 저압전로 중의 개폐기 및 과전류차단장치의 시설에 의함

## 6. 누전차단기

사용전압이 150[V]를 넘는 경우는 전로에 지락이 생겼을 경우 자동적으로 전로를 차단하는 누전차단기를 시설할 것

## 7. 접지

교통신호등의 제어장치의 금속제 외함 및 신호등을 지지하는 철주에는 감전보호 규정과 접지시스템의 규정에 준하여 접지공사를 할 것

## 8. 조명기구

LED를 광원으로 사용하는 교통신호등의 설치는 LED 교통신호등 규정에 적합할 것

## 146 옥측·옥외 설비의 시설기준을 설명하시오.

**data** 전기안전기술사 및 건축전기설비기술사 출제예상문제 / KEC 235

**답안** **1. 옥측 또는 옥외에 배·분전반 및 배선기구 등의 시설**

(1) 옥측 또는 옥외에 시설하는 배·분전반은 다음에 따라 시설하여야 한다.

① 셀룰러덕트공사 규정을 준용할 것

② 배·분전반 안에 물이 스며들어 고이지 아니하도록 한 구조일 것

③ 배·분전반은 가로등용 분전함의 외부 분진에 대한 보호, 방수성, 방청처리에 적합할 것

(2) 옥외에 시설하는 배선기구 및 전기사용기계기구는 다음에 따라 시설할 것

① 전기기계기구 안의 배선 중 사람이 쉽게 접촉할 우려가 있거나 손상 우려가 있는 부분
  : 금속관 배선 또는 케이블 배선에 의하여 시설할 것

② 전기기계기구에 시설하는 개폐기·접속기·점멸기, 기타의 기구는 손상 우려가 있는 경우

  ㉠ 견고한 방호장치를 할 것

  ㉡ 물기 등이 유입될 수 있는 곳은 방수형이나 이와 동등한 성능이 있는 것을 사용할 것

(3) 옥측 및 옥외에 시설하는 저압의 전기간판에 전기공급하는 전로에 지락 발생 시
  자동적으로 전로를 차단하는 장치를 시설할 것

**2. 옥측 또는 옥외에 전열장치의 시설**

(1) 옥측 또는 옥외에 시설하는 발열체는 구조상 그 내부에 안전하게 시설하거나 다음 중
  어느 하나에 따라 시설할 것

① 도로 등의 전열장치 규정, 파이프라인 등의 전열장치 규정 또는 전기온상 등의 규정
  에 의함

② 선로변환장치 등의 적설 또는 빙결을 방지하기 위하여 철도의 전용부지 안에 시설할 것

③ 발전용 댐, 수로 등의 옥외시설의 적설 또는 빙결을 방지하기 위하여 댐, 수로 등의
  유지 운용에 종사하는 사람 이외의 사람이 쉽게 출입할 수 없는 장소에 시설할 것

(2) 옥측 또는 옥외에 시설하는 전열장치의 접속전선은 열로 인하여 전선의 피복 손상이
  없을 것

**3. 옥측 또는 옥외의 먼지가 많은 장소 등의 시설**

(1) 242.2부터 242.4까지의 규정은 옥측 또는 옥외에 시설하는 저압 또는 고압의 전기설비
  (관등회로의 사용전압이 400[V] 이상인 방전등을 제외)에 준용한다.

**reference**
242.2 : 분진 위험장소
242.3 : 가연성 가스 등의 위험장소
242.4 : 위험물 등이 존재하는 장소

(2) 특고압 옥측 전기설비 및 특고압 옥외 전기설비는 241.9.3의 규정에 의하여 시설하는 경우 이외에는 242.2부터 242.4까지 규정하는 곳에 시설하여서는 아니 된다.

**reference**
241.9.3 : 전기 집진장치(電氣 集塵裝置) 등 규정의 특수장소의 시설 규정
→ 위험장소(분진위험장소, 가연가스 위험장소, 위험물 등이 존재하는 장소)에는 특고압 옥측 전기설비 및 특고압 옥외 전기설비를 설치할 수 없다는 것(대형 폭발 사전 예방차원의 저압 전압을 공급하라는 의미임)

### 4. 옥측 또는 옥외에 시설하는 접촉전선의 시설

(1) 저압 접촉전선을 옥측 또는 옥외에 시설하는 경우에는 기계기구에 시설하는 경우 이외에는 애자사용배선, 버스덕트배선 또는 절연 트롤리 배선에 의하여 시설할 것

(2) 저압 접촉전선을 애자사용배선에 의하여 옥측 또는 옥외에 시설하는 경우에는 다음에 의함

전선 상호 간의 간격은 전선을 수평으로 배열하는 경우에는 0.14[m] 이상, 기타의 경우에는 0.2[m] 이상일 것. 다만, 다음 중 하나에 해당하는 경우에는 그렇지 않다.

① 전선 상호 간 및 집전장치의 충전부분과 극성이 다른 전선 사이에 견고한 절연성이 있는 격벽을 설치하는 경우

② 전선을 다음 표에서 정한 값 이하의 간격으로 지지하고 또한 동요하지 아니하도록 시설하는 이외에 전선 상호 간의 간격을 60[mm](비나 이슬에 맞는 장소에 시설하는 경우에는 0.12[m]) 이상으로 하는 경우

**┃ 전선 상호 간의 간격 판정을 위한 전선의 지지점 간격 ┃**

| 단면적의 구분 | 지지점 간격 |
|---|---|
| 1[cm²] 미만 | 1.5[m](굴곡 반지름이 1[m] 이하인 곡선부분에서는 1[m]) |
| 1[cm²] 이상 | 2.5[m](굴곡 반지름이 1[m] 이하인 곡선부분에서는 1[m]) |

③ 전선과 조영재 사이의 이격거리 및 그 전선에 접촉하는 집전장치의 충전부분과 조영재 사이의 이격거리는 45[mm] 이상일 것

(3) 저압 접촉전선을 애자사용배선에 의하여 옥측 또는 옥외에 시설하는 경우에 덕트 안 그 밖의 은폐된 장소에 시설할 때에는 232.31의 3(금속덕트의 시설 규정) 준하여 시설할 것

① 이 경우는 기계기구에 시설하는 경우 이외임

② 이 경우는 그 은폐된 장소는 점검할 수 있고 또한 물이 고이지 아니하도록 시설한 것일 것

(4) 저압 접촉전선을 버스덕트배선에 의하여 옥측 또는 옥외에 시설하는 경우에는 버스덕트 안에 빗물이 들어가지 아니하도록 시설할 것

(5) 저압 접촉전선을 절연 트롤리 배선에 의하여 옥측 또는 옥외에 시설하는 경우에는 절연 트롤리선에 물이 스며들어 고이지 아니하도록 시설할 것

(6) 옥측 또는 옥외에서 사용하는 기계기구에 시설하는 저압 접촉전선은 저압 접촉전선 규정에 의함

(7) 옥측 또는 옥외에 시설하는 저압 접촉전선에 전기를 공급하기 위한 전로에는 전용 개폐기 및 과전류차단기를 시설할 것

① 이 경우에 개폐기는 저압 접촉전선에 가까운 곳에 쉽게 개폐할 수 있도록 시설할 것

② 과전류차단기는 각 극(다선식 전로의 중성극을 제외한다)에 시설하여야 함

(8) 옥측 또는 옥외에 시설하는 저압 접촉전선 규정을 준용하며, 옥내에 시설하는 고압 접촉전선 공사(342.3)의 규정은 옥측 또는 옥외에 시설하는 고압 접촉전선에 준용한다.

(9) 특고압 접촉전선(전차선을 제외함)은 옥측 또는 옥외에 시설하지 말 것

## 5. 옥측 또는 옥외의 방전등 공사

(1) 옥측 또는 옥외에 시설하는 관등회로의 사용전압이 1[kV] 이하인 방전등으로서 네온방 전관 이외의 것을 사용하는 것은 1[kV] 이하 방전등의 규정에 준하여 시설할 것

(2) 옥측 또는 옥외에 시설하는 관등회로의 사용전압이 1[kV]를 초과하는 방전등으로서 방전관에 네온방전관 이외의 것을 사용하는 것은 다음에 따라 시설할 것

① 방전등에 전기를 공급하는 전로의 사용전압은 저압 또는 고압일 것

② 관등회로의 사용전압은 고압일 것

③ 방전등용 변압기는 다음에 적합한 절연변압기일 것

㉠ 금속제의 외함에 넣고 또한 이에 공칭단면적 6.0[mm²]의 도체를 붙일 수 있는 황동제의 접지용 단자를 설치한 것일 것

㉡ 가목의 금속제의 외함에 철심은 전기적으로 완전히 접속한 것일 것

㉢ 권선 상호 간 및 권선과 대지 사이에 최대사용전압의 1.5배의 교류 전압(500[V] 미만일 때에는 500[V])을 연속하여 10분간 가하였을 때에 이에 견디는 것일 것

④ 방전관은 금속제의 견고한 기구에 넣고 또한 다음에 의하여 시설할 것

㉠ 기구는 지표상 4.5[m] 이상의 높이에 시설할 것

㉡ 기구와 기타 시설물(가공전선을 제외) 또는 식물 사이의 이격거리는 0.6[m] 이상 일 것

⑤ 방전등에 전기를 공급하는 전로에는 전용 개폐기 및 과전류차단기를 각 극(과전류차단기는 다선식 전로의 중성극을 제외)에 시설할 것

⑥ 방전등에는 적절한 방수장치를 한 옥외형의 것을 사용할 것

(3) 옥측 또는 옥외에 시설하는 관등회로의 사용전압이 1[kV]를 초과하는 방전등으로서 방전관에 네온방전관을 사용하는 것은 네온방전등의 규정에 준하여 시설할 것

(4) 가로등, 보안등, 조경등 등으로 시설하는 방전등에 공급하는 전로의 사용전압이 150[V]를 초과하는 경우에는 다음에 따라 시설할 것

① 전로에 지락이 생겼을 때에 자동적으로 전로를 차단하는 장치(「전기용품 및 생활용품 안전관리법」의 적용을 받는 것)를 각 분기회로에 시설할 것

② 전로의 길이는 상시 충전전류에 의한 누설전류로 인하여 누전차단기가 불필요하게 동작하지 않도록 시설할 것

③ 사용전압 400[V] 이하인 관등회로의 배선에 사용하는 전선은 케이블을 사용하거나 이와 동등 이상의 절연성능을 가진 전선을 사용할 것

④ 가로등주, 보안등주, 조경등 등의 등주 안에서 전선의 접속은 절연 및 방수성능이 있는 방수형 접속재[레진충전식, 실리콘 수밀식(젤타입) 또는 자기융착테이프와 비닐절연테이프의 이중절연 등]를 사용하거나 적절한 방수함 안에서 접속할 것

⑤ 가로등, 보안등, 조경등 등의 금속제 등주에는 감전보호 규정 및 접지시스템의 규정에 의한 접지공사를 할 것

⑥ 보안등의 개폐기 설치위치는 사람이 쉽게 접촉할 우려가 없는 개폐 가능한 곳에 시설할 것

⑦ 가로등, 보안등에 LED 등기구를 사용하는 경우에는 LED 가로등 및 보안등 기구의 안전 및 성능요구사항에 적합한 것을 시설할 것

(5) 옥측 또는 옥외에 시설하는 관등회로의 사용전압이 400[V] 이상인 방전등은 242.2부터 242.5까지에 규정하는 곳에 시설하여서는 아니 된다.

**reference**
242.2 : 분진 위험장소
242.3 : 가연성 가스 등의 위험장소
242.4 : 위험물 등이 존재하는 장소
242.5 : 화약류 저장소 등의 위험장소

# section 05 특수설비 (KEC 2장 – 240)

## 147 전기울타리에 대한 시설기준을 설명하시오.

**data** 전기안전기술사 및 건축전기설비기술사 출제예상문제

**답안** 

### 1. 시설제한

전기울타리는 목장·논밭 등 옥외에서 가축의 탈출 또는 야생짐승의 침입을 방지하기 위하여 시설하는 경우를 제외하고는 시설해서는 안 된다.

### 2. 사용전압

전원을 공급하는 전로의 사용전압은 250[V] 이하일 것

### 3. 전기울타리의 시설

(1) 전기울타리는 사람이 쉽게 출입하지 아니하는 곳에 시설할 것

(2) 전선은 인장강도 1.38[kN] 이상의 것 또는 지름 2[mm] 이상의 경동선일 것

(3) 전선과 이를 지지하는 기둥 사이의 이격거리는 25[mm] 이상일 것

(4) 전선과 다른 시설물(가공전선을 제외) 또는 수목과의 이격거리는 0.3[m] 이상일 것

### 4. 현장조작개폐기

전로에는 쉽게 개폐할 수 있는 곳에 전용 개폐기를 시설할 것

### 5. 전파장해방지

전기울타리용 전원장치 중 충격전류가 반복하여 생기는 것은 그 장치 및 이에 접속하는 전로에서 생기는 전파 또는 고주파 전류가 무선설비의 기능에 계속적이고 또한 중대한 장해를 줄 우려가 있는 곳에는 시설해서는 안 된다.

### 6. 위험표시

(1) 사람이 전기울타리 전선에 접근 가능한 모든 곳에 사람이 보기 쉽도록 적당한 간격으로 경고표시 그림 또는 글자로 위험표시를 할 것

(2) 위험표시판은 다음과 같이 시설하여야 한다.

① 크기 : 100[mm]×200[mm] 이상

② 경고판 양쪽면의 배경색은 노란색일 것

③ 경고판 글자색은 검은색이어야 하고, 글자는 "감전주의 : 전기울타리"일 것

④ 글자는 지워지지 않아야 하고 경고판 양쪽에 새겨져야 하며, 크기는 25[mm] 이상

## 7. 접지

(1) 전기울타리 전원장치의 외함 및 변압기의 철심은 접지시스템의 규정에 준하여 접지

(2) 전기울타리의 접지전극과 다른 접지계통의 접지전극의 거리는 2[m] 이상일 것. 다만, 충분한 접지망을 가진 경우에는 그러하지 아니 한다.

(3) 가공전선로의 아래를 통과하는 전기울타리의 금속부분은 교차지점의 양쪽으로부터 5[m] 이상의 간격을 두고 접지할 것

## 8. 전기울타리용 전원장치

전기울타리용 전원장치는 KS C IEC 60335-2-76(가정용 및 이와 유사한 전기기기의 안전성-제2-76부 : 전기울타리의 개별 요구사항)에 적합한 것을 사용할 것

## 148 전기욕기의 시설기준에 대하여 설명하시오.

(data) 전기안전기술사 및 건축전기설비기술사 출제예상문제

답안

### 1. 전원장치

(1) 전기욕기에 전기를 공급하기 위한 전기욕기용 전원장치는 내장되는 전원 변압기의 2차 측 전로의 사용전압이 10[V] 이하의 것일 것

(2) 법적 규제 : 「전기용품 및 생활용품 안전관리법」에 의한 안전기준에 적합할 것

(3) 전기욕기용 전원장치는 욕실 이외의 건조한 곳으로서 취급자 이외의 자가 쉽게 접촉하지 아니하는 곳에 시설할 것

### 2. 2차측 배선

(1) 전기욕기용 전원장치로부터 욕기 안의 전극까지의 배선은 공칭단면적 2.5[mm$^2$] 이상의 동선과 이와 동등 이상의 세기 및 굵기의 절연전선(OW선은 제외)

(2) 케이블 또는 공칭단면적이 1.5[mm$^2$] 이상의 캡타이어케이블을 합성수지관공사, 금속관공사 또는 케이블공사에 의하여 시설하거나 또는 공칭단면적이 1.5[mm$^2$] 이상의 캡타이어 코드를 합성수지관이나 금속관에 넣고 관을 조영재에 견고하게 고정할 것

(3) 다만, 전기욕기용 전원장치로부터 욕기에 이르는 배선을 건조하고 전개된 장소에 시설하는 경우에는 그러하지 아니하다.

### 3. 욕기 내의 전극시설

(1) 욕기 내의 전극 간의 거리는 1[m] 이상일 것

(2) 욕기 내의 전극은 사람이 쉽게 접촉될 우려가 없도록 시설할 것

### 4. 접지

전기욕기용 전원장치의 금속제 외함 및 전선을 넣는 금속관에는 접지시스템의 규정에 준하여 접지공사를 하여야 한다.

### 5. 절연저항

전기욕기용 전원장치로부터 욕기 안의 전극까지의 전선 상호 간 및 전선과 대지 사이의 절연저항은 0.1[MΩ] 이상일 것

## 149 전극식 온천온수기에 대한 시설기준을 설명하시오.

**data** 전기안전기술사 및 건축전기설비기술사 출제예상문제

**답안** 
### 1. 정의
전극식 온천온수기란, 수관을 통하여 공급되는 온천수의 온도를 올려서 수관을 통하여 욕탕에 공급하는 전극식 온천온수기이다.

### 2. 사용전압 : 400[V] 이하

### 3. 전원장치
전극식 온천온수기 또는 이에 부속하는 급수 펌프에 직결되는 전동기에 전기를 공급하기 위해서는 사용전압이 400[V] 이하인 절연변압기를 다음에 따라 시설할 것
(1) 절연변압기 2차측 전로에는 전극식 온천온수기 및 이에 부속하는 급수 펌프에 직결하는 전동기 이외의 전기사용 기계기구를 접속하지 아니할 것
(2) 절연변압기는 교류 2[kV]의 시험전압을 하나의 권선과 다른 권선, 철심 및 외함 사이에 연속하여 1분간 가하여 절연내력을 시험 시 이에 견디는 것일 것

### 4. 전극식 온천온수기의 시설
(1) 전극식 온천온수기의 온천수 유입구 및 유출구에는 차폐장치를 설치할 것. 이 경우 차폐장치와 전극식 온천온수기 및 차폐장치와 욕탕 사이의 거리는 각각 수관에 따라 0.5[m] 이상 및 1.5[m] 이상일 것
(2) 전극식 온천온수기에 접속하는 수관 중 전극식 온천온수기와 차폐장치 사이 및 차폐장치에서 수관에 따라 1.5[m]까지의 부분은 절연성 및 내수성이 있는 견고한 것일 것. 이 경우 그 부분에는 수도꼭지 등을 시설해서는 안 된다.
(3) 전극식 온천온수기에 부속하는 급수 펌프는 전극식 온천온수기와 차폐장치 사이에 시설하고 또한 그 급수 펌프 및 이에 직결하는 전동기는 사람이 쉽게 접촉될 우려가 없도록 시설할 것. 다만, 그 급수 펌프에 접지시스템의 규정에 준하여 접지공사를 할 경우에는 그러하지 아니하다.
(4) 전극식 온천온수기 및 차폐장치의 외함은 절연성 및 내수성이 있는 견고한 것일 것

### 5. 개폐기 및 과전류차단기
전극식 온천온수기 전원장치의 절연변압기 1차측 전로에는 개폐기 및 과전류차단기를 각 극(과전류차단기는 다선식의 중성극을 제외)에 시설할 것

## 6. 접지

(1) 전원장치의 절연변압기 철심 및 금속제 외함과 차폐장치의 전극에는 접지시스템의 규정에 준하여 접지공사를 할 것

(2) 이 경우에 차폐장치 접지공사의 접지극은 수도관로를 접지극으로 사용하는 경우 이외에는 다른 접지공사의 접지극과 공용해서는 안 된다.

## 150 전기온상과 유희용 전차 시설기준을 설명하시오.

**data** 전기안전기술사 및 건축전기설비기술사 출제예상문제

**답안** 1. 전기온상 시설기준

(1) **전기온상** : 식물의 재배 또는 양잠·부화·육추 등의 용도로 사용하는 전열장치

(2) **사용전압** : 전로의 대지전압은 300[V] 이하일 것

(3) **발열선의 시설**

① 발열선 및 발열선에 직접 접속하는 전선은 전기온상선일 것

② 발열선은 그 온도가 80[℃]를 넘지 않도록 시설할 것

③ 발열선 및 발열선에 직접 접속하는 전선은 손상을 받을 우려가 있는 경우에는 적당한 방호장치를 할 것

④ 발열선은 다른 전기설비·약전류전선 등 또는 수관·가스관이나 이와 유사한 것에 전기적·자기적 또는 열적인 장해를 주지 않도록 시설할 것

⑤ 발열선 혹은 발열선에 직접 접속하는 전선의 피복에 사용하는 금속체 또는 방호장치의 금속제 부분에는 140의 규정에 준하여 접지공사를 하여야 한다.

⑥ 전기온상 등에 전기를 공급하는 전로에는 전용 개폐기 및 과전류차단기를 각 극(과전류차단기에서 다선식 전로의 중성극을 제외)에 시설할 것

(4) 발열선을 공중에 시설하는 전기온상 등의 시설은 발열선을 애자로 지지하고 또한 다음에 의하여 시설할 것

① 발열선은 사람이 쉽게 접촉할 우려가 없도록 시설할 것

② 발열선은 노출장소에 시설할 것

③ 발열선 상호 간의 간격은 0.03[m](함 내에 시설하는 경우는 0.02[m]) 이상일 것

④ 발열선과 조영재 사이의 이격거리는 0.025[m] 이상으로 할 것

⑤ 발열선을 함 내에 시설하는 경우는 발열선과 함의 구성재 사이의 이격거리를 0.01[m] 이상으로 할 것

⑥ 발열선의 지지점 간의 거리는 1[m] 이하일 것. 다만, 발열선 상호 간의 간격이 0.06[m] 이상인 경우에는 2[m] 이하로 할 수 있다.

⑦ 애자는 절연성·난연성 및 내수성이 있는 것일 것

(5) 발열선을 콘크리트 속에 시설하는 전기온상 등 다음에 따라 시설할 것

① 발열선을 합성수지관 또는 금속관에 넣고 배선설비의 규정에 준하여 시설할 것

② 발열선에 전기를 공급하는 전로에는 전로에 지락이 생겼을 때 자동적으로 전로를 차단하거나 경보하는 장치를 시설할 것

## 2. 유희용 전차

(1) **사용전압** : 변압기의 1차 전압은 400[V] 이하

(2) **전원장치**

　① 전원장치의 2차측 단자의 최대사용전압은 직류의 경우 60[V] 이하, 교류의 경우 40[V] 이하일 것

　② 전원장치의 변압기는 절연변압기일 것

(3) **2차측 회로의 배선**

　① 접촉전선은 제3레일 방식에 의하여 시설할 것

　② 변압기·정류기 등과 레일 및 접촉전선을 접속하는 전선 및 접촉전선 상호 간을 접속하는 전선은 케이블공사에 의하여 시설할 것

　③ 케이블공사 이외에는 사람이 쉽게 접촉할 우려가 없도록 시설할 것

　④ 귀선용 레일은 용접(이음판의 용접을 포함)에 의하는 경우 이외에는 적당한 본드로 전기적으로 완전하게 접속할 것

(4) **전차 내 전로의 시설**

　① 유희용 전차의 전차 내의 전로는 취급자 이외의 사람이 쉽게 접촉될 우려가 없도록 시설할 것

　② 유희용 전차의 전차 내에서 승압하여 사용하는 경우는 다음에 의하여 시설할 것

　　㉠ 변압기는 절연변압기를 사용하고, 2차 전압은 150[V] 이하로 할 것

　　㉡ 변압기는 견고한 함 내에 넣을 것

　　㉢ 전차의 금속제 구조부는 레일과 전기적으로 완전하게 접속되게 할 것

(5) **개폐기**

　유희용 전차에 전기를 공급하는 전로에는 전용의 개폐기를 시설할 것

(6) **전로의 절연**

　① 유희용 전차에 전기를 공급하는 접촉전선과 대지 사이의 절연저항은 사용전압에 대한 누설전류가 레일의 연장 1[km]마다 100[mA]를 넘지 않게 유지할 것

　② 유희용 전차 안의 전로와 대지 사이의 절연저항은 사용전압에 대한 누설전류가 규정 전류의 $\frac{1}{5,000}$ 을 넘지 않도록 유지할 것

## **151** 전기집진장치 응용장치의 설치기준에 대하여 설명하시오.

**data** 전기안전기술사 및 건축전기설비기술사, 전기응용기술사 출제예상문제

**답안** 1. 전기집진 응용장치 및 전원공급설비의 시설

(1) 전기집진 응용장치의 종류

사용전압이 특고압의 전기집진장치 · 정전도장장치 · 전기탈수장치 · 전기선별장치

(2) 전기집진 응용장치 및 이에 특고압의 전기를 공급하기 위한 전기설비 시설방법

① 전기집진 응용장치에 전기를 공급하기 위한 변압기의 1차측 전로에는 그 변압기에 가까운 곳으로 쉽게 개폐할 수 있는 곳에 개폐기를 시설할 것

② 전기집진 응용장치에 전기를 공급하기 위한 변압기 · 정류기 및 이에 부속하는 특고압의 전기설비 및 전기집진 응용장치는 취급자 이외의 사람이 출입할 수 없도록 설비한 곳에 시설할 것. 다만, 충전부분에 사람이 접촉한 경우에 사람에게 위험을 줄 우려가 없는 전기집진 응용장치는 그러하지 아니하다.

③ 잔류전하(殘留電荷)에 의하여 사람에게 위험을 줄 우려가 있는 경우에는 변압기의 2차측 전로에 잔류전하를 방전하기 위한 장치를 할 것

④ 변압기 전로의 절연내역의 규정은 변압기 전로에 관한 규정에 준용할 것

⑤ 옥측 또는 옥외에 시설해서는 안 된다.

⑥ 다만, 사용전압이 특고압의 전기집진장치 및 이에 전기를 공급하기 위한 정류기로부터 전기집진장치에 이르는 전선을 다음에 따라 시설 시에는 그렇지 않음

㉠ 전기집진장치는 그 충전부에 사람이 접촉할 우려가 없도록 시설할 것

㉡ 정류기로부터 전기집진장치에 이르는 전선은 다음에 의하여 시설할 것

• 옥측 : 전기집진기 규정의 2차측 배선(단서를 제외)의 규정에 준하여 시설할 것

• 옥외의 지중에 시설 : 지중전선로 시설 규정 및 지중전선의 피복금속체의 접지 규정

• 옥외의 지상에 시설 : 지상에 시설하는 전선로 규정

• 옥외의 전선로 전용의 교량에 시설 : 전선로 전용 교량 등에 시설하는 전선로 (1을 제외)

2. 변압기로부터 정류기에 이르는 전선 및 정류기로부터 전기집진 응용장치에 이르는 전선 (즉, 2차측 배선)

(1) 전선은 케이블을 사용

(2) 케이블은 손상을 받을 우려가 있는 곳에 시설하는 경우에는 적당한 방호장치를 할 것

(3) 이동전선은 충전부분에 사람이 접촉할 경우에 사람에게 위험을 줄 우려가 없는 전기집
   진 응용장치에 부속하는 이동전선 이외에는 시설하지 말 것

## 3. 특수장소에서 정전도장장치 및 이에 특고압의 전기를 공급할 경우

배선을 가연성 가스 등의 위험한 장소에 시설 시 가스 등에 착화될 우려가 있는 불꽃 또는
아크를 발생하거나 또는 가스 등에 접촉되는 부분의 온도가 가스 등의 발화점 이상으로
상승할 우려가 없도록 시설할 것

## 4. 접지

전기집진 응용장치의 금속제 외함 또한 케이블을 넣은 방호장치의 금속제 부분 및 방식케이
블 이외의 케이블의 피복에 사용하는 금속체에는 접지시스템의 규정에 준한 접지

## 152 이동형의 용접 전극을 사용하는 아크 용접장치의 시설기준에 대하여 설명하시오.

**data** 전기안전기술사 출제예상문제

**답안** (1) 용접변압기는 절연변압기일 것

(2) 용접변압기의 1차측 전로의 대지전압은 300[V] 이하일 것

(3) 용접변압기의 1차측 전로에는 용접변압기에 가까운 곳에 쉽게 개폐할 수 있는 개폐기를 시설할 것

(4) 용접변압기의 2차측 전로 중 용접변압기로부터 용접 전극에 이르는 부분 및 용접변압기로부터 피용접재에 이르는 부분(전기기계기구 안의 전로를 제외)은 다음에 의하여 시설할 것

① 전선은 용접용 케이블이고 「전기용품 및 생활용품 안전관리법」의 적용을 받는 것

② KS C IEC 60245-6(정격전압 450/750[V] 이하 고무절연케이블 – 제6부 : 아크 용접용 케이블)의 용접용 케이블에 적합한 것

③ 캡타이어케이블(용접변압기로부터 용접 전극에 이르는 전로는 0.6/1[kV] EP 고무절연 클로로프렌 캡타이어케이블에 한함)일 것. 다만, 용접변압기로부터 피용접재에 이르는 전로에 전기적으로 완전하고 또한 견고하게 접속된 철골 등을 사용 시에는 그렇지 않음

④ 전로는 용접 시 흐르는 전류를 안전하게 통할 수 있는 것일 것

⑤ 중량물이 압력 또는 현저한 기계적 충격을 받을 우려가 있는 곳에 시설하는 전선에는 적당한 방호장치를 할 것

⑥ 용접기 외함 및 피용접재 또는 이와 전기적으로 접속되는 받침대 · 정반 등의 금속체는 접지시스템의 규정에 준하여 접지공사를 할 것

## **153** 도로 등의 전열장치에 대한 시설 규정을 설명하시오.

**(data)** 전기안전기술사 및 건축전기설비기술사 출제예상문제

**답안** 1. **도로, 주차장 또는 조영물의 조영재에 고정시켜 시설하는 경우**

(1) 발열선에 전기를 공급하는 전로의 대지전압은 300[V] 이하일 것

(2) 발열선은 미네럴인슈레이션(MI) 케이블 등 KS C IEC 60800(정격전압 300/500[V] 이하 보온 및 결빙 방지용 케이블)에 규정된 발열선으로서 노출을 사용하지 아니하는 것은 B종 발열선을 사용할 것

(3) 발열선은 사람이 접촉할 우려가 없고 또한 손상을 받을 우려가 없도록 콘크리트, 기타 견고한 내열성이 있는 것 안에 시설할 것

(4) 발열선은 그 온도가 80[℃]를 넘지 아니하도록 시설할 것. 다만, 도로 또는 옥외주차장에 금속피복을 한 발열선을 시설할 경우에는 발열선의 온도를 120[℃] 이하로 할 수 있다.

(5) 발열선은 다른 전기설비 · 약전류전선 등 또는 수관 · 가스관이나 이와 유사한 것에 전기적 · 자기적 또는 열적인 장해를 주지 아니하도록 시설할 것

(6) 발열선 상호 간 또는 발열선과 전선을 접속할 경우에는 전류에 의한 접속부분의 온도 상승이 접속부분 이외의 온도 상승보다 높지 않게 하고 또한 다음에 의할 것

① 접속부분에는 접속관, 기타의 기구를 사용하거나 또는 납땜을 하고 또한 그 부분을 발열선의 절연물과 동등 이상의 절연성능이 있게 충분히 피복할 것

② 발열선 또는 발열선에 직접 접속하는 전선의 피복에 사용하는 금속체 상호 간을 접속하는 경우에는 그 접속부분의 금속체를 전기적으로 완전히 접속할 것

(7) 발열선 또는 발열선에 직접 접속하는 전선의 피복에 사용하는 금속체에는 접지시스템의 규정에 준하여 접지공사를 할 것

(8) 발열선에 전기를 공급하는 전로에는 전용 개폐기 및 과전류차단기를 각 극(과전류차단기는 다선식 전로의 중성극을 제외)에 시설하고 또한 전로에 지락이 생겼을 때 자동적으로 전로를 차단하는 장치를 시설할 것

### 2. 콘크리트 양생선의 시설

(1) 발열선에 전기를 공급하는 전로의 대지전압은 300[V] 이하일 것

(2) 발열선은 「전기용품 및 생활용품 안전관리법」의 적용을 받는 것 이외에는 KS C IEC 60800에서 정한 시험방법에 적합한 것일 것

(3) 발열선을 콘크리트 속에 매입하여 시설하는 경우 이외에는 발열선 상호 간의 간격을

0.05[m] 이상으로 하고 또한 발열선이 손상을 받을 우려가 없도록 시설할 것

(4) 발열선에 전기를 공급하는 전로에는 전용 개폐기 및 과전류차단기를 각 극(과전류차단기는 다선식 전로의 중성극을 제외)에 시설할 것. 다만, 발열선에 접속하는 이동전선과 옥내배선, 옥측배선 또는 옥외배선을 꽂음접속기, 기타 이와 유사한 기구를 사용하여 접속하는 경우에는 전용 개폐기에 시설하지 않아도 됨

### 3. 전열보드 또는 전열시트의 시설

(1) 전열보드 또는 전열시트에 전기를 공급하는 전로의 사용전압은 300[V] 이하일 것

(2) 전열보드 또는 전열시트는 「전기용품 및 생활용품 안전관리법」의 적용을 받는 것일 것

(3) 전열보드의 금속제 외함 또는 전열시트의 금속 피복에는 접지시스템의 규정에 준하여 접지공사를 할 것

### 4. 도로 또는 옥외 주차장에 표피전류를 이용한 가열장치의 시설

(1) 발열선에 전기를 공급하는 전로의 대지전압은 교류 300[V] 이하일 것

(2) 발열선과 소구경관은 전기적으로 접속하지 아니할 것

(3) 소구경관은 다음에 의하여 시설할 것

① 소구경관은 KS D 3507(배관용 탄소강관)에 규정하는 "배관용 탄소강관"에 적합한 것일 것

② 소구경관은 그 온도가 120[℃]를 넘지 아니하도록 시설할 것

③ 소구경관에 부속하는 박스는 강판으로 견고하게 제작한 것일 것

④ 소구경관 상호 간 및 소구경관과 박스의 접속은 용접에 의할 것

(4) 발열선은 다음에 정하는 표준에 적합한 것으로서 그 온도가 120[℃]를 넘지 않을 것

① 발열체는 KS C IEC 60228(절연케이블용 도체) 또는 적합한 연동선 또는 이를 소선으로 한 연선일 것

② 절연체와 외장은 다음에 적합한 것일 것

㉠ 절연체 재료 : 내열비닐혼합물·가교폴리에틸렌혼합물 또는 에틸렌프로필렌고무혼합물

㉡ 외장의 재료 : 절연체의 "절연체 및 시스의 기계적 특성 시험"에 적합한 것일 것 또한 절연체에 규소 고무혼합물 또는 불소수지혼합물을 사용한 경우는 내열성이 있는 것으로 조밀하게 편조한 것 또는 이와 동등 이상의 내열성 및 세기를 가지는 것일 것

㉢ 완성품은 사용전압이 600[V]를 초과하는 것은 접지한 금속평판 위에 케이블을 2[m] 이상 밀착시켜 도체와 접지판 사이에 다음 표에서 정한 시험전압까지 서서히 전압을 가하여 코로나 방전량을 측정하였을 때 방전량이 30[pC] 이하일 것

‖ 표피전류 가열장치 발연선의 코로나 방전량 시험전압 ‖

| 사용전압의 구분 | 시험방법 |
|---|---|
| 600[V] 초과 1.5[kV] 이하 | 1.5[kV] |
| 1.5[kV] 초과 3.5[kV] 이하 | 3.5[kV] |

(5) 표피전류 가열장치는 사람이 접촉할 우려가 없고 또한 손상을 받을 우려가 없도록 콘크리트, 기타 견고하고 내열성이 있는 것 안에 시설할 것

(6) 발열선에 직접 접속하는 전선은 발열선과 동등 이상의 절연성능 및 내열성을 가지는 것일 것

(7) 발열선 상호 간 또는 발열선과 전선을 접속하는 경우에는 전류에 의한 접속부분의 온도 상승이 접속부분 이외의 온도 상승보다 높지 아니하도록 하고 또한 다음에 의할 것
① 접속부분은 접속 전용기구를 사용할 것
② 접속은 강판으로 견고하게 제작된 박스 안에서할 것
③ 접속부분은 발열선의 절연물과 동등 이상의 절연성능을 가지는 것으로 충분히 피복할 것

(8) 소구경관(박스를 포함)에는 접지시스템의 규정에 준하여 접지공사를 할 것

## 154 비행장 등화(燈火)배선에 대한 시설기준을 설명하시오.

**data** 건축전기설비기술사 출제예상문제 / KEC 241.13

**답안** ✍

### 1. 정의

비행장의 구내로서 비행장 관계자 이외의 사람이 출입할 수 없는 장소에 비행장 등화(야간 또는 계기 비행 기상상태 하에서 항공기의 이륙 또는 착륙을 돕기 위한 등화시설)[항공장애등(航空障碍燈)은 제외]

### 2. 배선방법

(1) 접속하는 지중의 저압 또는 고압의 배선은 지중전선로 규정에 따라 시설할 것

(2) 직접 매설에 의하여 차량, 기타 중량물의 압력을 받을 우려가 없는 장소에 저압 또는 고압 배선을 다음에 의하여 시설하는 경우

① 전선은 클로로프렌 외장 케이블일 것

② 전선의 매설장소를 표시하는 적당한 표시를 할 것

③ 매설깊이는 항공기 이동지역에서 0.5[m], 그 밖의 지역에서 0.75[m] 이상일 것

(3) 활주로 · 유도로, 기타 포장된 노면에 만든 배선통로에 저압배선을 다음에 의하여 시설 시

① 전선은 공칭단면적 4[mm²] 이상의 연동선을 사용한 450/750[V] 일반용 단심 비닐 절연전선 또는 450/750[V] 내열성 에틸렌아세테이트 고무절연전선일 것

② 전선에는 다음에 적합한 보호피복을 할 것

㉠ 재료는 폴리아미드로서 KS M ISO 1874-2(플라스틱-폴리아미드(PA) 성형 및 압출재료-제2부 : 시험편 제작 및 물성 측정)의 "5. 물성의 측정" 시험을 하였을 때 융점이 210[℃] 이상의 것일 것

㉡ 두께는 0.2[mm] 이상의 것일 것

㉢ 보호피복을 한 450/750[V] 일반용 단심 비닐절연전선에 대하여 KS C 3006(에나멜 동선 및 에나멜 알루미늄선 시험방법)의 "10. 내마모" 시험방법에 의하여 추의 질량을 1.5[kg]으로 하고 보호피복이 닳아 절연체가 노출할 때까지 시험을 하였을 때 그 평균 횟수가 300회 이상일 것

③ 배선통로는 전선 손상이 없도록 견고하게 내열성이 있는 것으로 채울 것

(4) 비행장 등화용 직렬회로(비행장에서 사용하는 정전류 조정기 2차측 회로 및 등화용 변압기를 포함)는 다음 표에서 정한 시험전압을 도체와 대지 간에 연속하여 5분간 가하였을 때 이에 견딜 것

❙ 비행장 등화용 직렬회로의 절연내력 시험전압 ❙

| 종 류 | 시험전압 | |
|---|---|---|
| | 최초 시험 | 정기 시험 |
| 진입등 전체<br>(5[kV] 1차 리드선이 있는 변압기) | 9[kV] D.C | 5[kV] D.C |
| 접지대등 및 중심선등 회로<br>(5[kV] 1차 리드선이 있는 변압기) | 9[kV] D.C | 5[kV] D.C |
| 고광도 활주로등 회로<br>(5[kV] 1차 리드선이 있는 변압기) | 9[kV] D.C | 5[kV] D.C |
| 중광도 활주로등 및 유도로등 및 회로<br>(5[kV] 1차 리드선이 있는 변압기) | 6[kV] D.C | 3[kV] D.C |
| 600[V] 회로 | 1.8[kV] D.C | 600[V] D.C |
| 5[kV] 정격 케이블 | 10[kV] D.C | 10[kV] D.C |
| 5[kV] 초과 전력 케이블 | (정격전압×2) + 1[kV] | (정격전압×2) + 1[kV] |

(5) 케이블 도체 간 및 도체와 대지 간에 측정한 절연저항이 50[MΩ] 이상일 것

# 155 소세력 회로(小勢力回路)의 시설기준에 대하여 설명하시오.

**data** 전기안전기술사 및 건축전기설비기술사 출제예상문제

**답안** **1. 소세력 회로**

(1) 적용 : 전자개폐기의 조작회로 또는 초인벨 · 경보벨 등에 접속하는 전로

(2) 구분 : 최대사용전압이 60[V] 이하인 것으로서, 다음의 최대사용전류로 구분됨

| 최대사용전압 | 최대사용전류 |
|---|---|
| 15[V] 이하 | 5[A] 이하 |
| 15[V] 초과 30[V] 이하 | 3[A] 이하 |
| 30[V] 초과 | 1.5[A] 이하 |

## 2. 사용전압

소세력 회로용 절연변압기의 사용전압은 대지전압 300[V] 이하일 것

## 3. 전원장치

(1) 소세력 회로에 전기를 공급하기 위한 변압기는 절연변압기이어야 한다.

(2) "(1)"의 절연변압기의 2차 단락전류는 소세력 회로의 최대사용전압에 따라 표에서 정한 값 이하의 것일 것. 다만, 그 변압기의 2차측 전로에 표에서 정한 값 이하의 과전류차단기를 시설하는 경우에는 그러하지 아니하다.

**┃ 절연변압기의 2차 단락전류 및 과전류차단기의 정격전류 ┃**

| 소세력 회로의 최대사용전압의 구분 | 2차 단락전류 | 과전류차단기의 정격전류 |
|---|---|---|
| 15[V] 이하 | 8[A] | 5[A] |
| 15[V] 초과 30[V] 이하 | 5[A] | 3[A] |
| 30[V] 초과 60[V] 이하 | 3[A] | 1.5[A] |

## 4. 소세력 회로의 배선

(1) 소세력 회로의 전선을 조영재에 붙여 시설하는 경우에는 다음에 의하여 시설할 것

① 전선은 케이블(통신용 케이블을 포함)인 경우 이외에는 공칭단면적 1[mm²] 이상의 연동선 또는 이와 동등 이상의 세기 및 굵기의 것일 것

② 전선은 코드 · 캡타이어케이블 또는 케이블일 것. 다만, 절연전선이나 통신용 케이블로서 소세력 회로의 절연전선 등의 규격(241.14.4)의 규정에 적합한 것을 사용하는 경우 또는 건조한 조영재에 시설하는 최대사용전압이 30[V] 이하의 소세력 회로의 전선에 피복선을 사용하는 경우에는 그러하지 아니함

③ 전선이 손상을 받을 우려가 있는 곳에 시설하는 경우에는 적절한 방호장치를 할 것

④ 전선은 금속제의 수관·가스관 또는 이와 유사한 것과 접촉되지 않도록 시설할 것

⑤ 전선을 금속망 또는 금속판을 사용한 목조 조영재에 시설하는 경우에는 다음 같이 시설할 것

    ㉠ 전선이 금속망 또는 금속판을 사용한 목조 조영재에 붙여 시설하는 경우에는 절연성·난연성 및 내수성이 있는 애자로 지지하고 조영재 사이의 이격거리를 6[mm] 이상할 것

    ㉡ 전선이 금속망 또는 금속판을 사용한 목재 조영재를 관통하는 경우에는 옥측전선로 규정(221.2)의 3의 "가" 및 "나"에 따라 시설할 것

⑥ 전선을 금속망 또는 금속판을 사용한 목조 조영물에 시설하는 경우에는 전선을 금속제의 방호장치에 넣어 시설하는 경우 또는 전선이 금속피복으로 되어 있는 케이블인 경우에 해당할 때에는 다음과 같이 시설한다.

    ㉠ 목조 조영물의 금속망 또는 금속판과 다음의 것과는 전기적으로 접속하지 않게 시설할 것

      • 전선을 넣는 금속제의 방호장치 등에 사용하는 금속제 부분

      • 케이블 배선에 사용하는 관, 기타의 방호장치의 금속제 부분 또는 금속제의 전선 접속함

      • 케이블의 피복에 사용하는 금속제

    ㉡ 전선을 금속망 또는 금속판을 사용한 목재 조영재를 관통하는 경우에는 그 부분의 금속망 또는 금속판을 충분히 절개하고 금속제 방호장치 및 금속피복케이블에 내구성이 있는 절연관을 끼우거나 내구성이 있는 절연테이프를 감아서 금속망 또는 금속관과 전기적으로 접속하지 아니하도록 시설할 것

(2) 소세력 회로의 전선을 지중에 시설하는 경우는 다음에 의하여 시설할 것

    ① 전선은 450/750[V] 일반용 단심 비닐절연전선, 캡타이어케이블(외장이 천연고무혼합물의 것은 제외) 또는 케이블을 사용할 것

    ② 전선을 차량, 기타 중량물의 압력에 견디는 견고한 관·트라프, 기타의 방호장치에 넣어서 시설하는 경우를 제외하고는 매설깊이를 0.3[m](차량, 기타 중량물의 압력을 받을 우려가 있는 장소에 시설하는 경우는 1.2[m]) 이상으로 하고 또한 334.1(지중전선로의 시설 규정)의 4의 "마"부터 "사"까지에서 정하는 구조로 개장한 케이블을 사용하여 시설하는 경우 이외에는 전선의 상부를 견고한 판 또는 홈통으로 덮어서 손상을 방지할 것

(3) 소세력 회로의 전선을 지상에 시설하는 경우는 (2)의 "①"의 규정에 따르는 외에 전선을 견고한 트라프 또는 개거(開渠)에 넣어서 시설할 것

(4) 소세력 회로의 전선을 가공으로 시설하는 경우에는 다음에 의하여 시설할 것

    ① 전선은 인장강도 508[N/mm$^2$] 이상의 것 또는 지름 1.2[mm]의 경동선일 것

    ② 전선은 절연전선 및 캡타이어케이블 또는 케이블

    ③ 전선이 케이블인 경우에는 지름 3.2[mm]의 아연도금 철선 또는 이와 동등 이상의 세기의 금속선으로 매달아 시설할 것

    ④ 전선의 높이는 다음에 의할 것

        ㉠ 도로를 횡단하는 경우는 지표면상 6[m] 이상

        ㉡ 철도 또는 궤도를 횡단하는 경우는 레일면상 6.5[m] 이상

        ㉢ "㉠" 및 "㉡" 이외의 경우는 지표상 4[m] 이상. 다만, 전선을 도로 이외의 곳에 시설하는 경우로서 위험의 우려가 없는 경우는 지표상 2.5[m]까지 감할 수 있다.

    ⑤ 전선의 지지물은 풍압하중에 견디는 강도를 가질 것

    ⑥ 전선의 지지점 간의 거리는 15[m] 이하일 것

    ⑦ 전선에 나전선을 사용하는 경우는 전선과 식물과의 이격거리를 0.3[m] 이상 유지할 것

**156** 저압전기설비의 임시시설 시설기준에 대하여 설명하시오.

(data) 전기안전기술사 및 건축전기설비기술사 출제예상문제

답안 **1. 옥내에서 애자공사에 의한 임시시설**

(1) 사용전압은 400[V] 이하일 것

(2) 건조하고 전개된 장소에 시설할 것

(3) 전선은 절연전선(OW는 제외)일 것

**2. 추녀 밑, 기타 가옥의 외면에 따라 옥측에 시설하는 애자공사에 의한 임시시설**

다음 표 전선 상호 간 및 전선과 조영재의 이격거리에 따라 시설할 경우

(1) 사용전압은 400[V] 이하일 것

(2) 전선은 절연전선(OW는 제외)일 것

┃ **전선 상호 간 및 전선과 조영재의 이격거리** ┃

| 시설장소 | 전 선 | 전선 상호 간의 거리 | 전선과 조영재의 거리 |
|---|---|---|---|
| 비 또는 이슬에 맞는 전개된 장소 | 절연전선<br>(옥외용 비닐절연전선<br>및 인입용<br>비닐절연전선은 제외) | 0.03[m] 이상 | 6[mm] 이상 |
| 비 또는 이슬에 맞지 아니하는 전개된 장소 | 절연전선(옥외용 비닐절연전선은 제외) | 이격거리 없이 시설할 수 있다 | 이격거리 없이 시설할 수 있다 |

**3. 옥외의 임시시설**

(1) 사용전압은 150[V] 이하일 것

(2) 전선은 절연전선(옥외용 비닐절연전선을 제외한다)일 것

(3) 수목 등의 동요로 인하여 전선이 손상될 우려가 있는 곳에 설치하는 경우는 적당한 방호시설을 할 것

(4) 전원측의 전선로 또는 다른 배선에 접속하는 곳의 가까운 장소에 지락차단장치·전용 개폐기 및 과전류차단기를 각 극(과전류차단기는 다선식 전로의 중성극을 제외한다)에 시설할 것

**4. 옥내에 시설하는 임시시설을 콘크리트 매입한 경우의 시설**

(1) 사용전압은 400[V] 이하일 것

(2) 전선은 케이블일 것

(3) 그 배선은 분기회로에만 시설하는 것일 것

(4) 전로의 전원측에는 전로에 지락이 생겼을 때 자동적으로 전로를 차단하는 장치·전용 개폐기 및 과전류차단기를 각 극(과전류차단기는 다선식 전로의 중성극을 제외한다)에 시설할 것

## 157 전기부식방지 시설기준에 대하여 설명하시오.

**data** 전기안전기술사 및 건축전기설비기술사 출제예상문제

**답안** **1. 전기부식방지 시설의 정의**

지중 또는 수중에 시설하는 금속체(이하 "피방식체"라 한다)의 부식을 방지하기 위해 지중 또는 수중에 시설하는 양극과 피방식체 간에 방식 전류를 통하는 시설(전기부식방지용 전원장치를 사용하지 아니하는 것은 제외)을 말함

**2. 사용전압**

전기부식방지용 전원장치에 전기를 공급하는 전로의 사용전압은 저압일 것

**3. 전원장치**

(1) 전원장치는 견고한 금속제의 외함에 넣을 것

(2) 변압기는 절연변압기일 것

(3) 교류 1[kV]의 시험전압을 하나의 권선과 다른 권선·철심 및 외함과의 사이에 연속적으로 1분간 가하여 절연내력을 시험하였을 때 이에 견디는 것일 것

**4. 전기부식방지 회로의 전압 등**

(1) 전기부식방지 회로(전기부식방지용 전원장치로부터 양극 및 피방식체까지의 전로)의 사용전압은 직류 60[V] 이하일 것

(2) 양극(陽極)은 지중에 매설하거나 수중에서 쉽게 접촉할 우려가 없는 곳에 시설할 것

(3) 지중에 매설하는 양극의 매설깊이는 0.75[m] 이상일 것

(4) 수중에 시설하는 양극과 그 주위 1[m] 이내의 거리에 있는 임의점과의 사이의 전위차는 10[V]를 넘지 아니할 것

(5) 지표 또는 수중에서 1[m] 간격의 임의의 2점(제4의 양극의 주위 1[m] 이내의 거리에 있는 점 및 울타리의 내부점은 제외)간의 전위차가 5[V]를 넘지 아니할 것

**5. 2차측 배선**

(1) 범위

전기부식방지용 전원장치의 2차측 단자에서부터 양극·피방식체 및 대지를 포함한 전기부식방지 회로의 배선

(2) 시설방법

① 전기부식방지 회로의 전선 중 가공으로 시설하는 부분은 다음에 의하여 시설할 것

ㄱ 전선은 케이블인 경우 이외에는 지름 2[mm]의 경동선 또는 이와 동등 이상의 세기 및 굵기의 옥외용 비닐절연전선 이상의 절연성능이 있는 것일 것

ㄴ 전기부식방지 회로의 전선과 저압 가공전선을 동일 지지물에 시설하는 경우는 전기부식방지 회로의 전선을 하단에 별개의 완금류에 의하여 시설하고, 또한 저압 가공전선과의 이격거리는 0.3[m] 이상으로 할 것. 다만, 전기부식방지 회로의 전선 또는 저압 가공전선이 케이블인 경우는 아님

ㄷ 전기부식방지 회로의 전선과 고압 가공전선 또는 가공약전류전선 등을 동일 지지물에 시설하는 경우에는 각각 가공케이블 규정(332)의 8 또는 21의 규정에 준하여 시설할 것

> **reference**
> 332.8 : 고압 가공전선 등의 병행설치
> 332.21 : 고압 가공전선과 가공약전류전선 등의 공용설치

ㄹ 다만, 전기부식방지 회로의 전선이 450/750[V] 일반용 단심 비닐절연전선 또는 케이블인 경우에는 전기부식방지 회로의 전선을 가공약전류전선 등의 밑으로 하고 또한 가공약전류전선 등과의 이격거리를 0.3[m] 이상으로 하여 시설할 수 있다.

② 전기부식방지 회로의 전선 중 지중에 시설하는 부분은 다음에 의하여 시설할 것

ㄱ 전선은 공칭단면적 4.0[mm²]의 연동선 또는 이와 동등 이상의 세기 및 굵기의 것일 것. 다만, 양극에 부속하는 전선은 공칭단면적 2.5[mm²] 이상의 연동선 또는 이와 동등 이상의 세기 및 굵기의 것을 사용할 수 있다.

ㄴ 전선은 450/750[V] 일반용 단심 비닐절연전선 · 클로로프렌 외장 케이블 · 비닐 외장 케이블 또는 폴리에틸렌 외장 케이블일 것

ㄷ 전선을 직접 매설식에 의하여 시설하는 경우에는 전선을 피방식체의 아랫면에 밀착하여 시설하는 경우 이외에는 매설깊이를 차량, 기타의 중량물의 압력을 받을 우려가 있는 곳에서는 1.0[m] 이상, 기타의 곳에서는 0.3[m] 이상으로 할 것

ㄹ 전선을 돌 · 콘크리트 등의 판이나 몰드로 전선의 위와 옆을 덮거나 「전기용품 및 생활용품 안전관리법」의 적용을 받는 합성수지관이나 이와 동등 이상의 절연 성능 및 강도를 가지는 관에 넣어 시설할 것. 다만, 차량, 기타의 중량물의 압력을 받을 우려가 없는 것에 매설깊이를 0.6[m] 이상으로 하고 또한 전선의 위를 견고한 판이나 몰드로 덮어 시설하는 경우에는 그렇지 않음

ㅁ 입상(立上)부분의 전선 중 깊이 0.6[m] 미만인 부분은 사람이 접촉할 우려가 없고 또한 손상을 받을 우려가 없도록 적당한 방호장치를 할 것

③ 전기부식방지 회로의 전선 중 지상의 입상부분에는 ②의 "㉠" 및 "㉡"의 규정에 준하는 이외에 지표상 2.5[m] 미만의 부분에는 사람이 접촉할 우려가 없고 또한 손상을 받을 우려가 없도록 적당한 방호장치를 할 것

④ 전기부식방지 회로의 전선 중 수중에 시설하는 부분은 다음에 의하여 시설할 것
   ㉠ 전선은 ②의 "㉠" 및 "㉡"의 규정에 의할 것
   ㉡ 전선은 KS C 8431(경질 폴리염화비닐전선관)에 적합한 합성수지관이나 이와 동등 이상의 절연성능 및 강도를 가지는 관에 적합한 금속관에 넣어 시설할 것. 다만, 전선을 피방식체의 아랫면이나 옆면 또는 수저(水底)에서 손상을 받을 우려가 없는 곳에 시설하는 경우에는 그러하지 아니하다.

## 6. 개폐기 및 과전류차단기

전기부식방지용 전원장치의 1차측 전로는 개폐기 및 과전류차단기를 각 극(과전류차단기는 다선식 전로의 중성극을 제외)에 시설할 것

## 7. 접지

전기부식방지용 전원장치의 외함은 접지시스템의 규정에 준하여 접지공사

## 8. 인접한 매설구조물(埋設構造物)에 대한 처리

다른 시설물에 전식작용에 의해 장해를 줄 우려가 있는 경우는 이를 방지하기 위하여 그 시설물과 피방식체를 전기적으로 접속하는 등 적당한 방지방법을 시행할 것

## 9. 기계기구의 금속제 부분의 방식(防蝕)

기계기구의 금속제 부분(지중 또는 수중에 시설되는 것을 제외)의 부식을 방지하기 위해 지중 또는 수중에 시설하는 양극과 기계기구의 금속제 부분 사이에 방식 전류를 통하는 시설로서 전기부식방지용 전원장치를 사용하는 것은 전기부식방지 시설 규정(241.16)의 1에서 7까지의 규정에 따라 시설하여야 한다.

**158** 전기자동차 충전설비의 시설에 대하여 다음을 설명하시오.
1. 저압전로 시설
2. 전기기계적 조건, 설치환경
3. 충전케이블 및 부속품
4. 부대설비

**(data)** 공통 출제예상문제 / 전기안전기술사 기출문제
**(comment)** 반복학습이 요구되는 빈출문제

**답안** **1. 전기자동차 전원공급설비의 저압전로 시설**

(1) 전기자동차 전원설비 : 전원공급설비에 사용하는 전로의 전압은 저압일 것

(2) 적용 범위 : 전력계통으로부터 교류의 전원을 입력받아 전기자동차에 전원을 공급하기 위한 분전반, 배선(전로), 충전장치 및 충전케이블 등의 전기자동차 충전설비

(3) 전용의 개폐기 및 과전류차단기를 각 극(과전류차단기는 다선식 전로의 중성극을 제외)에 시설하고 또한 전로에 지락이 생겼을 때 자동적으로 그 전로를 차단하는 장치를 시설할 것

(4) 옥내에 시설하는 저압용 배선기구의 시설은 다음에 따라 시설할 것

① 옥내에 시설하는 저압용의 배선기구는 그 충전부분이 노출되지 아니하도록 시설할 것. 다만, 취급자 이외의 자가 출입할 수 없도록 시설한 곳은 아님

② 옥내에 시설하는 저압용의 비포장 퓨즈는 불연성의 것으로 제작한 함 또는 안쪽면 전체에 불연성의 것을 사용하여 제작한 함의 내부에 시설할 것

③ 다만, 사용전압이 400[V] 이하인 저압 옥내전로에 다음에 적합한 기구 또는 「전기용품 및 생활용품 안전관리법」의 적용을 받는 기구에 넣어 시설하는 경우에는 그러하지 아니하다.

㉠ 극과 극 사이에는 개폐하였을 때 또는 퓨즈가 용단되었을 때 생기는 아크가 다른 극에 미치지 않도록 절연성의 격벽을 시설한 것일 것

㉡ 커버는 내(耐)아크성의 합성수지로 제작한 것이어야 하며 또한 진동에 의하여 떨어지지 않는 것일 것

㉢ 완성품은 커버 나이프 스위치의 온도 상승, 단락 차단, 내열 및 커버의 강도에 적합한 것일 것

④ 옥내의 습기가 많은 곳 또는 물기가 있는 곳에 시설하는 저압용의 배선기구에는 방습장치를 하여야 한다.

⑤ 옥내에 시설하는 저압용의 배선기구에 전선을 접속하는 경우에는 나사로 고정시키거나, 기타 이와 동등 이상의 효력이 있는 방법에 의하여 견고하게 또한 전기적으로 완전히 접속하고 접속점에 장력이 가하여지지 않게 할 것

⑥ 저압 콘센트는 접지극이 있는 콘센트를 사용하여 접지하여야 한다.

(5) 옥측 또는 옥외에 시설하는 저압용 배선기구의 시설은 235.1규정에 따라 시설할 것

> **reference**
> 235.1 : 옥측 또는 옥외에 시설하는 배분·전반 및 배선기구 등의 시설

## 2. 전기기계적 조건, 설치환경(즉, 전기자동차 충전장치의 시설)

(1) 충전부분이 노출되지 않도록 시설하고, 외함의 접지는 접지시스템의 규정에 준하여 접지공사를 할 것

(2) 외부 기계적 충격에 대한 충분한 기계적 강도(IK08 이상)를 갖는 구조일 것

(3) 침수 등의 위험이 있는 곳에 시설하지 말아야 하며, 옥외에 설치 시 강우·강설에 대하여 충분한 방수 보호등급(IPX4 이상)을 갖는 것일 것

(4) 분진이 많은 장소, 가연성 가스나 부식성 가스 또는 위험물 등이 있는 장소에 시설하는 경우에는 통상의 사용 상태에서 부식이나 감전·화재·폭발의 위험이 없도록 242.2부터 242.5까지의 규정에 따라 시설할 것

> **reference**
> 242.2 : 분진 위험장소
> 242.3 : 가연성 가스 등의 위험장소
> 242.4 : 위험물 등이 존재하는 장소
> 242.5 : 화약류 저장소 등의 위험장소

(5) 전기자동차의 충전장치는 쉽게 열 수 없는 구조일 것

(6) 충전장치에는 전기자동차 전용임을 나타내는 표지를 쉽게 보이는 곳에 설치할 것

(7) 전기자동차의 충전장치 또는 충전장치를 시설한 장소에는 위험표시를 쉽게 보이는 곳에 표지할 것

(8) 전기자동차의 충전장치는 부착된 충전 케이블을 거치할 수 있는 거치대 또는 충분한 수납공간(옥내 0.45[m] 이상, 옥외 0.6[m] 이상)을 갖는 구조이며, 충전 케이블은 반드시 거치할 것

(9) 충전장치의 충전 케이블 인출부는 옥내용의 경우 지면으로부터 0.45[m] 이상 1.2[m] 이내에, 옥외용의 경우 지면으로부터 0.6[m] 이상에 위치할 것

**3. 전기자동차의 충전 케이블 및 부속품(부속품 : 플러그와 커플러)**

(1) 충전장치와 전기자동차의 접속에는 연장코드를 사용하지 말 것

(2) 충전장치와 전기자동차의 접속에는 자동차 어댑터(자동차 커넥터와 자동차 인렛 사이에 연결되는 장치 또는 부속품을 말함)를 사용할 수 있다.

(3) 충전 케이블은 유연성이 있는 것으로서 통상의 충전전류를 흘릴 수 있는 충분한 굵기의 것일 것

(4) 전기자동차 커플러[충전 케이블과 전기자동차를 접속 가능하게 하는 장치로서, 충전 케이블에 부착된 커넥터(connector)와 전기자동차의 인렛(inlet) 두 부분으로 구성됨]는 다음에 적합할 것

① 다른 배선기구와 대체 불가능한 구조로서 극성이 구분이 되고 접지극이 있을 것

② 접지극은 투입 시 제일 먼저 접속되고, 차단 시 제일 나중에 분리되는 구조일 것

③ 의도하지 않은 부하의 차단을 방지하기 위해 잠금 또는 탈부착을 위한 기계적 장치가 있는 것일 것

④ 전기자동차 커넥터(충전 케이블에 부착되어 있으며, 전기자동차 접속구에 접속하기 위한 장치)가 전기자동차 접속구로부터 분리될 때 충전 케이블의 전원공급을 중단시키는 인터록 기능이 있는 것일 것

(5) 전기자동차 커넥터 및 플러그(충전 케이블에 부착되어 있으며, 전원측에 접속하기 위한 장치)는 낙하 충격 및 눌림에 대한 충분한 기계적 강도를 가질 것

**4. 충전장치 등의 방호장치 시설(전기자동차 충전설비의 부대설비)**

(1) 충전장치의 부대설비의 구성

차량유동방지장치, 환기설비, 충전상태 표시장치, 조명설비 등으로 구성됨

(2) 충전장치 등의 방호장치는 다음에 따라 시설하여야 한다.

① 충전 중 전기자동차의 유동을 방지하기 위한 장치(차량유동방지장치)를 갖출 것

② 전기자동차 등에 의한 물리적 충격의 우려가 있는 경우에는 이를 방호하는 장치를 시설할 것

(3) 충전 중 환기가 필요한 경우에는 충분한 환기설비를 갖추어야 하며, 환기설비를 나타내는 표지를 쉽게 보이는 곳에 설치할 것

(4) 충전 중에는 충전상태를 확인할 수 있는 표시장치를 쉽게 보이는 곳에 설치할 것

(5) 충전 중 안전과 편리를 위하여 적절한 밝기의 조명설비를 설치할 것

## 159 옥내 방전등 공사의 시설 제한기준에 대하여 설명하시오.

**data** 건축전기설비기술사 출제예상문제

**답안** **1. 관등회로의 사용전압이 400[V] 초과인 방전등을 설치할 수 없는 장소**

(1) 242.2 : 분진 위험장소

(2) 242.3 : 가연성 가스 등의 위험장소

(3) 242.4 : 위험물 등이 존재하는 장소

(4) 242.5 : 화약류 저장소 등의 위험장소

**2. 관등회로의 사용전압이 1[kV]를 초과하는 방전등의 시설기준**

(1) 방전관에 네온 방전관 이외의 것을 사용한 것은 기계기구의 구조상 그 내부에 안전하게 시설할 수 있는 경우

(2) 234.11(1[kV] 이하 방전등)의 규정에 준하여 시설한 경우

(3) 방전관에 사람이 접촉할 우려가 없도록 시설하는 경우

## 160 폭연성 분진 위험장소에서 저압전기설비의 시설기준에 대하여 설명하시오.

**data** 전기안전기술사 출제예상문제

**답안** 1. 폭연성 분진의 정의 및 폭연성 분진 위험장소

(1) 폭연성 분진의 정의

마그네슘 · 알루미늄 · 티탄 · 지르코늄 등의 먼지가 쌓여 있는 상태에서 불이 붙었을 때에 폭발할 우려가 있는 것

(2) 폭연성 분진의 위험장소

① 폭연성 분진이 체류하는 장소

② 전기설비가 발화원이 되어 화약류의 분말이 폭발 우려가 있는 곳

### 2. 폭연성 분진 위험장소 내에서 옥내 배선시설 방법

(1) 저압 옥내배선, 저압 관등회로 배선 및 소세력 회로의 전선은 금속관공사 또는 케이블공사(캡타이어케이블을 사용하는 것은 제외)에 의할 것

(2) 금속관공사에 의하는 때에는 다음에 의하여 시설할 것

① 금속관은 박강 전선관 또는 이와 동등 이상의 강도를 가지는 것일 것

② 박스, 기타의 부속품 및 풀박스는 쉽게 마모 · 부식, 기타의 손상을 일으킬 우려가 없는 패킹을 사용하여 먼지가 내부에 침입하지 아니하도록 시설할 것

③ 관 상호 간 및 관과 박스, 기타의 부속품 · 풀박스 또는 전기기계기구와는 5턱 이상 나사조임으로 접속하는 방법, 기타 이와 동등 이상의 효력이 있는 방법에 의하여 견고하게 접속하고 또한 내부에 먼지가 침입하지 아니하도록 접속할 것

④ 전동기에 접속하는 부분에서 가요성을 필요로 하는 부분의 배선에는 금속관공사 규정의 1의 "가"의 단서에 규정하는 방폭형의 부속품 중 분진방폭형 유연성 부속을 사용할 것

(3) 케이블공사에 의하는 때에는 다음에 의하여 시설할 것

① 전선은 334.1의 4의 "나"에서 규정하는 개장된 케이블 또는 미네럴인슈레이션 케이블을 사용하는 경우 이외에는 관, 기타의 방호장치에 넣어 사용할 것

**reference**
334.1 : 지중전선로의 시설

② 전선을 전기기계기구에 인입할 경우에는 패킹 또는 충진제를 사용하여 인입구로부터 먼지가 내부에 침입하지 아니하도록 하고 또한 인입구에서 전선이 손상될 우려가 없도록 시설할 것

(4) 이동 전선은 접속점이 없는 0.6/1[kV] EP 고무절연 클로로프렌 캡타이어케이블을 사용하고 또한 손상을 받을 우려가 없도록 시설할 것

(5) 전선과 전기기계기구는 진동에 의하여 헐거워지지 아니하도록 견고하고 또한 전기적으로 완전하게 접속할 것

> **reference**
> 242.2 : 분진 위험장소

(6) 전기기계기구는 242.2.4에서 정하는 표준에 적합한 분진방폭 특수방진구조일 것

> **reference**
> 242.2.4 : 분진방폭 특수방진구조

(7) 백열전등 및 방전등용 전등기구는 조영재에 직접 견고하게 붙이거나 또는 전등을 다는 관·전등 완관(電燈脘管) 등에 의하여 조영재에 견고하게 붙일 것

(8) 전동기는 과전류가 생겼을 때에 폭연성 분진에 착화할 우려가 없도록 시설할 것

## 161 가연성 분진 위험장소의 저압 옥내전기설비 시설기준을 설명하시오.

**data** 전기안전기술사 및 건축전기설비기술사 출제예상문제

**답안** 1. 가연성 분진의 위험장소

(1) 소맥분·전분·유황, 기타 가연성의 먼지로 공중에 떠다니는 상태에서 착화하였을 때에 폭발할 우려가 있는 것을 말하며 폭연성 분진을 제외한다.

(2) 전기설비가 발화원이 되어 폭발할 우려가 있는 곳

2. 가연성 분진의 위험장소에 시설하는 저압 옥내전기설비 시설기준

(1) 저압 옥내배선 등은 합성수지관공사(두께 2[mm] 미만의 합성수지 전선관 및 난연성이 없는 콤바인 덕트관을 사용하는 것은 제외)·금속관공사 또는 케이블공사에 의할 것

(2) 합성수지관공사로 시설 시

① 합성수지관 및 박스, 기타의 부속품은 손상을 받을 우려가 없도록 시설할 것

② 박스, 기타의 부속품 및 풀박스는 쉽게 마모·부식, 기타의 손상이 생길 우려가 없는 패킹을 사용하는 방법, 틈새의 깊이를 길게 하는 방법, 기타 방법에 의하여 먼지가 내부에 침입하지 아니하도록 시설할 것

③ 관과 전기기계기구는 관 상호 간 및 박스와는 관을 삽입하는 깊이를 관의 바깥지름의 1.2배(접착제를 사용하는 경우에는 0.8배) 이상으로 하고 또한 꽂음접속에 의하여 견고하게 접속할 것

④ 전동기에 접속하는 부분에서 가요성을 필요로 하는 부분의 배선에는 규정하는 분진 방폭형 유연성 부속을 사용할 것

(3) 금속관공사에 의한 시설 시

관 상호 간 및 관과 박스, 기타 부속품·풀박스 또는 전기기계기구와는 5턱 이상 나사조임으로 접속하는 방법, 기타 또는 이와 동등 이상의 효력이 있는 방법에 의하여 견고하게 접속할 것

(4) 케이블공사에 의한 시설 시

① 전선을 전기기계기구에 인입 시 인입구에서 먼지가 내부로 침입하지 않게 시설할 것

② 인입구에서 전선이 손상될 우려가 없도록 시설할 것

(5) 이동전선의 시설 시

① 접속점이 없는 0.6/1[kV] EP 고무절연 클로로프렌 캡타이어케이블로 시설할 것

② 0.6/1[kV] 비닐절연 비닐캡타이어케이블을 사용할 것

③ 손상을 받을 우려가 없도록 시설할 것

(6) 전기기계기구는 표준에 적합한 분진방폭형 보통방진구조로 되어 있을 것

**162** 먼지가 많은 그 밖의 위험장소에서의 저압 옥내전기설비 배선기준을 설명하시오.

**data** 전기안전기술사 및 건축전기설비기술사 출제예상문제

**답안** 먼지가 많은 곳에 시설하는 저압 옥내전기설비는 다음에 따라 시설할 것

(1) 배선공사의 방법

① 저압 옥내배선 등은 애자공사 · 합성수지관공사 · 금속관공사 · 유연성전선관공사 · 금속덕트공사 · 버스덕트공사(환기형의 덕트를 사용하는 것을 제외)

② 또는 케이블공사에 의하여 시설할 것

(2) 방진장치를 할 대상

전기기계기구로서 먼지가 부착함으로서 온도가 비정상적으로 상승하거나 절연성능 또는 개폐기구의 성능이 나빠질 우려가 있는 것에는 방진장치를 할 것

(3) 착화 우려 방지

면 · 마 · 견, 기타 타기 쉬운 섬유의 먼지가 있는 곳에 전기기계기구를 시설하는 경우에는 먼지가 착화할 우려가 없도록 시설할 것

(4) 진동대책 및 접속

① 전선과 전기기계기구는 진동에 의하여 헐거워지지 아니하도록 견고하게 접속할 것

② 전기적으로 완전하게 접속할 것

(5) 다만, 유효한 제진장치를 시설하는 경우에는 그러하지 아니하다.

# 163 분진방폭 특수방진구조에 대하여 설명하시오.

**(data)** 전기안전기술사 및 건축전기설비기술사 출제예상문제

**답안**
1. **용기(전기기계기구의 외함 · 외피 · 보호커버 등 그 전기기계기구의 방폭성능을 유지하기 위한 표피부분)의 구조**

   전폐구조로서 전기가 통하는 부분이 외부로부터 손상을 받지 아니할 것

2. **용기의 전부 또는 일부에 유리 · 합성수지 등 손상을 받기 쉬운 재료를 사용하는 경우**

   이들의 재료가 사용되고 있는 곳을 보호하는 장치를 붙일 것

3. **볼트 · 너트 · 작은 나사 · 틀어 끼는 덮개 등의 부재의 구조**

   (1) 용기의 방폭성능의 유지를 위하여 필요한 것은 일반 공구로는 쉽게 풀거나 조작할 수 없도록 한 구조

   (2) 그 부재가 사용 중 헐거워질 우려가 있는 경우에는 스톱너트 · 스프링좌금 · 설부좌금 또는 할핀을 사용하는 등의 방법으로 그 부재에 헐거워짐 방지를 한 구조

4. **접합면(조작축 또는 회전기축과 용기 사이의 접합면을 제외)의 구조**

   (1) 패킹을 붙임

   (2) 패킹이 이탈하거나 헐거워질 우려가 없도록 하는 방법

   KS B ISO 4287[제품의 형상 명세(GPS) − 표면조직 − 프로파일법 − 용어, 정의 및 표면조직의 파라미터]의 거칠기의 표시와 구분의 항에 정하는 18-S 이상으로 다듬질할 것

   (3) 들어가는 깊이를 15[mm] 이상으로 할 것

   (4) 상호 간 밀접시키는 방법 등에 의하여 외부로부터 먼지가 침입하지 아니하도록 한 구조일 것

5. **조작축과 용기 사이의 접합면의 구조**

   (1) 들어가는 깊이를 10[mm] 이상으로 할 것

   (2) 패킹 누르기를 사용하여 그 접합면에 패킹을 붙이는 방법

   (3) 이와 동등 이상의 방폭성능을 유지할 수 있는 방법으로 외부로부터 먼지가 침입하지 아니하도록 한 구조일 것

6. **회전기축과 용기 사이의 접합면의 구조**

   패킹을 2단 이상 붙이는 방법, 간격이 0.5[mm] 이하이고 들어가는 깊이가 45[mm] 이상인 라비린스 구조로 하는 방법 등으로 외부로부터 먼지가 침입하지 아니하도록 한 구조일 것

7. **용기의 일부에 관통나사를 사용하거나 용기의 일부가 틀어 끼는 결합방식의 구조**

   나사 결합부분을 통하여 외부로부터 먼지가 침입할 우려가 있는 경우에는 5턱 이상의 나사 결합이나 패킹 또는 스톱너트를 사용하는 등의 방법으로 외부로부터 먼지가 침입하지 아니하도록 한 구조일 것

8. **용기 외면의 온도 상승 한도의 값**

   용기 외부의 폭연성 먼지에 착화할 우려가 없는 값일 것

9. **단자함의 구조**

   부재 상호 간의 접합면에 패킹을 붙이는 방법 또는 이와 동등 이상의 방폭성능을 유지할 수 있는 방법으로 외부로부터 먼지가 침입하지 아니하도록 한 구조일 것

10. **전선이 관통하는 부분의 용기의 구조**

    (1) 전선과 외함 간에 절연물을 충전하거나 패킹을 붙임
    (2) 전선·절연물·패킹 및 외함 상호의 접촉면에 들어가는 깊이를 표에서 정한 값 이상으로 하는 등의 방법으로 외부로부터 먼지가 침입하지 아니하도록 한 것일 것

    ‖ **접촉면에 들어가는 깊이** ‖

| 접촉면의 외주의 구분 | 접촉면에 들어가는 깊이 |
|---|---|
| 0.3[m] 이하 | 5[mm] |
| 0.3[m] 초과 0.5[m] 이하 | 8[mm] |
| 0.5[m]를 초과하는 것 | 10[mm] |

11. **전기를 통하는 부분 상호 간**

    나사조임·리벳조임·슬리브 또는 바인드선으로 보강한 납땜·용접 등의 방법으로 견고히 접속한 것일 것

12. **전기를 통하는 부분에 대한 연면거리 및 절연공간거리**

    그 부분의 정격전압 및 절연물의 종류에 따라 필요한 절연성능을 유지할 수 있는 값일 것

13. **패킹은 다음에 적합한 것일 것**

    (1) 재료는 접합면의 온도 상승에 의한 열에 견디고 또한 쉽게 마모되거나 부식되는 등의 손상이 생기지 아니하는 것일 것
    (2) 접합면의 형상에 적합한 것일 것

14. **표시**

    전기기계기구는 쉽게 볼 수 있는 곳에 전기기계기구가 분진방폭 특수방진구조임을 표시한 것일 것

# 164 분진방폭형 보통방진구조에 대하여 설명하시오.

**(data)** 전기안전기술사 및 건축전기설비기술사 출제예상문제

**답안** 1. 용기의 구조

전폐구조로서 전기가 통하는 부분이 외부로부터 손상을 받지 아니할 것

2. 용기의 전부 또는 일부에 유리 · 합성수지 등 손상을 받기 쉬운 재료가 사용될 경우

이들의 재료가 사용되고 있는 곳을 보호하는 장치를 붙일 것

3. 볼트 · 너트 · 작은 나사 · 틀어 끼우는 덮개 등의 부재의 구조

용기의 성능을 유지하기 위하여 필요한 것으로서 사용 중 헐거워질 우려가 있는 것은 헐거워짐 방지구조로 한 것일 것

4. 접합면(조작축 또는 회전기축과 용기 사이의 접합면을 제외)의 구조

(1) 패킹을 붙일 것

(2) 패킹이 이탈하거나 헐거워질 우려가 없도록 하는 방법

(3) 제품의 형상 명세(GPS) – 표면조직 – 프로파일법 – 용어, 정의 및 표면조직의 파라미터의 거칠기 표시와 구분의 항에 정하는 35-S 이상으로 다듬질할 것

(4) 들어가는 깊이를 10[mm](푸시버튼스위치, 기타 정격용량이 적은 전기기계기구의 접합면에 대하여는 제품의 형상 명세(GPS) – 표면조직 – 프로파일법 – 용어, 정의 및 표면조직의 파라미터)의 거칠기의 표시와 구분의 항에 정하는 18-S 이상으로 다듬질하는 경우에는 6[mm] 이상으로 할 것

(5) 상호 간 밀접시키는 방법 등에 의하여 외부로부터 먼지가 침입하지 않게 할 것

5. 조작축과 용기 사이의 접합면의 구조

(1) 패킹 누르기 또는 패킹 눌리개를 사용하여 그 접합면에 패킹을 붙이는 방법

(2) 조작축의 바깥쪽에 고무커버를 붙이는 방법 등에 의하여 외부로부터 먼지가 침입하지 아니하도록 한 구조일 것

6. 회전기축과 용기 사이의 접합면의 구조

패킹을 붙이는 방법, 라비린스 구조로 하는 방법 등에 의하여 외부로부터 먼지가 침입하지 아니하도록 한 구조일 것

7. 용기를 관통하는 구조

나사구멍과 볼트 또는 작은 나사와는 5턱 이상의 나사 결합으로 된 것일 것

## 8. 용기 외면의 온도 상승 한도의 값

용기 외부의 가연성 먼지에 착화할 우려가 없는 값일 것

## 9. 단자함의 구조

부재 상호 간의 접합면에 패킹을 붙이는 방법 또는 이와 동등 이상의 방폭성능을 유지할 수 있는 방법으로 외부로부터 먼지가 침입하지 아니하도록 한 구조일 것

## 10. 전선이 관통하는 부분의 용기의 구조

(1) 절연물을 충전하는 방법, 패킹을 붙이는 방법

(2) 전선과 외함 사이의 접합면의 들어가는 깊이를 길게 하는 방법 등에 의하여 외부로부터 먼지가 침입하지 아니하도록 한 것일 것

## 11. 패킹은 다음에 적합한 것일 것

(1) 재료는 접합면의 온도 상승에 의한 열에 견디고 또한 쉽게 마모되거나 부식되는 등의 손상이 생기지 아니하는 것일 것

(2) 접합면의 형상에 적합할 것

## 12. 표시

전기기계기구는 쉽게 볼 수 있는 곳에 전기기계기구가 분진방폭 보통방진구조임을 표시한 것일 것

## 165 가연성 가스 등의 위험장소 및 폭발 위험장소의 시설기준에 대하여 설명하시오.

**(data)** 전기안전기술사 및 건축전기설비기술사 출제예상문제

**답안** **1. 가스증기 위험장소**

(1) 가스증기 위험장소의 개념

가연성 가스 또는 인화성 물질의 증기가 누출되거나 체류하여 전기설비가 발화원이 되어 폭발할 우려가 있는 곳(프로판 가스 등의 가연성 액화 가스를 다른 용기에 옮기거나 나누는 등의 작업을 하는 곳, 에탄올·메탄올 등의 인화성 액체를 옮기는 곳 등)을 말함

(2) 가스증기 위험장소에서의 저압 옥내전기설비

① 금속관공사에 의하는 때에는 다음에 의할 것

㉠ 관 상호 간 및 관과 박스, 기타의 부속품·풀박스 또는 전기기계기구와는 5턱 이상 나사조임으로 접속하는 방법 또는, 기타 이와 동등 이상의 효력이 있는 방법에 의하여 견고하게 접속할 것

㉡ 전동기에 접속하는 부분으로 가요성을 필요로 하는 부분의 배선에는 232.12.2의 1의 "가"의 단서에 규정하는 방폭의 부속품 중 내압(耐壓)의 방폭형 또는 안전증가 방폭형(安全增加 防爆型)의 유연성 부속을 사용할 것

> **reference**
> 232.12.2의 1의 "가"의 단서
> (2) 금속관의 방폭형 부속품 중 가요성 부속의 표준의 규정에 적합한 것
> (3) 금속관의 방폭형 부속품 중 (2)에 규정하는 것 이외의 것에 대한 규정에 적합한 것

② 케이블공사에 의하는 때에 전선을 전기기계기구에 인입할 경우에는 인입구에서 전선이 손상될 우려가 없도록 할 것

③ 저압 옥내배선 등을 넣는 관 또는 덕트는 이들을 통하여 가스 등이 여기에서 규정하는 장소 이외의 장소에 누출되지 아니하도록 시설할 것

④ 이동전선은 접속점이 없는 0.6/1[kV] EP 고무절연 클로로프렌 캡타이어케이블을 사용하는 이외에 전선을 전기기계기구에 인입할 경우에는 인입구에서 먼지가 내부로 침입하지 않게 하고 또한 인입구에서 전선이 손상될 우려가 없게 시설할 것

⑤ 전기기계기구의 방폭구조는 규정에 적합한 내압방폭구조(d)·압력방폭구조(p)나 유입방폭구조(o) 또는 이들의 구조와 다른 구조로서 이와 동등 이상의 방폭성능을 가지는 구조로 되어 있는 것. 다만, 통상의 상태에서 불꽃 또는 아크를 일으키거나

가스 등에 착화할 수 있는 온도에 달한 우려가 없는 부분은 "(6)"에서 규정하는 안전증 방폭구조(e)도 가능

(3) 내압(耐壓)방폭구조의 표준은 KS C IEC 60079-1(폭발성 분위기-제1부 : 내압방폭 구조 "d")의 기기의 구조 및 시험에 관한 요구사항에 적합할 것

(4) 압력방폭구조의 표준은 KS C IEC 60079-2(폭발성 분위기-제2부 : 압력 방폭구조 "p")의 전기기기의 구조와 시험에 관한 요구사항에 적합할 것

(5) 유입방폭구조의 표준은 KS C IEC 60079-6(방폭기기-제6부 : 유입방폭구조)의 폭발성 가스 · 증기 · 입자 등에 의한 잠재적인 위험 분위기에서 사용하는 유입방폭구조(o)의 기기 및 그 일부 방폭 부품 등의 설치와 시험에 관한 요구사항에 적합할 것

(6) 안전증방폭구조의 표준은 KS C IEC 60079-7(폭발성 분위기-제7부 : 안전증방폭구조 "e")는 폭발성 가스 분위기에서 사용하는 안전증방폭구조(e) 기기의 설계, 구조, 시험, 표시에 관한 요구사항(직류 및 교류 11[kV] 실효값 이하인 기기에 한함)에 적합할 것

## 2. 폭발 위험장소의 시설

폭발 위험장소에서의 전기설비의 설계 · 선정 및 설치에 관한 요구사항에 따라 시공한 경우에 해당되는 장소는 다음과 같음

(1) 폭발성 메탄가스가 존재할 우려가 있는 광산. 다만, 광산의 지상에 설치하는 전기설비 및 폭발성 메탄가스 이외의 폭발성 가스가 존재할 우려가 있는 광산은 제외한다.

(2) 가연성 분진 또는 섬유가 존재하는 지역(분진폭발 위험장소)

(3) 폭발성 물질의 제조 및 취급공정과 같은 근원적인 폭발 위험장소

(4) 의학적인 목적으로 하는 진료실 등

## 166 화약류 저장소 등(저장소, 제조소)의 위험장소에서 전기설비의 시설기준에 대하여 설명하시오.

**data** 전기안전기술사 및 건축전기설비기술사 출제예상문제

**답안** 1. 화약류 저장소에서 전기설비의 시설

(1) 화약류 저장소 안에는 전기설비를 시설해서는 안 된다.

(2) 예외조항

조명기구에 전기를 공급하기 위한 전기설비(개폐기 및 과전류차단기를 제외)는 다음에 의할 경우 시설할 수 있음

① 전로에 대지전압은 300[V] 이하일 것

② 전기기계기구는 전폐형의 것일 것

③ 케이블을 전기기계기구에 인입할 때에는 인입구에서 케이블이 손상될 우려가 없도록 시설할 것

(3) 화약류 저장소 안의 전기설비에 전기를 공급하는 전로의 시설기준

① 화약류 저장소 이외의 곳에 전용 개폐기 및 과전류차단기를 각 극(과전류차단기는 다선식 전로의 중성극을 제외)에 취급자 이외의 자가 쉽게 조작할 수 없도록 시설할 것

② 전로에 지락이 생겼을 때에 자동적으로 전로를 차단하거나 경보하는 장치를 시설할 것

### 2. 화약류 제조소에서 전기설비시설

(1) 가연성 가스 또는 증기가 존재하여 전기설비가 점화원이 되어 폭발될 우려가 있는 장소에 시설하는 화약류 제조소 내의 전기설비는 가연성 가스 등의 위험장소의 규정에 따라 시설할 것

(2) 화약류의 분말이 존재하여 전기설비가 점화원이 되어서 폭발될 우려가 있는 장소에 시설하는 화약류 제조소 내의 전기설비는 분진위험장소의 규정에 따라 시설할 것

(3) "(1)" 및 "(2)"에서 규정하는 장소 이외의 곳에 시설하는 화약류를 제조하는 건물 내 또는 화약류를 제조하는 건물을 제외한 화약류가 있는 장소[242.5.1(화약류 저장소에서 전기설비의 시설)에서 규정하는 것을 제외]에 시설하는 저압설비의 옥내전기설비는 다음에 따라야 한다.

① 전열기구 이외의 전기기계기구는 전폐형(全閉型)의 것일 것

② 전열기구는 시스선 및 기타의 충전부가 노출되어 있지 아니한 발열체를 사용한 것일 것

③ 온도의 현저한 상승 및 기타의 위험이 생길 우려가 있는 경우에 전로를 자동적으로 차단하는 장치가 되어 있는 것일 것

## 167 위험물 등이 존재하는 장소에 시설하는 저압 옥내전기설비 기준을 설명하시오.

(data) 전기안전기술사 및 건축전기설비기술사 출제예상문제 / KEC 242.4

(답안) 1. 위험물 등이 존재하는 장소

셀룰로이드 · 성냥 · 석유류, 기타 타기 쉬운 위험한 물질을 제조하거나 저장하는 곳

### 2. 위험물 등이 존재하는 장소에 시설하는 저압 옥내전기설비 시설

(1) 이동전선 : 접속점이 없는 0.6/1[kV] EP 고무절연 클로로프렌 캡타이어케이블 또는 0.6/1[kV] 비닐절연 비닐캡타이어케이블

(2) 손상을 받을 우려가 없도록 시설하는 이외에 이동전선을 전기기계기구에 인입할 경우에는 인입구에서 손상을 받을 우려가 없도록 시설할 것

(3) 통상의 사용 상태에서 불꽃 또는 아크를 일으키거나 온도가 현저히 상승할 우려가 있는 전기기계기구는 위험물에 착화할 우려가 없도록 시설할 것

## **168** 전시회, 쇼 및 공연장의 전기설비 시설기준에 대하여 설명하시오.

**data** 전기안전기술사 및 건축전기설비기술사 출제예상문제 / KEC 242.6

**답안** 1. 적용범위

전시회, 쇼 및 공연장, 기타 이들과 유사한 장소에 시설하는 저압 전기설비에 적용한다.
무대 · 무대마루 밑 · 오케스트라 박스 · 영사실, 기타 사람이나 무대 도구가 접촉할 우려가
있는 곳

### 2. 사용전압

저압 옥내배선, 전구선 또는 이동전선은 사용전압이 400[V] 미만

### 3. 배선설비

(1) **케이블** : 구리 도체 최소단면적이 1.5[mm²], 정격전압 450/750[V] 이하 고무절연케이블

(2) **무대마루 밑에 시설하는 전구선** : 300/300[V] 편조 고무코드 또는 0.6/1[kV] EP 고무절
연 클로로프렌 캡타이어케이블

(3) 전시회 등에 사용하는 건축물에 화재경보기가 시설되지 않은 경우에 케이블설비는 다음
중 하나에 따라 시설할 것

① KS C IEC 60332-1 시리즈(화재조건에서 전기/광섬유케이블 시험-제1부 : 단심절
연전선 또는 케이블 수직 불꽃전파시험), KS C IEC 60332-3 시리즈(화재조건에서
의 전기케이블 난연성 시험-제3부 : 수직 배치된 케이블 또는 전선의 불꽃시험)에
따른 난연성 케이블 및 KS C IEC 61034 시리즈(케이블 연소 시 발생하는 연기밀도
측정)에 따른 저발연 케이블

② KS C IEC 60614 시리즈(전선관) 또는 KS C IEC 61084 시리즈(전기설비용 케이블
트렁킹 및 덕트시스템)에 따른 화재방호 및 IP4X 이상의 보호등급을 갖춘 금속제
또는 비금속제의 전선관 또는 덕트에 넣는 단심 또는 다심의 비외장 케이블

(4) 기계적 손상의 위험이 있을 시, 외장 케이블 또는 적당한 방호조치를 한 케이블을 시설
할 것

(5) 회로 내에 접속이 필요한 경우를 제외하고 케이블의 접속 개소는 없을 것. 다만, 불가피
하게 접속을 하는 경우에는 해당 KS C IEC 표준에 따르는 접속기를 사용 또는 IP4X
또는 IPXXD 이상의 보호등급을 갖춘 폐쇄함 내에서 접속을 실시할 것

**┃ 전기설비 외함의 밀폐등급 ┃**

| IP code | 개 념 | 세부 설명 |
|---|---|---|
| IP2X | 위험부분으로 손가락이 접근하는 것의 보호 | 지름 12[mm], 길이가 80[mm]의 손가락이 충전부에 접촉되는 것을 방지하는 보호등급 |
| | 외부 분진 지름 12.5[mm] 이상에 대한 보호 | 지름 12.5[mm]보다 큰 고형물이 통과하는 것을 방지하는 외부 분진에 대한 보호등급 |
| IP4X | 전선이 위험부분으로 접근하는 것에 대한 보호 | 지름 1.0[mm]의 전선을 통과하지 못하도록 방지하는 보호등급 |
| | 외부 분진의 지름이 1.0[mm]에 대한 보호 | 지름 1.0[mm] 이상의 외부 분진을 통과하지 못하도록 방지하는 보호등급 |
| IPXXB | 손가락의 접근에 대한 보호 | 손가락의 지름이 12[mm], 길이가 80[mm]인 경우 충전부에 접촉되는 것을 방지하는 보호등급 |
| IPXXD | 전선의 접근에 대한 보호 | 충전부에 지름 1.0[mm], 길이 100[mm]의 전선이 접촉되는 것을 방지하는 보호등급 |

## 4. 전시회, 쇼 및 공연장의 전기설비의 이동전선

(1) 시설하는 이동전선(제2의 보더라이트의 접속선은 제외)은 0.6/1[kV] EP 고무절연 클로로프렌 캡타이어케이블 또는 0.6/1[kV] 비닐절연 비닐캡타이어케이블일 것

(2) 보더라이트에 부속된 이동 전선은 0.6/1[kV] EP 고무절연 클로로프렌 캡타이어케이블일 것

## 5. 플라이덕트

(1) 플라이덕트는 다음에서 정하는 표준에 적합한 것일 것

① 내부 배선에 사용하는 전선은 절연전선(OW을 제외) 또는 이와 동등 이상의 절연효력이 있는 것일 것

② 덕트는 두께 0.8[mm] 이상의 철판 또는 다음에 적합한 것으로 견고하게 제작한 것일 것

㉠ 덕트의 재료는 금속재일 것

㉡ 덕트에 사용하는 철판 이외의 금속 두께는 다음 계산식에 의하여 계산한 것일 것

$$t \geq \frac{270}{\sigma} \times 0.8$$

여기서, $t$ : 사용 금속판 두께[mm]

$\sigma$ : 사용 금속판의 인장강도[N/mm$^2$]

㉢ 덕트의 안쪽 면은 전선의 피복을 손상하지 아니하도록 돌기 등이 없는 것일 것

㉣ 덕트의 안쪽 면과 외면은 녹이 슬지 않게 하기 위하여 도금 또는 도장을 한 것일 것

㉤ 덕트의 끝부분은 막을 것

(2) 플라이덕트 안의 전선을 외부로 인출할 경우는 0.6/1[kV] 비닐절연 비닐캡타이어케이블을 사용하고 또한 플라이덕트의 관통부분에서 전선이 손상될 우려가 없도록 시설할 것

(3) 플라이덕트는 조영재 등에 견고하게 시설할 것

## 6. 전시회, 쇼 및 공연장의, 기타 전기기기

**comment** 건축전기설비기술사에 출제가능성이 높은 무대용 관련 예상문제

(1) 조명설비는 다음과 같이 시설하여야 한다.
① 조명기구가 바닥으로부터 높이 2.5[m] 이하에 시설
② 과실에 의해 접촉이 발생할 우려가 있는 경우에는 적절한 방법으로 견고하게 고정시키고 사람의 상해 또는 물질의 발화위험을 방지할 수 있는 위치에 설치하거나 방호할 것
③ 절연 관통형 소켓은 케이블과 소켓이 호환되고 또한 소켓을 케이블에 한번 부착하면 떼어낼 수 없는 경우에만 사용할 수 있음

(2) 방전등 설비에서 공연장 또는 전시장에 사용하는 표준전압 교류 220/380[V]를 초과하는 네온방전등 또는 램프의 설비는 다음 조건에 적합할 것
① 네온방전등 또는 램프는 사람이 쉽게 접촉할 우려가 없는 곳에 시설하거나 사람에게 위험이 없도록 시설할 것
② 네온방전등 또는 램프의 이면이 되는 간판 또는 공연장 부착재료는 비발화성으로 하고 출력전압이 교류 220/380[V]를 초과하는 제어장치는 비발화성 재료에 부착할 것
③ 네온방전등·램프 및 전시품 등에 전기를 공급하는 회로는 분리회로를 이용하고 비상용 개폐기를 통해 제어할 것

(3) 전동기에 전기를 공급하는 전로에는 각 극에 단로장치를 전동기에 근접하여 시설할 것

(4) 특별저압(ELV) 변압기 및 전자식 컨버터는 다음과 같이 시설할 것
① 다중 접속한 특별저압 변압기는 IEC 61558-1에 적합하거나 이와 동등한 안전등급을 갖춘 것일 것
② 각 변압기 또는 전자식 컨버터의 2차 회로는 수동으로 리셋하는 보호장치로 보호할 것
③ 취급자 이외의 사람이 쉽게 접근할 수 없는 곳에 설치하고 충분한 환기장치를 시설할 것

(5) 콘센트 및 플러그는 다음과 같이 시설할 것
① 충분한 수의 콘센트를 설치하여 사용자의 요구를 만족시키도록 설비를 할 것
② 플로어 콘센트를 시설하는 경우에는 콘센트에 물이 침입되지 않도록 적절하게 보호될 것
③ 플러그에 사용하는 가요 케이블 또는 코드는 접속점이 없을 것
④ 삽입식 멀티 어댑터는 사용해서는 아니 됨

　　　⑤ 이동형 멀티 탭의 사용은 다음과 같이 제한할 것

　　　　㉠ 고정 콘센트 1개당 1개로 시설할 것

　　　　㉡ 플러그로부터 멀티 탭까지의 가요 케이블 또는 코드의 최대길이는 2[m] 이내일 것

　(6) 저압발전장치는 다음과 같이 시설할 것

　　　① TN 계통, TT 계통 또는 IT 계통을 사용하는 가설 설비에 전기를 공급하기 위해 발전기를 시설한 경우 접지설비는 KS C IEC 60364-5-54(전기기기의 선정 및 시공 – 접지설비 및 보호도체)의 "542.1 일반 요구사항"에 적합하여야 하고, 접지극을 사용하는 경우에는 "544.2 보조본딩을 위한 보호본딩도체"에 적합할 것

　　　② TN 계통에서는 모든 노출도전성 부분을 KS C IEC 60364-5-54(전기기기의 선정 및 시공 – 접지설비 및 보호도체)의 "543 보호도체"에 따르는 단면적을 갖는 보호도체를 이용하여 발전기에 접속할 것

　　　③ 중성선 또는 발전기의 중성점은 발전기의 노출도전부에 접속시켜서는 아니 됨

　(7) 화재에 대한 보호는 다음에 따라 시설할 것

　　　① 스포트라이트 · 소형 투광기 등의 조명기구 및 표면이 고온이 되는, 기타 전기기기나 가정용 전기기기는 적절히 보호하고 해당 규격에 따라 적절한 위치에 설치할 것 또한 이러한 전기기기는 가연성 기기에 접촉하지 않도록 충분히 이격시켜 배치할 것

　　　② 진열용 유리상자 및 전광사인은 충분한 내열성, 기계적 강도, 전기적 절연성을 갖춘 재료로 만들고 발열에 의한 전시물의 가연성을 고려하여 환기를 시킬 것

　　　③ 과도한 열을 발생시키기 쉬운 전기기기 · 조명기구 또는 램프를 밀집상태로 수용하는 공연장 설비는 환기가 잘 되는 천장 등과 같은 곳에 불연성 재료로 제작한 적절한 환기장치를 시설할 것 → 대형 화재피해 사전방지

## 7. 개폐기 및 과전류차단기

　(1) 무대 · 무대마루 밑 · 오케스트라 박스 및 영사실의 전로에는 전용 개폐기 및 과전류차단기를 시설할 것

　(2) 무대용의 콘센트 박스 · 플라이덕트 및 보더라이트의 금속제 외함에는 접지시스템의 규정에 의한 접지공사 시공

　(3) 비상조명을 제외한 조명용 분기회로 및 정격 32[A] 이하의 콘센트용 분기회로는 정격감도전류 30[mA] 이하의 누전차단기로 보호할 것

**169** 전기설비 외함의 밀폐등급에 대하여 기호로 표현하여 설명하시오.

**data** 전기안전기술사 및 건축전기설비기술사, 전기응용기술사 출제예상문제

**답안**

**┃ 전기설비 외함의 밀폐등급 ┃**

| IP code | 개념 | 세부 설명 |
|---|---|---|
| IP2X | 위험 부분으로 손가락이 접근하는 것의 보호 | 지름 12[mm], 길이가 80[mm]의 손가락이 충전부에 접촉되는 것을 방지하는 보호등급 |
| | 외부 분진 지름 12.5[mm] 이상에 대한 보호 | 지름 12.5[mm]보다 큰 고형물이 통과하는 것을 방지하는 외부 분진에 대한 보호등급 |
| IP4X | 전선이 위험부분으로 접근하는 것에 대한 보호 | 지름 1.0[mm]의 전선을 통과하지 못하도록 방지하는 보호등급 |
| | 외부 분진의 지름이 1.0[mm]에 대한 보호 | 지름 1.0[mm] 이상의 외부 분진을 통과하지 못하도록 방지하는 보호등급 |
| IPXXB | 손가락의 접근에 대한 보호 | 손가락의 지름이 12[mm], 길이가 80[mm]인 경우 충전부에 접촉되는 것을 방지하는 보호등급 |
| IPXXD | 전선의 접근에 대한 보호 | 충전부에 지름 1.0[mm], 길이 100[mm]의 전선이 접촉되는 것을 방지하는 보호등급 |

**170** 전시회, 쇼 및 공연장에 있어 다음 전기설비 및 화재보호의 시설기준에 대하여 설명하시오. (25점 예상)

1. 조명설비
2. 방전등 설비에서 공연장 또는 전시장에 사용하는 네온방전등 또는 램프의 설비조건
3. 특별저압(ELV) 변압기 및 전자식 컨버터
4. 저압발전장치
5. 화재에 대한 보호
6. 배선설비

(data) 전기안전기술사 및 건축전기설비기술사 출제예상문제

답안 **1. 조명설비**

(1) 조명기구는 바닥으로부터 높이 2.5[m] 이하에 시설할 것

(2) 과실에 의해 접촉이 발생할 우려가 있는 경우에는 적절한 방법으로 견고하게 고정시키고 사람의 상해 또는 물질의 발화위험을 방지할 수 있는 위치에 설치하거나 방호할 것

(3) 절연 관통형 소켓은 케이블과 소켓이 호환되고 또한 소켓을 케이블에 한번 부착하면 떼어낼 수 없는 경우에만 사용할 수 있음

**2. 방전등 설비에서 공연장 또는 전시장에 사용하는 네온방전등 또는 램프의 설비조건**

(1) 표준전압 교류 220/380[V]를 초과하는 네온방전등 또는 램프는 사람이 쉽게 접촉할 우려가 없는 곳에 시설하거나 사람에게 위험이 없도록 시설할 것

(2) 네온방전등 또는 램프의 이면이 되는 간판 또는 공연장 부착재료는 비발화성으로 하고 출력전압이 교류 220/380[V]를 초과하는 제어장치는 비발화성 재료에 부착할 것

(3) 네온방전등·램프 및 전시품 등에 전기를 공급하는 회로는 분리회로를 이용하고 비상용 개폐기를 통해 제어할 것

**3. 특별저압(ELV) 변압기 및 전자식 컨버터**

(1) 다중 접속한 특별저압 변압기는 IEC 61558-1에 적합하거나 이와 동등한 안전등급을 갖춘 것일 것

(2) 각 변압기 또는 전자식 컨버터의 2차 회로는 수동으로 리셋하는 보호장치로 보호할 것

(3) 취급자 이외의 사람이 쉽게 접근할 수 없는 곳에 설치하고 충분한 환기장치를 시설할 것

**4. 저압발전장치**

(1) TN 계통, TT 계통 또는 IT 계통을 사용하는 가설 설비에 전기를 공급하기 위해 발전기를 시설한 경우 접지설비는 KS C IEC 60364-5-54(전기기기의 선정 및 시공 – 접지설비

및 보호도체)의 "542.1 일반 요구사항"에 적합하여야 하고 접지극을 사용하는 경우에는 "544.2 보조본딩을 위한 보호본딩도체"에 적합할 것

(2) TN 계통에서는 모든 노출도전성 부분을 KS C IEC 60364-5-54(전기기기의 선정 및 시공-접지설비 및 보호도체)의 "543 보호도체"에 따르는 단면적을 갖는 보호도체를 이용하여 발전기에 접속할 것

(3) 중성선 또는 발전기의 중성점은 발전기의 노출도전부에 접속시켜서는 아니 됨

## 5. 화재에 대한 보호

(1) 스포트라이트 · 소형 투광기 등의 조명기구 및 표면이 고온이 되는, 기타 전기기기나 가정용 전기기기는 적절히 보호하고 해당 규격에 따라 적절한 위치에 설치할 것 또한 이러한 전기기기는 가연성 기기에 접촉하지 않도록 충분히 이격시켜 배치할 것

(2) 진열용 유리상자 및 전광사인은 충분한 내열성, 기계적 강도, 전기적 절연성을 갖춘 재료로 만들고 발열에 의한 전시물의 가연성을 고려하여 환기를 시킬 것

(3) 과도한 열을 발생시키기 쉬운 전기기기 · 조명기구 또는 램프를 밀집상태로 수용하는 공연장 설비는 환기가 잘 되는 천장 등과 같은 곳에 불연성 재료로 제작한 적절한 환기장치를 시설할 것 → 대형 화재피해 사전방지

## 6. 배선설비

(1) 케이블 : 구리 도체 최소단면적이 1.5[mm$^2$], 정격전압 450/750[V] 이하 고무절연케이블

(2) 무대마루 밑에 시설하는 전구선 : 300/300[V] 편조 고무코드 또는 0.6/1[kV] EP 고무절연 클로로프렌 캡타이어케이블

(3) 전시회 등에 사용하는 건축물에 화재경보기가 시설되지 않은 경우에 케이블 설비는 다음 중 하나에 따라 시설할 것

① KS C IEC 60332-1 시리즈(화재조건에서 전기/광섬유 케이블 시험-제1부 : 단심절연전선 또는 케이블 수직 불꽃전파시험), KS C IEC 60332-3 시리즈(화재조건에서의 전기케이블 난연성 시험-제3부 : 수직 배치된 케이블 또는 전선의 불꽃시험)에 따른 난연성 케이블 및 KS C IEC 61034 시리즈(케이블 연소 시 발생하는 연기밀도 측정)에 따른 저발연 케이블

② KS C IEC 60614 시리즈(전선관) 또는 KS C IEC 61084 시리즈(전기설비용 케이블 트렁킹 및 덕트시스템)에 따른 화재방호 및 IP4X 이상의 보호등급을 갖춘 금속제 또는 비금속제의 전선관 또는 덕트에 넣는 단심 또는 다심의 비외장 케이블

(4) 기계적 손상의 위험이 있을 시, 외장 케이블 또는 적당한 방호조치를 한 케이블을 시설할 것

(5) 회로 내에 접속이 필요한 경우를 제외하고 케이블의 접속 개소는 없을 것. 다만, 불가피하게 접속을 하는 경우에는 해당 KS C IEC 표준에 따르는 접속기를 사용 또는 IP4X 또는 IPXXD 이상의 보호등급을 갖춘 폐쇄함 내에서 접속을 실시할 것

**▎ 전기설비 외함의 밀폐등급 ▎**

| IP code | 개념 | 세부 설명 |
|---|---|---|
| IP2X | 위험부분으로 손가락이 접근하는 것의 보호 | 지름 12[mm], 길이가 80[mm]의 손가락이 충전부에 접촉되는 것을 방지하는 보호등급 |
| | 외부 분진 지름 12.5[mm] 이상에 대한 보호 | 지름 12.5[mm]보다 큰 고형물이 통과하는 것을 방지하는 외부 분진에 대한 보호등급 |
| IP4X | 전선이 위험부분으로 접근하는 것에 대한 보호 | 지름 1.0[mm]의 전선을 통과하지 못하도록 방지하는 보호등급 |
| | 외부 분진의 지름이 1.0[mm]에 대한 보호 | 지름 1.0[mm] 이상의 외부 분진을 통과하지 못하도록 방지하는 보호등급 |
| IPXXB | 손가락의 근에 대한 보호 | 손가락의 지름이 12[mm], 길이가 80[mm]인 경우 충전부에 접촉되는 것을 방지하는 보호등급 |
| IPXXD | 전선의 접근에 대한 보호 | 충전부에 지름 1.0[mm], 길이 100[mm]의 전선이 접촉되는 것을 방지하는 보호등급 |

## 171 터널, 갱도, 기타 이와 유사한 장소 저압전기설비 시설기준에 대하여 설명하시오.

**data** 전기응용기술사 출제예상문제

**답안** 1. 사람이 상시 통행하는 터널 안의 배선의 시설

(1) 사람이 상시 통행하는 터널 안의 배선은 그 사용전압이 저압의 것에 한함

(2) 전선은 다음 중 하나에 의하여 시설할 것

① 335.1의 2의 "가" (2)의 규정에 의하여 시설할 것

> **reference**
> 335.1의 2의 "가" (2) : 터널 안 전선로의 시설 규정의 사람 통행 터널 안의 저압 전선시설 규정

② 공칭단면적 2.5[mm²]의 연동선과 동등 이상의 세기 및 굵기의 절연전선(OW, DV 제외) 사용하여 배선설비 적용 시 고려사항의 규정에 준하는 애자사용배선에 의하여 시설하고 또한 이를 노면상 2.5[m] 이상의 높이로 할 것

③ 전로에는 터널의 입구에 가까운 곳에 전용 개폐기를 시설할 것

### 2. 광산, 기타 갱도 안의 시설

(1) 광산, 기타 갱도 안의 배선은 사용전압이 저압 또는 고압의 것에 한하고 또한 다음에 따라 시설할 것

① 저압 배선은 232.51.1 및 232.51.2의 규정에 준하는 케이블 배선으로 시설할 것. 다만, 사용전압이 400[V] 미만인 저압 배선에 공칭단면적 2.5[mm²] 연동선과 동등 이상의 세기 및 굵기의 절연전선(OW전선 및 DV 절연전선은 제외)을 사용하고 전선 상호 간의 사이를 적당히 떨어지게 하고 또한 암석 또는 목재와 접촉하지 않도록 절연성 · 난연성 및 내수성의 애자로 이를 지지할 경우에는 그러하지 않음

> **reference**
> 232.51.1 : 케이블배선의 시설조건
> 232.51.2 : 콘크리트 직매용 포설
> 232.51.3 : 수직 케이블의 포설

② 고압 배선은 342.1의 "다"(232.51.3의 규정을 준용하는 부분을 제외)의 규정에 준하여 시설하는 이외에 전선에 케이블을 사용하고 또한 관, 기타의 케이블을 넣는 방호 장치의 금속제 부분 · 금속제의 전선 접속함 및 케이블의 피복에 사용하는 금속체에는 감전에 대한 보호 및 접지시스템의 규정에 따라 접지공사를 할 것

③ 전로에는 갱 입구의 가까운 곳에 전용 개폐기를 시설할 것

(2) 242.2부터 242.5까지의 규정은 광산, 기타의 갱도 내에 시설하는 저압 또는 고압이 전기설비에 준용함

### 3. 터널 등의 배선과 약전류전선 등 또는 관과의 접근 교차

터널 · 갱도, 기타 이와 유사한 곳(철도 또는 궤도의 전용 터널을 제외)에 시설하는 배선이 그 터널 등에 시설하는 다른 배선 또는 관이나 이와 유사한 것과 접근하거나 교차하는 경우에는 232.3.7의 규정에 준하여 시설할 것

### 4. 터널 등의 전구선 또는 이동전선 등의 시설

(1) 터널 등에 시설하는 사용전압이 400[V] 미만인 저압의 전구선 또는 이동전선은 다음과 같이 시설할 것

① 전구선은 단면적 0.75[mm$^2$] 이상의 300/300[V] 편조 고무코드 또는 0.6/1[kV] EP 고무절연 클로로프렌 캡타이어케이블일 것. 다만, 사람이 쉽게 접촉할 우려가 없게 시설하는 경우에는 단면적 0.75[mm$^2$] 이상의 연동연선을 사용하는 450/750[V] 내열성 에틸렌아세테이트 고무절연전선을 사용할 수 있음

② 이동전선을 용접용 케이블을 사용하는 경우 이외에는 300/300[V] 편조 고무코드, 비닐코드 또는 캡타이어케이블일 것. 다만, 비닐코드 및 비닐캡타이어케이블은 전구선 및 이동전선 규정의 이동전선에 한하여 사용 가능할 것

③ 전구선 또는 이동전선을 현저히 손상시킬 우려가 있는 곳에 설치하는 경우에는 이를 가요전선관 배선의 규정에 준하는 가요성 전선관에 넣거나 이에 강인한 외장을 할 것

(2) 터널 등에 시설하는 사용전압이 400[V] 이상인 저압의 이동전선은 0.6/1[kV] EP 고무절연 클로로프렌 캡타이어케이블로서 단면적이 0.75[mm$^2$] 이상인 것일 것. 다만, 전기를 열로 이용하지 아니하는 전기기계기구에 부속된 이동전선은 단면적이 0.75[mm$^2$]

이상인 0.6/1[kV] 비닐절연 비닐캡타이어케이블을 사용하는 경우에는 그렇지 않음

(3) 터널 등에 시설하는 저압의 이동전선에 접속하여 사용하는 전기기계기구는 다음과 같이 시설할 것

① 저압의 이동전선에 접속하는 전기사용기계기구의 금속제 외함에 접지시스템의 규정에 의하여 접지공사를 하는 경우에 그 이동전선으로 사용하는 다심 코드 또는 다심 캡타이어케이블의 선심의 하나를 접지도체로 사용하는 때에는 그 선심과 전기사용기계기구의 외함 및 조영물에 고정되어 있는 접지도체와의 접속에는 꽂음접속기, 기타 이와 유사한 기구의 1극을 사용할 것. 다만, 다심 코드 또는 다심 캡타이어케이블과 전기사용기계기구를 나사로 고정하여 접속하는 경우에는 그렇지 않음

② "①"의 꽂음접속기, 기타 이와 유사한 기구의 접지도체에 접속하는 1극은 다른 극과 명확하게 구별할 수 있는 구조로 되어 있는 것일 것

(4) 터널 등에 시설하는 저압의 이동전선과 저압 배선과의 접속에는 꽂음접속기나, 기타 이와 유사한 기구를 사용할 것. 다만, 이동전선을 조가용선에 조가하여 시설하는 경우에는 그러하지 아니하다. 또한 저압의 이동전선과 전기사용기계기구와의 접속에는 꽂음접속기나, 기타 이와 유사한 기구를 사용할 것. 다만, 사람이 쉽게 접촉할 우려가 없도록 시설한 단자 금속물에 코드를 나사로 고정시키는 경우에는 그렇지 않음

(5) 터널 등에 시설하는 고압의 이동전선은 옥내 고압용 이동전선의 시설 규정에 준할 것

(6) 특고압의 이동전선은 터널 등에 시설해서는 아니 됨

## 5. 터널 등에 시설하는 배선기구 등의 시설

터널 등에 시설하는 배선기구 및 전기사용기계기구 등은 옥측 또는 옥외에 시설하는 배선기구 및 전기사용기계기구 등의 시설에 준용함

**172** 이동식 숙박차량 정박지, 야영지 및 이와 유사한 장소의 전기설비 시설기준을 설명하시오.

**data** 전기안전기술사 및 건축전기설비기술사 출제예상문제

**답안** 1. **적용범위**

레저용 숙박차량·텐트 또는 이동식 숙박차량 정박지의 이동식 주택, 야영장 및 이와 유사한 장소(이하 "이동식 숙박차량 정박지"라 한다)에 전원공급용 회로에만 적용

2. **일반 특성의 평가**

(1) TN 접지계통에서는 레저용 숙박차량·텐트 또는 이동식 주택에 전원을 공급하는 최종 분기회로에는 PEN 도체가 포함되어서는 아니 됨

(2) 표준전압은 220/380[V]를 초과해서는 아니 됨

(3) 안전을 위한 보호 : 감전에 대한 보호는 감전에 대한 보호의 규정을 준용함

(4) "(3)"의 안전을 위한 보호를 사용할 수 없는 경우는 다음과 같음

① 장애물에 의한 보호

② 접촉범위(Arm's reach) 밖에 두는 것에 의한 보호

③ 비도전성 장소에 의한 보호

④ 비접지 국부 등전위 접속에 의한 보호

3. **이동식 숙박차량 정박지 내 옥외에 설치되는 전기기기의 선정 및 설치에 대한 외부 영향**

(1) 물의 존재(AD) : AD4, KS C IEC 60529(외곽의 방진보호 및 방수보호 등급)를 따르는 IPX4 이상의 보호등급

(2) 침입 고형물질의 존재(AE) : AE3, KS C IEC 60529(외곽의 방진보호 및 방수보호 등급)를 따르는 IP4X 이상의 보호등급

(3) 충격(AG) : AG2, KS C IEC 62262(외부 기계적 충격에 대한 전기기기용 외곽의 보호등급)를 따르는 IK07 이상의 보호등급

4. **배선방식**

(1) 이동식 숙박차량 정박지에 전원을 공급하기 위하여 시설하는 배선은 지중케이블 및 가공케이블 또는 가공절연전선을 사용할 것

(2) 지중배전회로는 추가적인 기계적 보호가 제공되지 않는 한 손상을 방지하기 위하여 매설깊이를 차량, 기타 중량물의 압력을 받을 우려가 있는 장소에는 1.2[m] 이상, 기타 장소에는 0.6[m] 이상으로 할 것

(3) 가공케이블 또는 가공절연전선은 다음에 적합할 것

① 모든 가공전선은 절연되어야 한다.

② 가공배선을 위한 전주 또는 다른 지지물은 차량의 이동에 의하여 손상을 받지 않는 장소에 설치하거나 손상을 받지 아니하도록 보호될 것

③ 가공전선은 차량이 이동하는 모든 지역에서 지표상 6[m], 기타 지역은 4[m] 이상

## 5. 전원자동차단에 의한 고장보호장치

### (1) 누전차단기

① 모든 콘센트는 정격감도전류가 30[mA] 이하인 누전차단기(중성선을 포함한 모든 극이 차단되는 것)에 의하여 개별적으로 보호될 것

② 이동식 주택 또는 이동식 조립주택에 공급하기 위해 고정 접속되는 최종분기회로는 정격감도전류가 30[mA] 이하인 누전차단기(중성선을 포함한 모든 극이 차단되는 것)에 의하여 개별적으로 보호될 것

### (2) 과전류에 대한 보호장치

① 모든 콘센트는 감전에 대한 보호의 요구사항에 따라서 과전류보호장치로 개별적으로 보호할 것

② 이동식 주택 또는 이동식 조립주택에 전원 공급을 위한 고정 접속용의 최종분기회로는 감전에 대한 보호의 요구사항에 따라서 과전류보호장치로 개별적으로 보호할 것

## 6. 단로장치

(1) 각 배전반에는 적어도 하나의 단로장치를 설치할 것

(2) 이 장치는 중성선을 포함하여 모든 충전도체를 분리하여야 한다.

## 7. 콘센트 시설

(1) 모든 콘센트는 산업용 플러그, 콘센트 및 커플러-제2부 : 핀 및 핀받이의 치수 요구사항에 적합하여야 하며, 최소한 IP44의 보호등급을 충족하거나 외함에 의해 그와 동등한 보호등급 이상이 되도록 시설할 것

(2) 모든 콘센트는 이동식 숙박차량의 정박구획 또는 텐트구획에 가깝게 시설되며, 배전반 또는 별도의 외함 내에 설치될 것

(3) 긴 연결코드로 인한 위험을 방지하기 위하여 하나의 외함 내에는 4개 이하의 콘센트를 조합 배치할 것

(4) 모든 이동식 숙박차량의 정박구획 또는 텐트구획은 적어도 하나의 콘센트가 공급될 것

(5) 정격전압 200~250[V], 정격전류 16[A] 단상 콘센트가 제공될 것. 다만, 보다 큰 수요가 예상되는 경우에는 더 높은 정격의 콘센트를 제공할 것

(6) 콘센트는 지면으로부터 0.5~1.5[m] 높이에 설치할 것

(7) 가혹한 환경조건의 특수한 경우에는 정해진 최대높이 1.5[m]를 초과하는 것이 허용됨 이러한 경우 플러그의 안전한 삽입 및 분리가 보장될 것

## 173 마리나 및 이와 유사한 장소에 대한 KEC 규정을 설명하시오.

(data) 전기안전기술사 및 건축전기설비기술사 출제예상문제

### [답안] 1. 적용범위

(1) 마리나 및 이와 유사장소의 놀이용 수상기계기구 또는 선상가옥에 전원을 공급하는 회로에만 적용할 것

(2) 다만, 다음의 경우에는 적용하지 아니함

① 공공 전력망에서 직접 전력을 공급받는 선상가옥

② 놀이용 수상기계기구나 선상가옥의 내부 전기설비

### 2. 계통접지 및 전원공급

(1) 마리나에서 TN 계통의 사용 시 TN-S 계통만을 사용할 것

(2) 육상의 절연변압기를 통하여 보호하는 경우를 제외하고 누전차단기를 사용할 것

(3) 놀이용 수상기계기구 또는 선상가옥에 전원을 공급하는 최종회로는 PEN 도체를 포함해서는 아니 됨

(4) 표준전압은 220/380[V]를 초과해서는 아니 됨

### 3. 안전보호

(1) 감전에 대한 보호는 242.8.3을 준용

> **(reference)**
> 242.8.3 : 이동식 숙박차량 정박지, 야영지 및 이와 유사한 장소의 안전을 위한 보호

(2) 놀이용 수상기계기구에 전원을 공급하기 위해 전기적 분리에 의한 보호대책이 사용되는 경우에는 다음에 의함

① 회로는 KS C IEC 61558-2-4(전력용 변압기, 전원공급장치 및 유사기기의 안전-제2부 : 범용 절연변압기의 개별 요구사항)에 적합하게 고정된 절연변압기를 통하여 공급될 것

② 절연변압기로 전원을 공급하는 보호도체는 놀이용 수상기계기구에 공급하는 콘센트의 접지극에 연결되어서는 아니 됨

③ 놀이용 수상기계기구의 등전위본딩은 육상공급전원의 보호도체에 접속하지 말 것

### 4. 마리나 내 옥외에 설치되는 전기기기의 선정 및 설치에 대한 외부 영향

(1) 물의 존재(AD) : 물의 비말(AD4) IPX4, 물의 분사(AD5) IPX5, 물의 파도(AD6) IPX6 이상의 보호등급

(2) 침입 고형물질의 존재(AE) : AE3, IP4X 이상의 보호등급

(3) 부식 또는 오염물질의 존재(AF) : 부식성 물질 또는 오염물질 AF2, 탄화수소 AF3

(4) 충격(AG) : AG2, IK07 이상의 보호등급

## 5. 마리나 내의 배선방식

(1) 전선 종류

① 지중케이블

② 가공케이블 또는 가공절연전선

③ 구리 도체로서 열가소성 또는 탄성재료 절연케이블로 움직임·충격·부식 및 주위 온도 등의 외부 영향을 고려한 적절한 케이블 관리시스템에 따라 설치된 케이블

④ PVC 보호피복의 무기질 절연케이블

⑤ 열가소성 또는 탄성재료 피복의 외장 케이블

⑥ "①"에서 "⑤"까지의 것과 동등 이상의 케이블 또는 재료

(2) 마리나 내의 배선은 다음의 경우에 시설해서는 안 됨

① KS C IEC 60364-5-52(전기기기의 선정 및 설치-배선설비)의 예와 같이 지지선에 매달리거나 지지대를 사용하여 공기 중에 가설된 가공케이블 또는 가공도체

② KS C IEC 60364-5-52(전기기기의 선정 및 설치-배선설비)의 설치방법의 예와 같은 전선관, 트렁킹 등의 내부 절연전선

③ 알루미늄 도체 케이블

④ 무기질 절연케이블

(3) 케이블 및 케이블 관리시스템은 조류 및 물에 뜨는 구조물의 다른 움직임에 의한 기계적 손상이 없도록 선정 및 시공될 것

(4) 지중케이블의 지중배전회로는 추가적인 기계적 보호가 제공되지 않는 한 수송매체 등의 이동에 따른 손상을 피할 수 있도록 매설깊이를 차량, 기타 중량물의 압력을 받을 우려가 있는 장소에는 1.2[m] 이상, 기타 장소에는 0.6[m] 이상일 것

(5) 가공케이블 또는 가공절연전선은 다음에 따라 시설할 것

① 모든 가공전선은 절연될 것

② 가공배선을 위한 전주 또는 다른 지지물은 차량의 이동에 의하여 손상을 받지 않는 장소에 설치하거나 손상을 받지 않도록 보호될 것

③ 가공전선은 수송매체가 이동하는 모든 지역에서 지표상 6[m], 다른 모든 지역에서는 4[m] 이상의 높이로 시설할 것

## 6. 전원의 자동차단에 의한 고장보호

(1) 누전차단기는 다음에 따라 시설할 것

① 정격전류가 63[A] 이하인 모든 콘센트는 정격감도전류가 30[mA] 이하인 누전차단

기에 의해 개별적으로 보호될 것 채택된 누전차단기는 중성극을 포함한 모든 극을 차단할 것

② 정격전류가 63[A]를 초과하는 콘센트는 정격감도전류 300[mA] 이하이고, 중성극을 포함한 모든 극을 차단하는 누전차단기에 의해 개별적으로 보호될 것

③ 주거용 선박에 전원을 공급하는 접속장치는 30[mA]를 초과하지 않는 개별 누전차단기로 보호되고, 선택된 누전차단기는 중성극을 포함한 모든 극을 차단할 것

(2) 과전류에 대한 보호장치

① 각 콘센트는 과전류에 대한 보호 규정의 요구사항에 따른 과전류보호장치에 의해 개별적으로 보호될 것

② 선상가옥에 전원 공급을 위한 고정 접속용의 최종분기회로는 212의 요구사항에 따른 과전류보호장치에 의해 개별적으로 보호될 것

## 7. 단로장치

(1) 각 배전반에는 적어도 하나의 단로장치를 설치할 것

(2) 이 장치는 중성선을 포함하여 모든 충전도체를 분리할 것

## 8. 콘센트 시설

(1) 정격전류가 63[A] 이하인 콘센트는 KS C IEC 60309-2(산업용 플러그, 콘센트 및 커플러-제2부 : 핀 및 핀받이의 치수 요구사항)에 적합할 것

(2) 정격전류가 63[A]를 초과하는 콘센트는 KS C IEC 60309-1(산업용 플러그, 콘센트 및 커플러 제1부 : 일반 요구사항)에 적합할 것

① 모든 콘센트는 최소한 보호등급 IP44를 만족하거나 외함에 의해 그와 동등한 보호등급이 제공될 것

② AD5 또는 AD6 코드가 적용되어야 하는 경우 각각의 보호등급은 최소한 IPX5 또는 IPX6에 적합할 것

(3) 모든 콘센트는 정박 위치에 가까이 시설되어야 하며, 배전반 또는 별도의 외함 내에 설치될 것

(4) 긴 연결코드로 인한 위험을 방지하기 위하여 하나의 외함 안에는 4개 이하의 콘센트가 조합 배치될 것

(5) 하나의 콘센트는 오직 하나의 놀이용 수상기계기구 또는 하나의 선상가옥에만 전원을 공급할 것

(6) 정격전압 200~250[V], 정격전류 16[A] 단상 콘센트가 제공될 것. 다만, 보다 큰 수요가 예상되는 경우에는 더 높은 정격의 콘센트를 제공할 것

(7) 모든 콘센트는 적절한 조치가 취해지지 않는 한 비말이나 침수의 영향을 피할 수 있는 곳에 설치할 것

**174** 의료장소에 대한 전기설비규정의 다음 사항을 설명하시오.
1. 적용범위 및 의료장소 그룹 구분
2. 의료장소별 접지계통의 적용 구분
3. 의료장소의 안전을 위한 보호설비의 시설
4. 의료장소 내의 접지설비
5. 의료장소 내의 비상전원

**data** 전기안전기술사 및 건축전기설비기술사, 전기응용기술사 출제예상문제

**답안** **1. 적용범위 및 의료장소 그룹 구분**

(1) 의료장소 : 병원이나 진료소 등에서 환자의 진단 · 치료(미용치료 포함) · 감시 · 간호 등의 의료행위를 하는 장소

(2) 의료용 전기기기의 장착부 : 의료용 전기기기의 일부로서 환자의 신체와 필연적으로 접촉되는 부분

(3) 의료장소의 그룹별 구분

① 그룹 0 : 일반병실, 진찰실, 검사실, 처치실, 재활치료실 등 장착부를 사용하지 않는 의료장소

② 그룹 1 : 분만실, MRI실, X선 검사실, 회복실, 구급처치실, 인공투석실, 내시경실 등 장착부를 환자의 신체 외부 또는 심장 부위를 제외한 환자의 신체 내부에 삽입시켜 사용하는 의료장소

③ 그룹 2 : 관상동맥질환 처치실(심장카테터실), 심혈관조영실, 중환자실(집중치료실), 마취실, 수술실, 회복실 등 장착부를 환자의 심장 부위에 삽입 또는 접촉시켜 사용하는 의료장소

**2. 의료장소별 접지계통의 적용 구분**

(1) 그룹 0 : TT 계통 또는 TN 계통

(2) 그룹 1 : TT 계통 또는 TN 계통. 다만, 전원자동차단에 의한 보호가 의료행위에 중대한 지장을 초래할 우려가 있는 의료용 전기기기를 사용하는 회로에는 의료 IT 계통

(3) 그룹 2 : 의료 IT 계통. 다만, 이동식 X-레이 장치, 정격출력이 5[kVA] 이상인 대형 기기용 회로, 생명유지장치가 아닌 일반 의료용 전기기기에 전력을 공급하는 회로 등에는 TT 계통 또는 TN 계통

(4) 의료장소에 TN 계통을 적용할 때에는 주배전반 이후의 부하계통에서는 TN-C 계통으로 시설하지 말 것

## 3. 의료장소의 안전을 위한 보호설비의 시설

(1) 그룹 1 및 그룹 2의 의료 IT 계통의 안전을 위한 보호설비의 시설

① 전원측에 이중 또는 강화절연을 한 의료용 절연변압기 또는 이중 또는 강화절연한 비단락보증 절연변압기를 설치하고 그 2차측 전로는 접지하지 말 것

② 비단락보증 절연변압기의 규정

㉠ 함 속에 설치하여 충전부가 노출되지 않게 하고 의료장소의 내부 또는 가까운 외부에 설치

㉡ 2차측 정격전압은 교류 250[V] 이하, 단상 2선식, 10[kVA] 이하

㉢ 3상 부하에 대한 전력공급 요구 시 비단락보증 3상 절연변압기를 사용

㉣ 과부하 및 온도를 지속적으로 감시하는 장치를 적절한 장소에 설치할 것

③ 의료 IT 계통의 절연상태를 지속적으로 계측, 감시하는 장치의 설치 규정

㉠ 절연저항을 계측, 지시하는 절연감시장치를 설치하여 절연저항이 50[kΩ]까지 감소하면 표시설비 및 음향설비로 경보

㉡ 표시설비는 의료 IT 계통이 정상일 때에는 녹색으로 표시되고 의료 IT 계통의 절연저항이 조건에 도달할 때에는 황색으로 표시되게 할 것

㉢ 각 표시들은 정지시키거나 차단시키는 것이 불가능한 구조일 것

④ 수술실 등의 내부에 설치되는 음향설비가 의료행위에 지장을 줄 우려가 있는 경우에는 기능을 정지시킬 수 있는 구조일 것

⑤ 의료 IT 계통에 접속되는 콘센트

㉠ TT 계통 또는 TN 계통에 접속되는 콘센트와 혼용됨을 방지하기 위하여 적절하게 구분 · 표시할 것

㉡ 그룹 1과 그룹 2의 의료장소에서 사용하는 콘센트는 배선용 꽂음콘센트 사용

㉢ 다만, 플러그가 빠지지 않는 구조의 콘센트가 필요한 경우에는 걸림형을 사용할 것

(2) 그룹 1과 그룹 2의 의료장소에 무영등 등을 위한 특별저압(SELV 또는 PELV)회로를 시설하는 경우에는 사용전압은 교류 실효값 25[V] 또는 직류 비맥동 60[V] 이하일 것

(3) 의료장소의 전로의 보호규정

① 정격감도전류 30[mA] 이하, 동작시간 0.03초 이내의 누전차단기를 설치할 것

② 누전차단기의 설치 예외 규정

㉠ 의료 IT 계통의 전로

㉡ TT 계통 또는 TN 계통에서 전원자동차단에 의한 보호가 의료행위에 중대한 지장을 초래할 우려가 있는 회로에 누전경보기를 시설하는 경우

㉢ 의료장소의 바닥으로부터 2.5[m]를 초과하는 높이에 설치된 조명기구의 전원회로

㉣ 건조한 장소에 설치하는 의료용 전기기기의 전원회로

### 4. 의료장소 내의 접지설비

(1) 접지설비란 접지극, 접지도체, 기준접지 바, 보호도체, 등전위본딩도체를 말한다.

(2) 기준접지 바의 설치 규정

    ① 의료장소마다 그 내부 또는 근처에할 것

    ② 인접 의료장소와의 바닥면적 합계가 50[m²] 이하인 경우에는 기준접지 바를 공용으로 할 것

    ③ 의료장소 내에서 사용하는 모든 전기설비 및 의료용 전기기기의 노출도전부는 보호도체에 의하여 기준접지 바에 각각 접속되도록 할 것

    ④ 콘센트 및 접지단자의 보호도체는 기준접지 바에 직접 접속할 것

(3) 보호도체의 공칭단면적은 표에 따라 선정할 것

**‖ 보호도체의 최소단면적 ‖**

| 상도체 단면적 $S$[mm²] | 대응하는 보호도체의 최소단면적[mm²] 구리 | |
|---|---|---|
| | 재질이 같은 경우 | 재질이 다른 경우 |
| $S \leq 16$ | $S$ | $\dfrac{k_1}{k_2} \times S$ |
| $16 < S \leq 35$ | $16^a$ | $\dfrac{k_1}{k_2} \times 16$ |
| $35 > S$ | $\dfrac{S^a}{2}$ | $\dfrac{k_1}{k_2} \times \dfrac{S}{2}$ |

• $k_1$ : 도체 및 절연의 재질에 따른 KS C-IEC에서 선정된 상도체에 대한 계수
• $k_2$ : KS C-IEC에서 선정된 보호도체에 대한 계수
• $a$ : PEN 도체의 최소단면적은 중성선과 동일하게 적용함

(4) 의료용 접지 시공의 등전위본딩방법

    ① 그룹 2의 의료장소에서 환자환경 : 환자가 점유하는 장소로부터 수평방향 2.5[m], 의료장소의 바닥으로부터 2.5[m] 높이 이내의 범위

    ② 그룹 2의 의료장소 내에 있는 계통외도전부와 전기설비 및 의료용 전기기기의 노출도전부, 전자기 장해(EMI) 차폐선, 도전성 바닥 등에 시공할 것

    ③ 계통외도전부와 전기설비 및 의료용 전기기기의 노출도전부 상호 간을 접속한 후 이를 기준접지 바에 각각 접속할 것

    ④ 한 명의 환자에게는 동일한 기준접지 바를 사용하여 등전위본딩을 시행할 것

    ⑤ 등전위본딩도체는 위의 보호도체와 동일 규격 이상의 것으로 선정할 것

(5) 접지도체는 다음과 같이 시설할 것

    ① 접지도체의 공칭단면적은 기준접지 바에 접속된 보호도체 중 가장 큰 것 이상으로 할 것

② 철골, 철근콘크리트 건물에서는 철골 또는 2조 이상의 주철근을 접지도체의 일부분으로 활용할 수 있음

(6) 보호도체, 등전위본딩도체 및 접지도체의 종류

① 450/750[V] 일반용 단심 비닐절연전선

② 절연체의 색이 녹/황의 줄무늬이거나 녹색인 것을 사용할 것

## 5. 의료장소 내의 비상전원

상용전원 공급이 중단될 경우 의료행위에 중대한 지장을 초래할 우려가 있는 전기설비 및 의료용 전기기기에는 다음에 따라 비상전원을 공급할 것

| 절환시간 | 비상전원을 공급하는 장치 또는 기기 |
|---|---|
| 0.5초 이내 | • 0.5초 이내에 전력공급이 필요한 생명유지장치<br>• 그룹 1 또는 그룹 2의 의료장소의 수술등, 내시경, 수술실 테이블, 기타 필수 조명 |
| 15초 이내 | • 15초 이내에 전력공급이 가능하고 최소 24시간 동안 유지할 것<br>• 그룹 2의 의료장소에 최소 50[%]의 조명, 그룹 1의 의료장소에 최소 1개의 조명 |
| 15초 초과 | • 병원기능을 유지하기 위한 기본 작업에 필요한 조명<br>• 그 밖의 병원기능을 유지하기 위하여 중요한 기기 또는 설비 |

**reference**

전기안전기술사 16년 110회 2교시 6번

전기설비기술기준 및 전기설비기준의 판단기준에 따른 의료장소 전기설비에 대하여 다음 사항을 설명하시오.

1) 의료장소의 그룹별 구분 기준
2) 의료장소의 보호설비
3) 의료장소의 그룹별 접지설비
4) 의료장소의 비상전원설비

## **175** 저압 옥내 직류전기설비의 시설기준에 대하여 설명하시오.

**data** 전기안전기술사 및 건축전기설비기술사 출제예상문제

**답안**

### 1. 저압 옥내 직류전기설비의 전기품질

(1) 저압 옥내 직류전로에 교류를 직류로 변환하여 공급하는 경우에 직류는 KS C IEC 60364-4-41(안전을 위한 보호-감전에 대한 보호)에서 규정한 리플프리 직류일 것 (※리플프리 직류 : AC를 DC로 변환 시 리플 성분이 10[%] 이하로 포함된 직류)

(2) "(1)"에 따라 직류를 공급하는 경우의 고조파 전류는 전기자기적 합성(EMC)-제3부 한계값 제2절 : 고조파 전류의 한계값(기기의 입력전류 상당 16[A] 이하) 및 전기자기적 합성(EMC) 제3-12부 : 한계값-공공저전압시스템에 연결된 기기에서 발생하는 고조파 전류의 한계값(16[A] < 상당입력전류 ≤ 75[A])에서 정한 값 이하일 것

### 2. 저압 옥내 직류전기설비의 시설

저압 옥내 직류전기설비는 배선설비 규정에 따라 시설할 것

### 3. 저압 직류과전류차단장치

(1) 212.3.4에 의하여 저압 직류전로에 과전류차단장치를 시설하는 경우 직류단락전류를 차단하는 능력을 가지는 것이어야 하고 "직류용" 표시를 할 것

(2) 다중전원전로의 과전류차단기는 모든 전원을 차단할 수 있도록 시설할 것

### 4. 저압 직류지락차단장치

과전류에 대한 보호의 보호장치의 특성 규정에 의하여 저압 직류전로에 지락 발생 시 자동으로 전로를 차단하는 장치를 시설(즉, 누전차단기)하며, "직류용" 표시를 할 것

### 5. 저압 직류개폐장치

(1) 직류전로에 사용하는 개폐기는 직류전로 개폐 시 발생하는 아크에 견디는 구조일 것

(2) 다중전원전로의 개폐기는 개폐할 때 모든 전원이 개폐될 수 있도록 시설할 것

### 6. 저압 직류전기설비의 전기부식방지

(1) 저압 옥내 직류전기설비를 접지하는 경우에는 직류누설전류에 의한 전기부식작용으로 인한 접지극이나 다른 금속체에 손상의 위험이 없도록 시설할 것

(2) 다만, 저압 직류차단장치 규정의 직류지락차단장치를 시설한 경우에는 그러하지 아니함

## 7. 축전지실 등의 시설

(1) 30[V]를 초과하는 축전지는 비접지측 도체에 쉽게 차단할 수 있는 곳에 개폐기를 시설할 것

(2) 옥내전로에 연계되는 축전지는 비접지측 도체에 과전류보호장치를 시설할 것

(3) 축전지실 등은 폭발성의 가스가 축적되지 않도록 환기장치 등을 시설할 것

## 8. 저압 옥내 직류전기설비의 접지

(1) 저압 옥내 직류전기설비는 전로보호장치의 확실한 동작의 확보, 이상전압 및 대지전압의 억제를 위하여 직류 2선식의 임의의 한 점 또는 변환장치의 직류측 중간점, 태양전지의 중간점 등을 접지할 것

(2) 다만, 직류 2선식을 다음에 따라 시설하는 경우는 "(1)"에 의하지 않음

    ① 사용전압이 60[V] 이하인 경우

    ② 접지검출기를 설치하고 특정구역 내의 산업용 기계기구에만 공급하는 경우

    ③ 교류전로로부터 공급을 받는 정류기에서 인출되는 직류계통

    ④ 최대전류 30[mA] 이하의 직류화재경보회로

    ⑤ 절연감시장치 또는 절연고장점검출장치를 설치하여 관리자가 확인할 수 있도록 경보장치를 시설하는 경우

(3) "(1)"의 접지공사는 접지시스템의 규정에 의하여 접지할 것

(4) 직류전기설비를 시설하는 경우는 감전에 대한 보호를 할 것

(5) 직류전기설비의 접지시설은 저압 직류전기설비의 전기부식방지 규정(243.1.6)에 준용하여 전기부식방지를 할 것

(6) 직류접지계통은 교류접지계통과 같은 방법으로 금속제 외함, 교류접지도체 등과 본딩하여야 하며, 교류접지가 피뢰설비 · 통신접지 등과 통합접지되어 있는 경우는 함께 통합접지공사를 할 수 있음

(7) "(6)"의 경우 낙뢰 등에 의한 과전압으로부터 전기설비 등을 보호하기 위해 KS C IEC 60364-5-53(전기기기의 선정 및 시공 – 절연, 개폐 및 제어)의 과전압보호장치에 따라 서지보호장치(SPD)를 설치할 것

## 176 사업장에서 비상용 예비전원설비를 설치할 경우 다음 사항을 설명하시오.
1. 비상용 예비전원 공급방법
2. 비상용 예비전원설비의 시설기준
3. 비상용 예비전원설비의 배선기준

**data** 전기안전기술사 및 건축전기설비기술사 출제예상문제 / 전기안전기술사 기출문제 / KEC 238

**답안** 1. 비상용 예비전원 공급방법

(1) 적용범위

① 상용전원이 정전되었을 때 사용하는 비상용 예비전원설비를 수용장소에 시설하는 것임

② 비상용 예비전원으로 발전기 또는 이차전지 등을 이용한 전기저장장치 및 이와 유사한 설비를 시설하는 경우에는 해당 설비에 관련된 규정을 적용할 것

(2) 비상용 예비전원설비의 조건 및 분류

① 비상용 예비전원설비는 상용전원의 고장 또는 화재 등으로 정전되었을 때 수용장소에 전력을 공급하도록 시설하여야 한다.

② 화재조건에서 운전이 요구되는 비상용 예비전원설비에 대한 추가적인 충족조건
  ㉠ 비상용 예비전원은 충분한 시간 동안 전력 공급이 지속되도록 선정할 것
  ㉡ 모든 비상용 예비전원의 기기는 충분한 시간의 내화보호성능을 갖도록 선정하여 설치 요함

③ 비상용 예비전원설비의 전원 공급방법은 다음과 같이 분류한다.
  ㉠ 수동 전원공급
  ㉡ 자동 전원공급

④ 자동 전원공급은 절환시간에 따라 다음과 같이 분류된다.
  ㉠ 무순단 : 과도시간 내에 전압 또는 주파수 변동 등 정해진 조건에서 연속적인 전원공급이 가능한 것
  ㉡ 순단 : 0.15초 이내 자동 전원공급이 가능한 것
  ㉢ 단시간 차단 : 0.5초 이내 자동 전원공급이 가능한 것
  ㉣ 보통 차단 : 5초 이내 자동 전원공급이 가능한 것
  ㉤ 중간 차단 : 15초 이내 자동 전원공급이 가능한 것
  ㉥ 장시간 차단 : 자동 전원공급이 15초 이후에 가능한 것

⑤ 비상용 예비전원설비에 필수적인 기기는 지정된 동작을 유지하기 위해 절환시간과 호환되어야 한다.

## 2. 비상용 예비전원설비의 시설기준

(1) 비상용 예비전원은 고정설비로 하고, 상용전원의 고장에 의해 해로운 영향을 받지 않는 방법으로 설치하여야 한다.

(2) 비상용 예비전원은 운전에 적절한 장소에 설치해야 하며, 기능자 및 숙련자만 접근 가능하도록 설치하여야 한다.

(3) 비상용 예비전원에서 발생하는 가스, 연기 또는 증기가 사람이 있는 장소로 침투하지 않도록 확실하고 충분히 환기하여야 한다.

(4) 비상용 예비전원은 비상용 예비전원의 유효성이 손상되지 않는 경우에만 비상용 예비전원설비 이외의 목적으로 사용할 수 있다.

(5) 비상용 예비전원설비는 다른 용도의 회로에 일어나는 고장 시 어떠한 비상용 예비전원설비 회로도 차단되지 않도록 하여야 한다.

(6) 비상용 예비전원으로 전기사업자의 배전망과 수용가의 독립된 전원을 병렬운전이 가능하도록 시설 시, 독립운전 또는 병렬운전 시 단락보호 및 고장보호가 확보될 것
이 경우, 병렬운전에 관한 전기사업자의 동의를 받아야 하며 전원의 중성점 간 접속에 의한 순환전류와 제3고조파의 영향을 제한하여야 한다.

(7) 상용전원의 정전으로 비상용 전원이 대체되는 경우에는 상용전원과 병렬운전이 되지 않도록 다음 중 하나 또는 그 이상의 조합으로 격리조치를 하여야 한다.

① 조작기구 또는 절환개폐장치의 제어회로 사이의 전기적, 기계적 또는 전기기계적 연동

② 단일 이동식 열쇠를 갖춘 잠금계통

③ 차단-중립-투입의 3단계 절환개폐장치

④ 적절한 연동기능을 갖춘 자동 절환개폐장치

⑤ 동등한 동작을 보장하는, 기타 수단

## 3. 비상용 예비전원설비의 배선기준

(1) 비상용 예비전원설비의 전로는 다른 전로로부터 독립되어야 한다.

(2) 비상용 예비전원설비의 전로는 그들이 내화성이 아니라면, 어떠한 경우라도 화재의 위험과 폭발의 위험에 노출되어 있는 지역을 통과해서는 안 된다.

(3) 과전류보호장치는 하나의 전로에서의 과전류가 다른 비상용 예비전원설비 전로의 정확한 작동에 손상을 주지 않도록 선정 및 설치하여야 한다.

(4) 독립된 전원이 있는 2개의 서로 다른 전로에 의해 공급되는 기기에서는 하나의 전로 중에 발생하는 고장이 감전에 대한 보호는 물론 다른 전로의 운전도 손상해서는 안 된다. 그런 기기는 필요하다면, 두 전로의 보호도체에 접속하여야 한다.

(5) 소방전용 엘리베이터 전원 케이블 및 특수 요구사항이 있는 엘리베이터용 배선을 제외한 비상용 예비전원설비 전로는 엘리베이터 샤프트 또는 굴뚝 같은 개구부에 설치해서는 아니 됨

(6) 다음 배선설비 중 하나 또는 그 이상을 화재상태에서 운전하는 것이 요구되는 비상용 예비전원설비에 적용하여야 한다.

① KS C IEC 60702-1과 -2에 규정된 케이블 및 단말부에 적합한 무기 절연케이블

> **reference**
> 정격전압 750[V] 이하 무기물 절연케이블 및 그 단말부-제1부 : 케이블
> 정격전압 750[V] 이하 무기물 절연케이블 및 단말부 – 제2부 : 단말부 KS C IEC 60702-2

② KS C IEC 60331-11(화재조건에서의 전기케이블시험-회로 보전성-제11부 : 시험설비-최소 750[℃] 화염온도의 불꽃), KS C IEC 60331-21(화재조건에서의 전기케이블 시험-회로 보전성-제21부 : 절차 및 요구사항 – 정격전압 0.6/1.0[kV] 이하 케이블), KS C IEC 60332-1-2(화재조건에서의 전기/광섬유 케이블 시험-제1-2부 : 단심절연전선 또는 케이블 수직 불꽃전파시험 – 1[kW] 혼합 불꽃시험 절차)에 적합한 내화 케이블

③ 화재 및 기계적 보호를 위한 배선설비

(7) 배선설비는 화재 및 기계적 보호를 유지하기 위한 구조적인 외함 또는 개별 화재구획 등 화재 시 손상되지 않는 회로 보전방법으로 고정 및 설치되어야 한다.

(8) 비상용 예비전원설비의 제어 및 간선 배선은 비상용 예비전원설비에 사용되는 배선과 동일한 요구사항에 따라야 한다. 이것은 비상용 예비전원이 필요한 기기의 운전에 악영향을 미치지 않는 회로에는 적용하지 않는다.

(9) 직류로 공급될 수 있는 비상용 예비전원설비 전로는 2극 과전류보호장치를 구비할 것

(10) 교류전원과 직류전원 모두에서 사용하는 개폐장치 및 제어장치는 교류조작 및 직류조작 모두에 적합할 것

chapter

03

# 고압 · 특고압 전기설비

section **01** 고압 · 특고압 전기설비 통칙 및 안전을 위한 보호(KEC 3장 – 300 및 310)

**177** 고압 · 특고압 전기설비에 대한 한국전기설비 규정에서 정한 다음 사항을 설명하시오.
1. 적용범위
2. 기본원칙의 전기적 요구사항
3. 기본원칙의 기계적 요구사항
4. 기본원칙의 기후 및 환경조건
5. 기본원칙의 특별 요구사항

**data** 공통 출제예상문제

**답안** 1. 적용범위 및 일반원칙

(1) 교류 1[kV] 초과 또는 직류 1.5[kV]를 초과하는 고압 및 특고압 전기를 공급하거나 사용하는 전기설비에 적용함

(2) 일반원칙 : 설비 및 기기는 그 설치장소의 예상될 수 있는 전기적, 기계적, 환경적인 영향에 견디는 능력을 보유할 것

2. 전기적 요구사항(9개 사항)

(1) 중성점 접지방법의 고려사항

① 전원공급의 연속성 요구사항

② 지락고장에 의한 기기의 손상 제한

③ 고장부위의 선택적 차단

④ 고장위치의 감지

⑤ 접촉 및 보폭전압

⑥ 유도성 간섭

⑦ 운전 및 유지보수 측면

(2) 전압 등급 : 용자는 계통 공칭전압 및 최대운전전압을 결정하여야 한다.

(3) 정상 운전전류 : 설비의 모든 부분은 정의된 운전조건에서의 전류를 견딜 것

(4) 단락전류

① 설비는 단락전류로부터 발생하는 열적 및 기계적 영향에 견딜 수 있게 설치할 것

② 설비는 단락을 자동으로 차단하는 장치에 의하여 보호될 것

③ 설비는 지락을 자동으로 차단하는 장치 또는 지락상태 자동표시장치에 의하여 보호될 것

(5) **정격 주파수** : 설비는 운전될 계통의 정격 주파수에 적합할 것

(6) **코로나** : 코로나에 의하여 발생하는 전자기장으로 인한 전파장해는 전파장해의 방지 규정의 범위를 초과하지 않을 것

(7) **전계 및 자계** : 가압된 기기에 의해 발생하는 전계 및 자계의 한도가 인체에 허용수준 이내로 제한될 것

(8) **과전압** : 기기는 낙뢰 또는 개폐동작에 의한 과전압으로부터 보호될 것

(9) **고조파** : 고조파 전류 및 고조파 전압에 의한 영향이 고려될 것

## 3. 고압·특고압 전기설비의 기계적 요구사항

(1) **기기 및 지지구조물** : 기기 및 지지구조물은 그 기초를 포함하며, 예상되는 기계적 충격에 견딜 것

(2) **인장하중** : 현장의 가혹한 조건에서 계산된 최대도체인장력을 견딜 것

(3) **빙설하중** : 전선로는 빙설로 인한 하중을 고려할 것

(4) **풍압하중** : 그 지역의 지형적인 영향과 주변 구조물의 높이를 고려할 것

(5) **개폐전자기력** : 지지물을 설계할 때에는 개폐전자기력이 고려될 것

(6) **단락전자기력** : 단락 시 전자기력에 의한 기계적 영향을 고려할 것

(7) **도체인장력의 상실** : 인장애자련이 설치된 구조물은 최악의 하중이 가해지는 애자나 도체(케이블)의 손상으로 인한 도체인장력의 상실에 견딜 것

(8) **지진하중** : 지진의 우려성이 있는 지역에 설치하는 설비는 지진하중을 고려하여 설치할 것

## 4. 기후 및 환경조건

(1) 설비는 주어진 기후 및 환경조건에 적합한 기기를 선정하여야 한다.

(2) 정상적인 운전이 가능하도록 설치하여야 한다.

## 5. 특별 요구사항

설비는 작은 동물과 미생물의 활동으로 인한 안전에 영향이 없도록 설치할 것

## 178 KEC 규정에서 정한 고압 및 특고압 전기설비의 안전을 위한 고려사항을 설명하시오. (25점 예상)

**data** 전기안전기술사 및 건축전기설비기술사 출제예상문제

**답안**

### 1. 절연수준의 선정

절연수준은 기기최고전압 또는 충격내전압을 고려하여 결정할 것

### 2. 직접접촉에 대한 보호

(1) 전기설비는 충전부에 접촉하거나 충전부 근처의 위험구역에 도달하는 것을 방지하도록 설치되어야 함

(2) 계통의 도전성 부분(충전부, 기능상의 절연부, 위험전위가 발생할 수 있는 노출도전성 부분 등)에 대한 접촉을 방지하기 위한 보호가 이루어질 것

(3) 보호는 그 설비의 위치가 출입제한 전기운전구역 여부에 의하여 다른 방법으로 이루어질 수 있음

### 3. 간접접촉에 대한 보호

전기설비의 노출도전성 부분은 고장 시 충전으로 인한 인축의 감전을 방지하여야 하며, 그 보호방법은 접지설비 규정(320)을 따름

### 4. 아크 고장에 대한 보호

전기설비는 운전 중에 발생되는 아크 고장으로부터 운전자가 보호될 수 있도록 시설할 것

### 5. 직격뢰에 대한 보호

낙뢰 등에 의한 과전압으로부터 전기설비 등을 보호하기 위해 피뢰시스템을 시설하고, 그 밖의 적절한 조치를 할 것

### 6. 화재에 대한 보호

전기기기의 설치 시에는 공간분리, 내화벽, 불연재료의 시설 등 화재예방을 위한 대책을 고려할 것

### 7. 절연유 누설에 대한 보호

(1) 환경보호를 위하여 절연유를 함유한 기기의 누설에 대한 대책이 있을 것

(2) 옥내 기기의 절연유 유출방지설비

① 옥내 기기가 위치한 구역의 주위에 누설되는 절연유가 스며들지 않는 바닥에 유출방지턱을 시설하거나 건축물 안에 지정된 보존구역으로 집유한다.

② 유출방지턱의 높이나 보존구역의 용량을 선정할 때 기기의 절연유량뿐만 아니라 화재보호시스템의 용수량을 고려할 것

(3) 옥외설비의 절연유 유출방지설비

① 절연유 유출방지설비의 선정은 기기에 들어있는 절연유의 양, 우수 및 화재보호시스템의 용수량, 근접 수로 및 토양조건을 고려할 것

② 집유조 및 집수탱크가 시설되는 경우 집수탱크는 최대용량 변압기의 유량에 대한 집유능력이 있어야 함

③ 벽, 집유조 및 집수탱크에 관련된 배관은 액체가 침투하지 않는 것이어야 한다.

④ 절연유 및 냉각액에 대한 집유조 및 집수탱크의 용량은 물의 유입으로 지나치게 감소되지 않아야 하며, 자연배수 및 강제배수가 가능할 것

⑤ 다음의 추가적인 방법으로 수로 및 지하수를 보호할 것

  ㉠ 집유조 및 집수탱크는 바닥으로부터 절연유 및 냉각액의 유출을 방지할 것

  ㉡ 배출된 액체는 유수분리장치를 통하여야 하며, 이 목적을 위하여 액체의 비중을 고려할 것

## 8. $SF_6$의 누설에 대한 보호

(1) 환경보호를 위하여 $SF_6$가 함유된 기기의 누설에 대한 대책이 있어야 함

(2) $SF_6$ 가스 누설로 인한 위험성이 있는 구역은 환기가 되어야 하며, 세부사항은 IEC 62271 –4 : 2013(고압 개폐 및 제어장치–제4부 : $SF_6$ 및 그 혼합물의 취급절차)을 따른다.

## 9. 식별 및 표시

(1) 표시, 게시판 및 공고는 내구성과 내부식성이 있는 물질로 만들고 지워지지 않는 문자로 인쇄되어야 함

(2) 개폐기반 및 제어반의 운전상태는 주접점을 운전자가 쉽게 볼 수 있는 경우를 제외하고 표시기에 명확히 표시될 것

(3) 케이블 단말 및 구성품은 확인되어야 하고, 배선목록 및 결선도에 따라서 확인할 수 있도록 관련된 상세사항이 표시될 것

(4) 모든 전기기기실에는 바깥쪽 및 각 출입구의 문에 전기기기실임과 어떤 위험성을 확인할 수 있는 안내판 또는 경고판과 같은 정보가 표시될 것

## section 02 접지설비 (KEC 3장 – 320)

### 179 고압 및 특고압 접지계통 접지시스템에 대하여 설명하시오.

(data) 전기안전기술사 및 건축전기설비기술사 출제예상문제

답안 **1. 일반사항**

(1) 고압 또는 특고압 기기는 접촉전압 및 보폭전압의 허용값 이내의 요건을 만족하도록 시설할 것

(2) 고압 또는 특고압 기기가 출입제한된 전기설비 운전구역 이외의 장소에 설치되었다면 KS C IEC 61936-1(교류 1[kV] 초과 전력설비–제1부 : 공통규정)의 "10. 접지시스템"에 의한다.

(3) 모든 케이블의 금속시스(sheath) 부분은 접지를 할 것

(4) 고압 또는 특고압 전기설비 접지는 감전에 대한 보호규정 및 고압 · 특고압 접지계통 규정(321)의 해당 부분을 적용함

**2. 접지시스템**

(1) 고압 또는 특고압 전기설비의 접지는 원칙적으로 공통접지 및 통합접지의 규정에 적합할 것

(2) 고압 또는 특고압과 저압 접지시스템이 서로 근접한 경우에는 다음과 같이 시공할 것

① 고압 또는 특고압 변전소 내에서만 사용하는 저압 전원이 있을 때 저압 접지시스템이 고압 또는 특고압 접지시스템의 구역 안에 포함되어 있다면 각각의 접지시스템은 서로 접속하여야 한다.

**┃ 접지전위상승(EPR, Earth Potential Rise) 제한값에 의한 고압 또는 특고압 및 저압 접지시스템의 상호 접속의 최소요건 ┃**

| 저압계통의 형태[a),b)] | | 대지전위상승(EPR) 요건 | | |
|---|---|---|---|---|
| | | 접촉전압 | 스트레스 전압[c)] | |
| | | | 고장지속시간 $t_f \leq 5s$ | 고장지속시간 $t_f > 5s$ |
| TT | | 해당 없음 | EPR ≤ 1,200[V] | EPR ≤ 250[V] |
| TN | | EPR ≤ $F \cdot U_{Tp}$[d),e)] | EPR ≤ 1,200[V] | EPR ≤ 250[V] |
| IT | 보호도체 있음 | TN 계통에 따름 | EPR ≤ 1,200[V] | EPR ≤ 250[V] |
| | 보호도체 없음 | 해당 없음 | EPR ≤ 1,200[V] | EPR ≤ 250[V] |

• a) : 저압계통은 142.5.2를 참조한다.
• b) : 통신기기는 ITU 추천사항을 적용한다.

- c) : 적절한 저압기기가 설치되거나 EPR이 측정이나 계산에 근거한 국부전위차로 치환된다면 한계값은 증가할 수 있다.
- d) : $F$의 기본값은 2이다. PEN 도체를 대지에 추가 접속한 경우보다 높은 $F$값이 적용될 수 있다. 어떤 토양구조에서는 $F$값은 5까지 될 수도 있다.
  이 규정은 표토층이 보다 높은 저항률을 가진 경우 등 층별 저항률의 차이가 현저한 토양에 적용 시 주의가 필요하다. 이 경우의 접촉전압은 EPR의 50[%]로 한다.
  단, PEN 또는 저압 중간도체가 고압 또는 특고압 접지계통에 접속되었다면 $F$의 값은 1로 한다.
- e) : $U_{Tp}$는 허용접촉전압을 의미한다[KS C IEC 61936-1(교류 1[kV] 초과 전력설비 - 공통규정) "그림 12(허용접촉전압 $U_{Tp}$)" 참조].

② 고압 또는 특고압 변전소에서 인입 또는 인출되는 저압전원이 있을 때, 접지시스템은 다음과 같이 시공할 것

  ㉠ 고압 또는 특고압 변전소의 접지시스템은 공통 및 통합접지의 일부분이거나 또는 다중접지된 계통의 중성선에 접속될 것. 다만, 공통 및 통합접지시스템이 아닌 경우 위의 표에 따라 각각의 접지시스템 상호 접속 여부를 결정할 것

  ㉡ 고압 또는 특고압과 저압 접지시스템을 분리하는 경우의 접지극은 고압 또는 특고압 계통의 고장으로 인한 위험을 방지하기 위해 접촉전압과 보폭전압을 허용값 이내로 할 것

  ㉢ 고압 및 특고압 변전소에 인접하여 시설된 저압전원의 경우, 기기가 너무 가까이 위치하여 접지계통을 분리하는 것이 불가능한 경우에는 공통 또는 통합접지로 시공할 것

**180** 혼촉에 의한 위험방지시설 기준에 대하여 3가지 경우로 구분하여 설명하시오.

**data** 전기안전기술사 및 건축전기설비기술사 출제예상문제

**답안** 1. 고압 또는 특고압과 저압의 혼촉에 의한 위험방지시설

(1) 고압전로 또는 특고압 전로와 저압전로를 결합하는 변압기의 저압측의 중성점에는 변압기 중성점 접지규정(142.5)에 의한 접지공사를 하여야 함

① 사용전압이 35[kV] 이하의 특고압 전로로서 전로에 지락이 발생 시, 1초 이내에 자동적으로 이를 차단하는 장치가 되어 있는 것 및 333.32의 1 및 4에 규정하는 특고압 가공전선로의 전로 이외의 특고압 전로와 저압전로를 결합하는 경우에 계산된 접지저항값이 10[Ω]을 넘을 때에는 접지저항값이 10[Ω] 이하인 것에 한함

> **reference**
> 333.32 : 25[kV] 이하인 특고압 가공전선로의 시설

② 다만, 저압전로의 사용전압이 300[V] 이하인 경우에 그 접지공사를 변압기의 중성점에 하기 어려울 때에는 저압측의 1단자에 시행할 수 있음

(2) "(1)"의 접지공사는 변압기의 시설장소마다 시행할 것

다만, 토지의 상황에 의하여 변압기의 시설장소에서 규정에 의한 접지저항값을 얻기 어려운 경우, 인장강도 5.26[kN] 이상 또는 지름 4[mm] 이상의 가공 접지도체를 저압 가공전선에 관한 규정에 준하여 시설할 때에는 변압기의 시설장소로부터 200[m]까지 떼어놓을 수 있음

> **reference**
> 1.의 (2)의 내용은 변압기 장소에 접지공사를 함이 원칙이나 토양이 암석 등으로 대지의 고유저항률이 너무 높아 도저히 접지저항을 규정 값으로 할 수 없을 경우, 전봇대에서 제일 윗부분에 시설된 가공공동지선에 접지를 하여 200[m] 지점에서 대지에 접지할 수 있다는 의미임

(3) "(1)"의 접지공사 시, 토지 상황으로 "(2)"의 규정이 어려울 경우의 접지공사 방법

① 가공공동지선을 설치하여 2 이상의 시설장소에 접지공사를 할 수 있음

② 가공공동지선은 인장강도 5.26[kN] 이상 또는 지름 4[mm] 이상의 경동선을 사용할 것

③ 접지공사는 각 변압기를 중심으로 하는 지름 400[m] 이내의 지역으로서 그 변압기에 접속되는 전선로 바로 아래의 부분에서 각 변압기의 양쪽에 있을 것. 다만, 그 시설장소에서 접지공사를 한 변압기에 대하여는 그렇지 않음

④ 가공공동지선과 대지 사이의 합성 전기저항값은 1[km]를 지름으로 하는 지역 안마다 접지저항값을 가지는 것으로 하고, 또한 각 접지도체를 가공공동지선으로부터 분리하

였을 경우의 각 접지도체와 대지 사이의 전기저항값은 300[Ω] 이하로 할 것

(4) "(3)"의 가공공동지선에는 인장강도 5.26[kN] 이상 또는 지름 4[mm]의 경동선을 사용하는 저압 가공전선의 1선을 겸용할 수 있음

(5) 직류단선식 전기철도용 회전변류기·전기로·전기보일러, 기타 상시 전로의 일부를 대지로부터 절연하지 아니하고 사용하는 부하에 공급하는 전용의 변압기를 시설한 경우에는 변압기 중성점 접지 규정에 의하지 아니할 수 있음

**reference**
1.의 (3)의 경우란, 현실적으로 변압기에서 접지공사를 할 수 없을 경우를 말함
실제적으로는 변압기 설치점에서 접지 보강에 의해 접지저항을 규정치 이하 값으로 시공함

## 2. 혼촉방지판이 있는 변압기에 접속하는 저압 옥외전선의 시설 등

고압전로 또는 특고압 전로와 비접지식의 저압전로를 결합하는 변압기로서 그 고압권선 또는 특고압권선과 저압권선 간에 금속제의 혼촉방지판이 있고 또한 그 혼촉방지판에 변압기 중성점 접지규정에 의하여 접지공사를 한 것에 접속하는 저압 전선을 옥외에 시설할 때에는 다음에 따라 시설할 것

(1) 저압 전선은 1구내에만 시설할 것

(2) 저압 가공전선로 또는 저압 옥상전선로의 전선은 케이블일 것

(3) 저압 가공전선과 고압 또는 특고압의 가공전선을 동일 지지물에 시설하지 아니할 것. 다만, 고압 가공전선로 또는 특고압 가공전선로의 전선이 케이블인 경우는 제외

## 3. 특고압과 고압의 혼촉 등에 의한 위험방지시설

(1) 변압기에 의하여 특고압 전로에 결합되는 고압전로에는(즉 1차가 22.9[kV] 이상이고 2차가 6.6[kV]이나 3.3[kV]) 사용전압의 3배 이하인 전압이 가하여진 경우에 방전하는 장치를 그 변압기의 단자에 가까운 1극에 설치할 것

(2) "(1)"의 제외사항

① 사용전압의 3배 이하인 전압이 가하여진 경우에 방전하는 피뢰기를 고압전로의 모선의 각상에 시설할 것

② 특고압권선과 고압권선 간에 혼촉방지판을 시설하여 접지저항값이 10[Ω] 이하 또는 변압기 중성점 접지의 규정에 따른 접지공사를 한 경우

**comment** 이 규정은 대규모 산업용 공장(수전용량이 4만[kW] 초과)에서 많이 볼 수 있고 일반 아파트, 상가 건물에서는 거의 볼 수 없음
즉, 변압기 154/6.6인 경우에 피뢰를 변압기 외함에 설치함(단, 변압기 2차측에)

## 181 전로의 중성점의 접지시설 기준에 대하여 설명하시오.

**data** 전기안전기술사 및 건축전기설비기술사 출제예상문제

**답안**

### 1. 전로의 중성점에 접지공사

(1) 전로의 보호장치의 확실한 동작의 확보, 이상전압의 억제 및 대지전압의 저하의 목적

(2) 전로의 중성점 접지공사 방법

① 접지극은 고장 시 그 근처의 대지 사이에 생기는 전위차에 의하여 사람이나 가축 또는 다른 시설물에 위험을 줄 우려가 없도록 시설할 것

② 접지도체

㉠ 공칭단면적 16[mm²] 이상의 연동선 또는 이와 동등 이상의 세기 및 굵기의 쉽게 부식하지 아니하는 금속선

㉡ 고장 시 흐르는 전류가 안전하게 통할 수 있는 것을 사용하고 또한 손상을 받을 우려가 없도록 시설할 것

③ 접지도체에 접속하는 저항기·리액터 등은 고장 시 흐르는 전류를 안전하게 통할 수 있는 것을 사용할 것

④ 접지도체·저항기·리액터 등은 취급자 이외의 자가 출입하지 아니하도록 설비한 곳에 시설하는 경우 이외에는 사람이 접촉할 우려가 없도록 시설할 것

### 2. "1."에 규정하는 경우 이외의 경우로서 저압전로에 시설하는 중성점의 접지시설

(1) 보호장치의 확실한 동작을 확보하기 위한 것임

(2) 특히 필요한 경우에 전로의 중성점에 접지공사를 할 경우 접지도체는 공칭단면적 6[mm²] 이상의 연동선 또는 이와 동등 이상의 세기 및 굵기의 쉽게 부식하지 않는 금속선으로서 고장 시 흐르는 전류가 안전하게 통할 수 있는 것을 사용하고 또한 접지시스템의 규정에 준하여 시설할 것

(3) 저압전로의 사용전압이 300[V] 이하의 경우에 전로의 중성점에 접지공사를 하기 어려울 때에 전로의 1단자에 접지공사를 시행할 경우를 포함함

### 3. 변압기의 안정권선이나 유휴권선 또는 전압조정기의 내장권선의 중성점의 접지시설

(1) 이상전압 보호를 위해 권선에 접지공사를 할 것

(2) 이때에는 접지시스템의 규정에 의하여 접지공사를 할 것

### 4. 특고압의 직류전로 중성점의 접지시설

보호장치의 확실한 동작의 확보 및 이상전압의 억제를 위하여 특히 필요한 경우에 대해 그 전로에 접지공사를 시설할 때에는 "1."에 따라 시설할 것

### 5. 연료전지용 전로의 중성점 접지시설

(1) 해당 전로의 보호장치의 확실한 동작의 확보를 위해 이상전압 보호

(2) 대지전압의 저하를 위하여 이상전압 보호

(3) 특히 필요할 경우에 연료전지의 전로 또는 이것에 접속하는 직류전로에 접지공사를 할 때에는 "1."에 따라 시설할 것

### 6. 계속적인 전력공급이 요구되는 장소에 있어 전로의 중성점 접지 시설기준

(1) **적용** : 화학공장 · 시멘트공장 · 철강공장 등의 연속공정설비 또는 이에 준하는 곳의 전기설비에서 지락전류를 제한하기 위하여 저항기(즉, NGR)를 사용하는 중성점 고저항 접지설비

(2) **적용 전압** : 300[V] 이상 1[kV] 이하의 3상 교류계통

(예 산업용 반도체 공장 90[MW] 수전(154/6.6[kV])에서 6.6[kV]/440[V]인 부변전소)

(3) **적용방법**

① 자격을 가진 기술원("계통 운전에 필요한 지식 및 기능을 가진 자")이 설비를 유지관리할 것

② 계통에 지락검출장치가 시설될 것

③ 전압선과 중성선 사이에 부하가 없을 것

④ 고저항 중성점 접지계통은 다음에 적합할 것

㉠ 접지저항기는 계통의 중성점과 접지극 도체와의 사이에 설치할 것. 중성점을 얻기 어려운 경우에는 접지변압기에 의한 중성점과 접지극 도체 사이에 접지저항기를 설치한다.

㉡ 변압기 또는 발전기의 중성점에서 접지저항기에 접속하는 점까지의 중성선은 동선 10[mm$^2$] 이상, 알루미늄선 또는 동복알루미늄선은 16[mm$^2$] 이상의 절연전선으로서 접시서항기의 최대정격전류 이상일 것

㉢ 계통의 중성점은 접지저항기(NGR)를 통하여 접지할 것

㉣ 변압기 또는 발전기의 중성점과 접지저항기 사이의 중성선은 별도로 배선할 것

㉤ 최초개폐장치 또는 과전류보호장치와 접지저항기의 접지측 사이의 기기 본딩 점퍼(기기 접지도체와 접지저항기 사이를 잇는 것)는 도체에 접속점이 없어야 한다.

ⓗ 접지극 도체는 접지저항기의 접지측과 최초개폐장치의 접지 접속점 사이에 시설할 것

ⓢ 기기 본딩 점퍼의 굵기는 다음의 사항에 의할 것

• 접지극 도체를 접지저항기에 연결할 때는 기기 접지 점퍼는 다음 표의 굵기일 것

**┃ 기기 접지 점퍼의 굵기 ┃**

| 상전선 최대굵기[mm$^2$] | 접지극 전선[mm$^2$] |
|---|---|
| 30 이하 | 10 |
| 38 또는 50 | 16 |
| 60 또는 80 | 25 |
| 80 초과 175까지 | 35 |
| 175 초과 300까지 | 50 |
| 300 초과 550까지 | 70 |
| 550 초과 | 95 |

• 표의 예외사항은 다음과 같고, 위의 규정을 제외함

– 접지극 전선이 접지봉, 관, 판으로 연결될 때는 16[mm$^2$] 이상일 것

– 콘크리트 매입 접지극으로 연결될 때는 25[mm$^2$] 이상일 것

– 접지링으로 연결되는 접지극 전선은 접지링과 같은 굵기 이상일 것

• 접지극 도체가 최초개폐장치 또는 과전류장치에 접속될 때는 기기 본딩 점퍼의 굵기는 10[mm$^2$] 이상으로서 접지저항기의 최대전류 이상의 허용전류를 갖는 것일 것

**comment** 별도로 예상되는 25점용 문항임.

대부분의 전기기술자들은 "6."의 경험이 부족하여 당황할 수도 있음.

경험상 가능한 설계 시 변압기를 혼촉방지판이 설치된 변압기 사용을 추천함.

공사비 증가는 용량에 따라 다소 차이가 있으나(약 300만원 내외로 증액되나) 지락고장 등에 대한 우려 없이 적용 가능하므로 현실적인 방안임.

**182** 계기용 변성기의 2차측 전로의 접지 시설기준을 설명하시오.

**data** 전기안전기술사 및 발송배전기술사 출제예상문제

**답안** 계기용 변성기의 2차측 전로의 접지(즉, 고압이나 특고압용 VT 2차측 접지)

    (1) 고압의 계기용 변성기의 2차측 전로에는 접지시스템 규정에 의하여 접지공사를 할 것

    (2) 특고압 계기용 변성기의 2차측 전로에는 접지시스템 규정에 의하여 접지공사를 할 것

## section 03 전선로 (KEC 3장 – 330)

**183** 전선로 일반 및 구내 · 옥측 · 옥상전선로 시설에 있어 전파장해의 방지 기준과 가공전선로 지지물의 철탑오름 및 전주오름 방지 기준에 대하여 설명하시오.

**data** 발송배전기술사 출제예상문제 / KEC 330

**답안** 

### 1. 전파장해의 방지

(1) 가공전선로는 무선설비의 기능에 계속적이고 또한 중대한 장해를 주는 전파를 발생할 우려가 있는 경우에는 이를 방지하도록 시설할 것

(2) "(1)"의 경우에 1[kV] 초과의 가공전선로에서 발생하는 전파장해 측정용 루프안테나의 중심의 설정방법

① 가공전선로의 최외측 전선의 직하로부터 가공전선로와 직각방향으로 외측 15[m] 떨어진 지표상 2[m]에 있을 것

② 안테나의 방향은 잡음 전계강도를 최대로 되게 조정할 것

③ 측정기의 기준 측정주파수는 0.5±0.1[MHz] 범위에서 방송주파수를 피할 것

(3) 1[kV] 초과의 가공전선로에서 발생하는 전파의 허용한도

① 531[kHz]에서 1,602[kHz]까지의 주파수대에서 신호대잡음비(SNR)가 24[dB] 이상 되도록 가공전선로를 설치할 것

② 잡음강도($N$)는 청명 시의 준첨두치(Q.P)로 측정하되 장기간 측정에 의한 통계적 분석이 가능할 것

③ 정규분포에 해당 지역의 기상조건이 반영될 수 있도록 충분한 주기로 샘플링 데이터를 얻을 것

④ 지역별 여건을 고려하지 않은 단일기준으로 전파장해를 평가할 수 있도록 신호강도 ($S$)는 저잡음지역의 방송전계강도인 71[dB$\mu$V/m](전계강도)로 함

### 2. 가공전선로 지지물의 철탑오름 및 전주오름 방지

(1) 가공전선로의 지지물에 취급자가 오르고 내리는 데 사용하는 발판볼트 등을 지표상 1.8[m] 미만에 시설하지 말 것

(2) 다만, 다음의 어느 하나에 해당되는 경우에는 그러하지 아니함

① 발판볼트 등을 내부에 넣을 수 있는 구조로 되어 있는 지지물에 시설하는 경우

② 지지물에 철탑오름 및 전주오름 방지장치를 시설하는 경우

③ 지지물 주위에 취급자 이외의 사람이 출입할 수 없도록 울타리 · 담 등의 시설을 하는 경우

④ 지지물이 산간 등에 있으며 사람이 쉽게 접근할 우려가 없는 곳에 시설하는 경우

## 184 가공전선로에 사용하는 지지물의 강도 계산에 적용하는 풍압하중의 종별과 풍압하중의 적용에 대하여 설명하시오.

**data** 발송배전기술사 출제예상문제

**답안** 1. 풍압하중의 종별 3가지

(1) 갑종 풍압하중

① 표에서 정한 구성재의 수직 투영면적 1[m²]에 대한 풍압을 기초로 하여 계산한 것

② 구성재의 수직 투영면적 1[m²]에 대한 풍압

| 풍압을 받는 구분 | | | 구성재의 수직 투영면적 1[m²]에 대한 풍압 |
|---|---|---|---|
| 목주 | | | 588 |
| 지지물 | 철주 | 원형의 것 | 588 |
| | | 삼각형 또는 마름모형의 것 | 1,412 |
| | | 기타의 것 | 1,117 |
| | | 기타의 것 | 복재(腹材)가 전·후면에 겹치는 경우에는 1,627[Pa], 기타의 경우에는 1,784Pa] |
| | 철근 콘크리트주 | 원형의 것 | 588 |
| | | 기타의 것 | 882 |
| | 철 탑 | 단주(완철류는 제외함) 원형의 것 | 588 |
| | | 단주(완철류는 제외함) 기타의 것 | 1,117 |
| | | 강관으로 구성되는 것 (단주는 제외함) | 1,255 |
| | | 기타의 것 | 2,157 |
| 전선 기타 가섭선 | 다도체(구성하는 전선이 2가닥마다 수평으로 배열되고 또한 그 전선 상호 간의 거리가 전선의 바깥지름의 20배 이하인 것에 한한다. 이하 같다)를 구성하는 전선 | | 666 |
| | 기타의 것 | | 745 |
| 애자장치(특고압 전선용의 것에 한한다) | | | 1,039 |
| 목주·철주(원형의 것에 한한다) 및 철근콘크리트주의 완금류(특고압 전선로용의 것에 한한다) | | | 단일재로서 사용하는 경우에는 1,196[Pa] 기타의 경우에는 1,627[Pa] |

(2) 을종 풍압하중

① 가섭선 주위에 두께 6[mm], 비중 0.9의 빙설이 부착된 상태의 풍압하중이다.

가섭선이란, 지지물에 설치되는 모든 전선으로 가공지선, 전선, 통신선 등임

② 수직 투영면적 1[m²]에 대한 풍압은 단도체의 수직 투영면적당 : 372[Pa]

③ 수직 투영면적 1[m²]에 대한 풍압은 다도체의 수직 투영면적당 : 333[Pa]

④ 그 이외의 것은 갑종 풍압의 $\frac{1}{2}$을 기초로 하여 계산한 것

(3) 병종 풍압하중

갑종 풍압하중의 $\frac{1}{2}$을 기초로 하여 계산한 것

## 2. 가공전선로의 지지물의 형상 분류와 갑종 · 을종 · 병종 풍압하중

(1) 단주 형상의 것

① 전선로와 직각의 방향에서는 지지물 · 가섭선 및 애자장치에 "1."의 풍압의 1배

② 전선로의 방향에서는 지지물 · 애자장치 및 완금류에 "1."의 풍압의 1배

(2) 기타 형상의 것

① 전선로와 직각의 방향에서는 그 방향에서의 전면 결구(結構) · 가섭선 및 애자장치에 "1."의 풍압의 1배

② 전선로의 방향에서는 그 방향에서의 전면 결구 및 애자장치에 "1."의 풍압의 1배

## 3. 풍압하중의 적용

| 지 역 | | 저온 계절 | 고온 계절 |
|---|---|---|---|
| 빙설이 적은 지방 | | 병종 | 갑종 |
| 다(多)빙설지역 | 일반지역 | 을종 | 갑종 |
| | 해안지방, 기타 저온 계절에 최대풍압이 생기는 지방 | 갑종과 을종 중 큰 것 | 갑종 |
| 인가 밀집장소 | | 병종 | 병종 |

## 4. 인가가 많이 연접되어 있는 장소에 시설하는 가공전선로의 풍압

위 표의 적용에도 불구하고 다음의 경우에는 병종 풍압을 적용할 수 있음

(1) 저압 또는 고압 가공전선로의 지지물 또는 가섭선

(2) 사용전압이 35[kV] 이하의 전선에 특고압 절연전선 또는 케이블을 사용하는 특고압 가공전선로의 지지물, 가섭선 및 특고압 가공전선을 지지하는 애자장치 및 완금류

**185** 가공전선로 지지물의 기초의 안전율의 시설기준에 대하여 설명하시오.

**〔data〕** 발송배전기술사 출제예상문제 / KEC 331.7

**〔답안〕** (1) 가공전선로 지지물에 하중이 가하여지는 경우의 지지물 기초의 안전율 : 2 이상

(2) 철탑의 기초의 안전율 : 1.33 이상

(3) "(2)", "(3)"을 만족할 수 없는 경우의 지지물이 묻히는 깊이는 다음 표와 같이 증가시킬 것

| 지지물 종류 | 높이[m] | 설계하중 | | |
|---|---|---|---|---|
| | | 6.8[kN] 이하 | 6.8[kN] 초과 9.8[kN] 이하 | 9.8[kN] 초과 14.72[kN] 이하 |
| 강관주(철주) | 15 이하 | 전장 × $\frac{1}{6}$ 이상 | – | – |
| | 15 초과 16 이하 | 2.5[m] 이상 | – | – |
| 철근 콘크리트주 | 14 이상 15 이하 | 전장 × $\frac{1}{6}$ 이상 | 추가로 0.3[m] 이상 | 전장 × $\frac{1}{6}$ 이상 + 0.5[m] 이상 |
| | 15 초과 16 이하 | 2.5[m] 이상 | | 3[m] 이상 |
| | 16 초과 18 이하 (17[m]가 최대임) | 2.8[m] 이상 | | 3[m] 이상 |
| | 18 초과 20 이하 (배전용 강관주임) | 2.8[m] 이상 | | 3.2[m] 이상 |

(4) 논이나 그 밖의 지반이 연약한 곳에서는 견고한 근가를 시설할 것

　　즉, 근가 1개 설치에 추가적으로 2개 정도로(원형근가) 설치해서 안전율을 보증하게 함

## 186 철주 또는 철탑의 구성 및 철근콘크리트주의 구성 등에 대한 시설기준을 설명하시오.

**data** 전기안전기술사 및 발송배전기술사 출제예상문제 / KEC 331.8

**답안** 1. 산형강 철주 또는 철탑

(1) KS 표준에 적합한 강판 · 형강 · 평강 · 봉강(볼트재를 포함) · 강관(콘크리트 또는 모르타르를 충전한 것을 포함) 또는 리벳재로서 구성할 것

(2) 두께는 다음 값 이상의 것일 것

① 철주의 주주재(主柱材)(완금주재를 포함)로 사용하는 것은 4[mm]

② 철탑의 주주재로 사용하는 것은 5[mm]

③ 기타의 부재(部材)로 사용하는 것은 3[mm]

(3) 압축재의 세장비(細長比)

기둥의 길이 $L$과 최소회전반지름 $R$과의 비 $= L/R$

① 주주재로 사용하는 것은 200 이하일 것

② 주주재 이외의 압축재(보조재를 제외)로 사용하는 것은 220 이하일 것

③ 보조재(압축재로 사용하는 것에 한함)로 사용하는 것은 250 이하일 것

2. 철주 또는 철탑을 구성하는 강관의 표준

(1) 두께는 다음 값 이상의 것일 것

① 철주의 주주재로 사용하는 것은 2[mm]

② 철탑의 주주재로 사용하는 것은 2.4[mm]

③ 기타의 부재로 사용하는 것은 1.6[mm]

(2) 세장비

① 압축재의 주주재로 사용하는 것은 200 이하

② 주주재 이외의 압축재(보조재를 제외)로 사용하는 것은 220 이하

③ 보조재(압축재로 사용하는 것)로 사용하는 것은 250 이하일 것

3. 강관주의 표준

(1) 강관의 두께는 2.3[mm] 이상일 것

(2) 강관은 그 안쪽면 및 외면에 녹이 슬지 아니하도록 도금 또는 도장을 한 것일 것

(3) 완성품의 강도

① 강관주 밑부분으로부터 전체길이의 $\frac{1}{6}$(2.5[m]를 초과하는 경우에는 2.5[m])까지의 관에 변형이 생기지 아니하도록 고정시킬 것

② 꼭대기 부분에서 0.3[m]의 점에서 주의 축에 직각으로 설계하중의 3배의 하중을 가하였을 때에 이에 견디는 것일 것

## 4. 철근콘크리트주의 구성 등

가공전선로의 지지물로 사용되는 철근콘크리트주는 콘크리트 및 정하는 표준에 적합한 형강·평강 또는 봉강으로 구성함

## 187 철탑 건설의 전체 흐름을 간단히 설명하시오.

**data** 발송배전기술사 출제예상문제

**comment** 발송배전 또는 전기안전기술사가 철탑현장에 배치되면 전반적인 건설흐름을 정확히 알아야만 공기단축/민원대응/공사비 감소 또는 증가에 능동적 대처가 원활하기 때문에 다음의 자료를 완전히 숙지해야 한다.

착오 적용 시 철탑 1기당 손실비용과 기회비용이 최소 5억 이상 되므로 상당한 주의를 요하는 감리이다. 특히 가선공사 과정에서 고속도로 횡단, 활선상태의 송전선로 위로 횡단할 경우 상당한 기술력을 요하므로(가철탑 및 철탑발받침공사, 도로공사 행정승인 등) 신기술을 적용시키면 단숨에 고민이 해결된다.

→ 가이드로프링 공법으로 시공 시 국내의 어떤 어려운 도로횡단 및 횡단개소 하부의 송전선로 휴전 고민 없이 단숨에 해결되니, 적극적인 기술력을 발휘할 것

**답안** 1. 개요

가공송전선로 건설공사는 시공측량, 기초공사, 철탑조립, 가선공사, 훼손지 복구 공종으로 진행된다.

2. 건설 흐름도

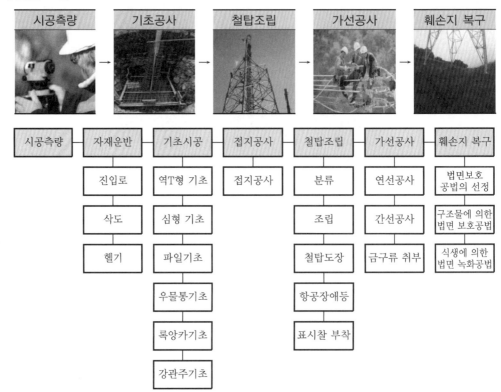

### 3. 시공측량

(1) 기본설계 및 실시설계가 완료된 후 철탑 시공사가 시행함

(2) 실시설계의 오류를 발견할 목적도 있음

(3) 왜냐하면 기설철탑을 보강할 개소에 대한 철탑부재 오류가 현장에서는 종종 발견됨

### 4. 자재운반

(1) **진입로 건설**

① 고중량의 자재운반이 소요될 경우 및 가선공사용 임시도로임

② 대관업무 및 진입로의 보상에 상당한 민원비용과 기일이 소요되므로, 세심하게 현장을 적어도 5회 이상 확인해야 실공사 시 최적의 진입로를 건설할 수 있음

(2) **삭도**

① 진입로 공사가 불가능할 시 시공하여 삭도를 이용하여 자재운반

② 행정기관의 인허가 관계 및 개인부지 사용 승낙도 요구됨

(3) **헬기**

① 진입로나 삭도 운반이 불가능할 시 헬기로 자재운반

② 운반비용이 상당하므로 경제성과 공사단축기일을 면밀히 검토하여 결정할 것

### 5. 기초시공

(1) **시공방법**

① 역T형 기초 : 일반적으로 많이 적용함(“①”의 기초가 가능할 경우는 “②~⑥” 시공 불요)

② 심형 기초 : 765 철탑기초

③ 파일기초

④ 우물통기초

⑤ 록앙카기초

⑥ 강관주기초 : 파이프형 철탑(강관주)에 적용

(2) **기초공사비는 철탑공사비에 상당부분 점유함에 따른 특별 주의사항 감리 철저**

① 세심한 공사방법의 선정과 현장 확인으로 설계공사비가 적정한지 증거사진을 정확히 제시할 것

② 발주자에게 서면으로 보고하여 공사비 정산에 차질이 없게 할 것(왜냐하면 발주자측의 임기응변적 대처 및 시공사의 근거 부족으로 정산 시 말썽의 소지가 항상 존재함)

## 6. 접지시공(기초작업 시 동시 시공함)

(1) 주로 침상접지봉을 철탑 4개의 기초당 각 4개 소요(1개의 철탑당 4×4=16개)

(2) 접지저항(154는 15[Ω] 이하, 345는 20[Ω] 이하, 765는 15[Ω] 이하)은 시공 시 측정하여 규정값 이하일 것

## 7. 철탑조립

(1) 각 부재 분류

(2) 조립

① 일반적인 조건에서 철탑은 1기 조립당 3일 이내 가능함

② 조립 시 안전사고 방지를 안전장구, 안전로프, 안전망 등을 규정에 의해 철저히 적용하는지 매일 교육과 현장감리 철저히할 것

(3) 철탑도장 및 항공장애등

① 지표면 위 60[m] 이상일 때 반드시 지방항공청의 승인 아래 시공함

② 전원은 태양광 이용

(4) 표시찰 부착

① 한전 규정에 의해 국가좌표 적용

② 표시항목 : OO[kV], OOT/L, 철탑번호, #1 : 좌, #2 : 우, 철탑높이 OO-O[m]

## 8. 가선공사

(1) 연선공사

(2) 긴선공사 : 점퍼선 접속, 스페이서 설치공사 포함

(3) 금구류 공사 : 피뢰기 설치공사 포함

(4) OPGW 가공지선은 정보통신법에 의해 통신업체가 시공하므로 업무 분장을 정확히할 것

## 9. 훼손지 복구공사

(1) 법면보호 공법의 선정 : 산림기술자의 설계에 의함

(2) 구조물에 의한 법면 보호공법 시공

(3) 식생에 의한 법면 녹화공법 시행

(4) 주의점 : 훼손지 복구의 타당성 검사는 지방자치 담당부서의 최종 승인이 필요하므로 반드시 지방행정에 적합한 절차에 의해 시공할 것

## 188 지선의 시설기준에 대하여 설명하시오.

**data** 발송배전기술사 및 전기안전기술사 출제예상문제

**답안** 1. 지선의 설치 목적
   (1) 지지물의 강도 보강
   (2) 전선로의 안정성을 증대
   (3) 불평형 장력 보강

2. 지선의 구비조건
   (1) 소선의 지름이 2.6[mm] 이상의 금속선을 3조 이상 꼬아서 금속연선으로 시설할 것
   (2) 아연도강연선은 지름이 2[mm] 이상이고, 인장강도가 0.68[kN/mm²] 이상일 것
   (3) 지선의 안전율은 2.5 이상일 것. 허용인장하중의 최저는 4.31[kN] 이상
   (4) 지중의 부분 및 지표상 30[cm]까지의 부분은 아연도금한 철봉을 사용하고 쉽게 부식되지 아니하는 근가에 견고하게 붙일 것
   (5) 지선근가는 지선의 인장하중에 충분히 견디도록 시설할 것이며, 저압 및 고압 또는 25[kV] 미만인 특고압 가공전선로의 지지물에 시설하는 지선으로서 전선과 접촉할 우려가 있는 것에는 그 상부에 애자를 삽입할 것
   (6) 가공전선로의 지지물에 시설하는 지선은 이와 동등 이상의 효력이 있는 지주로 대체 가능

3. 지선의 설치기준
   (1) 도로 횡단 시 지선의 높이는 5[m] 이상으로 할 것
   (2) 기술상 부득이한 경우로서 교통에 지장을 초래할 우려가 없는 경우에는 지표상 4.5[m] 이상, 보도의 경우에는 2.5[m] 이상으로 할 것
   (3) 가공전선로의 지지물로 사용하는 철탑은 지선을 사용하여 그 강도를 분담시키지 말 것
   (4) 가공전선로의 지지물로 사용하는 철주 또는 철근콘크리트주는 지선을 사용하지 아니하는 상태에서 $\frac{1}{2}$ 이상의 풍압하중에 견디는 강도를 가지는 경우 이외에는 지선을 사용하여 그 강도를 분담시켜서는 아니됨
   (5) 고압 가공전선로 또는 특고압 전선로의 지지물로 사용하는 목주·A종 철주 또는 A종 철근콘크리트주에는 다음에 따라 지선을 시설할 것
      ① 전선로의 직선부분(5° 이하의 수평각도를 이루는 곳을 포함)에서 그 양쪽의 경간차가 큰 곳에 사용하는 목주 등에는 양쪽의 경간 차에 의하여 생기는 불평균 장력에 의한 수평력에 견디는 지선을 그 전선로의 방향으로 양쪽에 시설할 것

② 전선로 중 5°를 초과하는 수평각도를 이루는 곳에 사용하는 목주 등에는 전 가섭선에 대하여 각 가섭선의 상정최대장력에 의하여 생기는 수평횡분력에 견딜 것

③ 전선로 중 가섭선을 인류(引留)하는 곳에 사용하는 목주 등에는 전 가섭선에 대하여 각 가섭선의 상정최대장력에 상당하는 불평균 장력에 의한 수평력에 견디는 지선을 그 전선로의 방향에 시설할 것

**189** 고압 가공인입선의 시설기준을 전압별로 구분하여 설명하시오.

**data** 발송배전기술사 및 전기안전기술사 출제예상문제

**답안** **1. 저압 가공인입선의 전선 종류 및 적용 장소별 전선의 높이**

    (1) 전선의 종류

        ① 절연전선, 다심형 전선 또는 케이블

        ② 인입용 비닐절연전선(인장강도 2.30[kN] 이상, 지름 2.6[mm] 이상)

          (단, 경간 15[m] 이하 : 인장강도 1.25[kN] 이상, 지름 2[mm] 이상)

    (2) 저압 인입선 전선 높이

        ① 도로 횡단 시 : 5[m] 이상(부득이한 경우, 교통에 지장이 없는 경우 3[m] 이상)

        ② 철도, 궤도 횡단 시 : 6.5[m] 이상

        ③ 횡단보도교 위 : 3[m] 이상

        ④ 기타 : 4[m] 이상(기술상 부득이한 경우, 교통에 지상이 없는 경우 2.5[m] 이상)

**2. 고압 가공인입선의 전선 종류 및 적용 장소별 전선의 높이**

    (1) 전선의 종류

        ① 고압 절연전선, 특고압 절연전선(인장강도 8.01[kN] 이상)

        ② 지름 5[mm] 이상의 경동선의 고압 절연전선, 특고압 절연전선

    (2) 고압 인입선 전선 높이

        ① 도로 횡단 시 : 6[m] 이상

        ② 철도, 궤도 횡단 시 : 6.5[m] 이상

        ③ 횡단보도교 위 : 3.5[m] 이상

        ④ 기타 : 5[m] 이상(위험표시를 한 경우는 3.5[m] 이상)

**3. 특고압 가공인입선의 전선 종류 및 적용 장소별 전선의 높이**

    (1) 전선의 종류

        케이블인 경우 이외에는 인장강도 8.71[kN] 이상의 연선 또는 단면적이 25[mm$^2$] 이상의 경동연선 또는 동등 이상의 인장강도를 갖는 알루미늄 절연전선이나 특고압 절연전선이어야 한다.

    (2) 35[kV] 이하의 특고압 인입선의 높이

        ① 도로 횡단 시 : 6[m] 이상

        ② 철도, 궤도 횡단 시 : 6.5[m] 이상

        ③ 횡단보도교 위 : 4.0[m] 이상(절연전선일 것)

        ④ 기타 : 5[m] 이상(케이블인 경우는 3.5[m] 이상)

**190** 전압별 옥측 및 옥상전선로의 공사방법을 구분하여 설명하시오.

**data** 발송배전기술사 및 전기안전기술사 출제예상문제

**답안** **1. 옥측전선로의 시설**

(1) 저압

① 애자사용배선공사로 다음과 같이 시설함

ㄱ 전개된 장소에 한함

ㄴ 4[mm²] 이상의 연동 절연전선(단, OW, DV는 제외)일 것

ㄷ 지지점 간의 거리 : 2[m] 이하

② 버스덕트 배선공사로 다음과 같이 시설함

목조 이외의 조영물에 시설(단, 점검 불가능 은폐장소는 제외)

③ 합성수지관 배선

④ 금속관 배선공사로, 목조 이외의 조영물에 시설할 것

⑤ 케이블 배선공사로 연피, 알루미늄피 또는 MI 케이블 사용

(2) 고압

케이블 배선공사로, 다음과 같이 시설함

① 케이블은 견고한 관 또는 트라프에 넣거나 사람의 접촉 우려가 없게 시설

② 지지점 간의 거리는 2[m] 이하, 수직거리는 6[m] 이하일 것

③ 조영물에 시설하는 특고압 옥측전선·저압 옥측전선·관등회로의 배선·약전류전선 등이나 수관·가스관 또는 이와 유사한 것과 접근하거나 교차하는 경우에는 고압 옥측전선로의 전선과 이들 사이의 이격거리는 0.15[m] 이상

④ "③"의 경우 이외에는 고압 옥측전선로의 전선이 다른 시설물과 접근하는 경우에는 고압 옥측전선로의 전선과 이들 사이의 이격거리는 0.3[m] 이상일 것

(3) 특고압

시설 불가함 다만, 사용전압 100[kV] 이하의 경우는 케이블공사로 할 수 있음

**2. 옥상전선로의 시설**

(1) 저압

견고한 관 또는 트라프 배선공사로, 다음과 같이 시설함

① 전선은 절연전선(옥외비닐절연전선, 즉 OW 포함), 인장강도 2.30[kN] 이상 또는 지름 2.6[mm] 이상의 경동선

② 조영재 사이의 이격거리 : 2.0[m] 이상(단, 고압 절연전선, 특고압 절연전선 또는 케이블인 경우 1[m] 이상일 것)

③ 식물과의 이격거리는 항상 부는 바람에 의해 식물에 접촉하지 않을 것

(2) **고압** : 견고한 관 또는 트라프 배선공사로 다음과 같이 시설함

케이블공사로 조영재 사이의 이격거리는 1.2[m] 이상, 다른 시설물과 접근 또는 교차 시 : 0.6[m] 이상

(3) **특고압**

시설할 수 없음

**191** 가공약전류전선로의 유도장해 방지와 특고압 가공전선로에 의한 유도장해의 방지시설 기준에 대하여 설명하시오.

**data** 발송배전기술사 및 전기안전기술사 출제예상문제

**답안**

## 1. 가공약전류전선로의 유도장해 방지

(1) 저압 가공전선로 또는 고압 가공전선로와 기설 가공약전류전선로가 병행하는 경우에는 유도작용에 의하여 통신상의 장해가 생기지 않도록 전선과 기설 약전류전선 간의 이격 거리는 2[m] 이상이어야 한다.

(2) 가공약전류전선로에 장해를 줄 우려가 있는 경우
① 가공전선과 가공약전류전선 간의 이격거리를 증가시킬 것
② 교류식 가공전선로의 경우에는 가공전선을 적당한 거리에서 연가할 것
③ 가공전선과 가공약전류전선 사이에 인장강도 5.26[kN] 이상의 것 또는 지름 4[mm] 이상인 경동선의 금속선 2가닥 이상을 시설하고 접지공사를 할 것

## 2. 특고압 가공전선로에 의한 유도장해의 방지

(1) 특고압 가공전선로는 다음 "①", "②"에 따를 것
① 사용전압이 60[kV] 이하인 경우에는 전화선로의 길이 12[km]마다 유도전류가 2[μA]를 넘지 아니하도록 할 것
② 사용전압이 60[kV]를 초과하는 경우에는 전화선로의 길이 40[km]마다 유도전류가 3[μA]를 넘지 아니하도록 할 것
③ 기설 가공전화선로에 대하여 상시 정전유도작용에 의한 통신상의 장해가 없도록 시설할 것

(2) 특고압 가공전선로는 기설 통신선로에 대하여 상시 정전유도작용에 의하여 통신상의 장해를 주지 아니하도록 시설할 것

(3) 특고압 가공전선로는 기설 약전류전선로에 대하여 통신상의 장해를 줄 우려가 없도록 시설할 것

## 192 가공전선의 굵기와 종류 및 가공전선의 안전율에 대하여 설명하시오.

**data** 발송배전기술사 및 전기안전기술사 출제예상문제

**답안** **1. 가공전선의 굵기(경동선 굵기)**

| 전 압 | 전선 종류 | 인장강도 | 전선 굵기 |
|--------|----------|----------|-----------|
| 400[V] 미만 | 절연전선 | 2.3[kN] 이상 | 지름 2.6[mm] 이상 경동선 |
| | 나전선 | 3.43[kN] 이상 | 지름 3.2[mm] 이상 경동선 |
| 400[V] 이상의 저압 또는 고압 | 시가지 외 | 5.26[kN] 이상 | 지름 4.0[mm] 이상 경동선 또는 3.5[mm] 이상 동복강선 |
| | 시가지 | 8.01[kN] 이상 | 지름 5.0[mm] 이상 경동선 또는 3.5[mm] 이상 동복강선 |
| 특고압 | 시가지 외 | 8.71[kN] 이상 | 25[mm$^2$] 이상 경동연선 |
| | 22.9[kV] | 8.71[kN] 이상 | 25[mm$^2$] 이상 경동연선 |
| | 시가지 | 21.67[kN] 이상 | 55[mm$^2$] 이상 경동연선 |
| | | 58.84[kN] 이상 | 150[mm$^2$] 이상 경동연선 |
| | | 77.47[kN] 이상 | 200[mm$^2$] 이상 경동연선 |

**2. 가공전선의 종류**

(1) **저압 가공전선** : 나전선(중성선, 접지선에 적용), 절연전선, 케이블, 다심형 전선

> **comment** 경험상 변압기에서 1[km] 이상의 지점의 야산 계곡을 경유한 수용가에 전력공급 시에 전압강하를 검토하여 적정한 굵기의 특고압 절연전선(ACSR OC160)을 저압선에 사용하여 공사비 절감 및 전선 도난을 방지할 수 있음

(2) **고압 가공전선** : 고압 절연전선, 특고압 절연전선 또는 케이블

(3) **특고압 가공전선** : 경동연선, 알루미늄 전선, 특고압 절연전선 또는 케이블

> **comment** 실제 현장에서는 안전사고 우려로 특고압 절연전선 또는 케이블을 사용함 이때 케이블은 특고압용 지중케이블 또는 ABC 케이블을 말함

**3. 케이블인 경우 이외의 경우에 있어 가공전선의 안전율**

(1) 경동선 또는 내열 동합금선 : 안전율 2.2 이상의 이도로 시설할 것

(2) 그 밖의 전선 : 2.5 이상이 되는 이도로 시설

(3) 전압의 크기에 무관하게 안전율은 같다.

(4) 가공전선의 안전율 설정 시 빙설지역의 검토조건은 다음 표와 같다.

**┃ 가공전선의 안전율 설정 시 빙설지역의 검토조건 ┃**

| 지역 \ 조건 | 평균온도에서 전선의 중량과 그 전선의 수직 투영면적 1[m²]에 대하여 745[Pa]의 수평풍압과의 합성하중을 지지하는 경우 및 그 지방의 최저온도에서 전선과의 관계 |
|---|---|
| ① 빙설(氷雪)이 많은 지방 이외의 지방 | 중량과 그 전선의 수직 투영면적 1[m²]에 대하여 372[Pa]의 수평풍압과의 합성하중을 지지하는 경우 |
| ② 빙설이 많은 지방 (③의 지방은 제외) | 주위에 두께 6[mm], 비중 0.9의 빙설이 부착한 때의 전선 및 빙설의 중량과 그 빙설이 부착한 전선의 수직 투영면적 1[m²]에 대하여 372[Pa]의 수평풍압과의 합성하중을 지지하는 경우 |
| ③ 빙설이 많은 지방 중 해안지방, 기타 저온계절에 최대풍압이 생기는 지방 | 중량과 그 전선의 수직 투영면적 1[m²]에 대하여 745[Pa]의 수평풍압과의 합성하중 또는 전선의 주위에 두께 6[mm], 비중 0.9의 빙설이 부착한 때의 전선 및 빙설의 중량과 그 빙설이 부착한 전선의 수직 투영면적 1[m²]에 대하여 372[Pa]의 수평풍압과의 합성하중 중 어느 것이나 큰 것을 지지하는 경우 |

## 193 가공케이블 시설기준에 대하여 설명하시오.

**(data)** 발송배전기술사 및 전기안전기술사 출제예상문제

**답안** 1. 저압, 고압 또는 특고압 가공전선에 케이블을 사용하는 경우에는 다음에 따라 시설할 것

(1) 케이블은 조가용선에 행거로 시설할 것

(2) 행거의 간격은 0.5[m] 이하

(3) 조가용선의 굵기와 인장강도

① 저 · 고압용 : 인장강도 5.93[kN] 이상의 것 또는 단면적 22[mm²] 이상인 아연도강연선

② 특고압용 : 인장강도 13.93[kN] 이상의 것 또는 단면적 25[mm²] 이상인 아연도강연선

(4) 조가용선 및 케이블의 피복에 사용하는 금속체에는 접지시스템의 규정에 준하여 접지공사를 할 것

(5) 다만, 저압 가공전선에 케이블을 사용하고 조가용선에 절연전선 또는 이와 동등 이상의 절연내력이 있는 것을 사용할 때에 조가용선에 접지공사 생략 가능

(6) 고압 가공전선에 케이블을 사용하는 경우의 조가용선은 고압 가공전선의 안전율 규정에 준하여 시설할 것. 이 경우에 조가용선의 중량 및 조가용선에 대한 수평풍압에는 각각 케이블의 중량에는 피빙전선 및 케이블에 대한 수평풍압(빙설이 부착한 경우에는 그 피빙전선에 대한 수평풍압)을 가산한다.

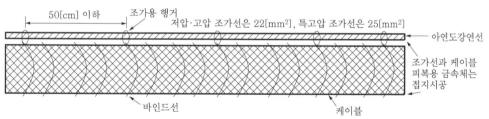

┃가공케이블 시공┃

(7) 조가용선의 케이블에 접촉시켜 그 위에 쉽게 부식하지 아니하는 금속 테이프 등을 0.2[m] 이하의 간격을 유지하여 나선상으로 감는다.

(8) 조가용선을 케이블의 외장에 견고하게 붙이는 경우 또는 조가용선과 케이블을 꼬아 합쳐 조가하는 경우에 그 조가용선이 인장강도 5.93[kN] 이상의 금속선의 것 또는 단면적 25[mm²] 이상인 아연도강연선일 것

(9) 고압 가공전선에 반도전성 외장 조가용 고압 케이블을 사용하는 경우는 조가용선을 반도전성 외장 조가용 고압 케이블에 접속시켜 그 위에 쉽게 부식하지 아니하는 금속 테이프를 0.06[m] 이하의 간격을 유지하면서 나선상으로 감아 시설

**194** 다음 사항에 대하여 간략히 설명하시오.
1. 설치장소별 저압, 고압, 특고압 가공전선의 높이
2. 고압 가공전선로의 가공지선
3. 고압 가공전선로의 지지물의 강도
4. 한전 송전선로 지상고 기준

**(data)** 발송배전기술사 및 전기안전기술사 출제예상문제

**답안** 1. 설치장소별 저압, 고압, 특고압 가공전선의 높이

| 설치장소 | | 저·고압 [m] | 특고압 | | |
|---|---|---|---|---|---|
| | | | 35[kV] 이하 [m] | 35[kV] 초과 160[kV] 이하[m] | 160[kV] 초과 |
| 도로 횡단 | | 6 | 6 | 6 | 6 + 단수×0.12 |
| 철도, 궤도 횡단 | | 6.5 | 6.5 | 6.5 | 6.5 + 단수×0.12 |
| 일반장소 | | 5 | 5 | 6 | 6 + 단수×0.12 |
| 횡단보도교 | 나전선 | 3.5 | 특고압 절연전선 또는 케이블인 경우 | | |
| | 절연전선 | 3 | 4 | 5 | 6 |
| 교통에 지장이 없는 경우 | | 4 | – | 산지 5 | 5 + 단수×0.12 |

• 단수 결정방법 : 단수 = $\dfrac{전압[kV] - 160}{10}$ … 소수점 이하는 절상 처리

**(reference)**
가공전선로 및 타공작물과의 이격거리(한전 규정)
1) 66[kV] T/L과 66[kV] 이하 전선로 및 타공작물과의 이격거리 : 3[m]
2) 154[kV] T/L과 66[kV] 이하 전선로 및 타공작물과의 이격거리 : 4[m]
3) 154[kV] T/L과 154[kV] T/L 이하의 이격거리 : 4[m]
4) 345[kV] T/L과 66[kV] 이하 전선로 및 타공작물과의 이격거리 : 6.5[m]
5) 345[kV] T/L과 154[kV] T/L과의 이격거리 : 6.5[m]
6) 345[kV] T/L과 345[kV] T/L과의 이격거리 : 8.5[m]

## 2. 고압 가공전선로의 가공지선
(1) 고압 가공지선 : 인장강도 5.26[kN] 이상의 것 또는 지름 4[mm] 이상의 나경동선
(2) 특고압 가공지선 : 인장강도 8.01[kN] 이상의 것 또는 지름 5[mm] 이상의 나경동선

## 3. 고압 가공전선로의 지지물의 강도
(1) 고압 가공전선로의 지목주 지물로 다음에 의할 것
① 풍압하중에 대한 안전율은 1.3 이상일 것
② 굵기는 말구(末口)지름 0.12[m] 이상일 것

(2) A종 철주 또는 A종 철근콘크리트주 중 복합 철근콘크리트주로서 고압 가공전선로의 지지물로 사용하는 것은 풍압하중 및 수직하중에 견디는 강도를 가질 것

(3) B종 철주 또는 B종 철근콘크리트주 또는 철탑으로서 고압 가공전선로의 지지물로 사용하는 것은 상시 상정하중에 견디는 강도를 가지는 것

## 4. 한전 송전선로 지상고 기준

(단위 : m)

| 구분 \ 전압 | 66[kV] 기준치 | 66[kV] 가산치 | 66[kV] 설계치 | 154[kV] 기준치 | 154[kV] 가산치 | 154[kV] 설계치 | 345[kV] 기준치 | 345[kV] 가산치 | 345[kV] 설계치 | 765[kV] 기준치 | 765[kV] 가산치 | 765[kV] 설계치 |
|---|---|---|---|---|---|---|---|---|---|---|---|---|
| 일반평지 | 2.12 | 12.2 | 14 | 3.2 | 12.2 | 16 | 5.48 | 12.2 | 18 | 10.52 | – | 28 |
| 철도 및 전철 | 3 | 12 | 15 | 4 | 12 | 16 | 6.5 | 12 | 19 | 15 | – | 28 |
| 도로 - 고속도로 | 6 | – | 15 | 6.12 | – | 15 | 8.28 | – | 15 | 13.32 | – | 28 |
| 도로 - 일반국도 및 일반도로 | 3 | 14.8 | 18 | 4 | 14.8 | 19 | 6.5 | 14.8 | 21 | 15 | 14.8 | 30 |
| 수목 - 리기다소나무 | 2.12 | 17.9 | 20 | 3.2 | 17.9 | 21 | 5.48 | 17.9 | 24 | 10.52 | 주1) | 주2) |
| 수목 - 낙엽송 | 2.12 | 20.6 | 23 | 3.2 | 20.6 | 24 | 5.48 | 20.6 | 26 | 10.52 | 주1) | 주2) |
| 수목 - 기타 수목 | 2.12 | 16.2 | 18 | 3.2 | 16.2 | 19 | 5.48 | 16.2 | 22 | 10.52 | 주1) | 주2) |
| 농경지 | 3.6 | 10 | 14 | 4.8 | 10 | 15 | 7.65 | 10 | 18 | 13.95 | – | 28 |
| 택지개발예정지구 및 공단지역(5층) | 3.6 | 20 | 24 | 4.8 | 20 | 25 | 7.65 | 20 | 28 | 13.95 | 20 | 34 |
| 66[kV] 이하 가공전선로 및 타공작물 | 2.12 | 1 | 3 | 3.2 | 1 | 4 | 5.48 | 1 | 6.5 | 10.52 | – | 15 |
| 154[kV] 가공송전선로 | 3.2 | 1 | 4 | 3.2 | 1 | 4 | 5.48 | 1 | 6.5 | 10.52 | – | 15 |
| 345[kV] 가공송전선로 | 5.48 | 1 | 6.5 | 5.48 | 1 | 6.5 | 5.48 | 3 | 8.5 | 10.52 | – | 15 |
| 가공약전류전선로 | 2.12 | – | 6 | 3.2 | – | 6 | 5.48 | 2.6 | 8.0 | 10.52 | – | 15 |

[주] 1) 수종별 실지위지수에 의한 수고
2) 10.52 + 가산치

(comment) 한전에서는 법적 기준 외 추가적으로 가산치를 더한 설계치에 의해 설계 및 시공하고 있음
→ 실제 실무에서는 오히려 한전기준을 더 많이 인용함

## 195 저·고압 및 특고압 가공전선 등의 병가(병행)와 공가 설치기준을 설명하시오.

**data** 발송배전기술사 및 전기안전기술사 출제예상문제

**답안** 1. 저·고압 및 특고압 가공전선 등의 병가(병행)

(1) 35[kV] 이하의 전력선과 전력선을 동일 지지물에 시설하고 별개의 완금류에 병가시설함

(2) 154[kV]나 345[kV]에 35[kV] 전선로(즉, 철탑에서)는 병가할 수 없음

(3) 가공전선 등의 병가 설치방법

| 전압별 병가 상황 | 나전선, 절연전선 | 고압 케이블 | 특고압은 케이블이고, 저·고압은 절연전선 또는 케이블일 경우 |
|---|---|---|---|
| 저압과 고압 병가 | 0.5[m] 이상 | 0.3[m] 이상 | – |
| 저압 및 고압과 35[kV] 이하 특고압 병가 | 1.2[m] 이상 | – | 0.5[m] 이상 |
| 저압 및 고압과 35[kV] 초과 100[kV] 미만 특고압의 병가 | 2.0[m] 이상 | – | 1.0[m] 이상 |
| 100[kV] 이상의 병가 | 저압 또는 고압 가공전선은 동일 지지물에 병가 불가 | | |

(4) 35[kV] 이하인 특고압과 저압 또는 고압과 병가(병행)

① 특고압 가공전선은 저압 또는 고압 가공전선의 상부에 시설하고 별개의 완금류에 시설하여야 함

② 특고압 가공전선은 연선일 것(가능한 절연전선의 연선일 것)

(5) 35[kV] 초과 100[kV] 미만 특고압과 저압 또는 고압과 병가

① 제2종 특고압 보안공사에 의할 것

② 인장강도 21.67[kN] 이상의 연선 또는 단면적이 50[mm] 이상인 경동연선일 것

③ 특고압 가공전선로의 지지물은 철주, 철근콘크리트주 또는 철탑일 것

(6) 특고압 가공전선과 특고압 가공전선로의 지지물에 시설하는 저압의 전기기계기구에 접속하는 저압 가공전선을 병가 시의 이격거리

| 전압 구분 | 나전선, 절연전선 | 특고압 케이블 사용 |
|---|---|---|
| 35[kV] 이하 | 1.2[m] 이상 | 0.5[m] 이상 |
| 35[kV] 초과 60[kV] 이하 | 2.0 이상 | 1.0 이상 |
| 60[kV] 초과 | 2 + (단수×1.12) | 1 + (단수×0.12) |

• 단수 = $\dfrac{(전압[kV] - 160)}{10}$ … 계산에서 소수점 이하는 절상 처리함

(7) 전차선의 병가

① 저압 또는 고압의 가공전선과 교류전차선 또는 이와 전기적으로 접속되는 조가용선, 브래킷이나 장선을 동일 지지물에 시설하는 경우에는 저압 또는 고압의 가공전선을 지지물이 교류전차선 등을 지지하는 쪽의 반대쪽에서 수평거리를 1[m] 이상으로 하여 시설할 것

② 이 경우에 저압 또는 고압의 가공전선을 교류전차선 등의 위로 할 때에는 수직거리를 수평거리의 1.5배 이하로 하여 시설할 것

③ "①", "②"의 예외(즉, 저압 또는 고압의 가공전선을 지지물의 교류전차선 등을 지지하는 쪽에 시설)

저압 또는 고압의 가공전선과 교류전차선 등의 수평거리를 3[m] 이상으로 하여 시설하는 경우 또는 구내 등에서 지지물의 양쪽에 교류전차선 등을 시설하는 경우는 다음과 같을 것

㉠ 저압 또는 고압의 가공전선로의 경간은 60[m] 이하일 것

㉡ 저압 또는 고압 가공전선은 인장강도 8.71[kN] 이상의 것 또는 단면적 22[mm$^2$] 이상의 경동연선일 것

## 2. 저ㆍ고압 및 특고압 가공전선 등의 공가

(1) 공가 : 가공의 전력전선과 가공약전류전선 등을 동일 지지물에 시설하고 별개의 완금류에 시설할 경우를 말함(병가 : 전력선과 전력선을 동일 지지물에 시설)

(2) 목주 풍압하중에 대한 안전율은 1.5 이상일 것

(3) 가공전선과 가공약전류전선 등 사이의 이격거리

| 전압 구분 | | 나전선,<br>절연전선 | 가공전선이 절연전선, 케이블 또는<br>가공약전류전선이 절연전선인 경우 | 관리자의<br>승락 |
|---|---|---|---|---|
| 저압 | | 0.75[m] | 0.3[m] | 0.6[m] |
| 고압 | | 1.5[m] | 0.5[m] | 1.0[m] |
| 특고압 | 35[kV] 이하 | 2.0[m] | 0.5[m] | – |
| | 35[kV] 초과 | 가공약전류전선과는 불가함 | | |

(4) 35[kV] 이하인 특고압과 가공약전류전선 공용 시의 전력선 공사방법

① 제2종 특고압 보안공사에 의할 것

② 인장강도, 21.67[kN] 이상의 연선 또는 단면적이 50[mm$^2$] 이상인 경동연선일 것

# 196 특고압과 고압 가공전선로 경간의 제한에 대하여 설명하시오.

**(data)** 발송배전기술사 및 전기안전기술사 출제예상문제

**답안** 특고압과 고압 가공전선로의 경간은 표에서 정한 값 이하일 것

**┃ 특고압과 고압 가공전선로 경간 제한 ┃**

| 지지물의 종류 | 경 간<br>고압 단면적 25[mm²] 이상<br>특고압 단면적 50[mm²] 이상[2] | 경 간<br>고압 지름 5[mm] 이상[1]<br>특고압 단면적 25[mm²] 이상 |
|---|---|---|
| 목주 · A종 철주 또는<br>A종 철근콘크리트주 | 300[m] 이하 | 150[m] 이하 |
| B종 철주 또는<br>B종 철근콘크리트주 | 500[m] 이하 | 250[m] 이하 |
| 철탑 | 600[m] 이하 | 600[m] 이하 |

[주] 1) 고압 가공전선은 인장강도 8.01[kN] 이상의 것에 대한 의미
    2) 특고압 가공전선로의 전선에 인장강도 21.67[kN] 이상의 것에 대한 의미
• A종 : 길이 16[m] 이하이고, 설계하중이 700[kgf] 이하의 철주, 철근콘크리트주
• B종 : A종 외의 철주, 철근콘크리트주

**197** 보안공사에 대하여 다음 항목을 설명하시오.
1. 보안공사의 개념
2. 저 · 고압 보안공사
3. 특고압 보안공사

**data** 발송배전기술사 및 전기안전기술사 출제예상문제

**답안** **1. 보안공사의 개념**

보안공사란, 가공전선이 건물, 도로, 다른 가공전선 등과 접근상태가 되거나 교차할 때
더 강화하여 시설하는 것(경간을 더 제한 : 표준경간의 감소 의미)

**2. 저 · 고압 보안공사**

(1) 전선은 케이블인 경우 이외에는 인장강도 8.01[kN] 이상의 것 또는 지름 5[mm] 이상의
경동선일 것

(2) 목주의 풍압하중에 대한 안전율은 1.5 이상일 것

(3) 경간은 다음 표에서 정한 값 이하일 것

▌보안공사 경간 제한과 접근상태▐

| 지지물의 종류 | 표준경간 | 저 · 고압 보안공사 | 제1종 특고압 보안공사 및 접근상태 | 제2, 3종 특고압 보안공사 및 접근상태 |
|---|---|---|---|---|
| 목주 · A종 철주 또는 A종 철근콘크리트주 | 150[m] | 100[m] | 사용불가 제1차 접근상태 | 100[m] |
| B종 철주 또는 B종 철근콘크리트주 | 250[m] | 150[m] | 150[m] | 200[m] 제2차 접근상태 |
| 철탑 | 600[m] | 400[m] | 400[m] | 400[m] 제2차 접근상태 |

**3. 특고압 보안공사**

(1) 제1종 특고압 보안공사

① 전선은 케이블인 경우 이외에는 단면적이 다음 표에서 정한 값 이상일 것

▌제1종 특고압 보안공사 시 전선의 단면적▐

| 사용전압 | 전 선 | 적용 공칭전압 |
|---|---|---|
| 100[kV] 미만 | 인장강도 21.67[kN] 이상의 연선 또는 단면적 55[mm$^2$] 이상의 경동연선 또는 동등 이상의 인장강도를 갖는 알루미늄 전선이나 절연전선 | 66[kV]급 |

| 사용전압 | 전 선 | 적용<br>공칭전압 |
|---|---|---|
| 100[kV] 이상<br>300[kV] 미만 | 인장강도 58.84[kN] 이상의 연선 또는 단면적 150[mm²]<br>이상의 경동연선 또는 동등 이상의 인장강도를 갖는<br>알루미늄 전선이나 절연전선 | 154[kV]급 |
| 300[kV] 이상 | 인장강도 77.47[kN] 이상의 연선 또는 단면적 200[mm²]<br>이상의 경동연선 또는 동등 이상의 인장강도를 갖는<br>알루미늄 전선이나 절연전선 | 345[kV]급<br>765[kV]급 |

② 전선에는 압축 접속에 의한 경우 이외에는 경간의 도중에 접속점을 시설하지 말 것

③ 전선로의 지지물에는 B종 철주·B종 철근콘크리트주 또는 철탑을 사용할 것

④ 경간은 다음 표에서 정한 값 이하일 것. 다만, 전선의 인장강도 58.84[kN] 이상의
연선 또는 단면적이 150[mm²] 이상인 경동연선을 사용하는 경우에는 아님

∥제1종 특고압 보안공사 시 경간 제한∥

| 지지물의 종류 | 경 간 |
|---|---|
| B종 철주 또는 B종 철근콘크리트주 | 150[m] |
| 철탑 | 400[m]<br>(단주인 경우에는 300[m]) |

⑤ 제1종 보안공사를 시공하는 전선이 다른 시설물과 접근하거나 교차하는 경우에는
그 전선을 지지하는 현수애자 또는 장간애자를 사용하는 경우 다음의 어느 하나에
의함

ㄱ 50[%] 충격섬락전압값이 그 전선의 근접하는 다른 부분을 지지하는 애자장치의
값의 110[%](사용전압이 130[kV]를 초과하는 경우는 105[%]) 이상일 것

ㄴ 아크혼을 붙인 현수애자·장간애자 또는 라인포스트애자를 사용한 것

ㄷ 2련 이상의 현수애자 또는 장간애자를 사용한 것

⑥ "⑤"의 경우에 지지선을 사용할 때에는 그 지지선에는 본선과 동일한 강도 및 굵기의
것을 사용하고 또한 본선과의 접속은 견고하게 하여 전기가 안전하게 전도되도록
할 것

⑦ 전선로에는 가공지선을 시설할 것. 다만, 사용전압이 100[kV] 미만인 경우에 애자에
아크혼을 붙인 때 또는 전선에 아마로드를 붙인 때에는 그렇지 않음

⑧ 특고압 가공전선에 지락 또는 단락이 생겼을 경우에 3초(사용전압이 100[kV] 이상인
경우에는 2초) 이내에 자동적으로 이것을 전로로부터 차단하는 장치를 시설할 것

⑨ 전선은 바람 또는 눈에 의한 요동으로 단락될 우려가 없도록 시설할 것

(2) 제2종 특고압 보안공사

① 특고압 가공전선은 연선일 것

② 지지물로 사용하는 목주의 풍압하중에 대한 안전율은 2 이상일 것

③ 경간은 다음 표에서 정한 값 이하일 것. 다만, 전선에 인장강도 38.05[kN] 이상의 연선 또는 단면적이 95[mm²] 이상인 경동연선을 사용하고, 지지물에 B종 철주 · B종 철근콘크리트주 또는 철탑을 사용하는 경우에는 그렇지 않음

**∥ 제2종 특고압 보안공사 시 경간 제한 ∥**

| 지지물의 종류 | 경 간 |
|---|---|
| 목주 · A종 철주 또는 A종 철근콘크리트주 | 100[m] |
| B종 철주 또는 B종 철근콘크리트주 | 200[m] |
| 철탑 | 400[m] (단주인 경우에는 300[m]) |

④ 제2종 보안공사를 시공하는 전선이 다른 시설물과 접근하거나 교차하는 경우에는 그 특고압 가공전선을 지지하는 애자장치는 다음의 어느 하나에 의할 것

ㄱ 50[%] 충격섬락전압값이 그 전선의 근접하는 다른 부분을 지지하는 애자장치의 값의 110[%](사용전압이 130[kV]를 초과하는 경우에는 105[%]) 이상일 것

ㄴ 아크혼을 붙인 현수애자 · 장간애자 또는 라인포스트애자를 사용한 것

ㄷ 2련 이상의 현수애자 또는 장간애자를 사용한 것

ㄹ 2개 이상의 핀애자 또는 라인포스트애자를 사용한 것

⑤ "④"의 경우에 지지선을 사용할 때에는 그 지지선에는 본선과 동일한 강도 및 굵기의 것을 사용하고 또한 본선과의 접속은 견고하게 하여 전기가 안전하게 전도되도록 할 것

⑥ 전선은 바람 또는 눈에 의한 요동으로 단락될 우려가 없도록 시설할 것

### (3) 제3종 특고압 보안공사

① 특고압 가공전선은 연선일 것

② 경간은 다음 표에서 정한 값 이하일 것

③ 다만, 전선의 인장강도 38.05[kN] 이상의 연선 또는 단면적이 95[mm²] 이상인 경동연선을 사용하고 지지물에 B종 철주 · B종 철근콘크리트주 또는 철탑을 사용하는 경우에는 그렇지 않음

**∥ 제3종 특고압 보안공사 시 경간 제한 ∥**

| 지지물 종류 | 경간 |
|---|---|
| 목주 · A종 철주 또는 A종 철근콘크리트주 | 100[m] (전선의 인장강도 14.51[kN] 이상의 연선 또는 단면적이 38[mm²] 이상인 경동연선을 사용하는 경우에는 150[m]) |
| B종 철주 또는 B종 철근콘크리트주 | 200[m] (전선의 인장강도 21.67[kN] 이상의 연선 또는 단면적이 55[mm²] 이상인 경동연선을 사용하는 경우에는 250[m]) |

| 지지물 종류 | 경간 |
|---|---|
| 철탑 | 400[m]<br>(전선의 인장강도 21.67[kN] 이상의 연선 또는<br>단면적이 55[mm$^2$] 이상인 경동연선을 사용하는 경우에는 600[m])<br>다만, 단주의 경우에는 300[m]<br>(전선의 인장강도 21.67[kN] 이상의 연선 또는<br>단면적이 55[mm$^2$] 이상인 경동연선을 사용하는 경우에는 400[m]) |

④ 전선은 바람 또는 눈에 의한 요동으로 단락될 우려가 없도록 시설할 것

## 198 가공전선과 건조물의 접근 시 이격거리 기준에 대하여 설명하시오.

**data** 발송배전기술사 및 전기안전기술사 출제예상문제

**답안** **1. 상부 조영재**

지붕·차양·옷 말리는 곳, 기타 사람이 올라갈 우려가 있는 조영재

**2. 가공전선과 건조물의 접근 시 이격거리의 개념과 구분**

(1) 저압 가공전선 또는 고압 가공전선이 건조물(사람이 거주 또는 근무하거나 빈번히 출입하거나 모이는 조영물)과 접근상태로 시설되는 경우에서 전선과 조영물 사이의 이격된 거리

(2) 이격거리 구분

① 수직이격거리($V$) : 건조물의 조영재로부터 수직방향으로 떨어져야 할 거리

② 수평이격거리($H$) : 수평방향으로 떨어져야 할 거리

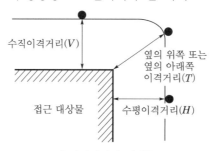

수직이격거리($V$)

옆의 위쪽 또는 옆의 아래쪽 이격거리($T$)

접근 대상물    수평이격거리($H$)

┃이격거리의 관계┃

③ 옆의 위쪽 또는 옆의 아래쪽에서 이격거리($T$) : 건조물의 조영재 모서리에서 수직 이격거리를 반지름으로 하는 원호와 수평이격거리의 수직 연장선과 교차하는 점을 연결하는 사선이 이루는 영역 적용범위가 되는 거리

**3. 전압별 가공전선과 건조물의 조영재 간의 이격거리**

(1) 35[kV] 이하인 가공전선과 건물의 조영재 간 이격거리(표 수치 이상 유지할 것)

| 건조물 | 접근형태 | 전선 종류/ 접촉상태 | 저압 [m] | 고압 [m] | 35[kV] 이하 특고압[m] |
|---|---|---|---|---|---|
| 상부 조영재 | 위쪽 | 나전선 | 2 | 2 | 3 |
| | | 절연전선 | 1 | 2 | 2.5 |
| | | 케이블 | 1 | 1 | 1.2 |

| 건조물 | 접근형태 | 전선 종류/<br>접촉상태 | 저압<br>[m] | 고압<br>[m] | 35[kV] 이하<br>특고압[m] |
|---|---|---|---|---|---|
| 상부 조영재 | 옆쪽 또는<br>아래쪽 | 나전선 | 1.2 | 1.2 | 3 |
| | | 절연전선 | 0.4 | 1.2 | 1.5 |
| | | 케이블 | 0.4 | 0.4 | 0.5 |
| | | 접촉 우려 없음 | 0.8 | 0.8 | 1 |
| 기타 조영재 | | 나전선 | 1.2 | 1.2 | 3 |
| | | 절연전선 | 0.4 | 1.2 | 1.5 |
| | | 케이블 | 0.4 | 0.4 | 0.5 |
| | | 접촉 우려 없음 | 0.8 | 0.8 | 1 |
| 안테나 | | 나전선 | 0.6 | 0.8 | – |
| | | 절연전선 | 0.3 | 0.8 | – |
| | | 케이블 | 0.3 | 0.4 | – |

(2) 사용전압이 35[kV]를 초과하는 경우

이격거리 = 35[kV] 이하인 경우의 이격거리 + 단수×0.15[m]

$$단수 = \frac{(사용전압[kV] - 35)}{10} \cdots 계산에서 소수점 이상은 절상$$

예 154[kV]와 통신용 안테나의 이격거리는 4.8[m]

$$3 + \frac{154 - 35}{10} \times 0.15 = 4.8$$

**199** 고압 가공전선과 도로 등의 접근 또는 교차시의 시설기준에 대하여 설명하시오.

**(data)** 발송배전기술사 출제예상문제

**(comment)** 현장경험이 부족한 수험생을 위한 문제

**답안** 1. 저압 가공전선 또는 고압 가공전선이 도로 · 횡단보도교 · 철도 · 궤도 · 삭도 또는 도로 등(저압 전차선 등을 말함)과 접근상태로 시설되는 경우에는 다음에 의함

(1) 고압 가공전선로는 고압 보안공사에 의할 것

(2) 고압 가공전선과 도로 등의 이격거리는 다음 표에서 정한 값 이상일 것

‖ 저압 가공전선과 도로 등의 이격거리 ‖

| 도로 등의 구분 | | 저 압 | 고 압 |
|---|---|---|---|
| 도로 · 횡단보도교 · 철도 또는 궤도 | | 3.0[m] | 3.0[m] |
| 삭도나 그 지주 또는 저압 전차선 | 고압 절연전선 | 0.3[m] | 0.8[m] |
| | 케이블 | 0.3[m] | 0.4[m] |
| | 기타 | 0.6[m] | 0.8[m] |
| 저압 전차선로의 지지물 | 케이블 | 0.3[m] | 0.3[m] |
| | 기타 | 0.3[m] | 0.6[m] |

(3) 예외사항 : 가공전선과 도로 · 횡단보도교 · 철도 또는 궤도와의 수평이격거리가 저압은 1[m] 이상, 고압은 1.2[m] 이상인 경우에는 예외임

2. 특고압 가공전선과 도로 등의 접근 또는 교차 시의 이격거리

(1) 고압 가공전선이 도로 · 횡단보도교 · 철도 또는 궤도와 제1차 접근상태로 시설되는 경우

**(comment)** 도로 횡단이 아님을 분명히 인식할 것

① 특고압 가공전선로는 제3종 특고압 보안공사에 의할 것

② 특고압 가공전선과 도로 등 사이의 이격거리는 다음 표에서 정한 값 이상일 것

‖ 특고압 가공전선과 도로 등과 접근 또는 교차 시 이격거리 ‖

| 사용전압의 구분 | 이격거리 |
|---|---|
| 35[kV] 이하 | 3[m] |
| 35[kV] 초과 | 3[m]에 사용전압이 35[kV]를 초과하는 10[kV] 또는 그 단수마다 0.15[m]를 더한 값 |

\* 단수 = $\dfrac{(사용전압[kV] - 35)}{10}$ … 계산에서 소수점 이상은 절상

③ 다만, 특고압 절연전선을 사용하는 사용전압이 35[kV] 이하의 특고압 가공전선과 도로 등 사이의 수평이격거리가 1.2[m] 이상인 경우에는 그렇지 않음

chapter 01 chapter 02 chapter 03 chapter 04 chapter 05

(2) 특고압 가공전선을 도로 등을 횡단(교차)하는 보호망을 설치할 경우

① 보호망은 접지시스템의 규정에 준하여 접지공사를 한 금속제의 망상장치로 하고 견고하게 지지할 것

② 보호망 금속선

㉠ 특고압 가공전선의 직하용 금속선 : 인장강도 8.01[kN] 이상의 것 또는 지름 5[mm] 이상의 경동선

㉡ 그 밖의 부분에 시설하는 금속선 : 인장강도 5.26[kN] 이상의 것 또는 지름 4[mm] 이상의 경동선

③ 보호망을 구성하는 금속선 상호의 간격 : 가로, 세로 각 1.5[m] 이하일 것

④ 보호망이 특고압 가공전선의 외부에 뻗은 폭 : 특고압 가공전선과 보호망과의 수직 거리의 $\frac{1}{2}$ 이상일 것. 다만, 6[m]를 넘지 아니하여도 된다.

⑤ 보호망을 운전이 빈번한 철도선로의 위에 시설하는 경우에는 경동선. 그 밖에 쉽게 부식되지 아니하는 금속선을 사용할 것

---

**reference**

고속도로 횡단 송전선로 공사를 하려면 행정처리 장기소요, 기타 안전도 검토 등 스트레스를 받는다.
- 고속도로 등 횡단 개소에는 송전선로의 보호망 설치 불필요함
  다만, 최초 고속도로 횡단하기 위한 송전선의 가선용 보호망은 마닐라 로프로 된 보호망 이어도 됨
- 강재 발판침을 도로 양측에 설치하고 드론을 이용하여 가이드 로프를 걸고(드론 이용 시 신고해야 되나, 급하면 벌금 각오하고 시도), 순차적으로 로프를 고속도로 횡단시켜 보호망을 완성함
- 강재 발받침 공사는 1개당 1~3일 소요. 보호망은 0.5일 소요됨
  만약 여건상 강재 발받침을 할 수 없는 경우(다음 그림 장소에 강재 발받침 공법을 한다면 높이 약 70[m] 대형 강재 발받침 개소가 최소 4개소 소요되는 고난도 작업개소였음) : 즉 강재 발받침 불필요함
- 가이드 로프링 공법의 보호망은 약 400[m] 정도의 작업용 보호망을 얼마든지 설치할 수 있어 매우 편리함(작업소요일은 설치 2일, 철거 1일 정도)
- 가이드 로프링 공법은 고속도로 횡단과 동시에 송전선로 횡단 개소에 154T/L이 무정전 상태에서 송전선로 가선을 위한 연선작업용 마닐라 로프 연결작업이 가능하여 매우 편리한 시공법임. 따라서 국내 어느 개소에도 100[%] 적용 가능함 공사기간 설치 2일. 철거 1일 이하임 (고속도로 횡단, 154 송전선로 상부 횡단 개소든지 전혀 상관없음)

**comment** 상당히 중요한 현장경험으로 이 내용을 답안에 기록시 고득점이 됨

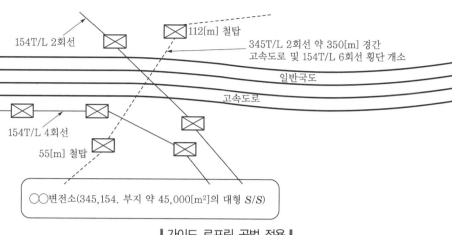

**┃ 가이드 로프링 공법 적용 ┃**

**200** 저·고압 가공전선과 가공약전류전선 등의 접근 또는 교차 시의 시설기준을 설명하시오.

**data** 전기안전기술사 및 전기철도기술사, 발송배전기술사 출제예상문제

**답안** 저압 가공전선 또는 고압 가공전선이 가공약전류전선 또는 가공 광섬유 케이블과 접근상태로 시설되는 경우에는 다음에 따라야 함

(1) 고압 가공전선은 고압 보안공사에 의할 것

(2) 저·고압 가공전선이 가공약전류전선 등과 접근 또는 교차 시의 이격거리

| 가공전선 | 가공약전류전선 | 일반 | 절연전선 또는 통신용 케이블 |
|---|---|---|---|
| 저압 | 절연전선 | 0.6[m] | 0.3[m] |
| | 고압 절연전선, 특고압 절연전선 또는 케이블 | 0.3[m] | 0.15[m] |
| 고압 | 절연전선 | 0.8[m] | 0.8[m] |
| | 케이블 | 0.4[m] | 0.4[m] |

(3) 저압 가공전선 또는 고압 가공전선이 가공약전류전선 등과 교차하는 경우에 저압 가공전선 또는 고압 가공전선은 가공약전류전선 등의 아래에 시설하지 말 것

**comment** 약전류전선이 바람 등으로 단선 시 아래의 전력선을 휘감아서 피해가 날 확률이 높기에, 실제로 현장경험상 통신선이 강풍에 날려서 전력선 접촉사고가 발생된 경우도 있음. 통신선이 전력선 위에 또는 아래에 위치한 교차지점은 항상 위험할 수 있음

**201** 고압 가공전선과 안테나의 접근 또는 교차 시의 시설기준을 설명하시오.

**(data)** 전기안전기술사 및 발송배전기술사 출제예상문제

**답안** 1. **저압 또는 고압 가공전선이 안테나와 접근상태로 시설되는 경우**

(1) 고압 가공전선로는 고압 보안공사에 의할 것

(2) 가공전선과 안테나 사이의 이격거리(가섭선에 의하여 시설하는 안테나에 있어서는 수평 이격거리)

① 저압은 0.6[m]

② 저압 전선을 고압 절연전선, 특고압 절연전선 또는 케이블인 경우에는 0.3[m] 이상

③ 고압은 0.8[m]

④ 고압 전선이 케이블인 경우에는 0.4[m] 이상일 것

2. **저압 또는 고압 가공전선이 가섭선에 의하여 시설하는 안테나와 교차하는 경우**

가공전선이 안테나의 위에 시설되는 때에는 "1."의 규정에 준하여 시설할 것

3. **저압 또는 고압 가공전선이 안테나와 접근하는 경우**

(1) 저압 가공전선 또는 고압 가공전선은 안테나의 아래쪽에서 수평거리로 안테나의 지주의 지표상의 높이에 상당하는 거리 안에 시설하여서는 아니 됨

(2) 단서의 규정 : 다음의 규정을 전부 만족할 때는 "(1)"의 규정과 예외로 된 규정 적용임

① 기술상 부득이한 경우에는 "1."의 규정에 준하여 시설할 것

② 위험의 우려가 없도록 시설하는 이외에 가섭선에 의하여 시설하는 안테나는 가공전 선과 안테나 사이의 수평거리가 2.5[m] 이상일 것

③ 안테나의 지주의 도괴 등의 경우에 안테나가 가공전선에 접촉할 우려가 없는 경우

4. **저압 가공전선 또는 고압 가공전선이 가섭선으로 시설하는 안테나와 교차하는 경우**

(1) 저압 가공전선 또는 고압 가공전선은 안테나의 아래에 시설하지 말 것

(2) "3."의 단서의 규정은 "4."의 경우에 준용할 것. 이 경우에 "수평거리"는 "이격거리"로 본다.

**202** 고압 · 특고압 가공전선 등과 저압 가공전선 등의 접근 또는 교차 시의 시설기준에 대해 설명하시오.

**data** 전기안전기술사 및 발송배전기술사 출제예상문제

**답안** 1. 저 · 고압 가공전선과 저 · 고압 가공전선 접근 또는 교차 및 그 지지물 사이의 이격거리

| 구 분 | 고압 가공전선 | | 저압 가공전선 | |
|---|---|---|---|---|
| | 절연전선 | 케이블 | 절연전선 | 고압 절연전선 또는 케이블 |
| 고압 가공전선 | 0.8[m] | 0.4[m] | 0.8[m] | 0.4[m] |
| 고압 가공전선로의 지지물 | 0.6[m] | 0.3[m] | 0.3[m] | – |
| 고압 전차선 | 1.2[m] | – | 1.2[m] | – |
| 저압 가공전선 | 0.8[m] | 0.4[m] | 0.6[m] | 0.3[m] |
| 저압 가공전선로의 지지물 | 0.6[m] | 0.3[m] | 0.3[m] | – |

2. 고압 가공전선과 다른 시설물의 이격거리

| 다른 시설물의 구분 | 접근형태 | 이격거리 |
|---|---|---|
| 조영물의 상부 조영재 | 위쪽 | 2[m] (전선이 케이블인 경우에는 1[m]) |
| | 옆쪽 또는 아래쪽 | 0.8[m] (전선이 케이블인 경우에는 0.4[m]) |
| 조영물의 상부 조영재 이외의 부분 또는 조영물 이외의 시설물 | – | 0.8[m] (전선이 케이블인 경우에는 0.4[m]) |

3. 특고압 가공전선과 저 · 고압 가공전선 등의 접근 또는 교차 시 이격거리(제1차 접근상태)

특고압 가공전선로는 제3종 특고압 보안공사에 의할 것이며, 이격거리는 다음 표와 같음

| 사용전압의 구분 | 이격거리 |
|---|---|
| 35[kV] 이하 | 2[m] |
| 60[kV] 이하 | 2[m] |
| 60[kV] 초과 | 2[m] + (단수 × 0.12) 단수 = $\dfrac{(전압[kV] - 60)}{10}$ : 소수점 아래는 절상함 |

4. 특고압 가공전선과 저 · 고압 가공전선의 병가 시 이격거리

| 사용전압의 구분 | 이격거리 |
|---|---|
| 35[kV] 이하 | 1.2[m] (특고압 가공전선이 케이블인 경우에는 0.5[m]) |
| 35[kV] 초과 60[kV] 이하 | 2[m] (특고압 가공전선이 케이블인 경우에는 1[m]) |

| 사용전압의 구분 | 이격거리 |
|---|---|
| 60[kV] 초과 | 2[m] + 단수×0.12<br>(10[kV] 또는 그 단수마다 0.12[m]를 더한 값)<br>(특고압 가공전선이 케이블인 경우에는 1[m] + 단수×0.12) |
| 100[kV] 이상의 병가 | 저압 또는 고압 가공전선은 동일 지지물에 병가 불가 |

## 5. 특고압 가공전선과 다른 특고압 가공전선 사이의 이격거리

| 사용전압의 구분 | 이격거리 |
|---|---|
| 35[kV] 이하 | 특고압 절연전선과는 1.0[m] |
| | 특고압 가공전선이 케이블인 경우에는 0.5[m] |
| 60[kV] 이하 | 2[m] |
| 60[kV] 초과 | 2[m] + 단수×0.12<br>(10[kV] 또는 그 단수마다 0.12[m]를 더한 값)<br>(특고압 가공전선이 케이블인 경우에는 1[m] + 단수×0.12) |

## 6. 특고압 가공전선과 다른 특고압 가공전선로의 지지물(삭도 포함) 사이의 이격거리

**reference**
22.9[kV] 선로와 22.9[kV] 전주 사이의 이격거리
22.9[kV] 선로와 154[kV] 철탑 사이 및 22.9[kV] 선로와 345[kV] 철탑 사이의 이격거리
154[kV] 선로와 345[kV] 철탑 사이의 이격거리

**comment** 실제로 대규모 송전선로 설계나 감리현장에서 자주 검토되는 현실임

| 사용전압의 구분 | 이격거리 |
|---|---|
| 35[kV] 이하 | 특고압 절연전선과는 1.0[m] |
| | 특고압 가공전선이 케이블인 경우에는 0.5[m] |
| 60[kV] 이하 | 2[m] |
| 60[kV] 초과 | 2[m] + 단수×0.12<br>(10[kV] 또는 그 단수마다 0.12[m]를 더한 값)<br>(특고압 가공전선이 케이블인 경우에는 1[m] + 단수×0.12) |

(1) 22.9[kV] 절연선로와 22.9[kV] 전주 사이의 이격거리 : 1.0[m] 이상

(2) 22.9[kV] 가공케이블과 22.9[kV] 전주 사이의 이격거리 : 0.5[m] 이상

(3) 22.9[kV] 선로와 154[kV] 철탑 사이의 이격거리 : $2 + \dfrac{(154-60)}{10} \times 0.12 = 3.2$ 이상

→ 한전 규정은 가산치를 더한 설계치를 정하여 4[m] 이상으로 하고 있음

(4) 22.9[kV] 선로와 345[kV] 철탑 사이의 이격거리 : $2 + \dfrac{(345-60)}{10} \times 0.12 = 5.42$ 이상

→ 한전 규정은 가산치를 더한(+1[m]) 설계치를 정하여 6.5[m] 이상으로 하고 있음

> **reference**
>
> **가공전선로 및 타공작물과의 이격거리(한전 규정)**
>
> 1) 66[kV] T/L과 66[kV] 이하 전선로 및 타공작물과의 이격거리 : 3[m]
> 2) 154[kV] T/L과 66[kV] 이하 전선로 및 타공작물과의 이격거리 : 4[m]
> 3) 154[kV] T/L과 154[kV] T/L 이하의 이격거리 : 4[m]
> 4) 345[kV] T/L과 66[kV] 이하 전선로 및 타공작물과의 이격거리 : 6.5[m]
> 5) 345[kV] T/L과 154[kV] T/L과의 이격거리 : 6.5[m]
> 6) 345[kV] T/L과 345[kV] T/L과의 이격거리 : 8.5[m]

## 203 가공전선과 식물의 이격거리에 대하여 전압별로 설명하시오.

**data** 전기안전기술사 및 발송배전기술사 출제예상문제

**답안**

### 1. 저압 및 고압 가공전선과 식물의 이격거리[문 89 참조]

(1) 저압 가공전선은 상시 부는 바람 등에 의하여 식물에 접촉하지 않게 시설할 것

(2) 저압 가공절연전선을 방호구에 넣어 시설하거나 절연내력 및 내마모성이 있는 케이블을 시설하는 경우는 그러하지 아니함

### 2. 특고압 가공전선과 식물의 이격거리

(1) 특고압 가공전선과 저·고압 가공전선 등 또는 이들의 지지물이나 지주 사이의 이격거리 규정인 다음 표와 동일함

┃ **특고압 가공전선과 저·고압 가공전선 등의 접근 또는 교차 시 이격거리(제1차 접근상태)** ┃

| 사용전압의 구분 | 이격거리 |
|---|---|
| 60[kV] 이하 | 2[m] |
| 60[kV] 초과 | 2[m]에 사용전압이 60[kV]를 초과하는 10[kV] 또는 그 단수마다 0.12[m]를 더한 값 |

(2) 다만, 사용전압이 35[kV] 이하인 특고압 가공전선을 다음의 어느 하나에 따라 시설하는 경우에는 그러하지 아니하다.

① 고압 절연전선을 사용하는 특고압 가공전선과 식물 사이의 이격거리가 0.5[m] 이상인 경우

② 특고압 절연전선 또는 케이블을 사용하는 특고압 가공전선과 식물이 접촉하지 않도록 시설하는 경우 또는 특고압 수밀형 케이블을 사용하는 특고압 가공전선과 식물의 접촉에 관계없이 시설하는 경우

**comment** 수목이 자라는 속도가 있기에 수목이 특고압 절연전선이 나무에 닿지 않게만 되어 있는 규정은 현실성이 전혀 없음

**reference**

한전 규정(전기설비기술기준의 판단기준보다 추가적으로 강화된 규정임)

| 구분 | 전압 | 66[kV] 기준치 | 가산치 | 설계치 | 154[kV] 기준치 | 가산치 | 설계치 | 345[kV] 기준치 | 가산치 | 설계치 | 765[kV] 기준치 | 가산치 | 설계치 |
|---|---|---|---|---|---|---|---|---|---|---|---|---|---|
| 일반평지 | | 2.12 | 12.2 | 14 | 3.2 | 12.2 | 16 | 5.48 | 12.2 | 18 | 10.52 | – | 28 |
| 철도 및 전철 | | 3 | 12 | 15 | 4 | 12 | 16 | 6.5 | 12 | 19 | 15 | – | 28 |
| 도로 | 고속도로 | 6 | – | 15 | 6.12 | – | 15 | 8.28 | – | 15 | 13.32 | – | 28 |
| | 일반국도 및 일반도로 | 3 | 14.8 | 18 | 4 | 14.8 | 19 | 6.5 | 14.8 | 21 | 15 | 14.8 | 30 |
| 수목 | 리기다소나무 | 2.12 | 17.9 | 20 | 3.2 | 17.9 | 21 | 5.48 | 17.9 | 24 | 10.52 | 주1) | 주2) |
| | 낙엽송 | 2.12 | 20.6 | 23 | 3.2 | 20.6 | 24 | 5.48 | 20.6 | 26 | 10.52 | | |
| | 기타 수목 | 2.12 | 16.2 | 18 | 3.2 | 16.2 | 19 | 5.48 | 16.2 | 22 | 10.52 | | |

[주] 1) 수종별 실지위지수에 의한 수고
   2) 10.52 + 가산치

## 204 시가지 등에서 특고압 가공전선로의 시설기준을 설명하시오.

**data** 전기안전기술사 및 발송배전기술사 출제예상문제

**답안** **1. 개요**

(1) 특고압 가공전선로는 전선이 케이블인 경우 또는 전선로를 시가지, 그 밖에 인가가 밀집한 지역에 시설할 수 있는 경우는 아래의 "2.", "3."의 경우와 같다.

(2) 시가지, 그 밖에 인가가 밀집한 지역 : 특고압 가공전선로의 양측으로 각각 50[m], 선로방향으로 500[m]를 취한 50,000[m²]의 장방형의 구역으로 그 지역(도로부분을 제외) 내의 건폐율{(조영물이 점하는 면적)/(50,000[m²]−도로면적)}이 25[%] 이상인 경우임

(3) 실제로 대부분의 인가밀집지역에는 특고압 22.9[kV]의 가공전선로로 설치되어 있으며, 154[kV] 및 345[kV]의 송전선로도 설치된 경우가 있다.

**2. 사용전압이 170[kV] 이하인 케이블 외 전선로를 시가지 및 인가지역에 시설할 경우**

(1) 특고압 가공전선을 지지하는 애자장치는 다음 중 어느 하나에 의할 것

① 50[%] 충격섬락전압값이 그 전선의 근접한 다른 부분을 지지하는 애자장치 값의 110[%](사용전압이 130[kV]를 초과하는 경우는 105[%]) 이상인 것

② 아크 혼을 붙인 현수애자 · 장간애자 또는 라인포스트애자를 사용하는 것

③ 2련 이상의 현수애자 또는 장간애자를 사용하는 것

④ 2개 이상의 핀애자 또는 라인포스트애자를 사용하는 것

(2) 특고압 가공전선로의 경간은 다음 표에서 정한 값 이하일 것

**▌시가지 등에서 170[kV] 이하 특고압 가공전선로의 경간 제한▐**

| 지지물의 종류 | 경 간 |
|---|---|
| A종 철주 또는 A종 철근콘크리트주 | 75[m] |
| B종 철주 또는 B종 철근콘크리트주 | 150[m] |
| 철탑 | 400[m](단주인 경우에는 300[m])<br>다만, 전선이 수평으로 2 이상 있는 경우에<br>전선 상호 간의 간격이 4[m] 미만인 때에는 250[m] |

(3) 지지물에는 철주 · 철근콘크리트주 또는 철탑을 사용할 것

(4) 전선은 단면적이 다음 표에서 정한 값 이상일 것

**▌시가지 등에서 170[kV] 이하 특고압 가공전선로 전선의 단면적▐**

| 사용전압의 구분 | 전선의 단면적 |
|---|---|
| 100[kV] 미만 | 인장강도 21.67[kN] 이상의 연선 또는 단면적 55[mm²] 이상의 경동연선<br>또는 동등 이상의 인장강도를 갖는 알루미늄 전선이나 절연전선 |

| 사용전압의 구분 | 전선의 단면적 |
|---|---|
| 100[kV] 이상 | 인장강도 58.84[kN] 이상의 연선 또는 단면적 150[mm²] 이상의 경동연선 또는 동등 이상의 인장강도를 갖는 알루미늄 전선이나 절연전선 |

(5) 전선의 지표상의 높이는 다음 표에서 정한 값 이상일 것. 다만, 발전소 · 변전소 또는 이에 준하는 곳의 구내와 구외를 연결하는 1경간 가공전선은 그러하지 아니함

**❚ 시가지 등에서 170[kV] 이하 특고압 가공전선로 높이 ❚**

| 사용전압의 구분 | 지표상의 높이 |
|---|---|
| 35[kV] 이하<br>적용 : 22.9[kV] | 10[m]<br>(전선이 특고압 절연전선인 경우에는 8[m]) |
| 35[kV] 초과<br>적용 : 154, 345[kV] | $10 + 단수 \times 0.12[m]$<br>$단수 = \dfrac{(전압[kV] - 35)}{10}$, 단수 계산값이 소수점 이하는 절상 |

예 사용전압이 161[kV](즉, 154[kV]급의 최대전압) 가공송전선로를 시가지 내 설치할 경우의 최저 지상고 산출과 실제 적용값은?

- 35[kV] 이하 : 10m

- 35[kV] 초과의 단수처리 : $\left(\dfrac{161 - 35}{10}\right) = 12.6$이나 소수점은 절상이므로 13 상수 적용함

- 지표상의 높이 : $10 + 13 \times 0.12 = 11.56[m]$

- 실제 적용 : 최소한 25[m] 이상이나, 실제로는 송전건설이 불가능함(민원으로 지자체에서 인허가를 불가할 것이므로 설계기획 시 지중송전선로 건설로 할 것)

(6) 지지물에는 위험표시를 보기 쉬운 곳에 시설할 것. 다만, 사용전압이 35[kV] 이하의 특고압 가공전선로의 전선에 특고압 절연전선을 사용하는 경우는 그러하지 아니함

(7) 사용전압이 100[kV]를 초과하는 특고압 가공전선에 지락 또는 단락이 생겼을 때에는 1초 이내에 자동적으로 이를 전로로부터 차단하는 장치를 시설할 것

## 3. 사용전압이 170[kV] 초과하는 가공전선로를 다음에 의하여 시설하는 경우

**comment** 현장에 345[kV] 송전선로가 이미 시설된 개소가 일부 있으나, 현실적으로 새로운 345[kV] 가공송전선로를 시가지역에 건설하는 것은 불가능함

(1) 전선로는 회선수 2 이상 또는 그 전선로의 손괴에 의하여 현저한 공급 지장이 발생하지 않도록 시설할 것

(2) 전선을 지지하는 애자장치에는 아크 혼을 부착한 현수애자 또는 장간애자를 사용할 것

(3) 전선을 인류하는 경우에는 압축형 클램프, 쐐기형 클램프 또는 이와 동등 이상의 성능을 가지는 클램프를 사용할 것

(4) 현수애자장치에 의하여 전선을 지지하는 부분에는 아머로드를 사용할 것

(5) 경간거리는 600[m] 이하이며, 지지물은 철탑을 사용할 것

(6) 전선은 단면적 240[mm$^2$] 이상의 강심알루미늄선 또는 이와 동등 이상의 인장강도 및 내(耐)아크 성능을 가지는 연선을 사용하며, 전선로에는 가공지선을 시설할 것

(7) 전선은 압축접속에 의하는 경우 이외에는 경간 도중에 접속점을 시설하지 아니할 것

(8) 전선의 지표상의 높이는 10[m]에 35[kV]를 초과하는 10[kV]마다 0.12[m]를 더한 값 이상일 것

(9) 지지물에는 위험표시를 보기 쉬운 곳에 시설할 것

(10) 전선로에 지락 또는 단락이 생겼을 때에는 1초 이내에 그리고 전선이 아크전류에 의하여 용단될 우려가 없도록 자동적으로 전로에서 차단하는 장치를 시설할 것

## 205 특고압 가공전선로에 의한 유도장해의 방지기준을 검토 시 유도전류의 계산방법을 설명하시오.

**data** 발송배전기술사 및 전기안전기술사 출제예상문제

**답안** 1. 개요

(1) 특고압 가공전선로로 인한 유도장해 방지기준은 다음에 따름

① 사용전압이 60[kV] 이하인 경우에는 전화선로의 길이 12[km]마다 유도전류가 2[$\mu$A]를 넘지 아니하도록 할 것

② 사용전압이 60[kV]를 초과하는 경우에는 전화선로의 길이 40[km]마다 유도전류가 3[$\mu$A]를 넘지 아니하도록 할 것

③ 기설 가공전화선로에 대하여 상시 정전유도작용에 의한 통신상의 장해가 없도록 시설할 것

(2) 특고압 가공전선로는 기설 통신선로에 대하여 상시 정전유도작용에 의하여 통신상의 장해를 주지 아니하도록 시설하여야 한다.

(3) 특고압 가공전선로는 기설약전류 전선로에 대하여 통신상의 장해를 줄 우려가 없도록 시설할 것

### 2. 유도전류의 계산방법

(1) 특고압 가공전선로의 사용전압이 25[kV] 이하인 경우에는 다음에 의할 것

① 유도전류는 다음의 계산식에 의할 것

$$i_T = V_K \times 10^{-3}\left(\underset{\text{교차}}{2.5n} + \underset{\substack{\text{불병행부분}\\ \text{15[m] 이하}}}{2.76\sum\frac{l_1\log\frac{b_2}{b_1}}{b_2-b_1}} + \underset{\substack{\text{병행부분}\\ \text{15[m] 이하}}}{1.2\sum\frac{l}{b}} + \underset{\substack{\text{불병행부분}\\ \text{15[m] 초과}}}{18\sum\frac{l_1}{b_1 b_2}} + \underset{\substack{\text{병행부분}\\ \text{15[m] 초과}}}{18\sum\frac{l}{b^2}}\right)$$

여기서, $i_T$ : 수화기에 통하는 유도전류[$\mu$A]

$V_K$ : 전선로의 사용전압[kV]

$b_1$, $b_2$ : 전선로와 전화선로가 병행하지 아니하는 부분의 전선과 전화선 사이의 이격거리[m]

$l_1$ : $b_1$, $b_2$간의 전화선로의 길이[m]

(다만, 전선로와 전화선로가 교차하는 경우는 교차점의 전후 각 25[m]의 부분은 이 계산에 가산하지 아니함)

$b$ : 전선로와 전화선로가 병행하는 부분의 전선과 전화선 사이의 이격거리[m]

$l$ : 전선로와 전화선로가 병행하는 부분의 전화선로의 길이[m]

$n$ : 교차점의 수

② 전화선로와 60[m] 이상 떨어져 있는 전선로의 부분은 "①"의 계산에서 생략할 것

(2) 특고압 가공전선로의 사용전압이 25[kV]를 초과하는 경우에는 다음에 의할 것

① 유도전류는 다음의 계산식에 의하여 계산할 것

$$i_T = V_K D_1 \times 10^{-3} \left( 0.33n + 26 \sum \frac{l_1}{b_1 b_2} \right)$$

여기서, $i_T$ : 수화기에 통하는 유도전류[$\mu$A]

$V_K$ : 전선로의 사용전압[kV]

$D_1$ : 전선로의 선간거리[m]

$b_1$, $b_2$ : 전선과 전화선 사이의 이격거리[m]

$l_1$ : $b_1$, $b_2$간의 전화선로의 길이[m]

(다만, 전선로와 전화선로가 교차하는 경우에는 사용전압이 60[kV] 이하인 때에는 교차점의 전후 각 50[m], 사용전압이 60[kV]를 초과하는 때에는 교차점의 전후 각 100[m]의 부분은 이 계산에 가산하지 아니한다)

$n$ : 교차점의 수

② 표에서 정한 거리 이상 전화선로와 떨어져 있는 전선로의 부분은 "(1)"의 계산에서 생략할 것

‖ 전압에 따른 전선로와 전화선로 사이의 거리 ‖

| 사용전압 | 전선로와 전화선로 사이의 거리[m] |
|---|---|
| 25[kV] 이하 | 60 |
| 25[kV] 초과 35[kV] 이하 | 100 |
| 35[kV] 초과 50[kV] 이하 | 150 |
| 50[kV] 초과 60[kV] 이하 | 180 |
| 60[kV] 초과 70[kV] 이하 | 200 |
| 70[kV] 초과 80[kV] 이하 | 250 |
| 80[kV] 초과 120[kV] 이하 | 350 |
| 120[kV] 초과 160[kV] 이하 | 450 |
| 160[kV] 초과 | 500 |

## 206 특고압 가공전선로의 가공지선과 특고압 가공전선로의 애자장치 등에 대한 시설기준을 설명하시오.

**data** 발송배전기술사 및 전기안전기술사 출제예상문제

**답안** 1. **특고압 가공전선로의 가공지선 시설기준**

(1) 가공지선에는 인장강도 8.01[kN] 이상의 나선 또는 지름 5[mm] 이상의 나경동선, 22[mm²] 이상의 나경동연선, 아연도강연선 22[mm²] 또는 OPGW 전선을 사용하고 또한 이를 332.4의 규정에 준하여 시설할 것

(2) 지지점 이외의 곳에서 특고압 가공전선과 가공지선 사이의 간격은 지지점에서의 간격보다 적게 하지 아니할 것

(3) 가공지선 상호를 접속하는 경우에는 접속관, 기타의 기구를 사용할 것

2. **특고압 가공전선로의 애자장치 등에 의한 하중 및 접지공사**

(1) 특고압 가공전선을 지지하는 애자장치는 다음 하중이 전선의 붙임점에 가하여지는 것으로 계산한 경우에 안전율이 2.5 이상으로 되는 강도를 유지하도록 시설할 것

① 전선을 인류하는 경우에는 전선의 상정 최대장력에 의한 하중

② 전선을 가선하는 경우의 하중 적용방법은 다음과 같음

㉠ 수평 횡하중 : 풍압이 전선로에 직각방향으로 가하여지는 것

㉡ 수직하중 : 전선의 중량 + 애자장치의 중량

• 전선의 중량 : 을종 풍압하중을 채택하는 경우에는 전선의 피빙(두께 6[mm], 비중 0.9) 중량을 가산한 것

• 애자장치 중량

㉢ 합성하중 $= \sqrt{수평\ 횡하중^2 + 수직\ 하중^2}$

㉣ 다만, 전선로에 수평각도가 있는 경우에는 전선의 상정 최대장력에 의하여 생기는 수평 횡분력과 같은 수평 횡하중을 전선로에 현저한 수직각도가 있는 경우에는 이에 수직하중을 각각 가산한다.

③ 기타의 경우에는 전선 및 애자장치에 가하여지는 풍압하중과 같은 수평 횡하중과 전선로에 수평각도가 있는 경우의 전선의 상정 최대장력에 의하여 생기는 수평 횡분력과 같은 수평 횡하중과의 합과 같은 수평 횡하중

(2) 특고압 가공전선을 지지하는 애자장치를 붙이는 완금류에는 접지시스템 규정(140)에 의하여 접지공사를 할 것

**207** 특고압 가공전선로에 대한 다음 시설기준을 설명하시오.

1. 특고압 가공전선의 굵기 및 종류
2. 특고압 가공전선과 지지물 등의 이격거리

**data** 전기안전기술사 및 발송배전기술사 출제예상문제

**답안** 1. **특고압 가공전선의 굵기 및 종류**

특고압 가공전선은 케이블인 경우 이외에는 인장강도 8.71[kN] 이상의 연선 또는 단면적이 22[mm²] 이상의 경동연선 또는 동등 이상의 인장강도를 갖는 알루미늄 전선이나 절연전선이어야 함

2. **특고압 가공전선과 지지물 등의 이격거리**

(1) 특고압 가공전선과 그 지지물·완금류·지주 또는 지선 사이의 이격거리는 표에서 정한 값 이상일 것

‖ 특고압 가공전선과 지지물 등의 이격거리 ‖

| 사용전압 | 이격거리[m] |
|---|---|
| 15[kV] 미만 | 0.15 |
| 15[kV] 이상 25[kV] 미만 | 0.2 |
| 25[kV] 이상 35[kV] 미만 | 0.25 |
| 35[kV] 이상 50[kV] 미만 | 0.3 |
| 50[kV] 이상 60[kV] 미만 | 0.35 |
| 60[kV] 이상 70[kV] 미만 | 0.4 |
| 70[kV] 이상 80[kV] 미만 | 0.45 |
| 80[kV] 이상 130[kV] 미만 | 0.65 |
| 130[kV] 이상 160[kV] 미만 | 0.9 |
| 160[kV] 이상 200[kV] 미만 | 1.1 |
| 200[kV] 이상 230[kV] 미만 | 1.3 |
| 230[kV] 이상 | 1.6 |

(2) 다만, 기술상 부득이한 경우에 위험의 우려가 없도록 시설한 때에는 표에서 정한 값의 0.8배까지 감할 수 있음

**208** 특고압 가공전선로의 다음 항목을 설명하시오.
　1. 철주 · 철근콘크리트주 또는 철탑의 종류
　2. 특고압 가공전선로의 철주 · 철근콘크리트주 또는 철탑의 강도

**(data)** 전기안전기술사 및 발송배전기술사 출제예상문제

**답안** **1. 특고압 가공전선로의 지지물로 사용하는 B종 철근 · B종 콘크리트주 또는 철탑의 종류**
　(1) **직선형** : 전선로의 직선부분(3° 이하인 수평각도를 이루는 곳을 포함)에 사용하는 것. 다만, 내장형 및 보강형에 속하는 것을 제외한다.
　(2) **각도형** : 전선로 중 3°를 초과하는 수평각도를 이루는 곳에 사용하는 것
　(3) **인류형** : 전가섭선을 인류하는 곳에 사용하는 것
　(4) **내장형** : 전선로의 지지물 양쪽의 경간의 차가 큰 곳에 사용하는 것
　(5) **보강형** : 전선로의 직선부분에 그 보강을 위하여 사용하는 것

**2. 특고압 가공전선로의 철주 · 철근콘크리트주 또는 철탑의 강도**
　(1) 특고압 가공전선로의 지지물로 사용하는 철주 또는 철근콘크리트주의 강도는 고온 계절이나 저온 계절의 어느 계절에서도 상시 상정하중에 의하여 생기는 부재응력의 1배의 응력에 견디는 것일 것
　(2) 특고압 가공전선로의 지지물은 규정된 공장에서 제조한 철근콘크리트주로서 A종 철근콘크리트주는 풍압하중에, B종 철근콘크리트주는 규정하는 상시 상정하중에 견디는 강도의 것일 것
　(3) 특고압 가공전선로의 지지물로 사용하는 철탑은 고온 계절이나 저온 계절의 어느 계절에서도 규정하는 상시 상정하중 또는 규정하는 이상 시 상정하중의 $\frac{2}{3}$배(완금류에 대하여는 1배)의 하중 중 큰 것에 견디는 강도의 것일 것

**209** 철주·철근콘크리트주 또는 철탑의 강도 계산에 사용하는 상시 상정하중에 대하여 설명하시오.

**data** 발송배전기술사 및 전기안전기술사 출제예상문제

**답안**
## 1. 개요

철주, 철근콘크리트주 또는 철탑의 강도 계산에 사용하는 상시 상정하중

(1) 풍압이 전선로에 직각방향으로 가하여지는 경우의 하중

(2) 전선로의 방향으로 가하여지는 경우의 하중을 각각 다음에 의하여 계산하여 각 부재에 대한 이들의 하중 중 그 부재에 큰 응력이 생기는 쪽의 하중을 채택하는 것으로 한다.

## 2. 풍압이 전선로에 직각방향으로 가하여지는 경우의 상시 상정하중

(1) 개념 : 각 부재에 대하여 그 부재가 부담하는 아래의 하중이 동시에 가하여지는 것

(2) 수직하중

① 가섭선, 애자장치, 지지물 부재(철근콘크리트주에 대하여는 완금류를 포함) 등의 중량에 의한 하중

② 다만, 전선로에 현저한 수직각도가 있는 경우에는 이에 의한 수직하중을, 철주 또는 철근콘크리트주로 지선을 사용하는 경우에는 지선의 장력에 의하여 생기는 수직분력에 의한 하중을 가산할 것

③ 풍압하중으로서 을종 풍압하중을 채택하는 경우는 가섭선의 피빙(두께 6[mm], 비중 0.9의 것)의 중량에 의한 하중을 가산할 것

(3) 수평 횡하중 : 풍압하중 및 전선로에 수평각도가 있는 경우에는 다음을 포함할 것
가섭선의 상정 최대장력(고온 계절과 저온 계절별로 그 계절에서의 상정 최대장력)에 의하여 생기는 수평 횡분력에 의한 하중

## 3. 풍압이 전선로의 방향으로 가하여지는 경우의 상시 상정하중

(1) 개념 : 각 부재에 대하여 그 부재가 부담하는 다음의 하중이 동시에 가하여지는 것으로 계산할 것

(2) 수직하중 : 2.의 "(2)" 수직하중

(3) 수평 횡하중 : 전선로에 수평각도가 있는 경우에 가섭선의 상정 최대장력에 의하여 생기는 수평 횡분력에 의한 하중

(4) 수평 종하중 : 풍압하중

**4. 풍압이 전선로에 경사방향으로 가하여지는 경우의 하중**

(1) **개념** : 각 부재에 대하여 그 부재가 부담하는 다음의 하중이 동시에 가하여지는 것으로 계산할 것

(2) **수직하중** : 2.의 "(2)" 수직하중

(3) **수평 횡하중** : 2.의 "(2)" 수직하중을 기준으로 경사 풍향에 해당하는 하중계수를 곱할 것

**5. 인류형 · 내장형 또는 보강형 · 직선형 · 각도형의 철주 · 철근콘크리트주 또는 철탑의 경우**

"2."의 하중에 다음에 따라 가섭선 불평균 장력에 의한 수평 종하중을 가산함

(1) **인류형의 경우** : 전가섭선에 관하여 각 가섭선의 상정 최대장력과 같은 불평균 장력의 수평 종분력에 의한 하중

(2) **내장형 · 보강형의 경우** : 전가섭선에 관하여 각 가섭선의 상정 최대장력의 33[%]와 같은 불평균 장력의 수평 종분력에 의한 하중

(3) **직선형의 경우** : 전가섭선에 관하여 각 가섭선의 상정 최대장력의 3[%]와 같은 불평균 장력의 수평 종분력에 의한 하중(단, 내장형은 제외)

(4) **각도형의 경우** : 전가섭선에 관하여 각 가섭선의 상정 최대장력의 10[%]와 같은 불평균 장력의 수평 종분력에 의한 하중

**6. 지지물에서 가섭선의 배치가 비대칭인 철주 · 철근콘크리트주 또는 철탑의 경우 하중**

(1) 상기 설명된 "2."의 규정과 "3."의 규정에 의한 이외에 수직편심하중도 가산할 것

(2) 비틀림 힘에 의한 하중도 가산할 것

## 210 철탑의 강도 계산에 사용하는 이상 시 상정하중에 대하여 설명하시오.

**(data)** 발송배전기술사 및 전기안전기술사 출제예상문제

**답안**

### 1. 철탑의 강도 계산에 사용하는 이상 시 상정하중의 구분과 적용

(1) 풍압이 전선로에 직각방향으로 가하여지는 경우의 하중

(2) 전선로의 방향으로 가하여지는 경우의 하중

(3) 적용 : 각 부재에 대한 "(1)"과 "(2)"의 하중 중 그 부재에 큰 응력이 생기는 쪽의 하중을 적용함

　① 상시 상정하중 : 가섭선의 절단을 고려하지 않은 경우의 하중

　② 이상 시 상정하중 : 가섭선의 절단을 고려하는 경우의 하중

### 2. 풍압의 전선로에 직각방향으로 가하여지는 경우의 하중

각 부재에 부담하는 다음 하중이 동시(수직하중, 수평 횡하중, 수평 종하중)에 가하여지는 것으로 계산할 것

(1) 수직하중 : 풍압이 전선로에 직각방향으로 가하여지는 경우의 하중

(2) 수평 횡하중에 계산할 요소

　① 풍압하중 상정에서, 기타 형상의 것의 풍압하중으로서 다음과 같음

　　㉠ 전선로와 직각의 방향에서는 그 방향에서의 전면 결구·가섭선 및 애자장치에 규정의 각각에 해당되는 갑종, 을종, 병종 풍압의 1배

　　㉡ 전선로의 방향에서는 그 방향에서의 전면 결구 및 애자장치에 규정의 각각에 해당되는 갑종, 을종, 병종 풍압의 1배

　② 전선로에 수평각도가 있는 경우의 가섭선의 상정 최대장력에 의하여 생기는 수평 횡분력에 의한 하중 및 가섭선의 절단에 의하여 생기는 비틀림 힘의 하중

(3) 수평 종하중 : 가섭선의 절단에 의하여 생기는 불평균 장력의 수평 종분력에 의한 하중 및 비틀림 힘에 의한 하중

### 3. 풍압이 전선로의 방향으로 가하여지는 경우의 하중

각 부재에 부담하는 다음 하중이 동시(수직하중, 수평 횡하중, 수평 종하중)에 가하여지는 것으로 계산할 것

(1) 수직하중 : 풍압이 전선로에 직각방향으로 가하여지는 경우의 하중

(2) 수평 횡하중

① 전선로에 수평각도가 있는 경우의 가섭선의 상정 최대장력에 의하여 생기는 수평 횡분력에 의한 하중

② 가섭선의 절단에 의하여 생기는 비틀림 힘에 의한 하중

(3) **수평 종하중** : 풍압하중이나 가섭선의 절단에 의하여 생기는 불평균 장력의 수평 종분력에 의한 하중 및 비틀림 힘에 의한 하중

## 4. 가섭선의 절단에 의하여 생기는 불평균 장력의 고려사항

(1) 가섭전선의 상의 총수에 따라 다음에 따라 가섭선이 절단되는 것으로 상정함

① 가섭전선의 상의 총수가 12 이하인 경우에는 각 부재에 생기는 응력이 최대로 될 수 있는 1상(다도체는 인류형 이외의 철탑의 경우에는 1상 중 2가닥)의 절단(즉, 3상 중 1상만 절단으로 된 경우로 계산한다는 의미)

② 가섭선의 상의 총수가 12를 넘을 경우("③"에 규정하는 경우는 제외)는 각 부재에 생기는 응력이 최대로 되는 회선을 달리 하는 2상(다도체는 인류형 이외의 철탑의 경우에는 1상마다 2가닥)의 절단

③ 가섭전선이 세로로 9상 이상이 걸리고 또한 가로로 2상이 걸려 있는 경우

㉠ 세로로 걸린 9상 이상 중 위쪽의 6상에서 1상(다도체는 인류형 이외의 철탑의 경우에는 1상 중 2가닥)의 절단

㉡ 기타의 상에서 1상(다도체는 인류형 이외의 철탑의 경우에는 1상 중 2가닥)으로서 각 부재에 생기는 응력이 최대로 되는 것

(2) 가섭선의 절단에 의하여 생기는 각 부재에 대한 불평균 장력의 크기는 다음과 같다.

① 가섭선의 상정 최대장력과 같은 값(가섭선을 붙이는 방법 때문에 가섭선이 절단된 때에 그 지지점이 이동하거나 가섭선이 지지점에서 미끄러지는 경우에는 상정 최대장력의 0.6배의 값)으로 계산함

② 이 경우에 가공지선은 전선과 동시에 절단되지 아니하는 것으로 하고 또한 1가닥이 절단되는 것으로 할 것

## 211 철탑의 강도 계산에 사용하는 상정하중의 계산에 대하여 설명하시오.

**data** 발송배전기술사 출제예상문제

**답안** 1. **온도별 상정하중 분류**

(1) 하중 계산 시 표준기온 조건

① 최고기온 : 40[℃]

② 최저기온 : -20[℃]

③ 저온계 평균기온 : -5[℃]

④ 고온계 평균기온 : 10[℃]

(2) 고온계 하중

① 4~11월에 생기는 하중

② 일반적으로 "고온계 강풍 시 기온" 상태의 하중을 취한다.

(3) 저온계 하중

① 12~3월에 생기는 하중

② 일반적으로 "저온계 평균기온" 상태의 하중을 취한다.

③ 단, 다설지구 저온계 평균기온은 0[℃]

(4) 단, 154[kV]급 이상에서 사용되는 철탑 또는 이에 준하는 철탑에 있어서는 상시 상정하중에 걸리는 풍압이 전선로와 60°의 방향에 가해지는 경우도 계산

2. **전선 단선상태별 하중의 분류**

(1) 상시 상정하중 : 가섭선의 절단을 고려하지 않은 경우의 하중

(2) 이상 시 상정하중 : 가섭선의 절단을 고려한 경우의 하중

3. **방향별 하중의 분류**

(1) 수직하중 종류

① $W_t$ : 철탑 중량

② $W_c$

㉠ 가섭선(전선 수직하중 경간×전선 단위길이당 중량)

㉡ 애자장치 등의 중량

㉢ 착빙설 중량(단, 착빙설 중량은 저온계 하중 산출 시에만 적용)

(2) 수평 횡하중 : 전선로 직각방향의 수평하중

① $H_t$ : 철탑 본체 풍압력

② $H_c$ : 가섭선 풍압력(전선 수평하중 경간×전선 단위길이당 풍압), 애자장치 등의 풍압력

③ $H_{ta}{'}(=0.2H_{ta})$ : 철탑암 측면 풍압력으로서, 철탑암 정면 풍압력($H_{ta}$)의 0.2배임

④ $H_a$ : 수평각도하중(전선로에 수평각도가 있는 경우에 가섭선의 상정 최대장력에 의하여 생기는 하중)

⑤ $Q$ : 가섭선의 절단으로 생기는 염력(Torsion)

⑥ 사풍 시 하중

㉠ 사풍은 전선로와 $60°$의 방향에 가해지는 풍압이며, 다음과 같음

㉡ 사풍 시 하중의 구분

• 주주재 풍압력 : 풍향각 $90°$시 풍압력의 1.6배

• 암풍압력 : 풍향각 $0°$시 풍압력의 0.5배

• 가섭선의 풍압력 : 풍향각 $90°$시 풍압력의 0.75배

(3) 수평 종하중

① $H_t$ : 철탑 본체 풍압력

② $H_{ta}$ : 철탑암 정면의 풍압력

③ $P_o$ : 상시 불평균 장력(인류 및 내장철탑의 전 가섭선에 의한 상시 상정하중 시 고려하는 불평균 장력)

④ $P$ : 이상 시 불평균 장력

⑤ $Q$ : 가섭선의 절단으로 생기는 염력

## 4. 철탑하중의 계산

(1) 철탑 중량($W_t$)

① 철탑 자체의 중량(산형강, 원형강관 등의 강재) 및 부속되는 볼트, 너트, 강판 등의 중량

② 부속자재 중량은 강재 중량의 약 15~25[%] 전도임

③ 착빙, 착설하중은 무시(고온계 하중＝저온계 하중)

(2) 가섭선 중량

① 고온계 : $W_c = W \cdot S \cdot n +$ 애자의 중량

② 저온계 : $W_c = \{ W + 0.9\pi t(d+t) \times 10^{-3} \cdot S \cdot n +$ 애자련 중량$\}$

여기서, $W$ : 가섭선 단위길이당 중량[kg/m]

$S$ : 수직하중 경간[m]

$d$ : 가섭선의 외경[m]

$t$ : 피빙 두께[mm]

$n$ : 1상 도체수

(3) 철탑 풍압($H_t$)

① 지역별 기준 속도압 및 최대풍속

㉠ 기준 속도압 및 최대풍속은 지상 10[m]에서의 값을 표준으로 하고, 지역별 기준치는 다음과 같다.

| 지역 구분 | | 기준 속도압 [kg/m²] | 최대풍속[m/s] | | 돌풍률 |
|---|---|---|---|---|---|
| | | | 10분 평균 | 순간 | |
| 고온계 | Ⅰ지역 | 117 | 40.0 | 54.0 | 1.35 |
| | Ⅱ지역 | 100 | 36.6 | 50.0 | 1.37 |
| | Ⅲ지역 | 76 | 31.7 | 43.7 | 1.38 |
| | 울릉도 | 150 | 46.4 | 62.7 | 1.35 |
| 저온계 | 다설지역 | 30 | – | 26.3 | – |
| | 기타 지역 | 38 | 20.2 | 29.5 | 1.46 |

㉡ 각각의 지역구분은 별표에 의한다.

㉢ 순간최대풍속＝10분 평균최대풍속×돌풍률

② 풍압력($P$)의 계산 : $P = C \cdot q \cdot A$[kg]

여기서, $C$ : 풍력계수

$q$ : 설계용 속도압[kg/m²]

$A$ : 수풍면적

③ 설계용 속도압 : $q = q_0 \cdot \alpha \cdot \beta \cdot K_1 \cdot K_2$[kg/m²], $q_0 = \dfrac{1}{2} \rho V_{G10}{}^2$[kg/m²]

여기서, $q_0$ : 기준 속도압[kg/m²]

$\alpha$ : 상공체증계수

$\beta$ : 구조 규모에 의한 저감계수

$K_1$ : 구조물의 종류에 의한 계수

$K_2$ : 차폐계수

$\rho$ : 공기밀도[kg · s²/m⁴]

$V_{G10}$ : 지상고 10[m]의 순간최대풍속[m/s]

④ 철탑 풍압 적용방법 : $H_t$ =부재 투영면적×철탑 표준등가 풍압치

㉠ 탑체부의 풍압 : 각 절간마다 계산하고 각 절점에 상하절간 풍압치의 $\dfrac{1}{2}$ 적용

ⓛ 완금부의 풍압 : 측면 풍압은 정면 풍압치의 0.2배

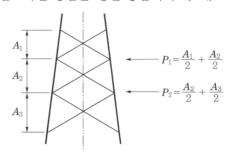

**‖ 철탑 풍압 적용 ‖**

(4) 가섭선 풍압($H_c$)

① 고온계 : $H_c = W_w \cdot D \cdot S_m \cdot n \times 10^{-3}$

② 저온계 : $H_c = (W_w{}' \cdot 9D + 2t) \cdot S_m \cdot n \times 10^{-3}$

여기서, $W_w$ : 고온계 단위면적당 풍압치[kg/m²]

$\qquad\quad W_w{}'$ : 저온계 단위면적당 풍압치[kg/m²]

$\qquad\quad D$ : 가섭선의 외경

$\qquad\quad S_m$ : 수평하중 경간[m]

$\qquad\quad n$ : 1상 도체수

③ 가섭선에 적용하는 풍압력을 계산 시 다음의 풍압치에 가섭선의 수풍면적을 곱하여 산출함을 표준으로 한다.

| 기준 속도압[kg/m²]<br>형상지수 | 30 | 38 | 76 | 100 | 117 | 150 |
|---|---|---|---|---|---|---|
| $\frac{1}{8}$ 이하 | 33 | 42 | 83 | 109 | 128 | 164 |
| $\frac{1}{8} \sim \frac{1}{6}$ 이하 | 35 | 44 | 88 | 115 | 135 | 173 |
| $\frac{1}{6}$ 초과 | 37 | 46 | 92 | 121 | 142 | 181 |

④ 가섭선 풍력계수는 다음을 표준으로 한다.

| 형상지수 | 풍력계수 | 비 고 |
|---|---|---|
| $\frac{1}{8}$ 이하 | 0.95 | 형상지수=전선 최외층<br>소선직경/전선직경 |
| $\frac{1}{8} \sim \frac{1}{6}$ 이하 | 1.00 |  |
| $\frac{1}{6}$ 초과 | 1.05 |  |

(5) 수평각도 하중($H_a$)

  ① 전선로에 수평각이 있는 경우 가섭선의 장력에 의해서 생기는 수평분력이 수평각 하중임

  ② $H_a = 2\,T\sin\dfrac{\theta}{2}\,[\text{kg}]$

    여기서, $T$ : 계절별로 가섭선에 인가되는 최대장력

         $\theta$ : 수평각도

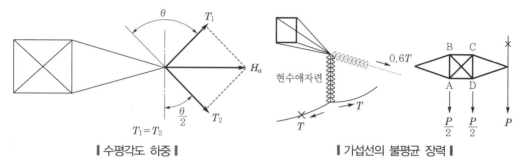

┃ 수평각도 하중 ┃                      ┃ 가섭선의 불평균 장력 ┃

(6) 가섭선의 불평균 장력($P$)

  ① 상시 불평균 장력($P_o$)

    ㉠ 발생원인 : 전후 경간의 장력 또는 수평각도가 다를 경우

    ㉡ 인류철탑의 불평균 장력 크기 : $P_o = T$

    ㉢ 내장철탑의 불평균 장력 크기 : $P_o = \dfrac{1}{3}\,T$

  ② 이상 시 불평균 장력($P'$)

    ㉠ 발생원인 : 가섭선의 절단

    ㉡ 현수애자장치의 불평균 장력 크기 : 0.6×수평장력×단선조수/상

    ㉢ 내장애자장치의 불평균 장력 크기 : 수평장력×단선조수/상

    ㉣ 철탑기초 AB, CD 2면에서 지지하는 것으로 다음과 같이 상정함

      가섭선 절단조수 상정

      • 상의 총수가 12 이하 : 1상(다도체 : 1상 2조)

      • 상의 총수가 12 초과 : 회선을 달리 하는 2상(다도체 : 1상 2조)

      • 가섭선이 종으로 9상 이상 걸리고 또한 횡으로 2상이 걸려 있는 경우 : 상부 6상에서 1상 및 기타의 상에서 1상(다도체 : 1상 2조)

      • 가공지선은 전선과 동시에 절단되지 아니하는 것으로 하고 또한 1조가 절단되는 것으로 하며, 지지점은 이동 또는 활동을 하지 않는 것임

      • 인류철탑은 1상 전조(全條)로 함

(7) 염력($Q$ : Torsion)

　① 상시 염력 : 가섭선의 배치가 비대칭으로 인류 또는 좌우 가섭선 장력의 차가 있을 경우

　② 이상 시 염력

　　㉠ 발생원인 : 가섭선의 절단에 의해 암 끝에서 발생하는 불평균 장력으로 철탑의 4면에 틀어지는 힘이 생김(복재에서만 발생)

　　㉡ 염력의 크기 : $Q = \dfrac{P \times L}{2B}$

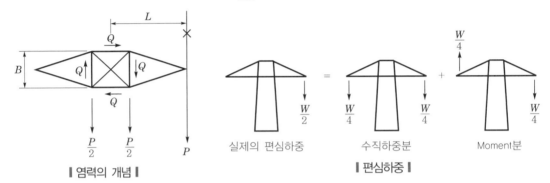

❚ 염력의 개념 ❚　　　　　　　　　　　　　　　　❚ 편심하중 ❚

(8) 편심하중(Eccentrical Load)

　① 수직하중이 좌우 비대칭으로 가해지는 경우 응력 발생

　② 발생원인 : 편측 가선의 경우, 완금이 좌우 비대칭, 점퍼장치 등이 편측으로 취부

(9) 사풍

　① 직선 및 각도형 철탑에 대해서는 주주재 응력이 최대가 되는 60° 방향(사풍)의 풍압에 대한 하중을 반영함

　② 주주재에 대해서만 고려

　③ 사풍 시의 풍압하중

| 하중의 종류 | | 풍압하중 | 풍향각 |
|---|---|---|---|
| 탑체 | 산형강 | 90° 방향 시의 $1.6H_t$ | |
| | 강관 | 90° 방향 시의 $1.4H_t$ | |
| 완금 | | 0° 방향 시의 $0.5H_{ta}$ | |
| 가섭선 | | 90° 방향 시의 $0.75H_c$ | |

## 5. 상정하중과 그의 조합을 검토함

　직선철탑, 각도철탑, 인류철탑 및 내장철탑의 상시 상정하중과 이상 시 상정하중은 한전설계기준의 제하중이 표의 조합에 의하여 각각 동시에 가해지는 것으로 한다.

### 6. 부재의 응력 계산

철탑의 각 부재에 생기는 응력 계산은 다음의 상정하중이 철탑에 작용하는 것으로 함

(1) 풍압이 전선로에 직각방향으로 가해지는 경우

(2) 전선로 방향으로 가해지는 경우로 나누어 계산함

### 7. 부재 설계응력의 결정

(1) 각 상정하중의 조합에 의하여 철탑의 각 부재에 생기는 응력을 계산하여 각각의 최대치를 가지고 이 부재의 상시 설계응력 및 이상 시 설계응력으로 함

(2) 고온계, 저온계 어느 계절에서도 상시 상정하중과 이상 시 상정하중의 2/3배의 하중중 큰 것에 견디는 강도의 것이어야 함

(3) 단, 암(arm)이 철탑 주체로부터 돌출한 부분에 있어서는 상시 및 이상 시 설계하중의 조합에 의하여 계산되는 응력의 큰 쪽을 상시 설계응력으로 함

### 8. 응력의 조합

철탑형별 응력은 다음의 조합표를 참조하여 컴퓨터 설계함

(1) 직선 및 각도철탑 부재응력 조합표

(2) 인류철탑 부재응력 조합표

(3) 내장철탑 부재응력 조합표

comment 이 문항은 철탑감리 실무 경험이 있는 기술사들만 출제 가능한 고급 문제이므로 면밀히 습득하길 바람

**212** 특고압 가공전선로의 철탑의 착설 시 강도에 대한 고려사항과 특고압 가공전선로의 내장형 등의 지지물 시설기준을 설명하시오.

**data** 전기안전기술사 및 발송배전기술사 출제예상문제

**답안** **1. 특고압 가공전선로의 철탑의 착설 시 강도에 대한 고려사항**

(1) 시설장소 : 대형 하천 횡단부와 그 주변 등 지형적으로 이상착설이 발달하기 쉬운 개소에 특고압 가공전선로를 시설하는 경우

(2) 그 지지물로 사용하는 철탑 및 그 기초는 당해 개소의 지형 등으로 상정되는 이상착설 시의 하중에 견디는 강도로 할 것

(3) 유효한 난착설화 대책을 적용시켜 착설 시의 하중의 저감을 고려할 것

**2. 특고압 가공전선로의 내장형 등의 지지물 시설**

(1) 목주 · A종 철주 · A종 철근콘크리트주를 연속하여 5기 이상 사용하는 직선부분(5° 이하의 수평각도를 이루는 곳을 포함)

① 5기 이하마다 지선을 전선로와 직각방향으로 그 양쪽에 시설한 목주 · A종 철주 또는 A종 철근콘크리트주 1기

② 연속하여 15기 이상으로 사용하는 경우에는 15기 이하마다 지선을 전선로의 방향으로 그 양쪽에 시설을 설치할 것

(2) B종 철주 또는 B종 철근콘크리트주를 연속하여 10기 이상 사용하는 부분에는 10기 이하마다 장력에 견디는 형태의 철주 또는 철근콘크리트주 1기를 시설하거나 5기 이하마다 보강형의 철주 또는 철근콘크리트주 1기를 시설할 것

(3) 직선형의 철탑을 연속하여 10기 이상 사용하는 부분에는 10기 이하마다 장력에 견디는 내장 애자장치가 되어 있는 철탑 또는 이와 동등 이상의 강도를 가지는 철탑 1기를 시설할 것

## 213 특고압 가공전선과 저·고압 가공전선 등의 병행(병가) 설치 시설기준을 설명하시오.

**(data)** 발송배전기술사 출제예상문제 / KEC 333.17

**답안** 1. 사용전압이 35[kV] 이하인 특고압 가공전선과 저압 또는 고압의 가공전선을 동일 지지물에 시설하는 경우에는 "2."의 경우 이외에는 다음에 따라야 함

(1) 특고압 가공전선은 저압 또는 고압 가공전선의 위에 시설하고 별개의 완금류에 시설할 것. 다만, 특고압 가공전선이 케이블인 경우로서 저압 또는 고압 가공전선이 절연전선 또는 케이블인 경우에는 그렇지 않음

(2) 특고압 가공전선은 연선일 것

(3) 저압 또는 고압 가공전선은 다음에 해당하는 것

① 가공전선로의 경간이 50[m] 이하인 경우에는 인장강도 5.26[kN] 이상의 것 또는 지름 4[mm] 이상의 경동선

② 가공전선로의 경간이 50[m]를 초과하는 경우에는 인장강도 8.01[kN] 이상의 것 또는 지름 5[mm] 이상의 경동선

(4) 특고압 가공전선과 저압 또는 고압 가공전선 사이의 이격거리는 1.2[m] 이상일 것. 다만, 특고압 가공전선이 케이블로서 저압 가공전선이 절연전선이거나 케이블인 때 또는 고압 가공전선이 고압 절연전선, 특고압 절연전선 또는 케이블인 때는 0.5[m]까지 할 수 있음

(5) 저압 또는 고압 가공전선은 특고압 가공전선로(특고압 가공전선에 특고압 절연전선을 사용하는 것)를 333.1의 1의 규정에 적합하고 또한 위험의 우려가 없도록 시설하는 경우 또는 특고압 가공전선이 케이블인 경우 이외에는 다음의 어느 하나에 해당하는 것일 것

① 특고압 가공전선과 동일 지지물에 시설되는 부분에 접지시스템의 규정에 준하여 접지공사(접지저항값이 10[Ω] 이하로서 접지도체는 공칭단면적 16[mm²] 이상의 연동선 또는 이와 동등 이상의 세기 및 굵기의 쉽게 부식하지 않는 금속선으로서 고장 시에 흐르는 전류를 안전하게 통할 수 있는 것을 사용한 것)를 한 저압 가공전선

② 322.1의 규정에 의하여 접지공사(접지시스템의 규정에 의하여 계산한 값이 10을 초과하는 경우에는 접지저항값이 10[Ω] 이하인 것에 한함)를 한 저압 가공전선

③ 특고압과 고압의 혼촉 등에 의한 위험방지시설하는 장치를 한 고압 가공전선

④ 직류 단선식 전기철도용 가공전선 그 밖의 대지로부터 절연되어 있지 아니하는 전로에 접속되어 있는 저압 또는 고압 가공전선

reference
> **reference**
> 333.1의 1 : 전파장해의 방지 규정의 가공전선로의 전파발생 방지
> 322.1 : 고압 또는 특고압과 저압의 혼촉에 의한 위험방지시설

**2. 사용전압이 35[kV]를 초과하고 100[kV] 미만인 특고압 가공전선과 저압 또는 고압 가공 전선을 동일 지지물에 시설하는 경우**

(1) 특고압 가공전선로는 제2종 특고압 보안공사에 의할 것

(2) 특고압 가공전선은 케이블인 경우를 제외하고는 인장강도 21.67[kN] 이상의 연선 또는 단면적이 50[mm$^2$] 이상인 경동연선일 것

(3) 특고압 가공전선로의 지지물은 철주 · 철근콘크리트주 또는 철탑일 것

(4) 특고압 가공전선과 저 · 고압 가공전선의 병가 시 이격거리는 다음 표와 같음

┃ **특고압 가공전선과 저 · 고압 가공전선의 병가 시 이격거리** ┃

| 사용전압의 구분 | 나전선,<br>절연전선[m] | 특고압 가공케이블 사용 및<br>저 · 고압 절연전선 또는 케이블 사용[m] |
|---|---|---|
| 35[kV] 이하 | 1.2 | 0.5 |
| 35[kV] 초과<br>60[kV] 이하 | 2.0 | 1.0 |
| 60[kV] 초과 | 2.0 | 1.0<br>(특고압 가공전선이 케이블인 경우에는 1[m])에 60[kV]를 초과하는 10[kV] 또는 그 단수마다 0.12[m]를 더한 값 |
| 100[kV] 이상 | 동일 지지물에 저압 또는 고압 가공전선은 동일 지지물에 시설 불가<br>(병가 불가) | |

**214** 특고압 가공전선과 가공약전류전선 등의 공용설치에 대한 시설기준을 설명하시오.

**(data)** 발송배전기술사 출제예상문제

**답안**

1. 사용전압이 35[kV] 이하인 특고압 가공전선과 가공약전류전선 등을 동일 지지물에 시설하는 경우(전력보안 통신선 및 전기철도의 전용부지 안에 시설하는 전기철도용 통신선을 제외)

    (1) 특고압 가공전선로는 제2종 특고압 보안공사에 의할 것

    (2) 특고압 가공전선은 가공약전류전선 등의 위로 하고 별개의 완금류에 시설할 것

    (3) 특고압 가공전선은 케이블인 경우 이외에는 인장강도 21.67[kN] 이상의 연선 또는 단면적이 50[mm²] 이상인 경동연선일 것

    (4) 특고압 가공전선과 가공약전류전선 등 사이의 이격거리는 2[m] 이상으로 할 것. 다만, 특고압 가공전선이 케이블인 경우에는 0.5[m]까지로 감할 수 있다.

    (5) 가공약전류전선을 특고압 가공전선이 케이블인 경우 이외에는 금속제의 전기적 차폐층이 있는 통신용 케이블일 것

    (6) 특고압 가공전선로의 수직배선은 가공약전류전선 등의 시설자가 지지물에 시설한 것의 2[m] 위에서부터 전선로의 수직배선의 맨 아래까지의 사이는 케이블을 사용할 것

    (7) 특고압 가공전선로의 접지도체에는 절연전선 또는 케이블을 사용하고 또한 특고압 가공전선로의 접지도체 및 접지극과 가공약전류전선로 등의 접지도체 및 접지극은 각각 별개로 시설할 것

    (8) 전선로의 지지물은 그 전선로의 공사·유지 및 운용에 지장을 줄 우려가 없게 시설

2. **사용전압이 35[kV]를 초과하는 특고압 가공전선과 가공약전류전선**

    동일 지지물에 시설하여서는 아니 된다.

3. **가공약전류전선 등이 가공지선을 이용하여 시설하는 광섬유 케이블을 사용 시**

    "1."과 "2."에 의하지 않음

    (즉, 철탑의 가공지선은 1가닥 이상의 OPGW로 구성되어 있음을 의미함)

    **(comment)** OPGW 가공지선의 시공은 정보통신공사 업체만이 시공할 수 있음

**215** 특고압 가공전선로의 위쪽에서 지지물에 저압의 기계기구를 시설하는 경우의 시설기준을 설명하시오.

**data** 발송배전기술사 출제예상문제

**답안** 저압의 기계기구를 특고압 가공전선로의 전선의 위쪽에서 시설하는 경우

(1) 특고압 가공전선이 케이블인 경우이다.

(2) 특고압 가공전선이 케이블 이외에는 다음에 따를 것

① 저압의 기계기구에 접속하는 전로에는 다른 부하를 접속하지 아니할 것

② "①"의 전로와 다른 전로를 변압기에 의하여 결합하는 경우에는 절연변압기를 사용할 것

③ 절연변압기의 부하측의 1단자 또는 중성점 및 "①"의 기계기구의 금속제 외함에는 접지시스템의 규정에 준하여 접지공사를 할 것

## 216 특고압 보안공사의 종별 경간의 제한에 대하여 설명하시오.

**(data)** 전기안전기술사 및 발송배전기술사 출제예상문제

**답안**

### 1. 제1종 특고압 보안공사 시 경간 제한

| 지지물의 종류 | 경 간 |
|---|---|
| B종 철주 또는 B종 철근콘크리트주 | 150[m] |
| 철탑 | 400[m]<br>(단주인 경우에는 300[m]) |

### 2. 제2종 특고압 보안공사 시 경간 제한

| 지지물의 종류 | 경 간 |
|---|---|
| 목주·A종 철주 또는 A종 철근콘크리트주 | 100[m] |
| B종 철주 또는 B종 철근콘크리트주 | 200[m] |
| 철탑 | 400[m]<br>(단주인 경우에는 300[m]) |

### 3. 제3종 특고압 보안공사 시 경간 제한

| 지지물의 종류 | 경 간 |
|---|---|
| 목주·A종 철주 또는 A종 철근콘크리트주 | 100[m]<br>(전선의 인장강도 14.51[kN] 이상의 연선 또는<br>단면적이 38[mm²] 이상인 경동연선을 사용하는 경우에는 150[m]) |
| B종 철주 또는 B종 철근콘크리트주 | 200[m]<br>(전선의 인장강도 21.67[kN] 이상의 연선 또는<br>단면적이 55[mm²] 이상인 경동연선을 사용하는 경우에는 250[m]) |
| 철탑 | 400[m]<br>(전선의 인장강도 21.67[kN] 이상의 연선 또는<br>단면적이 55[mm²] 이상인 경동연선을 사용하는 경우에는 600[m])<br>다만, 단주의 경우에는 300[m]<br>(전선의 인장강도 21.67[kN] 이상의 연선 또는<br>단면적이 55[mm²] 이상인 경동연선을 사용하는 경우에는<br>400[m]) |

## 217 특고압 가공전선과 건조물의 접근 시 시설기준에 대하여 설명하시오.

**data** 발송배전기술사 출제예상문제

**답안** **1. 특고압 가공전선이 건조물과 제1차 접근상태로 시설되는 경우**

(1) 특고압 가공전선로는 제3종 특고압 보안공사에 의할 것

(2) 사용전압이 35[kV] 이하인 특고압 가공전선과 건조물의 조영재 이격거리는 표에서 정한 값 이상일 것

‖ 특고압 가공전선과 건조물의 이격거리(제1차 접근상태) ‖

| 건조물과 조영재의 구분 | 전선 종류 | 접근형태 | 이격거리 |
|---|---|---|---|
| 상부 조영재 | 특고압 절연전선 | 위쪽 | 2.5[m] |
| | | 옆쪽 또는 아래쪽 | 1.5[m] (전선에 사람이 쉽게 접촉할 우려가 없도록 시설한 경우는 1[m]) |
| | 케이블 | 위쪽 | 1.2[m] |
| | | 옆쪽 또는 아래쪽 | 0.5[m] |
| | 기타 전선 | – | 3[m] |
| 기타 조영재 | 특고압 절연전선 | – | 1.5[m] (전선에 사람이 쉽게 접촉할 우려가 없도록 시설한 경우는 1[m]) |
| | 케이블 | – | 0.5[m] |
| | 기타 전선 | – | 3[m] |

(3) 사용전압이 35[kV]를 초과하는 특고압 가공전선과 건조물과의 이격거리는 건조물의 조영재 구분 및 전선 종류에 따라 각각 "(2)"의 규정 값에 35[kV]를 초과하는 10[kV] 또는 그 단수마다 15[cm]를 더한 값 이상일 것

**2. 사용전압이 35[kV] 이하인 특고압 가공전선이 건조물과 제2차 접근상태로 시설되는 경우**

(1) 특고압 가공전선로는 제2종 특고압 보안공사에 의할 것

(2) 특고압 가공전선과 건조물 사이의 이격거리는 1.의 "(2)"의 규정에 준할 것

(3) 사용전압이 35[kV] 초과 400[kV] 미만인 특고압 가공전선이 건조물과 제2차 접근상태에 있는 경우에는 다음에 따라 시설하여야 하며, 이 경우 이외에는 건조물과 제2차 접근상태로 시설하여서는 아니 된다.

① 특고압 가공전선로는 제1종 특고압 보안공사에 의할 것

② 특고압 가공전선과 건조물 사이의 이격거리는 1.의 "(2)" 및 "(3)"의 규정에 준할 것

③ 특고압 가공전선에는 아머로드를 시설하고 애자에 아크혼을 시설할 것 또는 다음에 따라 시설할 것

    ㉠ 가공전선로에 가공지선을 시설하고 특고압 가공전선에 아머로드를 시설할 것

    ㉡ 가공지선을 시설하고 애자에 아크혼을 시설할 것

    ㉢ 애자에 아크혼을 시설하고 압축형 클램프 또는 쐐기형 클램프를 사용하여 전선을 인류할 것

④ 건조물의 금속제 상부 조영재 중 제2차 접근상태에 있는 것에는 접지시스템의 규정에 준하여 접지공사를 할 것

(4) 사용전압이 400[kV] 이상의 특고압 가공전선이 건조물과 제2차 접근상태로 있는 경우에는 다음에 따라 시설하여야 하며, 이 경우 이외에는 건조물과 제2차 접근상태로 시설하여서는 아니 된다.

① (3)의 "①"부터 "④"까지의 기준에 따라 시설할 것

② 전선높이가 최저상태일 때 가공전선과 건조물 상부(지붕 · 차양 · 옷 말리는 곳, 기타 사람이 올라갈 우려가 있는 개소)와의 수직거리가 28[m] 이상일 것

③ 독립된 주거생활을 할 수 있는 단독주택, 공동주택 및 학교, 병원 등 불특정 다수가 이용하는 다중이용시설의 건조물이 아닐 것

④ 건조물은 「건축물의 피난 · 방화구조 등의 기준에 관한 규칙」 제3조(내화구조)에 적합하고, 그 지붕 재질은 같은 규칙 제6조(불연재료)에 적합할 것

⑤ 폭연성 분진, 가연성 가스, 인화성 물질, 석유류, 화학류 등 위험물질을 다루는 건조물에 해당되지 아니할 것

⑥ 건조물 최상부에서 전계(3.5[kV/m]) 및 자계(83.3[$\mu$T])를 초과하지 아니할 것

⑦ 특고압 가공전선은 규정에 따라 풍압하중, 지지물 기초의 안전율, 가공전선의 안전율, 애자장치의 안전율, 철탑의 강도 등의 안전율 및 강도 이상으로 시설하여 전선의 단선 및 지지물 도괴의 우려가 없도록 시설할 것

(comment) 765[kV] 송전선로와 500[kV] 송전선로에 대한 규정임

(5) 특고압 가공전선이 건조물과 접근하는 경우에 특고압 가공전선이 건조물의 아래쪽에 시설될 때에는 상호 간의 수평이격거리는 3[m] 이상으로 하고 또한 상호 간의 이격거리는 1.의 "(2)" 및 "(3)"의 규정에 준하여 시설할 것

다만, 특고압 절연전선 또는 케이블을 사용하는 35[kV] 이하인 특고압 가공전선과 건조물 사이의 수평이격거리는 3[m] 이상으로 하지 아니하여도 된다.

(comment) 대부분의 인가 밀집에 설치된 22.9[kV] 배전선로와 건조물과의 규정임

## 218 특고압 가공전선과 도로 등의 접근 또는 교차에 대한 시설기준을 설명하시오.

**data** 발송배전기술사 출제예상문제

**답안** 1. 특고압 가공전선이 도로 · 횡단보도교 · 철도 또는 궤도와 제1차 접근상태로 시설되는 경우

(1) 특고압 가공전선로는 제3종 특고압 보안공사에 의할 것

(2) 특고압 가공전선과 도로 등 사이의 이격거리

① 표에서 정한 값 이상일 것(노면상 또는 레일면상의 이격거리는 제외)

‖ **특고압 가공전선과 도로 등과 접근 또는 교차 시 이격거리** ‖

| 사용전압의 구분 | 이격거리 |
|---|---|
| 35[kV] 이하 | 3[m] |
| 35[kV] 초과 | 3[m]에 사용전압이 35[kV]를 초과하는 10[kV] 또는 그 단수마다 0.15[m]를 더한 값 |

② 다만, 특고압 절연전선을 사용하는 사용전압이 35[kV] 이하의 특고압 가공전선과 도로 등 사이의 수평이격거리가 1.2[m] 이상인 경우에는 그렇지 않음

### 2. 특고압 가공전선이 도로 등과 제2차 접근상태로 시설되는 경우

(1) 특고압 가공전선로는 제2종 특고압 보안공사(특고압 가공전선이 도로와 제2차 접근상태로 시설되는 경우에는 애자장치에 관계되는 부분은 제외)에 의할 것

(2) 특고압 가공전선과 도로 등 사이의 이격거리는 1.의 "(2)" 규정에 준할 것

(3) 특고압 가공전선 중 도로 등에서 수평거리 3[m] 미만으로 시설되는 부분의 길이가 연속하여 100[m] 이하이고 또한 1경간 안에서의 그 부분의 길이의 합계가 100[m] 이하일 것

(4) 다만, 사용전압이 35[kV] 이하인 특고압 가공전선로를 제2종 특고압 보안공사에 의하여 시설하는 경우 또는 사용전압이 35[kV]를 초과하고 400[kV] 미만인 특고압 가공전선로를 제1종 특고압 보안공사에 의하여 시설하는 경우에는 그렇지 않음

### 3. 특고압 가공전선이 도로 등과 교차하는 경우에 특고압 가공전선이 도로 등의 위에 시설

(1) 특고압 가공전선로는 제2종 특고압 보안공사(특고압 가공전선이 도로와 교차하는 경우에는 애자장치에 관계되는 부분은 제외)에 의하여 다음과 같을 것. 다만, 특고압 가공전선과 도로 등 사이에 다음에 의하여 보호망을 시설하는 경우에는 제2종 특고압 보안공사(애자장치에 관계되는 부분에 한함)에 의하지 아니할 수 있음

① 보호망은 접지시스템의 규정에 준하여 접지공사를 한 금속제의 망상장치로 하고 견고하게 지지할 것

② 보호망을 구성하는 금속선은 그 외주(外周) 및 특고압 가공전선의 직하에 시설하는 금속선에는 인장강도 8.01[kN] 이상의 것 또는 지름 5[mm] 이상의 경동선을 사용하고 그 밖의 부분에 시설하는 금속선에는 인장강도 5.26[kN] 이상의 것 또는 지름 4[mm] 이상의 경동선을 사용할 것

③ 보호망을 구성하는 금속선 상호의 간격은 가로, 세로 각 1.5[m] 이하일 것

④ 보호망이 특고압 가공전선의 외부에 뻗은 폭은 특고압 가공전선과 보호망과의 수직거리의 $\frac{1}{2}$ 이상일 것. 다만, 6[m]를 넘지 아니하여도 된다.

⑤ 보호망을 운전이 빈번한 철도선로의 위에 시설하는 경우에는 경동선 그 밖에 쉽게 부식되지 아니하는 금속선을 사용할 것

(2) 특고압 가공전선이 도로 등과 수평거리로 3[m] 미만에 시설되는 부분의 길이는 100[m]를 넘지 아니할 것

(3) 사용전압이 35[kV] 이하인 특고압 가공전선로를 시설하는 경우 또는 사용전압이 35[kV]를 초과하고 400[kV] 미만인 특고압 가공전선로를 제1종 특고압 보안공사에 의하여 시설하는 경우에는 "(2)"의 규정을 적용하지 않음

## 4. 특고압 가공전선이 도로 등과 접근하는 경우에 특고압 가공전선을 도로 등의 아래쪽에 시설

(1) 상호 간의 수평이격거리는 3[m] 이상

(2) 상호의 이격거리는 특고압 가공전선과 건조물의 접근 규정(333.23) 1.의 "나" 및 "다"의 규정에 준하여 시설

(3) 다만, 특고압 절연전선 또는 케이블을 사용하는 사용전압이 35[kV] 이하인 특고압 가공전선과 도로 등 사이의 수평이격거리는 3[m] 이상으로 하지 않아도 됨

417

## 219 특고압 가공전선과 삭도의 접근 또는 교차에 대한 시설기준을 설명하시오.

**data** 전기안전기술사 및 발송배전기술사 출제예상문제

**답안** 1. 특고압 가공전선이 삭도와 제1차 접근상태로 시설되는 경우에는 다음에 따를 것

(1) 특고압 가공전선로는 제3종 특고압 보안공사에 의할 것

(2) 특고압 가공전선과 삭도 또는 삭도용 지주 사이의 이격거리는 표에서 정한 값 이상

‖ 특고압 가공전선과 삭도의 접근 또는 교차 시 이격거리(제1차 접근상태) ‖

| 사용전압의 구분 | 이격거리 |
|---|---|
| 35[kV] 이하 | 2[m]<br>(전선이 특고압 절연전선인 경우는 1[m], 케이블인 경우는 0.5[m]) |
| 35[kV] 초과<br>60[kV] 이하 | 2[m] |
| 60[kV] 초과 | 2[m]에 사용전압이 60[kV]를 초과하는 10[kV]<br>또는 그 단수마다 0.12[m]를 더한 값 |

2. 특고압 가공전선이 삭도와 제2차 접근상태로 시설되는 경우에는 다음에 따를 것

(1) 특고압 가공전선로는 제2종 특고압 보안공사에 의할 것

(2) 특고압 가공전선과 삭도 또는 그 지주 사이의 이격거리는 위 표와 같을 것

(3) 특고압 가공전선 중 삭도에서 수평거리로 3[m] 미만으로 시설되는 부분의 길이가 연속하여 50[m] 이하이고 또한 1경간 안에서의 그 부분의 길이의 합계가 50[m] 이하일 것

(4) 다만, 사용전압이 35[kV] 이하인 특고압 가공전선로를 시설하는 경우 또는 사용전압이 35[kV]를 초과하는 특고압 가공전선로를 제1종 특고압 보안공사에 의하여 시설하는 경우에는 그렇지 않음

3. 특고압 가공전선이 삭도와 교차하는 경우에 특고압 가공전선이 삭도의 위에 시설되는 때에는 다음에 따를 것

(1) 특고압 가공전선은 제2종 특고압 보안공사에 의할 것

(2) 특고압 가공전선과 삭도 또는 삭도용 지주 사이의 이격거리는 1.의 "(2)"의 규정에 준할 것

(3) 삭도의 특고압 가공전선으로부터 수평거리로 3[m] 미만에 시설되는 부분의 길이는 50[m]를 넘지 아니할 것

(4) 예외 규정은 2.의 "(4)"와 같음

**4. 특고압 가공전선이 삭도와 접근하는 경우**

(1) 특고압 가공전선은 삭도의 아래쪽에서 수평거리로 삭도의 지주의 지표상의 높이에 상당하는 거리 안에 시설하여서는 아니 됨

(2) 다만, 특고압 가공전선과 삭도 사이의 수평거리가 3[m] 이상인 경우에 삭도의 지주의 도괴 등에 의하여 삭도가 특고압 가공전선과 접촉할 우려가 없을 때 또는 다음에 따라 시설한 때에는 그렇지 않음

① 특고압 가공전선이 케이블인 경우 이외에는 특고압 가공전선의 위쪽에 견고하게 방호장치를 설치하고 또한 그 금속제 부분에 접지시스템 규정으로 접지공사를 할 것

② 특고압 가공전선과 삭도 또는 그 지주 사이의 이격거리는 1.의 "(2)" 표와 같음

**5. 특고압 가공전선이 삭도와 교차하는 경우**

(1) 특고압 가공전선은 삭도의 아래에 시설하여서는 아니 됨

(2) 다만, "4."의 규정에 준하는 이외에 위험의 우려가 없도록 시설하는 경우는 그렇지 않음

**220** 특고압 가공전선과 저 · 고압 가공전선 등의 접근 또는 교차에 대한 시설기준을 설명 하시오.

**data** 전기안전기술사 및 발송배전기술사 출제예상문제 / KEC 333.26

**답안** 1. **제1차 접근상태에서의 특고압 가공전선과 저 · 고압 가공전선 등의 접근 또는 교차 시 이격거리**

(1) 특고압 가공전선로는 제3종 특고압 보안공사에 의할 것이며, 이격거리는 다음 표와 같음

‖ 특고압 가공전선과 저 · 고압 가공전선 등의 접근 또는 교차 시 이격거리 ‖

| 사용전압의 구분 | 이격거리 |
|---|---|
| 35[kV] 이하 | 2[m] |
| 60[kV] 이하 | 2[m] |
| 60[kV] 초과 | 2[m] + (단수×0.12)<br>단수 = $\dfrac{(전압[kV] - 60)}{10}$ : 소수점 아래는 절상함 |

(2) 특고압 절연전선 또는 케이블을 사용하는 사용전압이 35[kV] 이하인 특고압 가공전선 과 저 · 고압 가공전선 등 또는 이들의 지지물이나 지주 사이의 이격거리는 "(1)"의 규정 에 불구하고 다음 표에서 정한 값까지로 감할 수 있다.

‖ (1) 규정의 예외조건 ‖

| 저 · 고압 가공전선 등 또는 이들의<br>지지물이나 지주의 구분 | 전선의 종류 | 이격거리 |
|---|---|---|
| 저압 가공전선 또는<br>저압이나 고압의 전차선 | 특고압 절연전선 | 1.5[m]<br>(저압 가공전선이 절연전선<br>또는 케이블인 경우는 1[m]) |
| | 케이블 | 1.2[m]<br>(저압 가공전선이 절연전선<br>또는 케이블인 경우는<br>0.5[m]) |
| 고압 가공전선 | 특고압 절연전선 | 1[m] |
| | 케이블 | 0.5[m] |
| 가공약전류전선 등 또는<br>저 · 고압 가공전선 등의 지지물이나 지주 | 특고압 절연전선 | 1[m] |
| | 케이블 | 0.5[m] |

**2. 특고압 가공전선이 저·고압 가공전선 등과 제2차 접근상태로 시설되는 경우에는 다음에 따를 것**

(1) 특고압 가공전선로는 제2종 특고압 보안공사에 의할 것. 다만, 사용전압이 35[kV] 이하인 특고압 가공전선과 저·고압 가공전선 등 사이에 보호망을 시설 시, 제2종 특고압 보안공사(애자장치에 관한 부분에 한함)에 의하지 아니할 수 있다.

(2) 특고압 가공전선과 저·고압 가공전선 등 또는 이들의 지지물이나 지주 사이의 이격거리는 1.의 "(1)" 및 "(2)"의 규정에 준할 것

(3) 특고압 가공전선과 저·고압 가공전선 등과의 수평이격거리는 2[m] 이상일 것. 다만, 다음의 어느 하나에 해당하는 경우에는 그러하지 아니하다.

① 저·고압 가공전선 등이 인장강도 8.01[kN] 이상의 것 또는 지름 5[mm] 이상의 경동선이나 케이블인 경우

② 가공약전류전선 등을 인장강도 3.64[kN] 이상의 것 또는 지름 4[mm] 이상의 아연도 철선으로 조가하여 시설하는 경우 또는 가공약전류전선 등이 경간 15[m] 이하의 인입선인 경우

③ 특고압 가공전선과 저·고압 가공전선 등의 수직거리가 6[m] 이상인 경우

④ 저·고압 가공전선 등의 위쪽에 보호망을 시설하는 경우

⑤ 특고압 가공전선이 특고압 절연전선 또는 케이블을 사용하는 사용전압 35[kV] 이하의 것인 경우

(4) 특고압 가공전선 중 저·고압 가공전선 등에서 수평거리로 3[m] 미만으로 시설되는 부분의 길이가 연속하여 50[m] 이하이고 또한 1경간 안에서의 그 부분의 길이의 합계가 50[m] 이하일 것. 다만, 사용전압이 35[kV] 이하인 특고압 가공전선로를 제2종 특고압 보안공사에 의하여 시설하는 경우 또는 사용전압이 35[kV]를 초과하는 특고압 가공전선로를 제1종 특고압 보안공사에 의하여 시설하는 경우에는 그렇지 않음

**3. 특고압 가공전선이 저·고압 가공전선 등과 교차하는 경우에 특고압 가공전선이 저·고압 가공전선 등의 위에 시설되는 때에는 다음에 따를 것**

(1) 특고압 가공전선로는 제2종 특고압 보안공사에 의할 것

(2) 특고압 가공전선과 저·고압 가공전선 등 또는 이들의 지지물이나 지주 사이의 이격거리는 1.의 "(1)" 및 "(2)"의 규정에 준할 것

(3) 특고압 가공전선이 가공약전류전선이나 저압 또는 고압 가공전선과 교차하는 경우에는 특고압 가공전선의 양외선이 바로 아래에 접지시스템의 규정에 준하여 접지공사를 한 인장강도 8.01[kN] 이상 또는 지름 5[mm] 이상의 경동선을 약전류전선이나 저압 또는 고압의 가공전선과 0.6[m] 이상의 이격거리를 유지하여 시설할 것

**4. 35[kV] 이상의 특고압과 35[kV] 미만의 특고압선이 교차 또는 접근 시 적용되는 보호망**

(1) 보호망은 35[kV] 미만의 특고압 가공전선로를 설치함

(2) 접지시스템의 규정에 준하여 접지공사를 한 금속제의 망상장치로 함

(3) 다음에 따라 시설하는 이외에 견고하게 지지하여야 한다.

① 보호망을 구성하는 금속선은 그 외주 및 특고압 가공전선의 바로 아래에 시설하는 금속선에 인장강도 8.01[kN] 이상의 것 또는 지름 5[mm] 이상의 경동선을 사용

② 보호망을 구성하는 금속선 상호 간의 간격은 가로, 세로 각 1.5[m] 이하일 것

③ 보호망과 저 · 고압 가공전선 등과의 수직이격거리는 60[cm] 이상일 것

④ 보호망이 저 · 고압 가공전선 등의 밖으로 뻗은 폭은 저 · 고압 가공전선 등과 보호망 사이의 수직거리의 $\frac{1}{2}$ 이상일 것

⑤ 보호망이 특고압 가공전선의 밖으로 뻗은 폭은 특고압 가공전선과 보호망 사이의 수직거리의 $\frac{1}{2}$ 이상일 것. 다만, 6[m]를 넘지 아니하여도 된다.

⑥ 금속선을 운전이 빈번한 철도선로의 위에 시설하는 경우에는 경동선, 기타 쉽게 부식하지 아니하는 금속선을 사용할 것

## 221 특고압 가공전선로의 지선의 시설기준에 대하여 설명하시오.

**data** 전기안전기술사 및 발송배전기술사 출제예상문제 / KEC 333.29

**답안** 1. 특고압 가공전선로 지선을 설치하는 시설기준

(1) 특고압 가공전선로가 건조물·도로·횡단보도교·철도·궤도·삭도·가공약전류전선
등·저압이나 고압의 가공전선 또는 저압이나 고압의 가공전차선과 제2차 접근상태로
시설되는 경우에는 특고압 가공전선로의 지지물(철탑을 제외)에는 건조물 등과 접근하
는 쪽의 반대쪽 지선을 시설할 것

(2) 사용전압이 35[kV]를 초과하는 특고압 가공전선이 건조물 등과 제1차 접근상태로 시설
되는 경우에는 특고압 가공전선로의 지지물(철탑을 제외)에는 건조물 등과 접근하는 쪽의
반대쪽(건조물의 위에 시설되는 경우에는 특고압 가공전선로의 방향으로 건조물이 있는
쪽의 반대쪽 및 특고압 가공전선로와 직각방향으로 그 양쪽)에 지선을 시설할 것

### 2. 지선을 설치하지 않아도 되는 경우(예외 규정)

(1) 특고압 가공전선로가 건조물 등과 접근하는 쪽의 반대쪽에 10° 이상의 수평각도를 이루
는 경우

(2) 특고압 가공전선로의 지지물로서 상시 상정하중에 1.96[kN]의 수평 횡하중을 가산한
하중에 의하여 생기는 부재응력의 1배의 응력에 대하여 견디는 B종 철주 또는 B종
철근콘크리트주를 사용하는 경우

(3) 특고압 가공전선로가 특고압 절연전선(그 특고압 가공전선로의 지지물과 이에 인접한
지지물과의 경간이 어느 것이나 75[m] 이하의 경우에 한함) 또는 케이블을 사용하는
사용전압이 35[kV] 이하의 것인 경우로서, 지지물로 상정하중에 의하여 생기는 부재응력
의 1.1배의 응력에 대하여 견디는 B종 철주 또는 B종 철근콘크리트주를 사용하는 때

### 3. 특고압 가공전선이 건조물 등과 교차하는 경우의 지선 시설

특고압 가공전선로의 지지물에는 특고압 가공전선로의 방향에 교차하는 쪽의 반대쪽 및
특고압 가공전선로와 직각방향으로 그 양쪽에 지선을 시설할 것

### 4. "3."의 예외 규정

(1) 특고압 가공전선로가 전선로의 방향에 대하여 10° 이상의 수평각도를 이루는 경우에
전선로의 방향에 교차하는 쪽의 반대쪽 및 수평각도를 이루는 쪽의 반대쪽에 지선을
설치한 때

(2) 사용전압이 35[kV] 이하인 특고압 가공전선로가 도로·횡단보도교·저압이나 고압의 가공전선 또는 저압이나 고압의 전차선과 교차하는 경우에 특고압 가공전선로의 방향에 교차하는 쪽의 반대쪽에 지선을 설치한 때

(3) 2.의 "(2)" 또는 "(3)"에 규정하는 B종 철주 또는 B종 철근콘크리트주를 사용하는 경우

**222** 특고압 가공전선이 교류 전차선 등과 접근 또는 교차하는 경우의 시설기준에 대하여 설명하시오.

**data** 전기안전기술사 및 발송배전기술사, 전기철도기술사 출제예상문제

**답안** 1. 특고압 가공전선이 교류 전차선 등과 접근하는 경우에 교류 전차선 위에 특고압 가공전선 시설은 아니됨

예외 규정 : 특고압 가공전선과 교류 전차선 등 사이의 수평거리가 3[m] 이상인 경우로서 다음 중 어느 하나에 의하여 시설하는 경우에는 그렇지 않음

(1) 특고압 가공전선로의 전선의 절단 지지물의 도괴 등의 경우에 특고압 가공전선이 교류 전차선 등과 접촉할 우려가 없는 경우

(2) 특고압 가공전선로의 지지물(철탑은 제외)에는 교류 전차선 등과 접근하는 반대쪽에 지선을 시설하는 경우

(3) 다만, 규정하는 상시 상정하중에 1.96[kN]의 수평 횡하중을 가산한 하중에 의하여 나타나는 부재응력의 1배의 응력에 견디는 B종 철주 또는 B종 철근콘크리트주를 지지물로 사용하는 경우에는 지선 생략 가능

2. 특고압 가공전선이 교류 전차선 등과 접근하는 경우에 특고압 가공전선은 교류 전차선 등의 옆쪽 또는 아래쪽에 수평거리로 교류 전차선 등의 지지물의 지표상의 높이에 상당하는 거리 이내에 시설하여서는 아니 됨

(1) 특고압 가공전선과 교류 전차선 등의 수평거리가 3[m] 이상에서 시설 가능 조건

① 교류 전차선 등의 지지물에 철근콘크리트주 또는 철주를 사용

② 지지물의 경간이 60[m] 이하이거나 교류 전차선 등의 지지물의 도괴 등의 경우 교류 전차선 등이 특고압 가공전선에 접촉할 우려가 없는 경우

(2) 특고압 가공전선과 교류 전차선 사이의 수평거리는 3[m] 미만에서 시설 가능 조건

① 교류 전차선로의 지지물에는 철주 또는 철근콘크리트주를 사용하고 또한 그 경간이 60[m] 이하일 것

② 교류 전차선로의 지지물(문형 구조의 것은 제외)에는 특고압 가공전선과 접근하는 쪽의 반대쪽에 지선을 시설할 것

③ 다만, 지지물로 기초의 안전율이 2 이상인 철주 또는 철근콘크리트주를 사용하는 경우에 그 철주 또는 철근콘크리트주가 333.13에 규정하는 상시 상정하중에 1.96[kN]의 수평 횡하중을 가산한 하중에 의하여 나타나는 부재응력의 1배의 응력에 견디는 것인 경우에는 그렇지 않음

④ 특고압 가공전선과 교류 전차선 등 사이의 수평이격거리는 2[m] 이상일 것

3. 특고압 가공전선이 교류 전차선과 교차하는 경우에 특고압 가공전선이 교류 전차선의 위에 시설되는 경우에는 다음에 의할 것

(1) 특고압 가공전선은 케이블인 경우 이외에는 인장강도 14.5[kN] 이상의 특고압 절연전선 또는 단면적 38[mm²] 이상의 경동선(교류 전차선과 교차하는 부분을 포함하는 경간에 접속점이 없는 것에 한한다)일 것

(2) 특고압 가공전선이 케이블인 경우에는 이를 인장강도가 19.61[kN] 이상의 것 또는 단면적 38[mm²] 이상의 강연선인 것(교류 전차선과 교차하는 부분을 포함하는 경간에 접속점이 없는 것)으로 조가하여 시설할 것

(3) 조가용선은 교류 전차선 등과 교차하는 부분의 양쪽의 지지물에 견고하게 인류할 것

(4) 케이블 이외의 것을 사용하는 특고압 가공전선 상호 간의 간격은 0.65[m] 이상일 것

(5) 특고압 가공전선로의 지지물은 전선이 케이블인 경우 이외에는 장력에 견디는 애자장치가 되어 있는 것일 것

(6) 특고압 가공전선로의 지지물에 사용하는 목주의 풍압하중에 대한 안전율은 2.0 이상

(7) 특고압 가공전선로의 경간은 표에서 정한 값 이하일 것

**▎교류 전차선 교차 시 특고압 가공전선로의 경간 제한 ▎**

| 지지물의 종류 | 경 간 |
|---|---|
| 목주 · A종 철주 · A종 철근콘크리트주 | 60[m] |
| B종 철주 · B종 철근콘크리트주 | 120[m] |

(8) 특고압 가공전선로의 완금류에는 견고한 금속제의 것을 사용하고 이에 접지시스템의 규정에 준하여 접지공사를 할 것

(9) 특고압 가공전선로의 지지물(철탑은 제외)에는 특고압 가공전선로의 방향에 교류 전차선과 교차하는 쪽의 반대쪽 및 특고압 가공전선로와 직각방향으로 그 양쪽에 지선을 시설할 것

(10) 다만, 특고압 가공전선로가 전선로의 방향에 대하여 10° 이상의 수평각도를 이루는 경우에 특고압 가공전선로의 방향에 교류 전차선과 교차하는 쪽의 반대쪽 및 수평각도를 이루는 쪽의 반대쪽에 지선을 시설하는 경우 또는 상시 상정하중 규정에서 정한 상시 상정하중에 1.96[kN]의 수평 횡하중을 가산한 하중에 의하여 나타나는 부재응력의 1배의 응력에 대하여 견디는 B종 철주 또는 B종 철근콘크리트주를 지지물로 사용하는 경우에는 그러하지 아니하다.

(11) 특고압 가공전선로의 전선, 완금류, 지지물, 지선 또는 지주와 교류 전차선 사이의 이격거리는 2.5[m] 이상일 것

**223** 22.9[kV]-Y 특고압 가공배전선로에서 다음의 시설기준을 설명하시오.
1. 중성선의 다중접지와 시설방법
2. 지지물 종류별 경간 제한
3. 건물과의 접근
4. 가공약전류전선 등, 저압 또는 고압의 가공전선, 안테나, 전차선과 접근 또는 교차
   하는 경우
5. 식물과의 이격거리

**data** 전기안전기술사 및 발송배전기술사 출제예상문제

**답안** **1. 특고압 중성선의 다중접지와 시설방법**

(1) 다중접지한 중성선은 저압의 저압 가공 중성선과 공용으로 사용하므로 저압 중성선의 규정에 준하여 시설할 것

(2) 접지선은 공칭단면적 6[mm²] 이상의 연동선 이상일 것

(3) 접지공사 시 접지한 곳 상호 간의 거리는 다음과 같을 것

① 15[kV] 초과 25[kV] 이하인 경우 : 150[m] 이하마다 접지시공 · 실제 한전의 특고압 전주마다 접지시공은 전량되어 있기에 지락고장이 발생하더라고 지락전류의 분류효과 지락전류가 대지로 방류하게 되어 있음

② 15[kV] 이하인 경우 : 300[m] 이하

(4) 각 접지선을 중성선에서 분리 시 각 접지점의 대지 전기저항값과 1[km] 마다의 중성선과 대지 사이의 합성 전기저항값은 다음 표의 수치 이하일 것

**┃중성선과 접지점의 전기저항값┃**

| 사용전압 | 각 접지점의 대지 전기저항 | 1[km]마다의 중성선과 대지 사이의 합성 전기저항값 |
|---|---|---|
| 15[kV] 이하 | 300[Ω] 이하 | 30[Ω] 이하 |
| 15[kV] 초과 25[kV] 이하 | 300[Ω] 이하 | 15[Ω] 이하 |

**2. 경간 제한 15[kV] 초과 25[kV] 이하 특고압 가공전선로의 경간 제한**

(1) 조건 : 중성선 다중접지식 전로로 지락 발생 시 2초 이내 자동적으로 전로를 차단하는 장치가 있는 것(리클로저 설치를 말함)

(2) 특고압 가공전선로의 경간 제한

| 지지물의 종류 | 경 간[m] |
|---|---|
| 목주 · A종 철주 또는 A종 철근콘크리트주 | 100 |
| B종 철주 또는 B종 철근콘크리트주 | 150 |
| 철탑 | 400 |

[비고] 해월철탑으로 바다 횡단용 배전철탑은 특수한 경우로서 송전철탑에 준한 강도를 가질 수 있는 경우의 경간 제한은 400[m] 이상 되는 경우도 있음

## 3. 특고압 가공전선(다중접지를 한 중성선은 제외)이 건조물과 접근 시의 이격거리[m]

| 건조물의 조영재 | 접근형태 | 전선 종류별 이격거리[m] |
|---|---|---|
| 상부 조영재 | 위쪽 | • 나전선 : 3.0<br>• 특고압 절연전선 : 2.5<br>• 케이블 : 1.2 |
| | 옆쪽 또는 하부<br>(기타 조영재) | • 나전선 : 1.5<br>• 특고압 절연전선 : 1.0<br>• 케이블 : 0.5 |

## 4. 특고압 가공선로가 저압 또는 고압의 가공전선, 안테나, 전차선과 접근 또는 교차 시 이격거리[m]

| 구 분 | 전선 종류별 이격거리[m] |
|---|---|
| 가공약전류전선 등 저압 또는 고압의 가공전선<br>저압 또는 고압의 전차선, 안테나 | • 나전선 : 2.0<br>• 특고압 절연전선 : 1.5<br>• 케이블 : 0.5 |
| 가공약전류전선로 등의 지지물 | • 나전선 : 1.0<br>• 특고압 절연전선 : 0.75<br>• 케이블 : 0.5 |

## 5. 특고압 가공전선과 식물 사이의 이격거리

(1) 1.5[m] 이상일 것

(2) 다만, 특고압 가공전선이 특고압 절연전선이거나 케이블인 경우로서 특고압 가공전선을 식물에 접촉하지 아니하도록 시설하는 경우 적용 예외임

## 224 지상에 시설하는 전선로에 대한 시설기준을 설명하시오.

**data** 전기안전기술사 및 발송배전기술사 출제예상문제

**답안** 1. 지상에 시설하는 저압 또는 고압의 전선로는 다음의 1개에 해당하는 방법으로 시설할 것

(1) 1구내에만 시설하는 전선로의 전부 또는 일부로 시설하는 경우

(2) 1구내 전용의 전선로 중 그 구내에 시설하는 부분의 전부 또는 일부로 시설하는 경우

(3) 지중전선로와 교량에 시설하는 전선로 또는 전선로 전용교 등에 시설하는 전선로의 사이에서 취급자 이외의 자가 출입하지 않도록 조치한 장소에 시설하는 경우

2. "1."의 전선로는 교통에 지장을 줄 우려가 없는 곳에서는 다음과 같이 시설할 것

(1) 전선은 케이블 또는 클로로프렌 캡타이어케이블일 것

(2) 전선이 케이블인 경우에는 지중전선 상호 간의 접근 또는 교차(334.7)의 규정에 준하여 시설하는 이외에 철근콘크리트제의 견고한 개거 또는 트라프에 넣어야 하며 개거 또는 트라프에는 취급자 이외의 자가 쉽게 열 수 없는 구조로 된 철제 또는 철근콘크리트제, 기타 견고한 뚜껑을 설치할 것

(3) 전선이 캡타이어케이블인 경우에는 다음에 의할 것

① 전선의 도중에는 접속점을 만들지 아니할 것

② 전선은 손상을 받을 우려가 없도록 개거 등에 넣을 것

③ 전선로의 전원측 전로에는 전용의 개폐기 및 과전류차단기를 각 극(과전류차단기는 다선식 전로의 중성극을 제외)에 시설할 것

(4) 사용전압이 0.4[kV] 초과하는 저압 또는 고압의 전로 중에는 전로에 지락 발생 시, 자동적으로 전로를 차단하는 장치를 시설할 것

(5) 다만, 전선로의 전원측의 접속점으로부터 1[km] 안의 전원측 전로에 전용 절연변압기를 시설하는 경우로서 전로에 지락이 생겼을 때에 기술원 주재소에 경보하는 장치를 설치한 때에는 그렇지 않음

3. 지상에 시설하는 특고압 전선로는 "1."의 어느 하나에 해당하고 또한 사용전압이 100[kV] 이하인 경우에만 시설할 것

4. "3."의 전선로는 전선에 케이블을 사용하고 또한 2.의 "(2)" 규정 및 334.5 규정(지중약전류전선의 유도장해 방지규정)과 334.6(지중전선과 지중약전류전선 등 또는 관과의 접근 또는 교차)의 규정에 준할 것

## **225** 임시 전선로의 시설기준에 대하여 설명하시오.

**data** 전기안전기술사 및 발송배전기술사, 건축전기설비기술사 출제예상문제

**답안** (1) 가공전선로의 지지물로 사용하는 철탑은 지선의 시설의 규정에 의하지 아니할 수 있음
(2) 가공전선로의 지지물로 사용하는 철탑·철주 또는 철근콘크리트주에 시설하는 지선은 가공전선로의 지지물에 시설하는 지선(331.11의 3)의 "다" 규정에 의하지 아니할 수 있다.

> **reference**
> **331.11의 3 "다" 규정**
> 지중부분 및 지표상 0.3[m]까지의 부분에는 내식성이 있는 것 또는 아연도금을 한 철봉을 사용하고 쉽게 부식되지 않는 근가에 견고하게 붙일 것

(3) 저압 가공전선 또는 고압 가공전선에 케이블을 사용하는 경우에 가공케이블의 시설의 저압 가공전선 시설기준의 규정에 의하지 아니할 수 있음
(4) 재해 후의 복구에 사용하는 특고압 가공전선로로서 전선에 케이블을 사용하는 경우 특고압 가공케이블의 시설기준(333.3)의 규정에 의하지 아니할 수 있음
(5) 저압 방호구에 넣은 절연전선 등을 사용하는 저압 가공전선 또는 고압 방호구에 넣은 고압 절연전선 등을 사용하는 고압 가공전선과 조영물의 조영재 사이의 이격거리는 다음 표에서 정한 값까지 감할 수 있다.

**┃임시 전선로 시설(저압 방호구)의 이격거리┃**

| 조영물 조영재의 구분 | | 접근형태 | 이격거리 |
|---|---|---|---|
| 건조물 | 상부 조영재 | 위쪽 | 1[m] |
| | | 옆쪽 또는 아래쪽 | 0.4[m] |
| | 상부 이외의 조영재 | – | 0.4[m] |
| 건조물 이외의 조영물 | 상부 조영재 | 위쪽 | 1[m] |
| | | 옆쪽 또는 아래쪽 | 0.4[m]<br>(저압 가공전선은 0.3[m]) |
| | 상부 조영재 이외의 조영재 | | 0.4[m]<br>(저압 가공전선은 0.3[m]) |

(6) 사용전압이 400[V] 이하인 저압 인입선의 옥측부분 또는 옥상부분으로서 비 또는 이슬에 젖지 아니하는 장소에 애자사용배선에 의하여 시설하는 경우에는 전선 상호 간 및 전선과 조영재 사이를 이격하지 아니하고 시설할 수 있음
(7) 지상에 시설하는 저압 또는 고압의 전선로 및 재해복구를 위하여 지상에 시설하는 특고압 전선로로서 다음에 따라 시설하는 경우에는 특고압 가공전선과 지지물 등의 이격거리 (335.5)의 규정에 의하지 아니할 수 있다.

① 전선은 전선로의 사용전압이 다음과 같아야 한다.
   ㉠ 저압인 경우는 케이블 또는 공칭단면적 10[mm$^2$] 이상인 클로로프렌 캡타이어케이블일 것
   ㉡ 고압인 경우는 케이블 또는 고압용의 클로로프렌 캡타이어케이블일 것
   ㉢ 특고압인 경우는 케이블일 것
② 전선을 시설하는 장소에는 취급자 이외의 자가 쉽게 들어갈 수 없도록 울타리·담 등을 설치하고 또한 사람이 보기 쉽도록 적당한 간격으로 위험표시를 할 것
③ 전선은 중량물의 압력 또는 현저한 기계적 충격을 받을 우려가 없도록 시설할 것

# section 04 기계 · 기구 시설 및 옥내배선 (KEC 3장 – 340)

**226** 특고압용 변압기에 대한 다음 사항을 설명하시오.
1. 특고압용 변압기의 시설장소
2. 특고압 배전용 변압기의 시설
3. 특고압을 직접 저압으로 변성하는 변압기의 시설

**(data)** 공통 출제예상문제 / KEC 341.1

**답안** 1. 특고압용 변압기의 시설장소

(1) 특고압용 변압기는 발전소 · 변전소 · 개폐소 또는 이에 준하는 곳에 시설하여야 한다.

(2) 다만, 다음의 변압기는 각각의 규정에 따라 필요한 장소에 시설할 수 있음

　① "2."의 배전용 변압기

　② 다중접지방식 특고압 가공전선로에 접속하는 변압기 → 전주에 설치된 변압기

　③ 교류식 전기철도용 신호회로 등에 전기를 공급하기 위한 변압기

## 2. 특고압 배전용 변압기의 시설

특고압 전선로에 접속하는 배전용 변압기를 시설하는 경우에는 특고압 전선에 특고압 절연전선 또는 케이블을 사용하고 또한 다음에 따를 것

(1) 변압기의 1차 전압은 35[kV] 이하, 2차 전압은 저압 또는 고압일 것

(2) 변압기의 특고압측에 개폐기 및 과전류차단기를 시설할 것

(3) 다만, 변압기를 다음에 따라 시설하는 경우는 특고압측의 과전류차단기를 시설하지 아니할 수 있다.

　① 2 이상의 변압기를 각각 다른 회선의 특고압 전선에 접속할 것

　② 변압기의 2차측 전로에는 과전류차단기 및 2차측 전로로부터 1차측 전로에 전류가 흐를 때에 자동적으로 2차측 전로를 차단하는 장치를 시설하고 그 과전류차단기 및 장치를 통하여 2차측 전로를 접속할 것

　③ 변압기의 2차 전압이 고압인 경우에는 고압측에 개폐기를 시설하고 또한 쉽게 개폐할 수 있도록 할 것

### 3. 특고압을 직접 저압으로 변성하는 변압기의 시설

**comment** 수용가용 변압기는 가능한 혼촉방지판이 있는 변압기를 추천함

특고압을 직접 저압으로 변성하는 변압기는 다음의 것 이외에는 시설하지 말 것

(1) 전기로 등 전류가 큰 전기를 소비하기 위한 변압기

(2) 발전소·변전소·개폐소 또는 이에 준하는 곳의 소내용 변압기

(3) 25[kV] 이하인 특고압 가공전선로의 시설 규정의 특고압 전선로에 접속하는 변압기

(4) 사용전압이 35[kV] 이하인 변압기로서 그 특고압측 권선과 저압측 권선이 혼촉한 경우에 자동적으로 변압기를 전로로부터 차단하기 위한 장치를 설치한 것

(5) 사용전압이 100[kV] 이하인 변압기로서 그 특고압측 권선과 저압측 권선사이에 변압기 중성점 접지규정에 의하여 접지공사(접지저항값이 10[Ω] 이하인 것에 한함)를 한 금속제의 혼촉방지판이 있는 것

(6) 교류식 전기철도용 신호회로에 전기를 공급하기 위한 변압기

433

## 227 특고압용 기계기구의 시설기준에 대하여 설명하시오.

**data** 전기안전기술사 및 발송배전기술사, 건축전기설비기술사 출제예상문제 / KEC 341.4

**답안** (1) 기계기구의 주위에 규정에 준하여 울타리 · 담 등을 시설할 것

(2) 기계기구를 지표상 5[m] 이상의 높이에 시설하고 충전부분의 지표상의 높이를 표에서 정한 값 이상으로 하고 또한 사람이 접촉할 우려가 없도록 시설할 것

**┃특고압용 기계기구 충전부분의 지표상 높이┃**

| 사용전압의 구분 | 울타리의 높이와 울타리로부터 충전부분까지의 거리의 합계 또는 지표상의 높이 |
|---|---|
| 35[kV] 이하 | 5[m] |
| 35[kV] 초과 160[kV] 이하 | 6[m] |
| 160[kV] 초과 | 6[m]에 160[kV]를 초과하는 10[kV] 또는 그 단수마다 0.12[m]를 더한 값 |

- 울타리의 높이와 울타리로부터 충전부분까지의 거리의 합계 또는 지표상의 높이 (즉, 울타리 높이 + 울타리와 154[kV] GIS 붓싱거리 ≥ 6[m])
- 사용 전 검사 시 한국전기안전공사에서는 반드시 확인하므로 사전에 설계도면으로 세심하게 검토하여 시공 지시를 시공사에 문서로 해야 됨

(3) 공장 등의 구내에서 기계기구를 콘크리트제의 함 또는 접지공사를 한 금속제의 함에 넣고 또한 충전부분이 노출하지 아니하도록 시설할 것

(4) 옥내에 설치한 기계기구를 취급자 이외의 사람이 출입할 수 없게 설치할 것

(5) 충전부분이 노출하지 아니하는 기계기구를 사람이 쉽게 접촉할 우려가 없게 시설할 것

(6) 특고압용 기계기구는 노출된 충전부분에 취급자가 쉽게 접촉할 우려가 없게 시설할 것

(7) 특고압 기계기구의 설치가 가능한 장소는 다음과 같음

① 발 · 변전소, 개폐소 또는 이에 준하는 장소

② EP(전기집진응용장치)에 전력을 공급하기 위한 장소

③ 엑스선 발생장치가 제1종, 제2종인 장소

④ 특고압 가공선로가 25[kV] 이하로서 이 가공전선로에 접속하는 고압용 기계기구를 설치한 장소

(8) 25[kV] 이하인 특고압 가공전선로의 시설 규정의 특고압 가공전선로에 접속하는 기계기구의 고압 인하용 절연전선은 341.8의 "나" 규정에 의해 특고압 인하용 절연전선으로 시공할 것

**reference**
**341.8 고압용 기계기구의 시설의 "나" 규정**
나. 기계기구(이에 부속하는 전선에 케이블 또는 고압 인하용 절연전선을 사용하는 것에 한함)를 지표상 4.5[m](시가지 외에는 4[m]) 이상의 높이에 시설하고, 또한 사람이 쉽게 접촉할 우려가 없도록 시설

## 228 고주파 이용 전기설비의 장해방지 시설기준을 설명하시오.

**data** 전기안전기술사 및 발송배전기술사, 건축전기설비기술사 출제예상문제 / KEC 341.5

**답안** 고주파 이용 전기설비에서 다른 고주파 이용 전기설비에 누설되는 고주파 전류의 허용한도

(1) 측정방법

그림의 측정장치 또는 이에 준하는 측정장치로 2회 이상 연속하여 10분간 측정

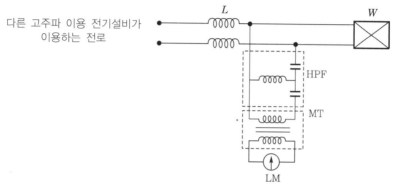

- LM : 선택 레벨계
- MT : 정합 변성기
- HPF : 고역여파기
- $W$ : 고주파 이용 전기설비
- $L$ : 고주파대역의 하이임피던스장치로서, 고주파 이용 전기설비가 이용하는 전로와
  다른 고주파 이용, 전기설비가 이용하는 전로와의 경계점에 시설할 것

┃ 고주파 이용 전기설비의 장해 판정을 위한 측정장치 ┃

(2) 적정 수치

측정계기로 시현되는 각각 측정값의 최댓값에 대한 평균값이 −30[dB](1[mW]를 0[dB]로
한다)일 것

## 229 전기기계기구의 열적 강도 및 아크를 발생하는 기구의 시설기준에 대하여 설명하시오.

**data** 전기안전기술사 및 발송배전기술사, 건축전기설비기술사 출제예상문제 / KEC 341.6

**답안**

### 1. 전기기계기구의 열적 강도

전로에 시설하는 변압기, 차단기, 개폐기, 전력용 커패시터, 계기용 변성기, 기타의 전기기계기구는 한국전기기술기준위원회 표준 KECS 1202(전기기계기구의 열적 강도 확인방법)에서 정하는 방법에 규정하는 열적 강도에 적합할 것

### 2. 아크를 발생하는 기구의 시설기준

(1) 대상 : 고압용 또는 특고압용의 개폐기 · 차단기 · 피뢰기, 기타 이와 유사한 기구로서 동작 시에 아크가 생기는 것

(2) 목재의 벽 또는 천장, 기타의 가연성 물체로부터 표에서 정한 값 이상 이격하여 시설할 것

(3) 아크를 발생하는 기구 시설 시 이격거리는 다음 표와 같음

| 기구 등의 구분 | 이격거리 |
|---|---|
| 고압용의 것 | 1[m] 이상 |
| 특고압용의 것 | 2[m] 이상<br>(사용전압이 35[kV] 이하의 특고압용의 기구 등으로서 동작할 때에 생기는 아크의 방향과 길이를 화재가 발생할 우려가 없도록 제한하는 경우에는 1[m] 이상) |

## 230 고압 및 특고압 개폐기의 시설기준에 대하여 설명하시오.

**data** 전기안전기술사 및 발송배전기술사 출제예상문제

**답안** 

### 1. 전로 중에 개폐기를 시설 시

(1) 전로의 각 극에 설치할 것

(2) 예외사항

① 25[kV] 이하의 특고압 가공전선로로서 다중접지를 한 중성선 이외의 각 극에 개폐기를 시설하는 경우

② 제어회로 등에 조작용 개폐기를 시설하는 경우

③ 인입구에서 저압 옥내간선을 거치지 아니하고 전기사용기계기구의 규정에 의하여 개폐기를 시설하는 경우

④ 분기개폐기를 규정에 준하여 시설하는 경우

### 2. 고압용 또는 특고압용의 개폐기의 표시

(1) 작동에 따라 그 개폐상태를 표시하는 장치가 되어 있는 것일 것

(2) 다만, 그 개폐상태를 쉽게 확인할 수 있는 것은 그렇지 않음

### 3. 고압용 또는 특고압용의 개폐기의 자연작동 방지

중력 등에 의하여 자연히 작동할 우려가 있는 것은 자물쇠장치, 기타 이를 방지하는 장치를 시설할 것

### 4. 고압용 또는 특고압용의 개폐기의 부하전류 차단기능

(1) 부하전류를 차단하기 위한 것이 아닌 개폐기는 부하전류가 통하고 있을 경우에는 개로할 수 없도록 시설할 것

(2) 예외사항

① 개폐기를 조작하는 곳의 보기 쉬운 위치에 부하전류의 유무를 표시한 장치를 사용함으로서 부하전류가 통하고 있을 때에 개로조작을 방지하기 위한 조치를 하는 경우는 그렇지 않음

② 전화기, 기타의 지령장치를 시설하거나 터블렛 등을 사용함으로서 부하전류가 통하고 있을 때에 개로조작을 방지하기 위한 조치를 하는 경우는 그렇지 않음

### 5. 전로에 이상 발생으로 인한 자동적인 전로의 개폐장치 시설 시 주의점

해당 개폐기의 자동개폐기능에 장해가 생기지 않도록 시설할 것

## **231** 고압 및 특고압 전로 중의 과전류차단기의 시설기준에 대하여 간단히 설명하시오.

**data** 전기안전기술사 및 발송배전기술사, 건축전기설비기술사 출제예상문제 / KEC 341.10

**답안** 1. **고압 · 특고압 전로의 과전류차단기용 포장퓨즈 용단시간 및 용단전류**
   (1) 포장퓨즈(한류형)는 정격전류의 1.3배의 전류에 견디고 또한 2배의 전류로 120분 안에 용단되는 것일 것
   (2) 비포장퓨즈(비한류형)는 정격전류의 1.25배의 전류에 견디고 또한 2배의 전류로 2분 안에 용단되는 것일 것

2. **차단능력**
   고압 또는 특고압의 전로에 단락 시 동작하는 과전류차단기는 이것을 시설하는 곳을 통과하는 단락전류를 차단하는 능력을 가질 것

3. **표시장치**
   고압 또는 특고압의 과전류차단기는 동작에 따라 개폐상태를 표시하는 장치가 있을 것

4. **과전류차단기의 시설 제한**
   접지공사의 접지도체, 다선식 전로의 중성선 및 322.1의 1부터 3까지의 규정에 의하여 전로의 일부에 접지공사를 한 저압 가공전선로의 접지측 전선에는 과전류차단기를 시설하지 말 것

   **reference**
   322.1의 1부터 3까지의 규정 : 고압 또는 특고압과 정압의 혼촉에 의한 위험방지

## 232 지락차단장치 등의 시설기준에 대하여 설명하시오.

**data** 전기안전기술사 및 발송배전기술사, 건축전기설비기술사 출제예상문제 / KEC 341.12

**답안**

**1. 전로에 지락이 생겼을 때 자동적으로 전로를 차단하는 장치의 시설은 다음의 경우임**

(1) 특고압 전로 또는 고압 전로에 변압기에 의하여 결합되는 사용전압 400[V] 초과의 저압 전로에 지락이 발생 시

(2) 발전기에서 공급하는 사용전압 400[V] 초과의 저압전로에는 전로에 지락이 발생 시

(3) 고압 및 특고압 전로 중 다음에 열거하는 곳 또는 이에 근접한 곳의 전로
① 발전소·변전소 또는 이에 준하는 곳의 인출구
② 다른 전기사업자로부터 공급받는 수전점
③ 배전용 변압기(단권변압기는 제외)의 시설장소

(4) 예외사항 : 전기사업자로부터 공급을 받는 수전점에서 수전하는 전기를 모두 그 수전점에 속하는 수전장소에서 변성하거나 또는 사용하는 경우는 예외임

**2. 전로에 지락이 발생되더라도 지락장치를 설치하지 않아도 되는 경우**

(1) 저압 또는 고압 전로로서 비상용 조명장치·비상용 승강기·유도등·철도용 신호장치

(2) 300[V] 초과 1[kV] 이하의 비접지 전로, 전로의 중성점의 접지의 규정에 의한 전로

(3) 기타 그 정지가 공공의 안전 확보에 지장을 줄 우려가 있는 기계기구에 전기를 공급하는 것

(4) 전로에 지락이 생겼을 때 이를 기술원 감시소에 경보하는 장치를 설치한 때

## 233 전기설비기술기준의 판단기준에서 정하는 지락차단장치 등의 시설장소와 예외장소에 대하여 설명하시오.

(data) 전기안전기술사 및 발송배전기술사, 건축전기설비기술사 출제예상문제 / 전기안전기술사 유사기출문제

**답안** 1. 지락의 정의 및 지락차단장치 설치 목적

(1) 지락의 정의

충전부가 어떤 원인에 의해 대지와 접촉되어 고장전류인 지상의 지락전류가 통전되는 것을 지락이라 한다.

(2) 지락차단장치 설치 목적

① 감전방지

② 폭발화재방지

③ 전기기기의 손상 방지

2. 판단기준에 의한 지락차단장치 등의 시설장소 및 예외장소

(1) 금속제 외함을 가지는 사용전압이 50[V]를 초과하는 저압의 기계기구로서 사람이 쉽게 접촉할 우려가 있는 장소에 설치할 것

(2) 예외장소(다음의 어느 하나에 해당하는 경우는 적용하지 않는다)

① 기계기구를 발전소·변전소·개폐소 또는 이에 준하는 곳에 시설하는 경우

② 기계기구를 건조한 곳에 시설하는 경우

③ 대지전압이 150[V] 이하인 기계기구를 물기가 있는 곳 이외의 곳에 시설하는 경우

④ 「전기용품안전관리법」의 적용을 받는 2중 절연구조의 기계기구를 시설하는 경우

⑤ 그 전로의 전원측에 절연변압기(2차 전압이 300[V] 이하인 경우에 한함)를 시설하고 또한 그 절연변압기의 부하측의 전로에 접지하지 아니하는 경우

⑥ 기계기구가 고무·합성수지, 기타 절연물로 피복된 경우

⑦ 기계기구가 유도전동기의 2차측 전로에 접속되는 것일 경우

⑧ 기계기구가 제12조 제8호에 규정하는 것일 경우

⑨ 기계기구 내에 「전기용품안전관리법」의 적용을 받는 누전차단기를 설치하고 또한 기계기구의 전원연결선이 손상을 받을 우려가 없도록 시설하는 경우

(3) 특고압 전로 또는 고압 전로와 결합 또는 발전기에서 400[V] 이상의 저압측으로 공급하는 장소 및 예외장소

① 변압기에 의하여 결합되는 사용전압 400[V] 이상의 저압전로 또는 발전기에서 공급하는 사용전압 400[V] 이상의 저압전로에는 전로에 지기 발생 시 자동적으로 전로를

차단하는 장치를 시설할 것

② 예외사항 : 발전소 및 변전소와 이에 준하는 곳에 있는 부분의 전로는 제외

(4) 고압 및 특고압 전로 중 다음에 열거하는 곳 또는 이에 근접한 곳에는 전로에 지락차단장치 시설

① 발전소·변전소 또는 이에 준하는 곳의 인출구

② 다른 전기사업자로부터 공급받는 수전점

③ 배전용 변압기(단권변압기는 제외)의 시설장소

④ 예외사항 : 전기사업자로부터 공급을 받는 수전점에서 수전하는 전기를 모두 그 수전점에 속하는 수전장소에서 변성하거나 또는 사용하는 경우

(5) 전로에 지락이 발생되더라도 지락장치를 설치하지 않아도 되는 경우(즉, 예외장소)

① 저압 또는 고압 전로로서 비상용 조명장치·비상용 승강기·유도등·철도용 신호장치

② 300[V] 초과 1[kV] 이하의 비접지전로, 전로의 중성점의 접지 규정에 의한 전로

③ 기타 그 정지가 공공의 안전 확보에 지장을 줄 우려가 있는 기계기구에 전기를 공급하는 것

④ 전로에 지락이 생겼을 때 이를 기술원 감시소에 경보하는 장치를 설치한 때

(6) 다음의 전로에는 전기용품안전기준 "KC 60947-2의 부속서 P"의 적용을 받는 자동복구 기능을 갖는 누전차단기를 시설할 수 있다.

① 독립된 무인 통신중계소·기지국

② 관련 법령에 의해 일반인의 출입을 금지 또는 제한하는 곳

③ 옥외의 장소에 무인으로 운전하는 통신중계기 또는 단위기기 전용회로. 단, 일반인이 특정한 목적을 위해 지체하는(머물러 있는) 장소로서 버스정류장, 횡단보도 등에는 시설할 수 없다.

(7) IEC 표준을 도입한 누전차단기로 저압전로에 사용하는 경우

일반인이 접촉할 우려가 있는 장소(세대 내 분전반 및 이와 유사한 장소)에는 주택용 누전차단기를 시설할 것

## 234 피뢰기의 시설위치에 대한 시설기준을 설명하시오.

**data** 공통 출제예상문제 / KEC 341.13

**답안** **1. 피뢰기의 시설위치**

고압 및 특고압의 전로 중 다음에 열거하는 곳 또는 이에 근접한 곳에는 피뢰기를 시설하여야 한다.

(1) 발전소 · 변전소 또는 이에 준하는 장소의 가공전선 인입구 및 인출구

(2) 특고압 가공전선로에 접속하는 배전용 변압기의 고압측 및 특고압측

(3) 고압 및 특고압 가공전선로로부터 공급을 받는 수용장소의 인입구

(4) 가공전선로와 지중전선로가 접속되는 곳

**2. 다음의 어느 하나에 해당하는 경우에는 "1."의 규정에 의하지 아니할 수 있다.**

(1) "1."의 어느 하나에 해당되는 곳에 직접 접속하는 전선이 짧은 경우

(2) "1."의 어느 하나에 해당되는 경우 피보호기기가 보호범위 내에 위치하는 경우

**3. 현장 실무자가 본 실제적인 피뢰기 위치**

(1) 피뢰기는 특성임피던스가 다른 곳의 만나는 지점, 즉 변이점에 설치할 것

① 1.의 "(1)~(4)"에 해당되는 지점이 바로 변이점이다.

② 피뢰기 설치효과에 대한 수식적 해석

㉠ $e_a = e_t = \dfrac{2Z_2}{Z_1 + Z_2}\left(e_i - \dfrac{Z_1}{2}i_a\right) = \dfrac{2Z_2}{Z_1 + Z_2}e_i - \dfrac{Z_1 Z_2}{Z_1 + Z_2}i_a$

여기서, $e_i$, $i_i$ : 입사파의 전압, 전류

$e_r$, $i_r$ : 반사파의 전압, 전류

$e_a$ : 제한전압

$i_a$ : 피뢰기의 방전전류

$e_t$, $i_t$ : 투과파의 전압, 전류($e_a = e_t$)

$Z_1$, $Z_2$ : 파동임피던스

㉡ 즉, 피뢰기가 변이점에 없다면 위 식에서 $\dfrac{Z_1 Z_2}{Z_1 + Z_2}i_a$만큼의 이상전압이 피보호기기에 전파되어 절연강도를 위협하게 됨

(2) 특고압 변압기(154/6.6)의 1차측 붓싱에 변압기 외함에 설치하기도 함(미국 전기설계 기법)

(3) 변압기 안에 피뢰기를 설치하기도 함(csp 변압기, 한전에서 사용 중)

> **comment** 피뢰기를 22.9[kV] 수용가에서 20[m] 범위이니 설치할 필요는 규정상 없을 것이나, 전기공학적으로 보면 위의 식에서와 같이 피보호기기의 장기적 사용 시의 절연협조 차원에서 피뢰기 설치를 추천함

## 235 피뢰기의 접지 시설기준을 설명하시오.

**data** 공통 출제예상문제 / KEC 341.14

**답안** 1. 고압 및 특고압의 전로에 시설하는 피뢰기 접지저항값

10[Ω] 이하로 할 것

### 2. 예외규정(10점 예상)

접지도체가 접지공사 전용의 것인 경우에 접지공사의 접지저항값이 다음과 같이 30[Ω] 이하인 때에는 그 피뢰기의 접지저항값이 10[Ω] 이하가 아니어도 됨

(1) 피뢰기의 접지공사의 접지극을 변압기 중성점 접지용 접지극으로부터 1[m] 이상 격리하여 시설하는 경우에 그 접지공사의 접지저항값이 30[Ω] 이하인 때

(2) 피뢰기 접지공사의 접지도체와 변압기의 중성점 접지용 접지도체를 변압기에 근접한 곳에서 접속하여 다음에 의하여 시설하는 경우에 피뢰기 접지공사의 저항값이 75[Ω] 이하인 때 또는 중성점 접지공사의 접지저항값이 65[Ω] 이하인 때

① 변압기를 중심으로 하는 반지름 50[m]의 원과 반지름 300[m]의 원으로 둘러싸여지는 지역에서 그 변압기에 중성점 접지공사가 되어 있는 저압 가공전선의 한 곳 이상에 접지시스템의 규정에 준하는 접지공사(접지도체로 공칭단면적 6[mm²] 이상인 연동선 또는 이와 동등 이상의 세기 및 굵기의 쉽게 부식하지 않는 금속선을 사용하는 것에 한함)를 할 것

② 다만, 중성점 접지공사의 접지도체가 고압 또는 특고압과 저압의 혼촉에 의한 위험방지시설의 규정으로 가공 공동지선(변압기를 중심으로 하는 지름 300[m]의 원 안에서 접지공사가 되어 있는 것에 한함)인 경우에는 그렇지 않음

③ 피뢰기의 접지공사, 변압기 중성점 접지공사를 "①"에 의하여 저압 가공전선에 접지시스템의 규정에 준하여 행한 접지공사 및 "②" 단서의 가공 공동지선에서의 합성 접지저항값은 20[Ω] 이하일 것

(3) 피뢰기 접지공사의 접지도체와 고압 또는 특고압과 저압의 혼촉에 의한 위험방지시설의 규정에 의한 중성점 접지공사가 시설된 변압기의 저압 가공전선 또는 가공공동지선과 그 변압기가 시설된 지지물 이외의 지지물에서 접속하고 또한 다음으로 시설하는 경우에 피뢰기 접지공사의 접지저항값이 65[Ω] 이하인 때

① 변압기에 접속하는 저압 가공전선 및 그것에 시설하는 접지공사 또는 그 변압기에 접속하는 가공공동지선은 (2)의 "①"에 의하여 시설할 것

② 피뢰기 접지공사는 변압기를 중심으로 하는 반지름 50[m] 이상의 지역으로 또한 그 변압기와 "①"에 의하여 시설하는 접지공사와의 사이에 시설할 것. 다만, 가공공동지선과 접속하는 그 피뢰기 접지공사는 변압기를 중심으로 하는 반지름 50[m] 이내 지역에 시설할 수 있다.

③ 피뢰기 접지공사, 변압기의 중성점 접지공사는 "①"에 의하여 저압 가공전선에 시설한 접지공사 및 "①"에 의한 가공공동지선의 합성저항값은 16[Ω] 이하일 것

**236** 발전소 · 변전소 · 개폐소 또는 이에 준하는 곳에서 개폐기 또는 차단기에 사용하는 압축공기장치의 시설기준에 대하여 설명하시오.

**data** 전기안전기술사 및 발송배전기술사 출제예상문제

**답안** 1. 발전소 · 변전소 · 개폐소 또는 이에 준하는 곳에서 개폐기 또는 차단기에 사용하는 압축공기장치는 다음에 따라 시설할 것

   (1) 최고사용압력의 1.5배의 수압을 연속하여 10분간 가하여 시험을 하였을 때 이에 견디고 또한 새지 아니할 것

   (2) 수압을 연속하여 10분간 가하여 시험을 하기 어려울 때에는 최고사용압력의 1.25배의 기압을 10분간 가하여 시험을 하였을 때 이에 견디고 또한 새지 아니할 것

   (3) 사용압력에서 공기의 보급이 없는 상태로 개폐기 또는 차단기의 투입 및 차단을 연속하여 1회 이상 할 수 있는 용량을 가지는 것일 것

2. 내식성

   (1) 내식성이 있는 재료일 것

   (2) 내식성이 없는 재료를 사용하는 경우에는 외면에 산화방지를 위한 도장을 할 것

3. 공기압축기 · 공기탱크 및 압축공기를 통하는 관은 용접에 의한 잔류응력이 생기거나 나사의 조임에 의하여 무리한 하중이 걸리지 아니하도록 할 것

4. 주 공기탱크의 압력이 저하한 경우에 자동적으로 압력을 회복하는 장치를 시설할 것

5. 주 공기탱크 또는 이에 근접한 곳에는 사용압력의 1.5배 이상 3배 이하의 최고눈금이 있는 압력계를 시설할 것

6. 공기압축기의 최종단 또는 압축공기를 통하는 관의 공기압축기에 근접하는 곳 및 공기탱크 또는 압축공기를 통하는 관의 공기탱크에 근접하는 곳의 설치기준

   (1) 최고사용압력 이하의 압력으로 동작하고 또한 KS B 6216 "증기용 및 가스용 스프링 안전밸브"에 적합한 안전밸브를 시설할 것

   (2) 다만, 압력 1[MPa] 미만인 압축공기장치는 최고사용압력 이하의 압력으로 동작하는 안전장치로서 이에 갈음할 수 있다.

   **comment** 이 문제는 책임감리급 이상이 제작회사에 자재 검수를 시행 시에 면밀히 검토하는 업무임

**237** 발전소·변전소·개폐소 또는 이에 준하는 곳에 시설하는 가스절연기기 절연가스(질소가스 또는 SF₆) 취급설비의 시설기준에 대하여 설명하시오.

**data** 전기안전기술사 및 발송배전기술사 출제예상문제 / KEC 341.16

**답안** 1. 100[kPa]를 초과하는 절연가스의 압력을 받는 부분에서 외기에 접하는 부분의 적합성 여부

(1) 최고사용압력의 1.5배의 수압을 연속하여 10분간 가하여 시험하였을 때 이에 견디고 또한 새지 아니하는 것일 것

(2) 수압을 연속하여 10분간 가하여 시험을 하기 어려울 때에는 최고사용압력의 1.25배의 기압에 견딜 것

(3) 가스압축기에 접속하여 사용하지 아니하는 가스절연기기의 적합성 여부
① 최고사용압력의 1.25배의 수압을 연속하여 10분간 가하였을 때 이에 견딜 것
② 누설이 없을 것

(4) 정격전압이 52[kV]를 초과하는 가스절연기기의 적합성 여부
① 용접된 알루미늄 및 용접된 강판구조일 경우는 설계압력의 1.3배 이상 가하였을 때 파열이나 변형이 나타나지 않을 것
② 주물형 알루미늄 및 복합알루미늄 구조일 경우는 설계압력의 2배를 1분 이상 가하였을 때 파열이나 변형이 나타나지 않을 것

**2. 절연가스 성질**

가연성·부식성 또는 유독성의 것이 아닐 것

**3. 절연가스 압력의 저하로 절연파괴가 생길 우려가 있는 것에 대한 장치 설치**

(1) 절연가스의 압력 저하를 경보하는 장치를 설치할 것
(2) 절연가스의 압력을 계측하는 장치를 설치할 것

**4. 가스압축기가 보유할 특성**

(1) 가스압축기의 최종단 또는 압축절연가스를 통하는 관의 가스압축기에 근접 장소 및 가스절연기기 또는 압축 절연가스를 통하는 관의 가스절연기기에 근접 장소에는 최고사용압력 이하의 압력으로 동작할 것

(2) KS B 6216(증기용 및 가스용 스프링 안전밸브)에 적합한 안전밸브를 설치할 것

## 238 고압 옥내배선설비의 시설기준에 대하여 설명하시오.

**data** 전기안전기술사 및 건축전기설비기술사 출제예상문제 / KEC 342

**답안** **1. 고압 옥내배선 등의 시설**

    (1) 고압 옥내배선은 다음 중 하나에 의하여 시설할 것

        ① 애자사용배선(건조한 장소로서 전개된 장소에 한한다)

        ② 케이블배선

        ③ 케이블트레이배선

    (2) 애자사용배선에 의한 고압 옥내배선은 다음에 의할 것 또한 사람이 접촉할 우려가 없도록 시설할 것

        ① 전선 : 공칭단면적 6[mm²] 이상의 연동선 또는 이와 동등 이상의 세기 및 굵기의 고압 절연전선이나 특고압 절연전선 또는 고압용 기계기구의 시설 규정의 인하용 고압 절연전선일 것

        ② 전선의 지지점 간의 거리 : 6[m] 이하일 것. 다만, 전선을 조영재의 면을 따라 붙이는 경우에는 2[m] 이하일 것

        ③ 전선 상호 간의 간격 : 0.08[m] 이상

        ④ 전선과 조영재 사이의 이격거리 : 0.05[m] 이상일 것

        ⑤ 애자사용배선에 사용하는 애자는 절연성 · 난연성 및 내수성의 것일 것

        ⑥ 고압 옥내배선은 저압 옥내배선과 쉽게 식별되도록 시설할 것

        ⑦ 전선이 조영재를 관통하는 경우에는 그 관통하는 부분의 전선을 전선마다 각각 별개의 난연성 및 내수성이 있는 견고한 절연관에 넣을 것

    (3) 케이블배선에 의한 고압 옥내배선 시설기준

        ① 전선에 케이블을 사용할 것

        ② 관, 기타의 케이블을 넣는 방호장치의 금속제 부분, 금속제의 전선 접속함 및 케이블의 피복에 사용하는 금속체에는 접지시스템에 의한 접지공사를 할 것

    (4) 케이블트레이배선에 의한 고압 옥내배선 시설기준

        ① 전선은 연피케이블, 알루미늄피케이블 등 난연성 케이블, 기타 케이블(적당한 간격으로 연소방지 조치를 할 것)을 사용할 것

        ② 금속제 케이블트레이 계통은 기계적 및 전기적으로 완전하게 접속하여야 하며 금속제 트레이에는 적합한 도체로 접지시스템에 접속할 것

③ 동일 케이블트레이 내에 시설하는 케이블의 수는 다음에 의할 것

 ㉠ 단심 및 다심 케이블의 지름(완성품의 바깥지름)의 합계가 케이블트레이의 내측 폭 이하일 것

 ㉡ 케이블은 단층으로 시설할 것

 ㉢ 단심 케이블을 트리프렉스형, 쿼드랍프렉스형으로 하거나

 ㉣ 또는 회로군으로 일괄하여 묶은 경우에는 이들 단심 케이블의 지름의 합계가 케이블트레이의 내측 폭 이하가 되도록 하고 단층 배열로 시설할 것

## 2. 고압 옥내배선이 다른 고압 이하의 배선 및 수도 가스관 등과 접근 또는 교차 시의 이격거리

(1) 이격거리는 0.15[m]일 것

(2) 단, 애자사용배선에 의하여 시설하는 저압 옥내전선이 나전선인 경우에는 0.3[m], 가스 계량기 및 가스관의 이음부와 전력량계 및 개폐기와는 0.6[m] 이상일 것

(3) 예외 규정은 다음의 경우이다.

① 고압 옥내배선을 케이블배선에 의하여 시설하는 경우에 케이블과 이들 사이에 내화성이 있는 견고한 격벽을 시설할 때에는 그렇지 않음

② 고압 케이블을 내화성이 있는 견고한 관에 넣어 시설할 때에는 그렇지 않음

③ 다른 고압 옥내배선의 전선이 케이블일 때에는 그렇지 않음

**239** 옥내 고압용 이동전선의 시설기준과 옥내에 시설하는 고압 접촉전선 공사의 시설기준에 대하여 설명하시오.

**data** 전기안전기술사 및 건축전기설비기술사 출제예상문제 / KEC 342.2, 342.3

**답안** 1. **옥내 고압용 이동전선의 시설기준**

(1) 전선은 고압용의 캡타이어케이블일 것

(2) 이동전선과 전기사용기계기구와는 볼트조임, 기타의 방법에 의하여 견고히 접속할 것

(3) 이동전선에 전기를 공급하는 전로(유도전동기의 2차측 전로를 제외)에는 전용 개폐기 및 과전류차단기를 각 극(과전류차단기는 다선식 전로의 중성극을 제외)에 시설할 것

(4) 전로에 지락이 생겼을 때에 자동적으로 전로를 차단하는 장치를 시설할 것

2. **옥내에 시설하는 고압 접촉전선 공사**

(1) 이동기중기, 기타 이동하여 사용하는 고압의 전기기계기구에 전기를 공급하기 위하여 사용하는 접촉전선(전차선은 제외)을 옥내에 시설하는 경우에는 전개된 장소 또는 점검할 수 있는 은폐된 장소에 애자사용배선에 의하고 또한 다음에 따라 시설할 것

① 전선은 사람이 접촉할 우려가 없도록 시설할 것

② 전선은 인장강도 2.78[kN] 이상의 것 또는 지름 10[mm]의 경동선으로 단면적이 70[mm$^2$] 이상인 구부리기 어려운 것일 것

③ 전선은 각 지지점에서 견고하게 고정시키고 또한 집전장치의 이동에 의하여 동요하지 아니하도록 시설할 것

④ 전선 지지점 간의 거리는 6[m] 이하일 것

⑤ 전선 상호 간의 간격 및 집전장치의 충전부분 상호 간 및 집전장치의 충전부분과 극성이 다른 전선 사이의 이격거리는 0.3[m] 이상일 것. 다만, 전선 상호 간 집전장치의 충전부분 상호 간 및 집전장치의 충전부분과 극성이 다른 전선 사이에 절연성 및 난연성이 있는 견고한 격벽을 시설하는 경우에는 그렇지 않음

⑥ 전선과 조영재(애자를 지지하는 것은 제외)와의 이격거리 및 그 전선에 접촉하는 집전장치의 충전부분과 조영재 사이의 이격거리는 0.2[m] 이상일 것. 다만, 전선 및 그 전선에 접촉하는 집전장치의 충전부분과 조영재 사이에 절연성 및 난연성이 있는 견고한 격벽을 설치하는 경우에는 그렇지 않음

⑦ 애자는 절연성 · 난연성 및 내수성이 있는 것일 것

(2) 옥내에 시설하는 고압 접촉전선 및 그 고압 접촉전선에 접촉하는 집전장치의 충전부분이 다른 옥내전선·약전류전선 등 또는 수관·가스관이나 이와 유사한 것과 접근 또는 교차하는 경우에는 상호 간의 이격거리

① 0.6[m] 이상일 것

② 다만, 옥내에 시설하는 고압 접촉전선과 다른 옥내전선이나 약전류전선 등 사이에 절연성 및 난연성이 있는 견고한 격벽을 설치하는 경우에는 0.3[m] 이상으로 가능함

(3) 옥내에 시설하는 고압 접촉전선에 전기를 공급용 전로개폐기와 과전류차단기

① 전용 개폐기 및 과전류차단기를 시설할 것

② 이 경우에 개폐기는 고압 접촉전선에 가까운 곳에 쉽게 개폐할 수 있도록 시설하고, 과전류차단기는 각 극(다선식 전로의 중성극은 제외)에 시설할 것

③ 전로 중에는 전로에 지락 시, 자동적으로 전로를 차단하는 장치를 시설할 것

④ 다만, 고압 접촉전선의 전원측 접속점에서 1[km] 안의 전원측 전로에 전용의 절연변압기를 시설하는 경우로서 전로에 지락이 생겼을 때 이를 기술원 주재소에 경보하는 장치를 시설하는 경우에는 그렇지 않음

(4) 옥내에 시설하는 고압 접촉전선은 그 고압 접촉전선에 접촉하는 집전장치의 이동에 의하여 무선설비의 기능에 계속적이고 또한 중대한 장해를 줄 우려가 없도록 시설할 것

(5) 옥내에 시설하는 고압 접촉전선에서 전기의 공급을 받는 전기기계기구의 접지공사

① 전기기계기구에서 접지극에 이르는 접지도체를 사용할 것

② "1."의 옥내 고압용 이동전선의 시설기준의 규정에 준하여 시설할 수 있음

(6) 옥내에 시설하는 고압 접촉전선의 시설 불가 장소

① 분진 위험장소

② 가연성 가스 등의 위험장소

③ 위험물 등이 존재하는 장소

## 240 특고압 옥내전기설비의 시설기준에 대하여 설명하시오.

**data** 전기안전기술사 및 건축전기설비기술사 출제예상문제

**답안**

1. **특고압 옥내배선은 다음에 따르고 또한 위험의 우려가 없도록 시설할 것**

   (1) 사용전압은 100[kV] 이하일 것. 다만, 케이블트레이배선에 의하여 시설하는 경우에는 35[kV] 이하일 것

   (2) 전선은 케이블일 것

   (3) 케이블은 철재 또는 철근콘크리트제의 관 · 덕트, 기타의 견고한 방호장치에 넣어 시설할 것

   (4) 다만, "(1)" 단서의 케이블트레이배선에 의하는 경우에는 고압 옥내배선 등의 시설 규정의 케이블트레이배선에 의한 고압 옥내배선의 규정에 준하여 시설할 것

   (5) 관 그 밖에 케이블을 넣는 방호장치의 금속제 부분 · 금속제의 전선 접속함 및 케이블의 피복에 사용하는 금속체에는 접지시스템의 규정에 의한 접지공사를 할 것

2. **특고압 옥내배선이 저압 옥내전선 · 관등회로의 배선 · 고압 옥내전선 · 약전류전선 등 또는 수관 · 가스관이나 이와 유사한 것과 접근하거나 교차하는 경우에는 다음에 의함**

   (1) 특고압 옥내배선과 저압 옥내전선 · 관등회로의 배선 또는 고압 옥내전선 사이의 이격거리 : 0.6[m] 이상일 것. 다만, 상호 간에 견고한 내화성의 격벽을 시설할 경우에는 그렇지 않음

   (2) 특고압 옥내배선과 약전류전선 등 또는 수관 · 가스관이나 이와 유사한 것과 접촉하지 아니하도록 시설할 것

3. **특고압의 이동전선 및 접촉전선(전차선은 제외)은 이동전선**

   (1) 옥내에 시설하여서는 아니 됨

   (2) 이동전선은 충전부분에 사람이 접촉할 경우에 사람에게 위험을 줄 우려가 없는 전기집진응용장치에 부속하는 이동전선 이외에는 시설하지 말 것

4. **옥내에 시설하는 특고압 옥내전기설비 시설 불가 장소**

   (1) 분진 위험장소

   (2) 가연성 가스 등의 위험장소

   (3) 위험물 등이 존재하는 장소

5. **옥내 또는 옥외에 시설하는 예비 케이블**

   사람이 접촉할 우려가 없도록 시설하고 접지공사를 할 것

## section 05 발전소, 변전소, 개폐소 등의 전기설비 (KEC 3장 – 350)

## 241 발·변전소 등의 울타리·담 등의 시설기준을 설명하시오.

**data** 공통 출제예상문제 / KEC 351

**답안**

### 1. 개요

고압 또는 특고압의 기계기구·모선 등을 시설하는 발전소·변전소·개폐소 또는 이에 준하는 곳에는 구내에 취급자 이외의 사람이 들어가지 않도록 시설할 것

### 2. 옥외에 시설하는 경우 시설기준

(1) 울타리·담 등의 시설기준

① 높이 2[m] 이상, 지표면과 울타리·담 등의 하단 사이 0.15[m] 이하일 것

② 고압 및 특고압 충전부분까지 거리 합계 : 다음 표에 의함

**‖ 발전소 등의 울타리·담 등의 시설 시 이격거리 ‖**

| 사용전압의 구분 | 울타리·담 등의 높이와 울타리·담 등으로부터 충전부분까지의 거리의 합계 |
|---|---|
| 35[kV] 이하 | 5[m] |
| 35[kV] 초과 160[kV] 이하 | 6[m] |
| 160[kV] 초과 | 6[m]에 160[kV]를 초과하는 10[kV] 또는 그 단수마다 0.12[m]를 더한 값 |

(2) 출입구에 출입금지 표시할 것

(3) 출입구에 자물쇠장치 등, 기타 적당한 장치를 설치할 것

### 3. 옥내에 시설하는 경우 시설기준

(1) 옥외 시설기준에 준하여 시설하고 출입구에 출입금지 표시 및 자물쇠장치를 설치

(2) 견고한 벽에 시설할 것

### 4. 고압 또는 특고압 가공전선과 금속제의 울타리·담 등이 교차하는 경우 시설기준

(1) 교차점과 좌, 우로 45[m] 이내의 개소에 접지공사를 시공할 것

(2) 울타리·담 등에 문이 있는 경우 접지공사 또는 전기적 접속할 것

(3) 고압 가공전선로는 고압 보안공사, 특고압 가공전선로는 제2종 특고압 보안공사로 시공할 것

**5. 공장 등의 구내의 옥외 또는 옥내에 시설하는 경우 시설기준**

(1) 위험경고 표지할 것

(2) 예외 : 특고압용 기계기구의 시설, 고압용 기계기구의 규정에 준하는 경우임

**242** 다음 설비에 대한 보호장치 시설기준을 설명하시오.
1. 발전기 등(연료전지와 상용전원의 축전지 포함)의 보호장치
2. 특고압용 변압기의 보호장치
3. 조상설비의 보호장치

**(data)** 공통 출제예상문제

**답안** 1. 발전기 등의 보호장치

(1) 발전기의 용량별 보호장치 시설기준

| 발전기 용량 | 자동적으로 전로로부터 차단하는 장치를 시설해야 하는 경우 |
|---|---|
| 모든 용량 | 과전류나 과전압이 생긴 경우 |
| 100[kVA] 이상 | 발전기를 구동하는 풍차의 압유장치의 유압, 압축공기장치의 공기압 또는 전동식 브레이드 제어장치의 전원전압이 현저히 저하한 경우 |
| 500[kVA] 이상 | 발전기를 구동하는 수차의 압유장치의 유압 또는 전동식 가이드밴 제어장치, 전동식 니들 제어장치 또는 전동식 디플렉터 제어장치의 전원전압이 현저히 저하한 경우 |
| 2,000[kVA] 이상 | 수차 발전기의 스러스트 베어링의 온도가 현저히 상승한 경우 |
| 10,000[kVA] 이상 | 발전기의 내부에 고장이 생긴 경우 |
| 정격출력이 10,000[kW] 초과 | 증기터빈은 그 스러스트 베어링이 현저하게 마모되거나 그의 온도가 현저히 상승한 경우 |

(2) 연료전지 발전설비의 보호장치

① 다음의 경우에 자동적으로 이를 전로에서 차단할 것

ㄱ 연료전지에 과전류가 생긴 경우

ㄴ 발전요소의 발전전압에 이상이 생겼을 경우 또는 연료가스 출구에서의 산소농도 또는 공기 출구에서의 연료가스 농도가 현저히 상승한 경우

ㄷ 연료전지의 온도가 현저하게 상승한 경우

② "①"의 장치 구동과 동시에 다음을 행하기 위한 보호장치를 시설할 것

ㄱ 연료전지에 연료가스 공급을 자동적으로 차단할 것

ㄴ 연료전지 내의 연료가스를 자동적으로 배제할 것

**(comment)** KEC 문구를 세밀하게 파악해야 되며, 대충하다가는 현장의 문제점을 넘겨서 대형 폭발화재 사고의 원인제공이 될 수 있음(특히 연료전지는 수소를 이용 대단히 주의할 것)

(3) 상용전원 용도의 축전지에 있어 보호장치

과전류가 생겼을 경우에 자동적으로 이를 전로로부터 차단하는 장치를 시설할 것

## 2. 특고압용 변압기의 보호장치

### (1) 특고압용 변압기 내부에 고장이 발생 시 보호하는 장치

| 뱅크용량의 구분 | 동작조건 | 장치의 종류 |
|---|---|---|
| 5,000[kVA] 이상<br>10,000[kVA] 미만 | 변압기 내부고장 | 자동차단장치<br>또는 경보장치 |
| 10,000[kVA] 이상 | 변압기 내부고장 | 자동차단장치 |
| 타냉식 변압기<br>(변압기의 권선 및 철심을<br>직접 냉각을 위한 봉입한<br>냉매를 강제순환시키는 냉각방식) | 냉각장치에 고장이 생긴 경우<br>또는 변압기의 온도가<br>현저히 상승한 경우 | 경보장치 |

### (2) 예외

변압기의 내부에 고장이 발생 시 그 변압기의 전원인 발전기를 자동정지하도록 시설한 경우에는 그 전로로부터 변압기를 차단하는 장치가 없어도 됨

## 3. 조상설비의 보호장치

조상설비에는 그 내부에 고장이 생긴 경우에 보호하는 장치를 다음 표와 같이 시설할 것

∥ **조상설비의 보호장치** ∥

| 설비종별 | 뱅크용량의 구분 | 자동적으로 전로로부터 차단하는 장치 |
|---|---|---|
| 전력용 커패시터 및<br>분로리액터 | 500[kVA] 초과<br>15,000[kVA] 미만 | 내부에 고장이 생긴 경우에 동작하는 장치<br>또는 과전류가 생긴 경우에 동작하는 장치 |
| | 15,000[kVA] 이상 | 내부에 고장이 생긴 경우에 동작하는 장치<br>및 과전류가 생긴 경우에 동작하는 장치<br>또는 과전압이 생긴 경우에 동작하는 장치 |
| 조상기(調相機) | 15,000[kVA] 이상 | 내부에 고장이 생긴 경우에 동작하는 장치 |

**243** 특고압 전로의 상 및 접속상태의 표시에 대한 시설기준을 설명하시오.

(**data**) 발송배전기술사 출제예상문제

**답안**

**1. 특고압 전로의 상 및 접속상태의 표시 적용개소**

발전소 · 변전소 또는 이에 준하는 곳의 특고압 전로

**2. 시설방법**

(1) 그의 보기 쉬운 곳에 상별 표시를 할 것

(2) 적용개소에 대하여는 그 접속상태를 모의모선의 사용, 기타의 방법으로 표시할 것

(3) 다만, 이러한 전로에 접속하는 특고압 전선로의 회선수가 2 이하이고 또한 특고압의 모선이 단일모선인 경우에는 그러하지 아니하다.

## 244 특고압 계측장치의 시설기준에 대하여 설명하시오.

**data** 전기안전기술사 및 발송배전기술사, 건축전기설비기술사 출제예상문제 / KEC 351.6

**답안**

**1. 발전소에서는 다음의 사항을 계측하는 장치를 시설할 것**

(1) 발전기·연료전지 또는 태양광 모듈의 전압, 전류, 전력

(2) 발전기의 베어링 및 고정자의 온도

(3) 정격출력이 10[MW]를 초과하는 증기터빈에 접속하는 발전기의 진동의 진폭(정격출력이 400[MW] 이상의 증기터빈에 접속하는 발전기는 이를 자동적으로 기록하는 것)

(4) 주요 변압기의 전압, 전류, 전력

(5) 특고압용 변압기의 온도

(6) 동기발전기의 동기검정장치로 동기여부 계측할 것

> **reference**
> 예외 조건
> • 연계하는 전력계통에 동기발전기 이외의 전원이 없는 경우
> • 용량이 발전기를 연계하는 전력계통의 용량과 비교하여 현격히 적은 경우

**2. 정격출력이 10[kW] 미만의 내연력 발전소의 계측장치 시설기준**

연계하는 전력계통에 발전소 이외의 전원이 없는 것에 대해서는 1.의 "(1)" 및 "(5)"의 사항 중 전류 및 전력을 측정하는 장치의 시설은 하지 않아도 됨

**3. 변전소 또는 이에 준하는 곳에는 다음을 계측하는 장치를 시설할 것**

(1) 주요 변압기의 전압, 전류, 전력

(2) 특고압용 변압기의 온도

(3) 예외 대상 : 전기철도용 변전소는 주요 변압기의 전압계측장치 생략 가능

**4. 동기조상기를 시설하는 경우에는 다음의 사항을 계측하는 장치를 시설할 것**

(1) 동기조상기의 전압, 전류, 전력

(2) 동기조상기의 베어링 및 고정자 온도

(3) 동기검정장치

(4) 예외 대상 : 동기조상기의 용량이 전력계통의 용량과 비교하여 현격히 적은 경우

## 245 전기설비기술기준에 의한 특고압 배전반의 시설기준을 설명하시오.

**data** 건축전기설비기술가 출제예상문제 / KEC 351.7

**답안** **1. 적용 대상**

발전소 · 변전소 · 개폐소 또는 이에 준하는 곳에 시설하는 배전반에 붙이는 기구 및 전선

**2. 배전반에 고압용 또는 특고압용의 기구 또는 전선을 시설 시 유의사항(시설기준)**

(1) 해당 배전반은 점검할 수 있도록 시설할 것

(2) 취급자에게 위험이 미치지 않도록 적당한 방호장치 또는 통로를 시설할 것

(3) 기기조작에 필요한 공간을 확보할 것

(4) 예외 : 관에 넣은 전선 및 지중전선로를 직접 매설식으로 시설한 경우 개장한 케이블을 사용 시는 예외이다.

## **246** 전기설비기술기준에 의한 상주 감시를 하지 아니하는 발전소의 시설기준을 설명하시오.

**data** 공통 출제예상문제 / KEC 351.9

**답안** 1. 무인 발전소의 적용범위

발전소의 운전에 필요한 지식 및 기능을 가진 자가 상주 감시하지 않는 발전소로서 다음의 경우에 어느 하나에 의하여 시설할 것

(1) 원동기, 발전기, 연료전지에 자동부하조정장치 또는 부하제한장치를 시설하는 수력 · 풍력 · 내연력 · 연료전지 · 태양전지발전소로서 전력공급에 지장을 주지 아니하고, 기술인이 그 발전소를 수시 순회하는 경우

단, 위의 연료전지 발전소에서 무인화 발전소란, 출력 500[kW] 미만으로서 연료개질계통설비의 압력이 100[kPa] 미만의 인산형의 것

(2) 수력 · 풍력 · 내연력 · 연료전지 · 태양전지발전소로서 그 발전소를 원격제어하는 제어소에 기술원이 상주하여 감시하는 경우

2. "1."에서 규정하는 발전소는 비상용 예비전원을 얻을 목적으로 시설하는 것 이외에는 다음에 따라 시설할 것

(1) 다음의 경우에는 발전기를 전로에서 자동적으로 차단하고 또한 수차 또는 풍차를 자동적으로 정지하는 장치 또는 내연기관에 연료 유입을 자동적으로 차단하는 장치를 시설할 것

① 원동기 제어용의 압유장치의 유압, 압축공기장치의 공기압 또는 전동제어장치의 전원전압이 현저히 저하한 경우

② 원동기의 회전속도가 현저히 상승한 경우

③ 발전기에 과전류가 생긴 경우

④ 정격출력이 500[kW] 이상의 원동기(풍차를 시가지 그 밖에 인가가 밀집된 지역에 시설 시는 100[kW] 이상) 또는 그 발전기의 베어링의 온도가 현저히 상승 시

⑤ 용량이 2,000[kVA] 이상의 발전기의 내부에 고장이 생긴 경우

⑥ 내연기관의 냉각수 온도가 현저히 상승한 경우 또는 냉각수의 공급이 정지된 경우

⑦ 내연기관의 윤활유 압력이 현저히 저하한 경우

⑧ 내연력 발전소의 제어회로 전압이 현저히 저하한 경우

⑨ 시가지 그 밖에 인가 밀집지역에 시설하는 것으로서 정격출력이 10[kW] 이상의 풍차의 중요한 베어링 또는 그 부근의 축에서 회전 중에 발생하는 진동의 진폭이 현저히 증대된 경우

⑩ 예외 수차를 자동적으로 정지시키는 장치의 시설을 하지 아니하여도 되는 경우

  ㉠ "①", "②" 또는 "③"의 경우 수차의 무구속 회전이 정지될 때까지의 사이에 회전

부가 구조상 안전하고 또 이 사이에 하류에 방류로 인한 인체에 위해를 미치지 않으며 또한 물건에 손상을 줄 위험이 없을 경우

ⓛ "①", "②" 또는 "③"의 경우 발전기를 자동적으로 무부하 또는 무여자로 하는 장치를 시설 시

ⓒ "④"의 경우에 수차의 스러스트 베어링이 구조상 과열의 우려가 없는 경우

(2) 다음의 경우에서 연료전지를 자동적으로 전로로부터 차단하여 연료의 공급을 자동적으로 차단하고, 내부의 연료가스를 자동적으로 배제하는 장치를 시설할 것

① 발전소의 운전제어장치에 이상이 생긴 경우

② 발전소의 제어용 압유장치의 유압, 압축공기장치의 공기압, 전동제어장치의 전원전압이 현저히 저하한 경우

③ 설비 내의 연료가스를 배제하기 위한 불활성 가스 등의 공급압력이 현저히 저하한 경우

(3) 발전소에서 발전 제어소에 경보하는 장치를 시설하는 경우

① 적용 대상 : 수력 · 풍력 · 내연력 · 연료전지 · 태양전지발전소로서 그 발전소를 원격제어하는 제어소에 기술원이 상주하여 감시하는 경우

② 적용기준

㉠ 원동기가 자동 정지한 경우

㉡ 운전조작에 필요한 차단기가 자동적으로 차단된 경우(자동 재폐로된 경우 제외)

㉢ 수력발전소 · 풍력발전소의 제어회로 전압이 현저히 저하한 경우

㉣ 특고압용의 타냉식 변압기의 온도가 현저히 상승하거나 냉각장치가 고장인 경우

㉤ 발전소 안에 화재가 발생한 경우

㉥ 내연기관의 연료유면이 이상 저하된 경우

㉦ 가스절연기기의 절연가스 압력이 현저히 저하한 경우

③ 예외 : 상기 ②의 "㉢", "㉣"의 경우에 발전기 및 변압기를 전로에서 자동적으로 차단하고 수차 또는 풍차를 자동적으로 정지하는 장치를 시설하는 경우

(4) 발전 제어소에 설치하는 장치는 다음과 같다.

① 적용 대상 : 수력 · 풍력 · 내연력 · 연료전지 · 태양전지발전소로서 그 발전소를 원격제어하는 제어소에 기술원이 상주하여 감시하는 경우

② 시설기준

㉠ 원동기, 발전기, 연료전지의 부하를 조정하는 장치

㉡ 운전 및 정지를 조작, 감시하는 장치

㉢ 운전 조작에 상시 필요한 차단기를 조작, 개폐상태를 감시하는 장치

㉣ 고압, 특고압의 배전선로용 차단기를 조작, 개폐를 감시하는 장치

③ 예외 : 상기 ②의 "㉣"의 차단기 중 자동재폐로장치를 한 고압 또는 25[kV] 이하인 특고압의 배전선로용 차단기

**247** 전기설비기술기준에서 규정한 상주 감시를 하지 아니하는 변전소의 시설기준에 대하여 설명하시오.

**(data)** 공통 출제예상문제 / KEC 351.9

**답안** **1. 무인 변전소 적용범위**

(1) 변전소에 준하는 곳으로서 50[kV]를 초과하는 특고압의 전기를 변성하기 위한 것을 포함함

(2) 변전소 운전에 필요한 지식 및 기능을 가진 자가 그 변전소에 상주하여 감시를 하지 아니하는 변전소는 다음에 따라 시설하는 경우에 한한다.

① 사용전압이 170[kV] 이하의 변압기를 시설하는 변전소로서 기술원이 수시로 순회하거나 그 변전소를 원격감시 제어하는 변전제어소에서 상시 감시하는 경우

② 사용전압이 170[kV]를 초과하는 변압기를 시설하는 변전소로서 변전제어소에서 상시 감시하는 경우

**2. 1.의 (2) "①"에 규정하는 변전소는 다음에 따라 시설할 것**

(1) 다음의 경우에는 변전제어소 또는 기술원이 상주하는 장소에 경보장치를 시설할 것

① 운전조작에 필요한 차단기가 자동적으로 차단한 경우(차단기가 재폐로한 경우는 제외)

② 주요 변압기의 전원측 전로가 무전압으로 된 경우

③ 제어회로의 전압이 현저히 저하한 경우

④ 옥내변전소에 화재가 발생한 경우

⑤ 출력 3,000[kVA]를 초과하는 특고압용 변압기 온도가 현저히 상승한 경우

⑥ 특고압용 타냉식 변압기는 냉각장치가 고장난 경우

⑦ 조상기는 내부에 고장이 생긴 경우

⑧ 수소냉각식 조상기는 조상기 안의 수소의 순도가 90[%] 이하로 저하한 경우, 수소의 압력이 현저히 변동한 경우 또는 수소의 온도가 현저히 상승한 경우

⑨ 가스절연기기(압력의 저하에 의하여 절연파괴 등이 생길 우려가 없는 경우는 제외)의 절연가스의 압력이 현저히 저하한 경우

(2) 수소냉각식 조상기를 시설하는 변전소는 조상기 안의 수소의 순도가 85[%] 이하로 저하한 경우에 그 조상기를 전로로부터 자동적으로 차단하는 장치를 시설할 것

(3) 전기철도용 변전소에서 무인화 변전소 적용

① 주요 변성기기에 고장이 생긴 경우 또는 전원측 전로의 전압이 현저히 저하한 경우에 그 변성기기를 자동적으로 전로로부터 차단하는 장치를 할 것

② 다만, 경미한 고장이 생긴 경우에 기술원 주재소에 경보하는 장치를 하는 때에는 고장이 발생 시, 자동적으로 전로로부터 차단하는 장치의 시설을 하지 않아도 됨

**3. 사용전압이 170[kV]를 초과하는 변압기를 시설하는 변전소로 변전제어소에서 상시 감시 시**
규정에 준하는 외에 2 이상의 신호전송경로(적어도 1경로가 무선, 전력선 통신용 케이블 또는 광섬유 케이블인 것에 한한다)에 의하여 원격감시제어를 하도록 시설할 것

**248** 수소냉각식의 발전기·조상기 또는 이에 부속하는 수소냉각장치의 시설기준을 설명하시오.

**(data)** 발송배전기술사 출제예상문제 / KEC 351.10

**답안** (1) 발전기 또는 조상기는 기밀구조의 것이고 또한 수소가 대기압에서 폭발하는 경우에 생기는 압력에 견디는 강도를 가지는 것일 것

(2) 발전기축의 밀봉부에는 질소가스를 봉입할 수 있는 장치 또는 발전기축의 밀봉부로부터 누설된 수소가스를 안전하게 외부에 방출할 수 있는 장치를 시설할 것

(3) 발전기 내부 또는 조상기 내부의 수소의 순도가 85[%] 이하로 저하한 경우에 이를 경보하는 장치를 시설할 것

(4) 발전기 내부 또는 조상기 내부의 수소의 압력을 계측하는 장치 및 그 압력이 현저히 변동한 경우에 이를 경보하는 장치를 시설할 것

(5) 발전기 내부 또는 조상기 내부의 수소의 온도를 계측하는 장치를 시설할 것

(6) 발전기 내부 또는 조상기 내부로 수소를 안전하게 도입할 수 있는 장치 및 발전기 안 또는 조상기 안의 수소를 안전하게 외부로 방출할 수 있는 장치를 시설할 것

(7) 수소를 통하는 관은 동관 또는 이음매 없는 강판이어야 하며 또한 수소가 대기압에서 폭발하는 경우에 생기는 압력에 견디는 강도의 것일 것

(8) 수소를 통하는 관·밸브 등은 수소가 새지 아니하는 구조로 되어 있을 것

(9) 발전기 또는 조상기에 붙인 유리제의 점검 창 등은 쉽게 파손되지 아니하는 구조로 되어 있을 것

**(comment)** 시험장에서는 위 내용을 개조식으로 기록할 것

# section 06 전력보안통신설비 (KEC 3장 – 360)

**249** 전력보안통신설비의 일반사항을 설명하시오.

**data** 발송배전기술사 출제예상문제 / KEC 361

**답안** **1. 전력보안통신설비의 일반사항**

(1) 관련 법에 따른 기술적 사항의 규정

① 「전기사업법」에 의한 보안통신설비와 통신설비의 기술적 사항의 규정

② 「지능형 전력망의 구축 및 이용 촉진에 관한 법률」에 따른 보안통신선로와 통신설비의 시설 및 운영에 필요한 기술적 사항을 규정하는 것을 목적으로 함

(2) 적용범위

① 대상 사업자 : 전기사업자(즉, 한전 등의 사업자)

② 전기를 공급하는 구간인 송전선로, 배전선로 등에서 유선 및 무선통신방식을 이용하여 통신할 수 있는 선로 및 전기설비의 설계, 시공, 감리 및 유지관리 등에 적용

**2. 전력보안통신설비의 시설장소**

(1) 송전선로

① 66[kV], 154[kV], 345[kV], 765[kV] 계통 송전선로 구간(가공, 지중, 해저) 및 안전상 특히 필요한 경우에 전선로의 적당한 곳

**comment** 육지와 제주 간 해저 간 해저케이블

② 고압 및 특고압 지중전선로가 시설되어 있는 전력구 내에서 안전상 특히 필요한 경우의 적당한 곳

③ 직류계통 송전선로 구간 및 안전상 특히 필요한 경우의 적당한 곳

④ 송변전 자동화 등 지능형 전력망 구현을 위해 필요한 구간

(2) 배전선로

① 22.9[kV] 계통 배전선로 구간(가공, 지중, 해저)

② 22.9[kV] 계통에 연결되는 분산전원형 발전소

③ 폐회로 배전 등 신배전방식 도입 개소

④ 배전자동화, 원격검침, 부하감시 등 지능형 전력망 구현을 위해 필요한 구간

### (3) 발전소, 변전소 및 변환소

① 원격감시제어가 되지 아니하는 발전소 · 원격감시제어가 되지 아니하는 변전소 · 개폐소, 전선로 및 이를 운용하는 급전소 및 급전분소 간

② 2개 이상의 급전소(분소) 상호 간과 이들을 통합 운용하는 급전소(분소) 간

③ 수력설비 중 필요한 곳, 수력설비의 안전상 필요한 양수소 및 강수량 관측소와 수력발전소 간

④ 동일 수계에 속하고 안전상 긴급연락의 필요가 있는 수력발전소 상호 간

⑤ 동일 전력계통에 속하고 또한 안전상 긴급연락의 필요가 있는 발전소 · 변전소 및 개폐소 상호 간

⑥ 발전소 · 변전소 및 개폐소와 기술원 주재소 간. 다만, 다음 어느 항목에 적합하고 또한 휴대용이거나 이동형 전력보안통신설비에 의하여 연락이 확보된 경우에는 그러하지 아니하다.

㉠ 발전소로서 전기의 공급에 지장을 미치지 않는 곳

㉡ 상주 감시를 하지 않는 변전소(사용전압이 35[kV] 이하)로서 그 변전소에 접속되는 전선로가 동일 기술원 주재소에 의하여 운용되는 곳

⑦ 발전소 · 변전소 · 개폐소 · 급전소 및 기술원 주재소와 전기설비의 안전상 긴급연락의 필요가 있는 기상대 · 측후소 · 소방서 및 방사선 감시계측 시설물 등의 사이

### (4) 컨트롤 센터

① 배전자동화 주장치가 시설되어 있는 배전센터

② 전력수급 조절을 총괄하는 중앙급전사령실

③ 전력보안통신 데이터를 중계하거나, 교환장치가 설치된 정보통신실

### (5) 예비전원 구비

전력보안통신설비는 정전 시에도 그 기능을 잃지 않도록 비상용 예비전원을 구비할 것

## 250 전력보안통신선의 시설 높이와 이격거리에 대하여 설명하시오.

**data** 발송배전기술사 출제예상문제 / KEC 362.2

**답안** 1. 전력보안통신선의 시설 높이

(1) 한전 가공전선로의 지지물에 시설하는 통신선 또는 이에 직접 접속하는 가공통신선의 높이(전주 공가 시)

| 시설장소 | 지상고[m] |
|---|---|
| 철도 횡단 위(Rail면상) | 6.5 |
| 도로횡단 | 6.0 |
| 보도 | 5.0 |
| 기타의 장소 | 3.5 |
| 횡단보도교 위(노면상) | 3.0 |

(2) 가공통신선을 수면상에 시설하는 경우에는 그 수면상의 높이를 선박의 항해 등에 지장을 줄 우려가 없도록 유지할 것

### 2. 가공전선과 첨가통신선과의 이격거리

(1) 통신선은 가공전선의 아래에 시설할 것

(2) 다만, 가공전선에 케이블을 사용하는 경우 또는 광섬유케이블이 내장된 가공지선을 사용하는 경우 또는 수직배선으로 가공전선과 접촉할 우려가 없도록 지지물 또는 완금류에 견고하게 시설하는 경우에는 그렇지 않음

(3) 고압 가공전선과 가공약전류전선 등의 공용설치 규정에 의한 지지물에 통신선로는 수직배선으로 할 것

(4) 이격거리

| 구 분 | 이격거리[m] |
|---|---|
| 특고압 가공전선과 통신선(다만, 중성선은 제외) | 1.2 |
| 사용전압이 15[kV] 이하인 특고압 가공전선로 | 0.75 |
| 특고압 가공전선이 케이블인 경우에 통신선이 절연전선과 동등 이상의 절연성능이 있는 것인 경우 | 0.3 |
| 특고압 가공전선로의 다중접지를 한 중성선 사이 (저압 중성선도 특고압 중성선과 겸용 가능) | 0.6 |
| 저압 가공전선이 절연전선 또는 케이블인 경우에 통신선이 절연전선과 동등 이상의 절연성능이 있을 경우 | 0.3 |

| 구 분 | 이격거리[m] |
|---|---|
| 저압 가공전선이 인입선이고 또한 통신선이 첨가통신용 제2종 케이블 또는 광섬유케이블일 경우 | 0.15 |
| 통신선과 고압 가공전선 사이 | 0.6 |
| 고압 가공전선이 케이블인 경우에 통신선이 절연전선과 동등 이상의 절연성능이 있는 것인 경우 | 0.3 |

## 251 전력보안통신선 시설기준에 대하여 설명하시오.

**data** 발송배전기술사 출제예상문제 / KEC 362.1

**답안**

### 1. 전력보안통신선의 종류

광섬유케이블, 동축케이블 및 차폐용 실드케이블(STP) 또는 이와 동등 이상일 것

### 2. 전력보안통신선의 시공

(1) 중량물의 압력 또는 심한 기계적 충격을 받을 우려가 있는 장소에 시설하는 전력보안통신선에는 적당한 방호장치를 하거나 이들에 견디는 보호피복을 한 것을 사용할 것

(2) 전력보안 가공통신선은 다음에 따라 시설할 것

① 가공통신선은 반드시 조가선에 시설할 것. 다만, 통신선 자체가 지지기능을 가진 경우는 조가선을 생략

② 조가선의 시설기준에 따를 것, 조가선의 안전율은 고압 가공전선의 안전율에 준하여 시설할 것

③ 조가선의 중량 및 조가선에 대한 수평풍압에는 각각 통신선의 중량을 가산한 것일 것

④ 예외 : 다만, 가공지선 또는 중성선을 이용하여 광섬유케이블을 시설하는 경우에는 그러하지 아니하다.

(3) 가공전선로의 지지물에 시설하는 가공통신선에 직접 접속하는 통신선은 절연전선, 일반통신용 케이블 이외의 케이블 또는 광섬유케이블이어야 함

(4) 전력구에 시설하는 경우는 통신선에 다음의 어느 하나에 해당하는 난연조치를 할 것

① 불연성 또는 자소성이 있는 난연성의 피복을 가지는 통신선을 사용할 것

② 불연성 또는 자소성이 있는 난연성의 연소방지 테이프, 연소방지 시트, 연소방지 도료 그 외에 이들과 비슷한 것으로 통신선을 피복할 것

③ 불연성 또는 자소성이 있는 난연성의 관 또는 트라프에 통신선을 수용하여 설치

(5) 통신선은 강전류전선 또는 간판 등 타 공작물과의 이격거리는 전력보안통신선의 시설 높이와 이격거리 규정과 가공통신 인입선 시설 규정에 따라 시설할 것. 다만, 통신케이블의 이격거리가 부족할 경우에는 절연방호구(보호구)를 시설하거나 경완철 등을 이용하여 편출 시공할 수 있다.

(6) 광섬유 복합 가공지선의 이도식은 $D = \left( \dfrac{WS^2}{8T} + \dfrac{W^3 S^4}{384 T^3} \right) \times 0.8$을 적용함

여기서, $T$ : 전선의 수평장력[kgf]

$\qquad$ $W$ : 전선의 단위길이당 중량[kg/m]

$\qquad$ $S$ : 지지물 간 거리[m]

$\qquad$ $D$ : 전선의 이도[m]

**3.** 특고압 가공전선로의 지지물에 시설하는 통신선 또는 이에 직접 접속하는 통신선이 도로·횡단보도교·철도의 레일·삭도·가공전선·다른 가공약전류전선 등 또는 교류 전차선 등과 교차하는 경우에는 다음에 따라 시설할 것

(1) 통신선이 도로 · 횡단보도교 · 철도의 레일 또는 삭도와 교차하는 경우

통신선은 연선의 경우 단면적 16[mm²](단선의 경우 지름 4[mm])의 절연전선과 동등 이상의 절연효력이 있는 것, 인장강도 8.01[kN] 이상의 것 또는 연선의 경우 단면적 25[mm²](단선의 경우 지름 5[mm])의 경동선일 것

(2) 통신선과 삭도 또는 다른 가공약전류전선 등 사이의 이격거리

0.8[m](통신선이 케이블 또는 광섬유케이블일 때는 0.4[m]) 이상으로 할 것

(3) 통신선이 저압 가공전선 또는 다른 가공약전류전선 등과 교차하는 경우

① 그 위에 시설하고 또한 통신선은 "(1)"에 규정하는 것을 사용할 것

② 다만, 저압 가공전선 또는 다른 가공약전류전선 등이 절연전선과 동등 이상의 절연효력이 있는 것, 인장강도 8.01[kN] 이상의 것 또는 연선의 경우 단면적 25[mm²](단선의 경우 지름 5[mm])의 경동선인 경우에는 통신선을 그 아래에 시설 가능

(4) 통신선(가공지선을 이용하여 시설하는 광섬유케이블은 제외)이 다른 특고압 가공전선과 교차하는 경우

그 아래에 시설하고 또한 통신선과 특고압 가공전선 사이에 다른 금속선이 개재하지 아니하는 경우에는 통신선(수직으로 2 이상 있는 경우에는 맨 위의 것)은 인장강도 8.01[kN] 이상의 것 또는 연선의 경우 단면적 25[mm²](단선의 경우 지름 5[mm])의 경동선일 것. 다만, 특고압 가공전선과 통신선 사이의 수직거리가 6[m] 이상인 경우는 그렇지 않음

(5) 통신선이 교류 전차선 등과 교차하는 경우

고압 가공전선의 규정에 준하여 시설할 것

## 252 전력통신설비의 조가선 시설기준에 대하여 설명하시오.

**data** 발송배전기술사 및 전기철도기술사 출제예상문제 / KEC 362.3

**답안** **1. 조가선 규격**

단면적 38[mm²] 이상의 아연도강연선을 사용할 것

### 2. 조가선의 시설 높이, 시설방향 및 시설기준

(1) 조가선의 시설 높이 : 전력보안통신선의 시설 높이와 이격거리와 동일함

　① 도로 횡단의 지상고 : 6.0[m] 이상

　② 보도와의 지상고 : 5.0[m]

(2) 조가선 시설방향

　① 특고압주 : 특고압 중성도체와 같은 방향

　② 저압주 : 저압선과 같은 방향

(3) 조가선은 설비 안전을 위하여 전주와 전주 경간 중에 접속하지 말 것

(4) 조가선은 부식되지 않는 별도의 금구를 사용하고 조가선 끝단은 날카롭지 않게 할 것

(5) 말단 배전주와 말단 1경간 전에 있는 배전주에 시설하는 조가선은 장력에 견디는 형태로 시설할 것

(6) 조가선은 2조까지만 시설할 것

(7) 과도한 장력에 의한 전주 손상을 방지하기 위하여 전주 경간 50[m] 기준 0.4[m] 정도의 이도를 반드시 유지하고, 지표상 시설 높이 기준을 준수하여 시공할 것

(8) +자형 공중교차는 불가피한 경우에 한하여 제한적으로 시공할 수 있다. 다만, T자형 공중 교차시공은 할 수 없다.

(9) 조가선 간의 이격거리는 조가선 2개가 시설될 경우에 이격거리는 0.3[m]를 유지할 것

(10) 조가선은 다음에 따라 접지할 것

　① 조가선은 매 500[m]마다 또는 증폭기, 옥외형광송수신기 및 전력공급기 등이 시설된 위치에서 연선의 경우 단면적 16[mm²](단선의 경우 지름 4[mm]) 이상의 연동선 (KS C 3101)과 접지선 서비스 커넥터 등을 이용하여 접지할 것

　② 접지는 전력용 접지와 별도의 독립접지 시공을 원칙으로 할 것

　③ 접지선 몰딩은 육안식별이 가능하도록 몰딩 표면에 쉽게 지워지지 않는 방법으로 "통신용 접지선"임을 표시하고, 전력선용 접지선 몰드와는 반대방향으로 전주의 외관을 따라 수직방향으로 미려하게 시설하며 2[m] 간격으로 밴딩처리할 것

④ 접지극은 지표면에서 0.75[m] 이상의 깊이에 타 접지극과 1[m] 이상 이격하여 시설
하여야 하며, 접지극 시설, 접지저항값 유지 등 조가선 및 공가설비의 접지에 관한
사항은 접지시스템 규정에 따를 것

**253** 전력유도의 방지조치를 하여야 되는 경우의 제한값을 설명하시오.

(**data**) 공통 출제예상문제 / KEC 362.4

(답안) **1. 개요**

(1) 전력보안통신설비는 가공전선로로부터의 정전유도작용 또는 전자유도작용에 의하여 사람에게 위험을 줄 우려가 없도록 시설하여야 한다.

(2) 다음의 제한값을 초과하거나 초과할 우려가 있는 경우에는 이에 대한 방지조치를 하여야 한다.

**2. 제한값**

| NO | 유도위험전압 종류 | 제한값 |
|----|------------------|--------|
| 1 | 이상 시 유도위험전압 | 650[V]<br>(다만, 고장 시 전류제거시간이 0.1초 이상인 경우에는 430[V]로 한다) |
| 2 | 상시 유도위험종전압 | 60[V] |
| 3 | 기기 오동작 유도종전압 | 15[V] |
| 4 | 잡음전압 | 0.5[mV] |

## 254 특고압 가공전선로 첨가설치 통신선의 시가지 인입 제한 및 통신선용 보안장치 시설기준에 대하여 설명하시오.

**data** 발송배전기술사 출제예상문제 / KEC 362.5

**답안**

### 1. 시가지에 시설하는 통신선에 접속금지 사항

특고압 가공전선로의 지지물에 첨가설치하는 통신선 또는 이에 직접 접속하는 통신선은 시가지에 시설하는 통신선(특고압 가공전선로의 지지물에 첨가설치하는 통신선은 제외)에 접속하지 말 것

### 2. 예외사항

(1) 특고압 가공전선로의 지지물에 첨가설치하는 통신선 또는 이에 직접 접속하는 통신선과 시가지의 통신선과의 접속점에 4.의 "(3)"에서 정하는 표준에 적합한 특고압용 제1종 보안장치, 특고압용 제2종 보안장치 또는 이에 준하는 보안장치를 시설하고 또한 그 중계선륜 또는 배류 중계선륜의 2차측에 시가지의 통신선을 접속하는 경우

(2) 시가지의 통신선이 절연전선과 동등 이상의 절연성능이 있는 것

### 3. 시가지에 시설하는 통신선은 특고압 가공전선로의 지지물에 시설하지 말 것

다만, 통신선이 절연전선과 동등 이상의 절연성능이 있고 인장강도 5.26[kN] 이상의 것 또는 연선의 경우 단면적 16[mm²](단선의 경우 지름 4[mm]) 이상의 절연전선 또는 광섬유 케이블인 경우에는 그러하지 아니하다.

### 4. 보안장치의 표준

(1) "(2)"부터 "(4)"까지에 열거하는 통신선 이외의 통신선인 경우에는 다음의 급전전용통신선용 보안장치일 것

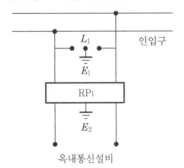

- RP₁ : 교류 300[V] 이하에서 동작하고, 최소감도전류가 3[A] 이하로서 최소감도전류 때의 응동시간이 1사이클 이하이고 또한 전류용량이 50[A], 20초 이상인 자복성(自復性)이 있는 릴레이 보안기
- L₁ : 교류 1[kV] 이하에서 동작하는 피뢰기
- E₁ 및 E₂ : 접지

**▌급전전용통신선용 보안장치 ▌**

(2) 저압 가공전선로의 지지물에 시설하는 통신선 또는 이것에 직접 접속하는 통신선인 경우에는 다음의 저압용 보안장치일 것

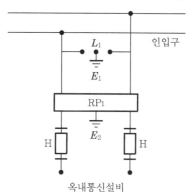

- H : 250[mA] 이하에서 동작하는 열 코일
- $RP_1$, $L_1$, $E_1$ 및 $E_2$ : 각각 "(1)"에서 정하는 바에 따른다.

┃ 저압용 보안장치 ┃

(3) 고압 가공전선로의 지지물에 시설하는 통신선 또는 이것에 직접 접속하는 통신선의 경우에는 다음의 보안장치일 것

고압용 제1종 보안장치

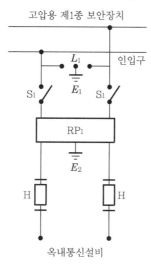

고압용 제2종 보안장치

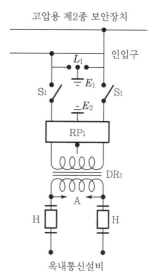

- $S_1$ : 인입용 개폐기
- A : 교류 300[V] 이하에서 동작하는 방전갭
- $DR_1$ : 고압용 배류 중계 코일(선로측 코일과 옥내측 코일 사이 및 선로측 코일과 대지 사이의 절연 내력은 교류 3[kV]의 시험전압으로 시험하였을 때 연속하여 1분간 이에 견디는 것일 것)
- $RP_1$, $L_1$, $E_1$, $E_2$ 및 H : 각각 "(1)" 및 "(2)"에서 정하는 바에 따른다. 이 경우에 고압용 제2종 보안 장치에 $RP_1$이 최소감도전류 0.5[A] 이하인 것일 때는 H를 생략할 수 있다.
- $S_1$ : $L_1$보다 인입구측에 시설할 수가 있다.

┃ 고압용 제1종 및 제2종 보안장치 ┃

(4) 특고압 가공전선로의 지지물에 시설하는 통신선 또는 이것에 직접 접속하는 통신선인 경우에는 다음의 보안장치일 것

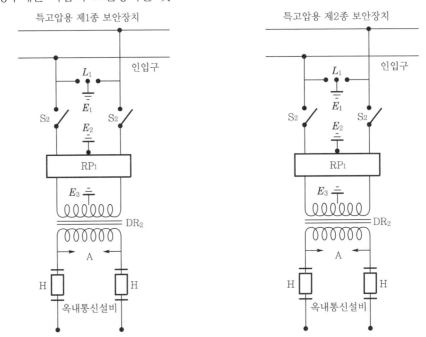

- $S_2$ : 인입용 고압 개폐기
- $DR_2$ : 특고압용 배류 중계 코일(선로측 코일과 옥내측 코일 사이 및 선로측 코일과 대지 사이의 절연내력은 교류 6[kV]의 시험전압으로 시험하였을 때 연속하여 1분간 이에 견디는 것일 것)
- $E_3$ : 접지
- $RP_1$, $L_1$, $E_1$, $E_2$, H 및 A : 각각 "(1)", "(2)" 및 "(3)"에 따른다.

▌고압용 제1종 및 제2종 보안장치 ▌

**255** 특고압 가공전선로 첨가통신선에 대한 다음 사항을 설명하시오.
1. 25[kV] 이하인 특고압 가공전선로 첨가통신선의 시설에 관한 특례
2. 통신기기류 시설
3. 전원공급기의 시설

(data) 발송배전기술사 출제예상문제 / KEC 362.6

**답안** 1. 25[kV] 이하인 특고압 가공전선로 첨가통신선의 시설에 관한 특례

특고압 가공전선로의 지지물에 시설하는 통신선 또는 이에 직접 접속하는 통신선을 다음에 따라 시설하는 경우는 다음에 의할 것

(1) 통신선은 광섬유케이블일 것

(2) 다만, 통신선은 광섬유케이블 이외의 경우에 이를 362.5의 3에서 정하는 표준에 적합한 특고압용 제2종 보안장치 또는 이에 준하는 보안장치를 시설할 때에는 그렇지 않음

> (reference)
> 362.5 : 특고압 가공전선로 첨가 설치 통신선의 시가지 인입 제한

(3) 통신선은 전력보안통신선의 시설 높이와 이격거리 규정에 준하여 시설할 것

## 2. 통신기기류 시설

(1) 배전주에 시설되는 광전송장치, 동축장치(수동소자 포함) 등의 기기는 전주로부터 0.5[m] 이상(1.5[m] 이내) 이격하여 승주작업에 장애가 되지 않도록 조가선에 견고하게 고정할 것

(2) 조가선에 시설되는 모든 기기는 케이블의 추가시설, 철거 및 이설 등에 장애가 되지 않도록 적당한 금구류를 사용하여 견고하게 시설할 것

(3) 전주 1본에 시설할 수 있는 기기 수량은 조가선 1조당 좌우 각각 1대(수동소자 제외)를 한도로 하되, 불가피한 경우는 예외로 시설할 수 있음

(4) 전주에 시설하는 집중장치(DCU) 및 전력량계에 시설하는 모뎀이 전력선통신(PLC)방식을 사용할 경우 ISO/IEC 12139-1을 사용한 방식일 것

## 3. 통신기기류에 대한 전원공급기의 시설

(1) 지상에서 4[m] 이상 유지할 것

(2) 누전차단기를 내장할 것

(3) 시설방향은 인도측으로 시설하며, 외함은 접지를 시행할 것

(4) 기기주, 변대주 및 분기주 등 설비 복잡개소에는 전원공급기를 시설할 수 없음 다만, 현장 여건상 부득이한 경우에는 예외적으로 전원공급기를 시설할 수 있음

(5) 전원공급기 시설 시 통신사업자는 기기 전면에 명판을 부착할 것

## **256** 전력선 반송 통신용 결합장치의 보안장치 시설기준과 가공통신 인입선 시설기준에 대하여 설명하시오.

**data** 발송배전기술사 출제예상문제 / KEC 362.11

**답안** 1. 전력선 반송 통신용 결합장치의 보안장치 시설기준

전력선 반송 통신용 결합 커패시터에 접속하는 회로에는 그림의 보안장치 또는 이에 준하는 보안장치를 시설할 것

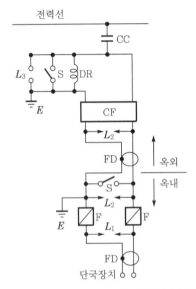

- FD : 동축케이블
- F : 정격전류 10[A] 이하의 포장 퓨즈
- DR : 전류 용량 2[A] 이상의 배류 선륜
- $L_1$ : 교류 300[V] 이하에서 동작하는 피뢰기
- $L_2$ : 동작 전압이 교류 1.3[kV]를 초과하고 1.6[kV] 이하로 조정된 방전갭
- $L_3$ : 동작 전압이 교류 2[kV]를 초과하고 3[kV] 이하로 조정된 구상 방전갭
- S : 접지용 개폐기
- CF : 결합 필터
- CC : 결합 커패시터(결합 안테나를 포함한다)
- E : 접지

▮ 전력선 반송 통신용 결합장치의 보안장치 ▮

### 2. 가공통신 인입선 시설기준

(1) 가공통신선("(2)"에 규정하는 것은 제외)의 지지물에서의 지지점 및 분기점 이외의 가공 통신 인입선 부분의 높이

① 교통에 지장을 줄 우려가 없을 때에 한하여 전력보안통신선의 시설 높이와 이격거리 의 규정에 의하지 아니할 수 있음

② 이 경우에 차량이 통행하는 노면상의 높이는 4.5[m] 이상, 조영물의 붙임점에서의 지표상의 높이는 2.5[m] 이상으로 할 것

(2) 특고압 가공전선로의 지지물에 시설하는 통신선 또는 이에 직접 접속하는 가공통신선 의 지지물에서의 지지점 및 분기점 이외의 가공통신 인입선 부분의 높이 및 다른 가공약 전류전선 등 사이의 이격거리

① 교통에 지장이 없고 또한 위험의 우려가 없을 때에 한하여 전력보안통신선의 시설
  높이와 이격거리의 규정에 의하지 아니할 수 있음

② "①"의 경우에 노면상의 높이는 5[m] 이상, 조영물의 붙임점에서의 지표상의 높이는
  3.5[m] 이상, 다른 가공약전류전선 등 사이의 이격거리는 0.6[m] 이상으로 할 것

**257** 지중통신선로설비에 대한 다음의 시설기준을 설명하시오.
1. 지중통신선로설비 시설
2. 맨홀 및 전력구 내 통신기기의 시설

(**data**) 발송배전기술사 출제예상문제 / KEC 363

(**답안**) **1. 지중통신선로설비 시설**

(**comment**) 전력구에 한번만 갔다오면 바로 머리에 각인되는 조항임

**(1) 통신선**

지중공가설비로 사용하는 광섬유케이블 및 동축케이블은 지름 22[mm] 이하일 것

**(2) 통신선용 내관의 수량**

① 관로 내의 통신케이블용 내관의 수량은 관로의 여유공간 범위 내에서 시설할 것
② 전력구의 행거에 시설하는 내관의 최대수량은 일단으로 시설 가능한 수량까지로 제한할 것

**(3) 전력구 내 통신선의 시설**

① 전력구 내에서 통신용 행거는 최상단에 시설할 것
② 전력구의 통신선은 반드시 내관 속에 시설하고 그 내관을 행거 위에 시설할 것
③ 전력구에 시설하는 비난연재질인 통신선 및 내관은 난연조치할 것
④ 전력구에서는 통신선을 고정시키기 위해 매 행거마다 내관과 행거를 견고하게 고정할 것
⑤ 통신용으로 시설하는 행거의 표준은 그 전력구 전력용 행거의 표준을 초과하지 않을 것
⑥ 통신용 행거 끝에는 행거 안전캡(야광)을 씌울 것
⑦ 전력케이블이 시설된 행거에는 통신선을 시설하지 말 것
⑧ 전력구에 시설하는 통신용 관로구와 내관은 누수가 되지 않도록 철저히 방수처리할 것

**(4) 맨홀 또는 관로에서 통신선의 시설**

① 맨홀 내 통신선은 보호장치를 활용하여 맨홀 측벽으로 정리할 것
② 맨홀 내에서는 통신선이 시설된 매 행거마다 통신케이블을 고정할 것
③ 맨홀 내에서는 통신선을 전력선 위에 얹어 놓는 경우가 없도록 처리할 것
④ 배전케이블이 시설되어 있는 관로에 통신선을 시설하지 말 것
⑤ 맨홀 내 통신선을 시설하는 관로구와 내관은 누수가 되지 않도록 철저히 방수처리할 것

## 2. 맨홀 및 전력구 내 통신기기의 시설

(1) 지중전력설비 운영 및 유지보수, 화재 등 비상시를 대비한 시설

   ① 전력구 내에는 유무선 비상통신설비를 시설하여야할 것

   ② 무선통신은 급전소, 변전소 등과 지령통신 및 그룹통신이 가능한 방식을 적용할 것

(2) 통신기기 중 전원공급기는 맨홀, 전력구 내에 시설하여서는 아니 됨

(3) 예외 규정으로 다음과 같을 경우는 "(2)"의 장소에 설치 가능함

   ① 맨홀과 전력구 내 통신용 기기는 전력케이블 유지보수에 지장이 없도록 최상단 행거의 위쪽 벽면에 시설할 것

   ② 통신용 기기는 맨홀 상부 벽면 또는 전력구 최상부 벽면에 ㄱ자형 또는 T자형 고정 금구류를 시설하고 이탈되지 않도록 견고하게 시설할 것

   ③ 통신용 기기에서 발생하는 열 등으로 전력케이블에 손상이 가지 않도록 할 것

## 258 무선용 안테나의 다음 사항을 설명하시오.
1. 무선용 안테나 등을 지지하는 철탑 등의 시설
2. 무선용 안테나 등의 시설제한
3. 통신설비의 식별

**data** 발송배전기술사 출제예상문제 / KEC 364

**답안** 1. 무선용 안테나 등을 지지하는 철탑 등의 시설

전력보안통신설비인 무선통신용 안테나 또는 반사판을 지지하는 목주 · 철주 · 철근콘크리트주 또는 철탑은 다음에 따라 시설할 것. 다만, 무선용 안테나 등이 전선로의 주위상태를 감시할 목적으로 시설되는 것일 경우에는 그러하지 아니함

(1) **목주 안전율** : 1.5 이상 → 현실적으로 한국에 목주를 사용하는 개소는 없음

(2) **철주 · 철근콘크리트주 또는 철탑의 기초 안전율** : 1.5 이상

(3) **철주(강관주 제외) · 철근콘크리트주 또는 철탑**은 다음의 하중의 $\frac{2}{3}$ 배의 하중에 견디는 강도를 가질 것

   ① 수직하중 : 무선용 안테나 등 및 철주 · 철근콘크리트주 또는 철탑의 부재 등의 중량에 의한 하중

   ② 수평하중 : "(5)"의 풍압하중

(4) **강관주 또는 철근콘크리트주**는 다음의 하중에 견디는 강도를 가져야 한다.

   ① 수직하중 : 무선용 안테나 등의 중량에 의한 하중

   ② 수평하중 : "(5)"의 풍압하중

(5) **목주 · 철주 · 철근콘크리트주 또는 철탑의 강도 계산**에 적용하는 풍압하중은 다음의 풍압을 기초로 하여 331.6의 2의 규정에 준하여 계산한다.

   ① 목주 · 철주 · 철근콘크리트주 또는 철탑과 가섭선 · 애자장치 및 완금류는 331.6의 1의 "가"의 규정에 준하는 풍압의 2.25배의 풍압

   ② 파라볼라 안테나 또는 반사판에 관하여는 그 수직 투영면적 1[m²]당 파라볼라 안테나는 4,511[Pa](레이돔이 붙은 것은 2,745[Pa]), 반사판은 3,922[Pa]의 풍압

**reference**
331.6의 2 : 풍압하중의 종별과 적용 규정의 가공전선로의 지지물의 형상 규정의 풍압
331.6의 1의 "가" : 풍압하중의 종별과 적용 규정의 갑종 풍압하중 규정

## 2. 무선용 안테나 등의 시설제한

무선용 안테나 등은 전선로의 주위 상태를 감시하거나 배전자동화, 원격검침 등 지능형 전력망을 목적으로 시설하는 것 이외에는 가공전선로의 지지물에 시설하지 말 것

## 3. 통신설비의 식별표시

(1) 모든 통신기기에는 식별이 용이하도록 인식용 표찰을 부착할 것

(2) 통신사업자의 설비표시명판은 플라스틱 및 금속판 등 견고하고 가벼운 재질로 하고 글씨는 각인하거나 지워지지 않도록 제작된 것을 사용할 것

(3) 설비표시명판 시설기준

① 배전주에 시설하는 통신설비의 설비표시명판은 다음에 따른다.

㉠ 직선주는 전주 5경간마다 시설할 것

㉡ 분기주, 인류주는 매 전주에 시설할 것

② 지중설비에 시설하는 통신설비의 설비표시명판은 다음에 따른다.

㉠ 관로는 맨홀마다 시설할 것

㉡ 전력구 내 행거는 50[m] 간격으로 시설할 것

memo

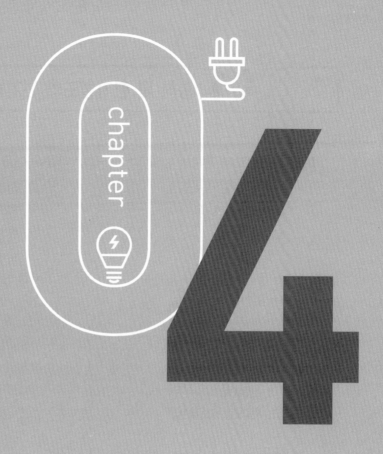

chapter

04

# 전기철도설비

# section 01 통칙 및 전기철도의 전기방식 (KEC 4장 – 400 및 410)

**259** 전기철도에 관하여 KEC에서 규정한 다음 용어를 설명하시오.

| | |
|---|---|
| 1. 전기철도 | 2. 전기철도설비 |
| 3. 전기철도차량 | 4. 궤도 |
| 5. 전차선 | 6. 전차선로 |
| 7. 급전선 | 8. 급전선로 |
| 9. 급전방식 | 10. 합성전차선 |
| 11. 조가선 | 12. 가선방식 |
| 13. 전차선 기울기 | 14. 전차선 높이 |
| 15. 전차선 편위 | 16. 귀선회로 |
| 17. 누설전류 | 18. 수전선로 |
| 19. 전철변전소 | 20. 지속성 최저전압 |
| 21. 지속성 최고전압 | 22. 장기 과전압 |

**(data)** 전기철도기술사 출제예상문제 / KEC 400

**답안** 전기철도의 용어

| NO | 용어 | 용어 설명 |
|---|---|---|
| 1 | 전기철도 | 전기를 공급받아 열차를 운행하여 여객(승객)이나 화물을 이송하는 철도 |
| 2 | 전기철도설비 | 전기철도설비는 전철 변전설비, 급전설비, 부하설비(전기철도차량 설비 등)로 구성된다. |
| 3 | 전기철도차량 | 전기적 에너지를 기계적 에너지로 바꾸어 열차를 견인하는 차량으로 전기방식에 따라 직류, 교류, 직·교류 겸용, 성능에 따라 전동차, 전기기관차로 분류한다. |
| 4 | 궤도 | 레일·침목 및 도상과 이들의 부속품으로 구성된 시설 |
| 5 | 전차선 | 전기철도차량의 집전장치와 접촉하여 전력을 공급하기 위한 전선 |
| 6 | 전차선로 | 전기철도차량에 전력을 공급하기 위하여 선로를 따라 설치한 시설물로서 전차선, 급전선, 귀선과 그 지지물 및 설비를 총괄한 것 |
| 7 | 급전선 | 전기철도차량에 사용할 전기를 변전소로부터 합성전차선에 공급하는 전선 |
| 8 | 급전선로 | 급전선 및 이를 지지하거나 수용하는 설비를 총괄한 것 |
| 9 | 급전방식 | 전기철도차량에 전력을 공급하기 위하여 변전소로부터 급전선, 전차선, 레일, 귀선으로 구성되는 전력공급방식 |
| 10 | 합성전차선 | 전기철도차량에 전력을 공급하기 위하여 설치하는 전차선, 조가선(강체 포함), 행어이어, 드로퍼 등으로 구성된 가공전선 |

| NO | 용어 | 용어 설명 |
|---|---|---|
| 11 | 조가선 | 전차선이 레일면상 일정한 높이를 유지하도록 행어이어, 드로퍼 등을 이용하여 전차선 상부에서 조가하여 주는 전선 |
| 12 | 가선방식 | 전기철도차량에 전력을 공급하는 전차선의 가선방식으로 가공식, 강체식, 제3궤조식으로 분류한다. |
| 13 | 전차선 기울기 | 연접하는 2개의 지지점에서, 레일면에서 측정한 전차선 높이의 차와 경간길이와의 비율 |
| 14 | 전차선 높이 | 지지점에서 레일면과 전차선 간의 수직거리 |
| 15 | 전차선 편위 | 팬터그래프 집전판의 편마모를 방지하기 위하여 전차선을 레일면 중심수직선으로부터 한쪽으로 치우친 정도의 치수 |
| 16 | 귀선회로 | 전기철도차량에 공급된 전력을 변전소로 되돌리기 위한 귀로 |
| 17 | 누설전류 | 전기철도에 있어서 레일 등에서 대지로 흐르는 전류 |
| 18 | 수전선로 | 전기사업자에서 전철변전소 또는 수전설비 간의 전선로와 이에 부속되는 설비 |
| 19 | 전철변전소 | 외부로부터 공급된 전력을 구내에 시설한 변압기, 정류기 등, 기타의 기계 기구를 통해 변성하여 전기철도차량 및 전기철도설비에 공급하는 장소 |
| 20 | 지속성 최저전압 | 무한정 지속될 것으로 예상되는 전압의 최저값 |
| 21 | 지속성 최고전압 | 무한정 지속될 것으로 예상되는 전압의 최고값 |
| 22 | 장기 과전압 | 지속시간이 20[ms] 이상인 과전압 |

**260** 전기철도의 전기방식에 대한 다음의 일반사항을 설명하시오.
1. 전력수급조건
2. 전차선로의 전압

**data** 전기철도기술사 출제예상문제 / KEC 410

**답안** **1. 전력수급조건**

(1) 수전선로의 전력수급조건은 부하의 크기 및 특성, 지리적 조건, 환경적 조건, 전력조류, 전압강하, 수전 안정도, 회로의 공진 및 운용의 합리성, 장래의 수송수요, 전기사업자 협의 등을 고려하여 아래의 공칭전압(수전전압)으로 선정하여야 한다.
공칭전압(수전전압[kV]) : 교류 3상 22.9[kV], 154[kV], 345[kV]

(2) 수전선로는 지형적 여건 등 시설조건에 따라 가공 또는 지중방식으로 시설하며, 비상시를 대비하여 예비선로를 확보하여야 한다.

**2. 전차선로의 전압**

(1) 전차선로의 전압은 전원측 도체와 전류귀환도체 사이에서 측정된 집전장치의 전위임
(2) 전원공급시스템이 정상 동작상태에서의 값이며, 직류방식과 교류방식으로 구분된다.
(3) 직류방식

① 사용전압과 각 전압별 최고 · 최저전압은 다음 표에 따라 선정하여야 한다.
② 다만, 비지속성 최고전압은 지속시간이 5분 이하로 예상되는 전압의 최고값으로 하되, 기존 운행 중인 전기철도차량과의 인터페이스를 고려한다.

**┃ 직류방식의 급전전압 ┃**

(단위 : V)

| 구 분 | 지속성 최저전압 | 공칭전압 | 지속성 최고전압 | 비지속성 최고전압 | 장기 과전압 |
|---|---|---|---|---|---|
| DC | 500 | 750 | 900 | 950[1] | 1,269 |
| (평균값) | 900 | 1,500 | 1,800 | 1,950 | 2,538 |

• 1) : 회생제동의 경우 1,000[V]의 비지속성 최고전압은 허용 가능하다.

(4) 교류방식

① 사용전압과 각 전압별 최고 · 최저전압은 다음 표에 따라 선정하여야 한다.
② 다만, 비지속성 최저전압은 지속시간이 2분 이하로 예상되는 전압의 최저값으로 하되, 기존 운행 중인 전기철도차량과의 인터페이스를 고려한다.

**‖ 교류방식의 급전전압 ‖**

(단위 : V)

| 주파수<br>(실효값) | 비지속성<br>최저전압 | 지속성<br>최저전압 | 공칭전압[1] | 지속성<br>최고전압 | 비지속성<br>최고전압 | 장기 과전압 |
|---|---|---|---|---|---|---|
| 60[Hz] | 17,500 | 19,000 | 25,000 | 27,500 | 29,000 | 1,269 |
| | 35,000 | 38,000 | 50,000 | 55,000 | 58,000 | 2,538 |

• 1) : 급전선과 전차선 간의 공칭전압은 단상교류 50[kV](급전선과 레일 및 전차선과 레일 사이의 전압은 25[kV])를 표준으로 한다.

# section 02 전기철도의 변전방식 (KEC 4장 – 420)

**261** 전기철도의 변전방식(구성, 계획, 변전소 용량, 변전소의 설비)에 대하여 간단히 설명하시오.

**data** 전기철도기술사 출제예상문제 / KEC 421

**답안**

## 1. 변전소 등의 구성

(1) 전기철도설비는 고장 시 고장의 범위를 한정하고 고장전류를 차단할 수 있어야 하며, 단전이 필요할 경우 단전범위를 한정할 수 있도록 계통별 및 구간별로 분리할 수 있을 것

(2) 차량운행에 직접적인 영향을 미치는 설비 고장이 발생한 경우 고장부분이 정상부분으로 파급되지 않게 전기적으로 자동 분리할 수 있어야 하며, 예비설비를 사용하여 정상 운용할 수 있어야 함

## 2. 변전소 등의 계획

(1) 전기철도 노선, 전기철도차량의 특성, 차량운행계획 및 철도망건설계획 등 부하특성과 연장급전 등을 고려하여 변전소 등의 용량을 결정하고, 급전계통을 구성할 것

(2) 변전소의 위치

① 가급적 수전선로의 길이가 최소화되게 할 것

② 전력수급이 용이할 것

③ 변전소 앞 절연구간에서 전기철도차량의 타행운행이 가능한 곳을 선정할 것

④ 기기와 시설자재의 운반이 용이하고, 공해, 염해, 각종 재해의 영향이 적거나 없는 곳

(3) 변전설비는 설비운영과 안전성 확보를 위하여 원격감시 및 제어방법과 유지보수 등을 고려할 것

## 3. 변전소의 용량

(1) 변전소의 용량은 급전구간별 정상적인 열차 부하조건에서 1시간 최대출력 또는 순시 최대출력을 기준으로 결정하고, 연장급전 등 부하의 증가를 고려할 것

(2) 변전소의 용량 산정 시 현재의 부하와 장래의 수송수요 및 고장 등을 고려하여 변압기 뱅크를 구성할 것

## 4. 변전소의 설비

(1) 변전소 등의 계통을 구성하는 각종 기기는 운용 및 유지보수성, 시공성, 내구성, 효율성, 친환경성, 안전성 및 경제성 등을 종합적으로 고려하여 선정할 것

(2) 급전용 변압기는 직류 전기철도의 경우 3상 정류기용 변압기, 교류 전기철도의 경우 3상 스코트결선 변압기의 적용을 원칙으로 하고, 급전계통에 적합하게 선정하여야 한다.

(3) 차단기는 계통의 장래계획을 감안하여 용량을 결정하고, 회로의 특성에 따라 기종과 동작책무 및 차단시간을 선정할 것

(4) 개폐기는 선로 중 중요한 분기점, 고장발견이 필요한 장소, 빈번한 개폐를 필요로 하는 곳에 설치하며, 개폐상태의 표시, 쇄정장치 등을 설치할 것

(5) 제어용 교류전원은 상용과 예비의 2계통으로 구성하여야 한다.

(6) 제어반의 경우 디지털계전기방식을 원칙으로 할 것

# section 03 전기철도의 전차선로 (KEC 4장 – 430)

**262** 전기철도의 전차선로의 다음 사항을 설명하시오.
1. 전차선 가선방식
2. 전차선로의 충전부와 건조물 간의 절연이격
3. 전차선로의 충전부와 차량 간의 절연이격
4. 급전선로
5. 귀선로
6. 전차선 및 급전선의 높이
7. 누설전류 간섭에 대한 방지

**data** 전기철도기술사 출제예상문제 / KEC 431

**답안** 1. 전차선 가선방식

전차선의 가선방식은 열차의 속도 및 노반의 형태, 부하전류 특성에 따라 적합한 방식을 채택하여야 하며, 가공방식, 강체가선방식, 제3궤조 방식을 표준으로 할 것

## 2. 전차선로의 충전부와 건조물 간의 절연이격

(1) 건조물과 전차선, 급전선 및 집전장치의 충전부 비절연부분 간의 공기 절연이격거리는 다음 표에 제시되어 있는 정적 및 동적 최소절연이격거리 이상을 확보할 것
(2) 동적 절연이격의 경우 팬터그래프가 통과하는 동안의 일시적인 전선의 움직임을 고려할 것
(3) 해안 인접지역, 열기관을 포함한 교통량이 과중한 곳, 오염이 심한 곳, 안개가 자주 끼는 지역, 강풍 또는 강설지역 등 특정한 위험도가 있는 구역에서는 최소절연이격거리보다 증가시킬 것

‖ 전차선과 건조물 간의 최소절연이격거리 ‖

| 시스템 종류 | 공칭전압 [V] | 동적[mm] | | 정적[mm] | |
|---|---|---|---|---|---|
| | | 비오염 | 오염 | 비오염 | 오염 |
| 직류 | 750 | 25 | 25 | 25 | 25 |
| | 1,500 | 100 | 110 | 150 | 160 |
| 단상교류 | 25,000 | 170 | 220 | 270 | 320 |

### 3. 전차선로의 충전부와 차량 간의 절연이격

(1) 차량과 전차선로나 충전부 비절연부분 간의 공기 절연이격은 다음 표에 제시되어 있는 정적 및 동적 최소절연이격거리 이상을 확보할 것

(2) 동적 절연이격의 경우 팬터그래프가 통과하는 동안의 일시적인 전선의 움직임을 고려할 것

(3) 해안 인접지역, 안개가 자주 끼는 지역, 강풍 또는 강설지역 등 특정한 위험도가 있는 구역에서는 최소절연이격거리보다 증가시킬 것

‖ **차선과 차량 간의 최소절연이격거리** ‖

| 시스템 종류 | 공칭전압[V] | 동적[mm] | 정적[mm] |
|---|---|---|---|
| 직류 | 750 | 25 | 25 |
| | 1,500 | 100 | 150 |
| 단상교류 | 25,000 | 190 | 290 |

### 4. 급전선로

(1) 급전선은 나전선을 적용하여 가공식으로 가설을 원칙으로 할 것. 다만, 전기적 이격거리가 충분하지 않거나 지락, 섬락 등의 우려가 있을 경우에는 급전선을 케이블로 하여 안전하게 시공할 것

(2) 가공식은 전차선의 높이 이상으로 전차선로 지지물에 병가하며, 나전선의 접속은 직선접속을 원칙으로 할 것

(3) 신설 터널 내 급전선을 가공으로 설계할 경우 지지물의 취부는 C찬넬 또는 매입전을 이용하여 고정할 것

(4) 선상 승강장, 인도교, 과선교 또는 교량 하부 등에 설치할 때에는 최소절연이격거리 이상을 확보할 것

### 5. 귀선로

(1) 귀선로는 비절연보호도체, 매설접지도체, 레일 등으로 구성하여 단권변압기 중성점과 공통접지에 접속할 것

(2) 비절연보호도체의 위치는 통신유도장해 및 레일전위의 상승의 경감을 고려하여 결정할 것

(3) 귀선로는 사고 및 지락 시에도 충분한 허용전류용량을 갖도록 할 것

### 6. 전차선 및 급전선의 높이

(1) 전차선과 급전선의 최소높이는 다음 표의 값 이상을 확보할 것

(2) 다만, 전차선 및 급전선의 최소높이는 최대대기온도에서 바람이나 팬터그래프의 영향이 없는 안정된 위치에 놓여 있는 경우 사람의 안전측면에서 건널목, 터널 내 전선, 공항 부근 등을 고려하여 궤도면상 높이로 정의함

(3) 전차선의 최소높이는 항상 열차의 통과 게이지보다 높아야 할 것

(4) 전기적 이격거리와 팬터그래프의 최소작동높이를 고려할 것

**‖ 전차선 및 급전선의 최소높이 ‖**

| 시스템 종류 | 공칭전압[V] | 동적[mm] | 정적[mm] |
|---|---|---|---|
| 직류 | 750 | 4,800 | 4,400 |
| | 1,500 | 4,800 | 4,400 |
| 단상교류 | 25,000 | 4,800 | 4,570 |

### 7. 누설전류 간섭에 대한 방지

(1) 직류 전기철도 시스템의 누설전류를 최소화하기 위해 귀선전류를 금속귀선로 내부로만 흐르도록 할 것

(2) 심각한 누설전류의 영향이 예상되는 지역에서는 정상 운전 시 단위길이당 컨덕턴스 값은 다음 표의 값 이하로 유지될 수 있도록 할 것

**‖ 단위길이당 컨덕턴스 ‖**

| 견인시스템 | 옥외[S/km] | 터널[S/km] |
|---|---|---|
| 철도선로(레일) | 0.5 | 0.5 |
| 개방구성에서의 대량수송시스템 | 0.5 | 0.1 |
| 폐쇄구성에서의 대량수송시스템 | 2.5 | − |

(3) 귀선시스템의 종방향 전기저항을 낮추기 위해서는 레일 사이에 저저항 레일본드를 접합 또는 접속하여 전체 종방향 저항이 5[%] 이상 증가하지 않도록 할 것

(4) 귀선시스템의 어떠한 부분도 대지와 절연되지 않은 설비, 부속물 또는 구조물과 접속되어서는 아니 됨

(5) 직류 전기철도시스템이 매설 배관 또는 케이블과 인접할 경우 누설전류를 피하기 위해 최대한 이격시켜야 하며, 주행레일과 최소 1[m] 이상의 거리를 유지할 것

> **263** KEC 규정에 의한 전차선의 기울기와 전차선의 편위 기준을 설명하고, 전차선로 지지물 설계 시 고려하여야 하는 하중과 전차선로 설비의 안전율에 대하여도 설명하시오.

**(data)** 전기철도기술사 출제예상문제 / KEC 431

**답안**

## 1. 전차선의 기울기

(1) 전차선의 기울기는 해당 구간의 열차 통과 속도에 따라 다음 표를 따름

(2) 다만, 구분장치 또는 분기구간에서는 전차선에 기울기를 주지 않을 것

(3) 또한, 궤도면상으로부터 전차선 높이는 같은 높이로 가선하는 것을 원칙으로 하되 터널, 과선교 등 특정 구간에서 높이 변화가 필요한 경우에는 가능한 한 작은 기울기로 할 것

**‖ 전차선의 기울기 ‖**

| 설계속도 $V$[km/시간] | 속도등급 | 기울기[천분율] |
|---|---|---|
| $300 < V \leq 350$ | 350킬로급 | 0 |
| $250 < V \leq 300$ | 300킬로급 | 0 |
| $200 < V \leq 250$ | 250킬로급 | 1 |
| $150 < V \leq 200$ | 200킬로급 | 2 |
| $120 < V \leq 150$ | 150킬로급 | 3 |
| $70 < V \leq 120$ | 120킬로급 | 4 |
| $V \leq 70$ | 70킬로급 | 10 |

## 2. 전차선의 편위

(1) 전차선의 편위는 오버랩이나 분기구간 등 특수구간을 제외하고 레일면에 수직인 궤도 중심선으로부터 좌우로 각각 200[mm]를 표준으로 하며, 팬터그래프 집전판의 고른 마모를 위하여 지그재그 편위를 주게 할 것

(2) 전차선의 편위는 선로의 곡선반경, 궤도조건, 열차속도, 차량의 편위량 등을 고려하여 최악의 운행환경에서도 전차선이 팬터그래프 집전판의 집전범위를 벗어나지 않을 것

(3) 제3궤조방식에서 전차선의 편위는 차량의 집전장치의 집전범위를 벗어나지 않을 것

## 3. 전차선로 지지물 설계 시 고려하여야 하는 하중

(1) 전차선로 지지물 설계 시 선로에 직각 및 평행방향에 대하여 전선 중량, 브래킷, 빔, 기타 중량, 작업원의 중량을 고려할 것

(2) 풍압하중, 전선의 횡장력, 지지물이 특수한 사용조건에 따라 일어날 수 있는 모든 하중을 고려할 것

(3) 지지물 및 기초, 지선기초에는 지진하중을 고려할 것

## 4. 전차선로 설비의 안전율(10점 예상)

하중을 지탱하는 전차선로 설비의 강도는 작용이 예상되는 하중의 최악 조건 조합에 대하여 다음의 최소안전율이 곱해진 값을 견딜 것

(1) 합금전차선의 경우 2.0 이상

(2) 경동선의 경우 2.2 이상

(3) 조가선 및 조가선 장력을 지탱하는 부품에 대하여 2.5 이상

(4) 복합체 자재(고분자 애자 포함)에 대하여 2.5 이상

(5) 지지물 기초에 대하여 2.0 이상

(6) 장력조정장치 2.0 이상

(7) 빔 및 브래킷은 소재 허용응력에 대하여 1.0 이상

(8) 철주는 소재 허용응력에 대하여 1.0 이상

(9) 가동브래킷의 애자는 최대만곡하중에 대하여 2.5 이상

(10) 지선은 선형일 경우 2.5 이상, 강봉형은 소재 허용응력에 대하여 1.0 이상

**264** 전기철도의 원격감시제어설비 및 중앙감시제어장치에 대하여 간단히 설명하시오.

**(data)** 전기철도기술사 출제예상문제 / KEC 435

**답안** **1. 원격감시제어시스템(SCADA)**

(1) 전기철도의 원격감시제어시스템은 열차의 안전운행과 현장 전철전력설비의 유지보수를 위하여 제어, 감시대상, 수준, 범위 및 확인, 운용방법 등을 고려하여 구성할 것

(2) 중앙감시제어반의 구성, 방식, 운용방식 등을 계획할 것

(3) 변전소, 배전소의 운용을 위한 소규모 제어설비에 대한 위치, 방식 등을 고려하여 구성할 것

**2. 중앙감시제어장치**

(1) 변전소 등의 제어 및 감시는 관제센터에서 이루어지게 할 것

(2) 원격감시제어시스템(SCADA)는 중앙집중제어장치(CTC), 통신집중제어장치와 호환되도록 할 것

　① 중앙집중제어장치(CTC)란 광범위한 구간 내의 열차 진로를 원격제어하여 지역 내의 열차를 일괄 통제 · 조정하는 열차집중제어장치(CTC : Centralized Traffic Control)를 말함

　② CTC 구성

　　㉠ 사령실 설비 : 조명표시반. 조작반, 열차운행시간 기록계, 열차번호 표시장치, 원격설비

　　㉡ 역설비 : 제1종 계전연동장치, 자동폐색장치, 역조작반, 원격설비

　③ CTC 기능

　　㉠ 열차 운전의 집중감시

　　㉡ 신호설비의 고장감시

　　㉢ 열차 진로 구성의 제어

　④ CTC 효과

　　㉠ 보안도의 향상

　　㉡ 선로용량의 증대

　　㉢ 평균운행속도의 향상

　　㉣ 운전비, 인건비 등의 경비 절감

(3) 전기시설 관제소와 변전소, 구분소 또는 그 밖의 관제 업무에 필요한 장소에는 상호 연락할 수 있는 통신설비를 시설할 것

> **265** 전기철도의 전기철도차량 설비의 일반사항을 설명하시오.
> 1. 절연구간
> 2. 팬터그래프 형상
> 3. 전차선과 팬터그래프 간 상호작용
> 4. 회생제동
> 5. 전기철도차량의 역률
> 6. 전기철도차량 전기설비의 전기위험방지를 위한 보호대책

**data** 전기철도기술사 출제예상문제 / KEC 440

**답안** **1. 절연구간**

(1) 교류구간에서는 변전소 및 급전구분소 앞에서 서로 다른 위상 또는 공급점이 다른 전원이 인접하게 될 경우 전원이 혼촉되는 것을 방지하기 위한 절연구간을 설치할 것

(2) 전기철도차량의 교류-교류 절연구간을 통과하는 방식은 역행운전방식, 타행운전방식, 변압기 무부하 전류방식, 전력소비 없이 통과하는 방식이 있으며, 각 통과방식을 고려하여 가장 적합한 방식을 선택하여 시설할 것

(3) 교류-직류(직류-교류) 절연구간은 교류구간과 직류구간의 경계지점에 시설할 것. 이 구간에서 전기철도차량은 노치 오프(notch off) 상태로 주행함

(4) 절연구간의 소요길이는 구간 진입 시의 아크시간, 잔류전압의 감쇄시간, 팬터그래프 배치간격, 열차속도 등에 따라 결정할 것

**2. 팬터그래프 형상**

전차선과 접촉되는 팬터그래프는 헤드, 기하학적 형상, 집전범위, 집전판의 길이, 최대넓이, 헤드의 왜곡 등을 고려하여 제작할 것

**3. 전차선과 팬터그래프 간 상호작용**

(1) 전차선의 전류는 차량속도, 무게, 차량 간 거리, 선로경사, 전차선로 시공 등에 따라 다르고, 팬터그래프와 전차선의 특성은 과열이 일어나지 않게 할 것

(2) 정지 시 팬터그래프당 최대전류값은 전차선 재질 및 수량, 집전판 수량 및 재질, 접촉력, 열차속도, 환경조건에 따라 다르게 고려될 것

(3) 팬터그래프의 압상력은 전류의 안전한 집전에 부합할 것

## 4. 회생제동

(1) 전기철도차량은 다음과 같은 경우에 회생제동의 사용을 중단할 것

　① 전차선로 지락이 발생한 경우

　② 전차선로에서 전력을 받을 수 없는 경우

　③ 전차선로의 전압 규정에서 규정된 선로전압이 장기 과전압보다 높은 경우

(2) 회생전력을 다른 전기장치에서 흡수할 수 없는 경우에는 전기철도차량은 다른 제동시스템으로 전환되게 할 것

(3) 전기철도 전력공급시스템은 회생제동이 상용제동으로 사용이 가능하고 다른 전기철도차량과 전력을 지속적으로 주고받을 수 있도록 설계될 것

## 5. 전기철도차량의 역률

(1) 411.2(전차선로의 전압)에서 규정된 비지속성 최저전압에서 비지속성 최고전압까지의 전압범위에서 유도성 역률 및 전력소비에 대해서만 적용되며, 회생제동 중에는 전압을 제한범위 내로 유지시키기 위하여 유도성 역률을 낮출 수 있음

(2) 다만, 전기철도차량이 전차선로와 접촉한 상태에서 견인력을 끄고 보조전력을 가동한 상태로 정지해 있는 경우, 가공전차선로의 유효전력이 200[kW] 이상일 경우 총 역률은 0.8보다는 작아서는 아니 됨

(3) 정지구간을 포함하여 전기철도차량의 전체 이동 간 평균 $\lambda$값은

$$\lambda = \sqrt{\dfrac{1}{1+\left(\dfrac{W_Q}{W_P}\right)^2}}$$

여기서, $W_P$ : 유효전력[MWh]

　　　　$W_Q$ : 컴퓨터 시뮬레이션 또는 실측된 무효전력[MVArh]

**∥ 팬터그래프에서의 전기철도차량 순간전력 및 유도성 역률 ∥**

| 팬터그래프에서의 전기철도차량 순간전력 $P$[MW] | 전기철도차량의 유도성 역률 $\lambda$ |
|---|---|
| $P > 6$ | $\lambda \geq 0.95$ |
| $2 \leq P \leq 6$ | $\lambda \geq 0.93$ |

(4) 역행 모드에서 전압을 제한범위 내로 유지하기 위하여 용량성 역률이 허용되며, 411.2 (전차선로의 전압)에서 규정된 비지속성 최저전압에서 비지속성 최고전압까지의 전압범위에서 용량성 역률은 제한 받지 않음

## 6. 전기철도차량 전기설비의 전기위험방지를 위한 보호대책

(1) 감전을 일으킬 수 있는 충전부는 직접접촉에 대한 보호가 있을 것

(2) 간접접촉에 대한 보호대책은 노출된 도전부는 고장조건하에서 부근 충전부와의 유도 및 접촉에 의한 감전이 일어나지 않을 것

(3) 그 목적은 위험도가 노출된 도전부가 같은 전위가 되도록 보장하는 데 있음. 이는 보호용 본딩으로만 달성될 수 있으며 또는 자동급전 차단 등 적절한 방법을 통하여 달성할 수 있음

(4) 주행레일과 분리되어 있거나 또는 공동으로 되어 있는 보호용 도체를 채택한 시스템에서 운행되는 모든 전기철도차량은 차체와 고정설비의 보호용 도체 사이에는 최소 2개 이상의 보호용 본딩 연결로가 있어야 하며, 한쪽 경로에 고장이 발생하더라도 감전위험이 없을 것

(5) 차체와 주행레일과 같은 고정설비의 보호용 도체 간의 임피던스는 이들 사이에 위험 전압이 발생하지 않을 만큼 낮은 수준인 다음 표에 따른다. 이 값은 적용 전압이 50[V]를 초과하지 않는 곳에서 50[A]의 일정 전류로 측정할 것

**▌전기철도차량별 최대임피던스 ▌**

| 차량 종류 | 최대임피던스[Ω] |
|---|---|
| 기관차 | 0.05 |
| 객차 | 0.15 |

## section 05 전기철도의 설비를 위한 보호 (KEC 4장 – 450)

**266** 전기철도의 설비보호의 일반사항 중 다음에 대하여 설명하시오.
1. 보호협조
2. 절연협조
3. 피뢰기 설치장소
4. 피뢰기의 선정 시 고려사항

**data** 전기철도기술사 출제예상문제 / KEC 450

**답안** 1. 보호협조의 일반사항

(1) 사고 또는 고장의 파급을 방지하기 위하여 계통 내에서 발생한 사고전류를 검출하고 차단장치에 의해서 신속하고 순차적으로 차단할 수 있는 보호시스템을 구성하며 설비계통 전반의 보호협조가 되도록 할 것

(2) 보호계전방식은 신뢰성, 선택성, 협조성, 적절한 동작, 양호한 감도, 취급 및 보수점검이 용이하도록 구성할 것

(3) 급전선로는 안정도 향상, 자동복구, 정전시간 감소를 위하여 보호계전방식에 자동재폐로 기능을 구비할 것

(4) 전차선로용 애자를 섬락사고로부터 보호하고 접지전위 상승을 억제하기 위하여 적정한 보호설비를 구비할 것

(5) 가공선로측에서 발생한 지락 및 사고전류의 파급을 방지하기 위하여 피뢰기를 설치할 것

2. 절연협조

(1) 변전소 등의 입·출력측에서 유입되는 뇌해, 이상전압과 변전소 등의 계통 내에서 발생하는 개폐서지의 크기 및 지속성, 이상전압 등을 고려할 것

(2) 각각의 변전설비에 대한 절연협조는 다음 제시된 표를 적용한다.

**∥ 직류 1.5[kV] 방식의 절연협조 대조표 ∥**

| 항 목 | | 변전소용 | 전차선로용 |
|---|---|---|---|
| 회로전압 | 공칭[kV] | 1.5 | 1.5 |
| | 최고[kV] | 1.8 | 1.8 |
| 뇌임펄스 내전압[kV] | | 12 | 50 |

**501**

| 항 목 | | | 변전소용 | 전차선로용 |
|---|---|---|---|---|
| 피뢰기의 성능(ZnO) | 정격전압[kV] | | 2.1 | 2.1 |
| | 동작개시전압[kV] | | 2.6 이상 | ※ 9 이상 |
| | 제한전압 [kV] | 2[kA] | 4.5 이하 | – |
| | | 3[kA] | – | 25 이하 |
| | | 5[kA] | 5 이하 | 28 이하 |
| | 임펄스 내전압[kV] | | 45 | 50 |
| 전차선 애자의 성능 | 현수애자[kV] 180[mm] 2개 연결 | | 교류 주수 내전압 | 45 |
| | | | 뇌임펄스 내전압 | 160 |
| | 장간애자[kV] | | 교류 주수 내전압 | 65 |
| | | | 뇌임펄스 내전압 | 180 |

• 전차선로용 피뢰기는 ZnO형, 갭(Gap) 부착이며, ※는 방전 개시전압을 나타낸다.

**┃ 교류 25[kV] 방식의 절연협조 대조표 ┃**

| 항 목 | | | 변전소용 | 전차선로용 |
|---|---|---|---|---|
| 회로전압 | 공칭[kV] | | 25 | 25 |
| | 최고[kV] | | 29 | 29 |
| 뇌임펄스 내전압[kV] | | | 200 | 200 |
| 피뢰기의 성능(ZnO) | 정격전압[kV] | | 42 | 42 |
| | 동작개시전압[kV] | | 60 | 60 |
| | 제한전압 [kV] | 5[kA] | 128 | 128 |
| | | 10[kA] | 140 | 140 |
| | 내전압 [kV] | 교류 | 70 | 70 |
| | | 임펄스 | 200 | 200 |
| 전차선 애자의 성능 | 현수애자 250[mm] 4개 연결[kV] | | 교류 주수 내전압 | 160 |
| | | | 뇌임펄스 내전압 | 445 |
| | 장간애자[kV] | | 교류 주수 내전압 | 135 |
| | | | 뇌임펄스 내전압 | 320 |

### 3. 피뢰기 설치장소

(1) 다음의 장소에 피뢰기를 설치할 것

　① 변전소 인입측 및 급전선 인출측

　② 가공전선과 직접 접속하는 지중케이블에서 낙뢰에 의해 절연파괴의 우려가 있는 케이블 단말

(2) 피뢰기는 가능한 한 보호하는 기기와 가깝게 시설하되 누설전류 측정이 용이하도록 지지대와 절연하여 설치할 것

## 4. 피뢰기의 선정 시 고려사항

(1) 피뢰기는 밀봉형을 사용하고 유효보호거리를 증가시키기 위하여 방전개시전압 및 제한 전압이 낮은 것을 사용할 것

(2) 유도뢰 서지에 대하여 2선 또는 3선의 피뢰기 동시동작이 우려되는 변전소 근처의 단락 전류가 큰 장소에는 속류차단능력이 크고 또한 차단성능이 회로조건의 영향을 받을 우려가 적은 것을 사용할 것

## section 06 전기철도의 안전을 위한 보호 (KEC 4장 – 460)

**267** 전기철도의 감전에 대한 보호조치 시설기준에 대하여 설명하시오.

**data** 전기철도기술사 출제예상문제 / KEC 461.1

**답안** 1. 공칭전압이 교류 1[kV] 또는 직류 1.5[kV] 이하인 경우의 이격거리 유지개소와 방법

(1) 사람이 접근할 수 있는 보행표면의 경우 가공전차선의 충전부

(2) 전기철도차량 외부의 충전부(집전장치, 지붕도체 등)와의 직접접촉을 방지하기 위한 공간거리가 있어야 함

(3) 제3레일 방식에는 적용되지 않는다.

(4) 그림과 같이 표시한 공간거리 이상을 확보할 것

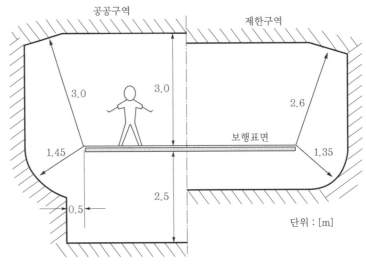

■ 공칭전압이 교류 1[kV] 또는 직류 1.5[kV] 이하인 경우 사람이
접근할 수 있는 보행표면의 공간거리 ■

(5) 공간거리를 유지할 수 없는 경우의 이격거리 유지방법

① 충전부와의 직접접촉에 대한 보호를 위해 장애물을 설치할 것

② 충전부가 보행표면과 동일한 높이 또는 낮게 위치한 경우 장애물 높이 유지

㉠ 장애물 상단으로부터 1.35[m]의 공간거리를 유지할 것

㉡ 장애물과 충전부 사이의 공간거리는 최소한 0.3[m]로 할 것

**2. 공칭전압이 교류 1[kV] 초과 25[kV] 이하인 경우 또는 직류 1.5[kV] 초과 25[kV] 이하인 경우의 이격거리 유지개소와 방법**

(1) 사람이 접근할 수 있는 보행표면의 경우 가공전차선의 충전부에도 공간거리 이상

(2) 차량 외부의 충전부(집전장치, 지붕도체 등)와의 직접접촉을 방지하기 위한 공간거리가 유지할 것

(3) 그림에서 표시한 공간거리 이상을 유지할 것

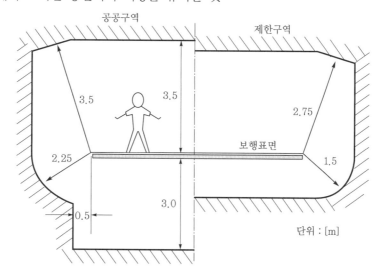

┃공칭전압이 교류 1[kV] 초과 25[kV] 이하인 경우 또는 직류 1.5[kV] 초과 25[kV] 이하인 경우 사람이 접근할 수 있는 보행표면의 공간거리┃

(4) 공간거리를 유지할 수 없는 경우

충전부와의 직접접촉에 대한 보호를 위해 장애물을 설치할 것

(5) 충전부가 보행표면과 동일한 높이 또는 낮게 위치한 경우

① 장애물 높이는 장애물 상단으로부터 1.5[m]의 공간거리를 유지할 것

② 장애물과 충전부 사이의 공간거리는 최소한 0.6[m]로 할 것

## 268 레일전위의 위험에 대한 보호와 레일전위의 접촉전압 감소방법 및 전식방지대책에 대한 시설기준을 설명하시오.

**data** 전기철도기술사 출제예상문제 / KEC 461

**답안** 1. 레일전위의 위험에 대한 보호

(1) 레일전위는 고장조건에서의 접촉전압 또는 정상 운전조건에서의 접촉전압으로 구분할 것

(2) 교류전기철도 급전시스템의 레일전위의 최대허용접촉전압은 다음 표의 값 이하일 것
단, 작업장 및 이와 유사한 장소에서는 최대허용접촉전압을 25[V](실효값)를 초과하지 않을 것

| 교류 전기철도 급전시스템의 최대허용접촉전압 |
| 시간조건 | 최대허용접촉전압(실효값) |
| --- | --- |
| 순시조건($t \leq 0.5$초) | 670[V] |
| 일시적 조건($0.5$초 $< t \leq 300$초) | 65[V] |
| 영구적 조건($t > 300$초) | 60[V] |

(3) 직류전기철도 급전시스템에서의 레일전위의 최대허용접촉전압은 다음 표의 값 이하일 것
단, 작업장 및 이와 유사한 장소에서 최대허용접촉전압은 60[V]를 초과하지 않을 것

| 직류전기철도 급전시스템의 최대허용접촉전압 |
| 시간조건 | 최대허용접촉전압 |
| --- | --- |
| 순시조건($t \leq 0.5$초) | 535[V] |
| 일시적 조건($0.5$초 $< t \leq 300$초) | 150[V] |
| 영구적 조건($t > 300$초) | 120[V] |

(4) 직류 및 교류 전기철도 급전시스템에서 최대허용접촉전압을 초과하는 높은 접촉전압이 발생할 수 있는지를 판단하기 위해서는 해당 지점에서 귀선도체의 전압강하를 기준으로 하여 정상동작 및 고장조건에 대한 레일전위를 평가할 것

(5) 직류 및 교류 전기철도 급전시스템에서 레일전위를 산출하여 평가할 경우, 주행레일에 흐르는 최대동작전류와 단락전류를 사용하고, 단락 산출의 경우에는 초기단락전류를 사용할 것

### 2. 레일전위의 접촉전압 감소방법

(1) 교류전기철도 급전시스템은 1.의 "(2)"에 제시된 값을 초과하는 경우 다음 방법을 고려하여 접촉전압을 감소시켜야 한다.

① 접지극 추가 사용

② 등전위본딩

③ 전자기적 커플링을 고려한 귀선로의 강화

④ 전압제한소자 적용

⑤ 보행표면의 절연

⑥ 단락전류를 중단시키는 데 필요한 트래핑 시간의 감소

(2) 직류전기철도 급전시스템은 1.의 "(2)", "(3)"에 제시된 값을 초과하는 경우 다음 방법을 고려하여 접촉전압을 감소시켜야 한다.

① 고장조건에서 레일전위를 감소시키기 위해 전도성 구조물 접지의 보강

② 전압제한소자 적용

③ 귀선도체의 보강

④ 보행표면의 절연

⑤ 단락전류를 중단시키는 데 필요한 트래핑 시간의 감소

## 3. 전식방지대책

(1) 주행레일을 귀선으로 이용하는 경우에는 누설전류에 의하여 케이블, 금속제 지중관로 및 선로 구조물 등에 영향을 미치는 것을 방지하기 위한 적절한 시설을 할 것

(2) 전기철도측의 전식방식 또는 전식 예방을 위해서는 다음 방법을 고려할 것

① 변전소 간 간격 축소

② 레일본드의 양호한 시공

③ 장대레일 채택

④ 절연도상 및 레일과 침목 사이에 절연층의 설치

⑤ 기타

(3) 매설금속체측의 누설전류에 의한 전식의 피해가 예상되는 곳은 다음 방법을 고려할 것

① 배류장치 설치

② 절연코팅

③ 매설금속체 접속부 절연

④ 저준위 금속체를 접속

⑤ 궤도와의 이격거리 증대

⑥ 금속판 등의 도체로 차폐

memo

chapter

05

# 분산형 전원설비

## section 01 통칙 (KEC 5장 – 500)

**269** 분산형 전원에 대한 적용범위 및 안전원칙을 설명하시오.

**(data)** 전기안전기술사, 건축전기기술사, 발송배전기술사 출제예상문제 / KEC 500

**답안** **1. 목적**

이 규정은 전기설비기술기준(이하 "기술기준"이라 한다)에서 정하는 분산형 전원설비의 안전성능에 대한 구체적인 기술적 사항을 정하는 것을 목적으로 함

**2. 적용범위**

(1) 이 규정은 기술기준에서 정한 안전성능에 대하여 구체적인 실현 수단을 규정한 것으로 분산형 전원설비의 설계, 제작, 시설 및 검사하는 데 적용함

(2) 이 규정에서 정하지 않은 사항은 관련 한국전기설비 규정을 준용하여 시설할 것

**3. 안전원칙**

(1) 분산형 전원설비 주위에는 위험하다는 표시를 하여야 하며 또한 취급자가 아닌 사람이 쉽게 접근할 수 없도록 발전기 등의 울타리 규정에 따라 시설할 것

(2) 분산형 전원발전장치의 보호기준은 저압전로의 개폐기 및 과전류차단장치의 시설 규정에서 언급된 보호장치를 적용함

(3) 급경사지 붕괴위험구역 내에 시설하는 분산형 전원설비는 해당 구역 내의 급경사지의 붕괴를 조장하거나 또는 유발할 우려가 없도록 시설할 것

(4) 분산형 전원설비의 인체감전보호 등 안전에 관한 사항은 안전을 위한 보호규정에 따름

(5) 분산형 전원의 피뢰설비는 피뢰시스템 규정에 따름

(6) 분산형 전원설비 전로의 절연저항 및 절연내력은 전로의 절연 규정에 따름

(7) 연료전지 및 태양전지 모듈의 절연내력은 전로의 절연 규정에 따름

**270** 분산형 전원과 관련된 아래 용어를 설명하시오. (10점 예상)
1. 건물 일체형 태양광발전시스템
2. 풍력터빈
3. 풍력터빈을 지지하는 구조물
4. 풍력발전소
5. 자동정지
6. 최대출력추종

**data** 전기안전기술사, 건축전기기술사, 전기응용기술사, 발송배전기술사 출제예상문제

**답안** 1. 건물 일체형 태양광발전시스템(BIPV ; Building Integrated Photo Voltaic)
   (1) 태양광 모듈을 건축물에 설치하여 건축 부자재의 역할 및 기능과 전력 생산을 동시에 할 수 있는 시스템
   (2) 창호, 스팬드럴, 커튼월, 이중파사드, 외벽, 지붕재 등 건축물을 완전히 둘러싸는 벽·창·지붕형태로 한정함

2. 풍력터빈
   바람의 운동에너지를 기계적 에너지로 변환하는 장치(가동부 베어링, 나셀, 블레이드 등의 부속물을 포함)를 말함

3. 풍력터빈을 지지하는 구조물
   타워와 기초로 구성된 풍력터빈의 일부분을 말함

4. 풍력발전소
   단일 또는 복수의 풍력터빈(풍력터빈을 지지하는 구조물을 포함)을 원동기로 하는 발전기와 그 밖의 기계기구를 시설하여 전기를 발생시키는 곳을 말함

5. 자동정지
   풍력터빈의 설비보호를 위한 보호장치의 작동으로 인하여 자동적으로 풍력터빈을 정지시키는 것을 말함

6. 최대출력추종(MPPT)
   태양광발전이나 풍력발전 등이 현재 조건에서 가능한 최대의 전력을 생산할 수 있도록 인버터 제어를 이용하여 해당 발전원의 전압이나 회전속도를 조정하는 최대출력추종 (MPPT ; Maximum Power Point Tracking) 기능

## 271 분산형 전원계통 연계설비의 시설기준에 대하여 설명하시오.

**(data)** 공통 출제예상문제 / KEC 기준 + 분산형 전원 배전계통 연계 기술기준(20.6.29 지침)

**답안** **1. 계통 연계의 범위**

(1) 분산형 전원설비 등을 전력계통에 연계하는 경우에 적용함

(2) 전력계통이라 함은 전력판매사업자의 계통, 구내계통 및 독립전원계통 모두를 말함

**2. 시설기준**

(1) 전기공급방식 등

분산형 전원설비의 전기공급방식, 접지 또는 측정장치 등은 다음과 같은 기준에 의함

① 분산형 전원설비의 전기공급방식은 전력계통과 연계되는 전기공급방식과 동일할 것

  ㉠ 단상 2선식 220[V]

  ㉡ 3상 4선식 220/380[V]

  ㉢ 3상 4선식 22.9[kV]

  ㉣ 3상 3선식 154[kV]

  ㉤ 3상 3선식 70[kV](일부 시범적으로 적용 중임)

② 3상 수전고객이 단상 인버터를 설치하여 분산형 전원을 계통에 연계하는 경우

**┃3상 수전 단상 인버터 설치기준┃**

| 구 분 | 인버터 용량 |
|---|---|
| 1상 또는 2상 설치 시 | 각 상에 4[kW] 이하로 설치 |
| 3상 설치 시 | 상별 동일 용량 설치 |

③ 연계 구분에 따른 계통의 전기방식

| 구 분 | 연계계통의 전기방식 |
|---|---|
| 저압 한전계통 연계 | 교류 단상 20[V] 또는 교류 삼상 380[V] 중 기술적으로 타당하다고 한전이 정한 한 가지 전기방식 |
| 특고압 한전계통 연계 | 교류 삼상 22.9[kV] |

④ 분산형 전원설비의 접지는 전력계통과 연계되는 설비의 정격전압을 초과하는 과전압이 발생하거나, 전력계통의 보호협조를 방해하지 않도록 시설할 것

⑤ 분산형 전원설비 사업자의 한 사업장의 설비용량 합계가 250[kVA] 이상일 경우에는 송·배전계통과 연계지점의 연결상태를 감시 또는 유효전력, 무효전력 및 전압을 측정할 수 있는 장치를 시설할 것

(2) 저압계통 연계 시 직류유출방지 변압기의 시설

① 분산형 전원설비를 인버터를 이용하여 전력판매사업자의 저압 전력계통에 연계하는 경우 인버터로부터 직류가 계통으로 유출되는 것을 방지하기 위하여 접속점(접속설비와 분산형 전원설비 설치자측 전기설비의 접속점을 말함)과 인버터 사이에 상용주파수 변압기(단권변압기를 제외)를 시설할 것

② 분산형 전원의 연결점에서의 직류 유입 제한
연결점에서 직류전류는 최대정격출력전류의 0.5[%]를 초과하지 않을 것

③ 다만, 다음을 모두 충족하는 경우에는 예외로 함
㉠ 인버터의 직류측 회로가 비접지인 경우 또는 고주파 변압기를 사용하는 경우
㉡ 인버터의 교류출력측에 직류 검출기를 구비하고, 직류 검출 시에 교류출력을 정지하는 기능을 갖춘 경우

(3) 단락전류 제한장치의 시설

① 분산형 전원을 계통 연계하는 경우 전력계통의 단락용량이 다른 자의 차단기의 차단용량 또는 전선의 순시허용전류 등을 상회할 우려가 있을 때에는 분산형 전원 설치자가 전류제한리액터 등 단락전류를 제한하는 장치를 시설할 것

② 이 장치로도 대응할 수 없는 경우에는 그 밖에 단락전류를 제한하는 대책을 강구할 것
㉠ 특고압 연계 시, 타 배전용 변전소의 bank의 배전선로에 연계
㉡ 저압 연계 시, 전용 Tr를 통한 연계
㉢ 상위 전압의 연계(즉, 22.9[kV]의 연계 용량이 부족 시 154[kV]로)
㉣ 기타 단락용량 대책수립 적용

comment 현실적으로 태양광 분산발전이 전국 곳곳에서 과다 시설되어 경제성이 급격히 하락하여 대규모 프로젝터로 154[kV] 공급이 급관심사이고, 70[kV]로 선방선로 건설하여 한전변전소에 공급시키는 방식도 있음(전국 야산에 너무 많은 태양광 부지로 인한 태풍, 폭우 시 피해가 과다하여 복구비용, 보험비용이 과다하여 채산성이 악화일로임). 대규모 태양광 건설단지(저수지, 호수, 담수호, 해안가, 도서지역)에서 154 지중송전으로 한전연계사업이 대규모 공사비로 소요되므로 사업참여 시 반드시 경제성 평가 및 자금조달방법에 매우 유의해야 됨(일부 악용한 사기성 사업도 있을 수 있음)

(4) 계통 연계용 보호장치의 시설

① 계통 연계하는 분산형 전원설비를 설치하는 경우 다음에 해당하는 이상 또는 고장발생 시 자동적으로 분산형 전원설비를 전력계통으로부터 분리하기 위한 장치시설 및 해당 계통과의 보호협조를 실시할 것
㉠ 분산형 전원설비의 이상 또는 고장

ⓛ 연계한 전력계통의 이상 또는 고장

ⓒ 단독운전 상태

② ①의 "ⓛ"에 따라 연계한 전력계통의 이상 또는 고장발생 시 분산형 전원의 분리시점 은 해당 계통의 재폐로 시점 이전일 것

③ 이상 발생 후 해당 계통의 전압 및 주파수가 정상범위 내에 들어올 때까지 계통과의 분리상태를 유지하는 등 연계한 계통의 재폐로방식과 협조를 이룰 것

④ 단순 병렬운전 분산형 전원설비의 경우에는 역전력계전기를 설치할 것

⑤ 단, 「신에너지 및 재생에너지 개발·이용·보급촉진법」 제2조 제1호 및 제2호의 규정에 의한 신·재생에너지를 이용하여 동일 전기사용장소에서 전기를 생산하는 합계용량이 50[kW] 이하의 소규모 분산형 전원(단, 해당 구내 계통 내의 전기사용 부하의 수전계약 전력이 분산형 전원용량을 초과하는 경우)으로서 ①의 "ⓒ"에 의한 단독운전 방지기능을 가진 것을 단순 병렬로 연계하는 경우에는 역전력계전기 설치 를 생략할 수 있음

(5) 특고압 송전계통 연계 시 분산형 전원 운전제어장치의 시설

분산형 전원설비를 송전사업자의 특고압 전력계통에 연계하는 경우 계통 안정화 또는 조류 억제 등의 이유로 운전제어가 필요할 때에는 그 분산형 전원설비에 필요한 운전제 어장치를 시설할 것

(6) 연계용 변압기 중성점의 접지

분산형 전원설비를 특고압 전력계통에 연계하는 경우 연계용 변압기 중성점의 접지는 다음과 같다.

① 전력계통에 연결되어 있는 다른 전기설비의 정격을 초과하는 과전압을 유발시키지 말 것

② 전력계통의 지락고장 보호협조를 방해하지 않도록 시설할 것

(7) 비의도적인 한전계통 가압

분산형 전원은 한전계통이 가압되어 있지 않을 때 한전계통을 가압해서는 안 된다.

(8) 동기화

① 분산형 전원의 계통 연계 또는 가압된 구내계통의 가압된 한전계통에 대한 연계에 대하여 병렬연계장치의 투입 순간에 다음 표의 모든 동기화 변수들이 제시된 제한범 위 이내에 있어야 함

② 만일 어느 하나의 변수라도 제시된 범위를 벗어날 경우에는 병렬연계장치가 투입되 지 않을 것(안전감전 사고 우려 및 계통의 연계사고 사전예방차원임)

**∥ 계통 연계를 위한 동기화 변수 제한범위 ∥**

| 분산형 전원 정격용량 합계[kW] | 주파수차 ($\triangle f$, [Hz]) | 전압차 ($\triangle V$, [%]) | 위상각차 ($\triangle \phi$, [°]) |
|---|---|---|---|
| 0~500 | 0.3 | 10 | 20 |
| 500 초과 1,500 이하 | 0.2 | 5 | 15 |
| 1,500 초과 20,000 이하 | 0.1 | 5 | 10 |

(9) 감시설비

① 역송병렬의 분산형 전원이 하나의 공통 연결점에서 단위 분산형 전원의 용량 또는 분산형 전원용량의 총합이 250[kW] 이상일 경우 분산형 전원 설치자는 분산형 전원 연결점에 연계상태, 유·무효전력 출력, 운전 역률 및 전압 등의 전력품질을 감시하기 위한 설비를 갖출 것

② 한전계통 운영상 필요할 경우 한전은 분산형 전원 설치자에게 "①"에 의한 감시설비와 한전계통 운영시스템의 실시간 연계를 요구하거나 실시간 연계가 기술적으로 불가할 경우 감시기록 제출을 요구할 수 있으며, 분산형 전원 설치자는 이에 응할 것

**comment** 인버터 가격이 500[kVA]가 약 500만원인데, 5년에 한번 정도 교환해야 됨

→ 홍보 팸플릿에 이런 사항을 거의 기재 없이 태양광 고객 모으기에 열정적임(일종의 부동산 투기 홍보 느낌이 날 수 있음)

# section 02 전기저장장치 (KEC 5장 – 510)

**272** 전기저장장치에 대한 일반사항의 다음 사항을 설명하시오.
1. 설치장소의 요구사항
2. 설비의 안전 요구사항
3. 옥내전로의 대지전압 제한

**data** 공통 출제예상문제 / KEC 511

**답안**

## 1. 개요

이차전지를 이용한 전기저장장치(이하 "전기저장장치"라 한다)는 다음에 따라 시설할 것

## 2. 설치장소의 요구사항

(1) 전기저장장치의 축전지, 제어반, 배전반의 시설은 기기 등을 조작 또는 보수·점검할 수 있는 충분한 공간을 확보하고 조명설비를 시설할 것

(2) 폭발성 가스의 축적을 방지하기 위한 환기시설을 갖추고 적정한 온도와 습도를 유지하도록 시설할 것

(3) 침수의 우려가 없도록 시설할 것

## 3. 설비의 안전 요구사항

(1) 충전부분은 노출되지 않도록 시설할 것

(2) 고장이나 외부 환경요인으로 인하여 비상상황 발생 또는 출력에 문제가 있을 경우 전기저장장치의 비상정지 스위치 등 안전하게 작동하기 위한 안전시스템이 있을 것

(3) 모든 부품은 충분한 내열성을 확보할 것

## 4. 옥내전로의 대지전압 제한

주택의 전기저장장치의 축전지에 접속하는 부하측 옥내배선을 다음에 따라 시설하는 경우에 주택의 옥내전로의 대지전압은 직류 600[V] 이하일 것

(1) 전로에 지락이 생겼을 때 자동적으로 전로를 차단하는 장치를 시설할 것

(2) 사람이 접촉할 우려가 없는 은폐된 장소에 합성수지관배선, 금속관배선 및 케이블배선에 의하여 시설하거나, 사람이 접촉할 우려가 없도록 케이블배선에 의하여 시설하고 전선에 적당한 방호장치를 시설할 것

**273** 전기저장장치의 시설기준에 대한 다음 항목을 설명하시오.
1. 전기배선의 시설기준
2. 단자와 접속
3. 지지물의 시설
4. 충 · 방전기능
5. 제어 및 보호장치 등

**data** 공통 출제예상문제 / KEC 512

**답안**

## 1. 전기배선의 시설기준

(1) 전선 : 공칭단면적 2.5[mm²] 이상의 연동선 또는 이와 동등 이상의 세기 및 굵기의 것

(2) 배선설비 공사는 케이블배선, 금속관 배관, 가요전선관 배관, 합성수지관 배관에 준하여 시설할 것

## 2. 단자와 접속

(1) 단자의 접속은 기계적 · 전기적 안전성을 확보하도록 할 것

(2) 단자를 체결 또는 잠글 때 너트나 나사는 풀림방지기능이 있는 것을 사용할 것

(3) 외부 터미널과 접속하기 위해 필요한 접점의 압력이 사용기간 동안 유지될 것

(4) 단자는 도체에 손상을 주지 않고 금속 표면과 안전하게 체결될 것

## 3. 지지물의 시설

(1) 2차 전지의 지지물은 부식성 가스 또는 용액에 의하여 부식되지 않을 것

(2) 2차 전지의 지지물은 적재하중 또는 지진, 기타 진동과 충격에 대하여 안전한 구조일 것

## 4. 충 · 방전기능

(1) 충전기능

① 전기저장장치는 배터리의 SOC 특성(충전상태 : State of Charge)에 따라 제조자가 제시한 정격으로 충전할 수 있을 것

② 충전할 때에는 전기저장장치의 충전상태 또는 배터리 상태를 시각화하여 정보를 제공할 것

(2) 방전기능

① 전기저장장치는 배터리의 SOC 특성에 따라 제조자가 제시한 정격으로 방전 가능할 것

② 방전할 때에는 전기저장장치의 방전상태 또는 배터리 상태를 시각화하여 정보를 제공할 것

### 5. 제어 및 보호장치 등

**(1) 제어 및 보호장치**

① 전기저장장치를 계통에 연계하는 경우 계통 연계용 보호장치 규정에 따라 시설할 것

② 전기저장장치가 비상용 예비전원 용도를 겸하는 경우에는 다음에 따라 시설할 것

    ㉠ 상용전원이 정전되었을 때 비상용 부하에 전기를 안정적으로 공급할 수 있는 시설을 갖출 것

    ㉡ 관련 법령에서 정하는 전원유지시간 동안 비상용 부하에 전기를 공급할 수 있는 충전용량을 상시 보존하도록 시설할 것

③ 전기저장장치의 접속점에는 쉽게 개폐할 수 있는 곳에 개방상태를 육안으로 확인할 수 있는 전용의 개폐기를 시설할 것

④ 전기저장장치의 2차 전지는 다음에 따라 자동으로 전로로부터 차단하는 장치를 시설할 것

    ㉠ 과전압 또는 과전류가 발생한 경우

    ㉡ 제어장치에 이상이 발생한 경우

    ㉢ 2차 전지 모듈의 내부 온도가 급격히 상승할 경우

⑤ 직류전로에 과전류차단기를 설치하는 경우 직류 단락전류를 차단하는 능력을 가지는 것이어야 하고 "직류용" 표시를 할 것

⑥ 직류전로에는 지락이 발생 시, 자동적으로 전로를 차단하는 장치를 시설할 것

⑦ 발전소 또는 변전소 혹은 이에 준하는 장소에 전기저장장치를 시설하는 경우 전로가 차단되었을 때 경보하는 장치를 시설할 것

**(2) 계측장치**

전기저장장치를 시설하는 곳에는 다음의 사항을 계측하는 장치를 시설할 것

① 축전지 출력단자의 전압, 전류, 전력 및 충·방전 상태

② 주요 변압기의 전압, 전류 및 전력

**(3) 접지 등의 시설**

금속제 외함 및 지지대 등은 접지시스템의 규정에 따라 접지공사를 할 것

## **274** 특정 기술을 이용한 전기저장장치의 시설기준을 설명하시오.

**data** 공통 출제예상문제 / KEC 515

**답안** 1. 적용범위

20[kWh]를 초과하는 리튬·나트륨·레독스플로우 계열의 이차전지를 이용한 전기저장장치의 경우 기술기준 제53조의3 제2항의 "적절한 보호 및 제어장치를 갖추고 폭발의 우려가 없도록 시설"하는 것은 511, 512 및 515에서 정한 사항을 말한다.

**reference**
511 : 전기저장장치의 일반사항
512 : 전기저장장치의 시설
515 : 특정 기술을 이용한 전기저장장치의 시설

### 2. 시설장소의 요구사항

(1) 전용건물에 시설하는 경우

① 515.1의 전기저장장치를 일반인이 출입하는 건물과 분리된 별도의 장소에 시설하는 경우에는 515.2.1에 따라 시설할 것

**reference**
515.1 : 특정 기술을 이용한 전기저장장치 시설의 적용범위 규정

② 전기저장장치 시설장소의 바닥, 천장(지붕), 벽면재료는 「건축물의 피난·방화구조 등의 기준에 관한 규칙」에 따른 불연재료일 것. 단, 단열재는 준불연재료 또는 이와 동등 이상의 것을 사용할 수 있다.

③ 전기저장장치 시설장소는 지표면을 기준으로 높이 22[m] 이내로 하고, 해당 장소의 출구가 있는 바닥면을 기준으로 깊이 9[m] 이내로 할 것

④ 이차전지는 전력변환장치(PCS) 등의 다른 전기설비와 분리된 격실에 설치하고 다음에 따라야 한다.

ㄱ 이차전지실의 벽면재료 및 단열재는 "②"의 것과 같아야 한다.

ㄴ 이차전지는 벽면으로부터 1[m] 이상 이격하여 설치하여야 한다. 단, 옥외의 전용 컨테이너에서 적정 거리를 이격한 경우에는 규정에 의하지 아니할 수 있다.

ㄷ 이차전지와 물리적으로 인접 시설해야 하는 제어장치 및 보조설비(공조설비 및 조명설비 등)는 이차전지실 내에 설치할 수 있다.

ㄹ 이차전지실 내부에는 가연성 물질을 두지 않아야 한다.

⑤ 511.1의 2에도 불구하고 인화성 또는 유독성 가스가 축적되지 않는 근거를 제조사에서 제공하는 경우에는 이차전지실에 한하여 환기시설 생략 가능함

> **reference**
> 511.1의 2 : 전기저장장치의 일반사항 규정 중 시설장소의 요구사항의 전기저장장치의 시설장소 규정

⑥ 전기저장장치가 차량에 의해 충격을 받을 우려가 있는 장소에 시설되는 경우에는 충돌방지장치 등을 설치할 것

⑦ 전기저장장치 시설장소는 주변 시설(도로, 건물, 가연물질 등)로부터 1.5[m] 이상 이격하고 다른 건물의 출입구나 피난계단 등 이와 유사한 장소로부터는 3[m] 이상 이격할 것

(2) 전용건물 이외의 장소에 시설하는 경우

① 515.1의 전기저장장치를 일반인이 출입하는 건물의 부속공간에 시설(옥상에는 설치할 수 없다)하는 경우에는 515.2.1 및 515.2.2에 따라 시설할 것

> **reference**
> 515.2.1 : 특정 기술을 이용한 전기저장장치의 시설규정 중 전용건물에 시설하는 경우의 규정
> 515.2.2 : 특정 기술을 이용한 전기저장장치의 시설규정 중 전용건물 이외의 장소에 시설하는 규정

② 전기저장장치 시설장소는 「건축물의 피난·방화구조 등의 기준에 관한 규칙」에 따른 내화구조이어야 한다.

③ 이차전지 모듈의 직렬 연결체의 용량은 50[kWh] 이하로 하고 건물 내 시설 가능한 이차전지의 총 용량은 600[kWh] 이하일 것

④ 이차전지 랙과 랙 사이 및 랙과 벽면 사이는 각각 1[m] 이상 이격할 것. 다만, "②"에 의한 벽이 삽입된 경우 이차전지 랙과 랙 사이의 이격은 예외임

⑤ 이차전지실은 건물 내 다른 시설(수전설비, 가연물질 등)로부터 1.5[m] 이상 이격하고 각 실의 출입구나 피난계단 등 이와 유사한 장소로부터 3[m] 이상 이격할 것

⑥ 배선설비가 이차전지실 벽면을 관통하는 경우 관통부는 해당 구획 부재의 내화성능을 저하시키지 않도록 충전(充塡)할 것

## 3. 제어 및 보호장치 등

(1) 낙뢰 및 서지 등 과도과전압으로부터 주요 설비를 보호하기 위해 직류전로에 직류 서지 보호장치(SPD)를 설치할 것

(2) 제조사가 정하는 정격 이상의 과충전, 과방전, 과전압, 과전류, 지락전류 및 온도 상승, 냉각장치 고장, 통신 불량 등 긴급상황이 발생한 경우에는 관리자에게 경보하고 즉시 전기저장장치를 자동 및 수동으로 정지시킬 수 있는 비상정지장치를 설치하여야 하며 수동 조작을 위한 비상정지장치는 신속한 접근 및 조작이 가능한 장소에 설치할 것

(3) 전기저장장치의 상시 운영정보 및 제2호의 긴급상황 관련 계측정보 등은 이차전지실 외부의 안전한 장소에 안전하게 전송되어 최소 1개월 이상 보관될 수 있도록 할 것

(4) 전기저장장치의 제어장치를 포함한 주요 설비 사이의 통신장애를 방지하기 위한 보호대책을 고려하여 시설할 것

(5) 전기저장장치는 정격 이내의 최대충전범위를 초과하여 충전하지 않도록 하여야 하고 만(滿)충전 후 추가 충전은 금지할 것

# section 03 태양광 발전설비 (KEC 5장 – 520)

**275** 태양광 발전설비의 기준에서 정한 다음 사항을 설명하시오.
1. 설치장소의 요구사항
2. 설비의 안전 요구사항
3. 옥내전로의 대지전압 제한

**data** 공통 출제예상문제 / KEC 521

**답안** 1. 설치장소의 요구사항

(1) 인버터, 제어반, 배전반 등의 시설은 기기 등을 조작 또는 보수점검 할 수 있는 충분한 공간을 확보하고 필요한 조명설비를 시설할 것

(2) 인버터 등을 수납하는 공간에는 실내온도의 과열 상승을 방지하기 위한 환기시설을 갖추어야 하며 적정한 온도와 습도를 유지하도록 시설할 것

(3) 배전반, 인버터, 접속장치 등을 옥외에 시설하는 경우 침수의 우려가 없도록 시설할 것

### 2. 설비의 안전 요구사항

(1) 태양전지 모듈, 전선, 개폐기 및 기타 기구는 충전부분이 노출되지 않게 시설할 것

(2) 모든 접속함에는 내부의 충전부가 인버터로부터 분리된 후에도 여전히 충전상태일 수 있음을 나타내는 경고가 붙어 있어야 함

(3) 태양광설비의 고장이나 외부 환경요인으로 인하여 계통연계에 문제가 있을 경우 회로분리를 위한 안전시스템을 구비할 것

### 3. 옥내전로의 대지전압 제한

(1) 주택의 태양전지 모듈에 접속하는 부하측 옥내배선(복수의 태양전지 모듈을 시설하는 경우에 그 집합체에 접속하는 부하측의 배선)의 대지전압 제한은 직류 600[V] 이하일 것

(2) 전로에 지락이 생겼을 때 자동적으로 전로를 차단하는 장치를 시설할 것

(3) 사람이 접촉할 우려가 없는 은폐된 장소에 합성수지관배선, 금속관배선 및 케이블배선에 의하여 시설하거나, 사람이 접촉할 우려가 없도록 케이블배선에 의하여 시설하고 전선에 적당한 방호장치를 시설할 것

**276** 태양광 발전설비의 시설에 대한 시설기준의 다음 사항을 설명하시오.
1. 태양광설비의 전기배선
2. 태양전지 모듈의 시설기준
3. 태양광설비의 전력변환장치의 시설
4. 태양광설비의 계측장치
5. 태양광 모듈을 지지하는 구조물의 시설기준

**data** 공통 출제예상문제 / KEC 522

**답안** 1. 태양광설비의 전기배선

(1) 모듈 및 기타 기구에 전선을 접속하는 경우는 나사로 조이고, 기타 이와 동등 이상의 효력이 있는 방법으로 기계적 · 전기적으로 안전하게 접속하고, 접속점에 장력이 가해지지 않도록 할 것

(2) 배선시스템은 바람, 결빙, 온도, 태양방사와 같이 예상되는 외부 영향을 견딜 것

(3) 모듈의 출력배선은 극성별로 확인할 수 있도록 표시할 것

(4) 전선은 공칭단면적 $2.5[\text{mm}^2]$ 이상의 연동선 또는 이와 동등 이상의 세기 및 굵기일 것(태양광 모듈 뒷면을 직렬 접속하는 전선의 사항임)

(5) 기타 사항 및 단자와 접속은 전기저장장치의 시설기준에 따를 것

**2. 태양전지 모듈의 시설기준**

(1) 모듈은 자중, 적설, 풍압, 지진 및 기타의 진동과 충격에 대하여 탈락하지 않도록 지지물에 의하여 견고하게 설치할 것

(2) 모듈의 각 직렬군은 동일한 단락전류를 가진 모듈로 구성하여야 하며 1대의 인버터(멀티스트링 인버터의 경우 1대의 MPPT 제어기)에 연결된 모듈 직렬군이 2병렬 이상일 경우에는 각 직렬군의 출력전압 및 출력전류가 동일하게 형성되도록 배열할 것

**3. 태양광설비의 전력변환장치의 시설(인버터, 절연변압기 및 계통연계 보호장치 등 전력변환장치의 시설)**

(1) 인버터는 실내 · 실외용을 구분할 것

(2) 각 직렬군의 태양전지 개방전압은 인버터 입력전압 범위 이내일 것

(3) 옥외에 시설하는 경우 방수등급은 IPX4 이상일 것

**4. 태양광설비의 계측장치**

태양광설비에는 전압, 전류 및 전력을 계측하는 장치를 시설할 것

## 5. 태양광 모듈을 지지하는 구조물의 시설기준

(1) 자중, 적재하중, 적설 또는 풍압, 지진 및 기타의 진동과 충격에 대하여 안전한 구조일 것

(2) 부식환경에 의하여 부식되지 아니하도록 다음의 재질로 제작할 것

　　① 용융아연 또는 용융아연-알루미늄-마그네슘합금 도금된 형강

　　② 스테인리스 스틸(STS)

　　③ 알루미늄합금

(3) 상기와 동등 이상의 성능(인장강도, 항복강도, 압축강도, 내구성 등)을 가지는 재질로서 KS 제품 또는 동등 이상의 성능의 제품일 것

(4) 모듈 지지대와 그 연결부재의 경우 용융아연도금 처리 또는 녹방지 처리를 하여야 하며, 절단가공 및 용접부위는 방식처리를 할 것

**277** 태양광 발전설비의 제어 및 보호장치 등의 다음 항목에 대한 시설기준을 설명하시오.
1. 어레이 출력개폐기
2. 과전류 및 지락 보호장치
3. 상주 감시를 하지 아니하는 태양광발전소의 시설
4. 태양광발전소의 접지설비
5. 태양광발전소의 피뢰설비
6. 태양광설비의 계측장치

**(data)** 공통 출제예상문제

**[답안]** **1. 어레이 출력개폐기**

중간단자함 및 어레이 출력개폐기 시설

(1) 태양전지 모듈에 접속하는 부하측의 태양전지 어레이에서 전력변환장치에 이르는 전로 (복수의 태양전지 모듈을 시설한 경우에는 그 집합체에 접속하는 부하 측의 전로)에는 그 접속점에 근접하여 개폐기 기타 이와 유사한 기구(부하전류를 개폐할 수 있는 것)를 시설할 것

(2) 어레이 출력개폐기는 점검이나 조작이 가능한 곳에 시설할 것

**2. 과전류 및 지락 보호장치**

(1) 모듈을 병렬로 접속하는 전로에는 그 전로에 단락전류가 발생할 경우에 전로를 보호하는 과전류차단기 또는 기타 기구를 시설하여야 한다. 단, 그 전로가 단락전류에 견딜 수 있는 경우에는 그러하지 아니하다.

(2) 태양전지 발전설비의 직류 전로에 지락이 발생했을 때 자동적으로 전로를 차단하는 장치를 시설하고 그 방법 및 성능은 IEC 60364-7-712(2017) 712.42 또는 712.53에 따를 수 있다.

(3) 역전류 방지기능은 다음과 같이 시설하여야 한다.

① 1대의 인버터에 연결된 태양전지 직렬군이 2병렬 이상일 경우에는 각 직렬군에 역전류 방지기능이 있도록 설치할 것

② 용량은 모듈단락전류의 2배 이상이며, 현장에서 확인할 수 있도록 표시할 것

**3. 상주 감시를 하지 아니하는 태양광발전소의 시설**

상주 감시를 하지 아니하는 태양광발전소의 시설은 상주 감시하지 않는 발전소의 시설규정에 따를 것

### 4. 태양광발전소의 접지설비

(1) 태양전지 모듈의 프레임은 지지물과 전기적으로 완전하게 접속할 것

(2) 기타 접지시설은 접지시스템의 규정에 따를 것

### 5. 태양광발전소의 피뢰설비

(1) 태양광설비에는 외부피뢰시스템을 설치할 것

(2) 이 경우 적용기준은 피뢰시스템 규정에 따를 것

### 6. 태양광설비의 계측장치

태양광설비에는 전압과 전류 또는 전압과 전력을 계측하는 장치를 시설하여야 한다.

# section 04 풍력발전설비 (KEC 5장 – 530)

**278** 전기설비기술기준에서 정한 풍력발전설비의 다음 사항을 설명하시오.
1. 일반사항
2. 풍력설비의 시설기준 중 간선의 시설기준
3. 풍력터빈을 지지하는 구조물 등

**data** 공통 출제예상문제

**답안** **1. 일반사항**

(1) 나셀 등의 접근시설

나셀 등 풍력발전기 상부 시설에 접근하기 위한 안전한 시설물을 강구할 것

(2) 항공장애 표시등 시설

발전용 풍력설비의 항공장애등 및 주간장애 표지는 「항공법」 제83조(항공장애 표시등의 설치 등)의 규정에 따라 시설할 것

**comment** 건축전기설비기술사 4권의 항공장애등 문항을 유심히 숙독할 것

(3) 화재방호설비 시설

500[kW] 이상의 풍력터빈은 나셀 내부의 화재발생 시, 이를 자동으로 소화할 수 있는 화재방호설비를 시설할 것

**2. 풍력설비의 시설기준**

(1) 간선의 시설기준

① 풍력발전기에서 출력배선에 쓰이는 전선은 CV선 또는 TFR-CV선을 사용하거나 동등 이상의 성능을 가진 제품을 사용할 것

② 전선이 지면을 통과하는 경우에는 피복이 손상되지 않게 별도의 조치를 취할 것

③ 기타 사항 및 단자와 접속은 전기저장장치의 규정에 따름

(2) 풍력터빈의 구조

기술기준 제169조의 풍력터빈의 구조에 적합한 것은 다음의 요구사항을 충족할 것

① 풍력터빈의 선정에 있어서는 시설장소의 풍황(風況)과 환경, 적용 규모 및 적용 형태 등을 고려하여 선정할 것

② 풍력터빈의 유지, 보수 및 점검 시 작업자의 안전을 위한 다음의 잠금장치를 시설 요함

       ㉠ 풍력터빈의 로터, 요시스템 및 피치시스템에는 각각 1개 이상의 잠금장치를 시설할 것

       ㉡ 잠금장치는 풍력터빈의 정지장치가 작동하지 않더라도 로터, 나셀, 블레이드의 회전을 막을 수 있어야 함

   ③ 풍력터빈의 강도 계산은 다음 사항을 따라야 한다.

       ㉠ 최대풍압하중 및 운전 중의 회전력 등에 의한 풍력터빈의 강도 계산 시의 조건

- 사용조건 : 최대풍속, 최대회전수
- 강도조건 : 하중조건, 강도 계산의 기준
- 피로하중

       ㉡ "㉠"의 강도 계산은 다음 순서에 따라 계산할 것

- 풍력터빈의 제원(블레이드 직경, 회전수, 정격출력 등)을 결정
- 자중, 공기력, 원심력 및 이들에서 발생하는 모멘트를 산출
- 풍력터빈의 사용조건(최대풍속, 풍력터빈의 제어)에 의해 각부에 작용하는 하중을 계산
- 각부에 사용하는 재료에 의해 풍력터빈의 강도조건
- 하중, 강도조건에 의해 각부의 강도 계산을 실시하여 안전함을 확인

       ㉢ "㉡"의 강도 계산 개소에 가해진 하중의 합계는 다음 순서에 의하여 계산하여야 한다.

- 바람, 에너지를 흡수하는 블레이드의 강도 계산
- 블레이드를 지지하는 날개축, 날개축을 유지하는 회전축의 강도 계산
- 블레이드, 회전축을 지지하는 나셀과 타워를 연결하는 요베어링의 강도 계산

## 3. 풍력터빈을 지지하는 구조물 등

기술기준 제172조에 의한 풍력터빈을 지지하는 구조물은 다음과 같이 시설할 것

(1) 풍력터빈을 지지하는 구조물의 구조, 성능 및 시설조건은 다음에 의함

   ① 풍력터빈을 지지하는 구조물은 자중, 적재하중, 적설, 풍압, 지진, 진동 및 충격을 고려할 것. 다만, 해상 및 해안가 설치 시는 염해 및 파랑하중에 대해서도 고려할 것

   ② 동결, 착설 및 분진의 부착 등에 의한 비정상적인 부식 등이 발생하지 않도록 고려할 것

   ③ 풍속변동, 회전수변동 등에 의해 비정상적인 진동이 발생하지 않도록 고려할 것

(2) 풍력터빈 및 지지물에 가해지는 풍하중의 강도계산방식은 다음에 의함

   ①
$$P = CqA$$

여기서, $P$ : 풍압력[N]

$C$ : 풍력계수

$q$ : 속도압$[\text{N/m}^2]$

$A$ : 수풍면적$[\text{m}^2]$

② 풍력계수 $C$는 풍동실험 등에 의해 규정되는 경우를 제외하고, 「건축구조설계기준」을 준용할 것

③ 풍속압 $q$는 다음의 계산식 혹은 풍동실험 등에 의해 구할 것

㉠ 풍력터빈 및 지지물의 높이가 16[m] 이하인 부분

$$q = 60\left(\frac{V}{60}\right)^2 \sqrt{h}$$

㉡ 풍력터빈 및 지지물의 높이가 16[m] 초과하는 부분

$$q = 120\left(\frac{V}{60}\right)^2 \sqrt[4]{h}$$

• $V$는 지표면상의 높이 10[m]에서의 재현기간 50년에 상당하는 순간최대풍속 [m/s]으로 하고 관측자료에서 산출함

• $h$는 풍력터빈 및 지지물의 지표에서의 높이[m]로 하고 풍력터빈을, 기타 시설물 지표면에서 돌출한 것의 상부에 시설 시, 주변의 지표면에서의 높이로 함

④ 수풍면적 $A$는 수풍면의 수직투영면적으로 함

⑤ 풍력터빈 지지물의 강도 계산에 이용하는 지진하중은 지역계수를 고려할 것

⑥ 풍력터빈의 적재하중은 컷아웃 시, 공진풍속 시, 폭풍 시 하중을 고려할 것

(3) 풍력터빈을 지지하는 구조물 기초는 당해 구조물에 (1)의 "①"에 의해 견디어야 하는 하중에 대하여 충분한 안전율을 적용하여 시설할 것

**279** 전기설비기술기준에서 정한 풍력발전설비의 다음 사항을 설명하시오.
1. 풍력발전설비의 제어 및 보호장치 등의 시설기준
2. 주전원 개폐장치
3. 상주 감시를 하지 아니하는 풍력발전소의 시설
4. 접지설비
5. 피뢰설비 (10점 예상)

**data** 공통 출제예상문제 / KEC 532

**답안** 1. 풍력발전설비의 제어 및 보호장치 등의 시설기준

(1) 제어장치는 다음과 같은 기능 등을 보유할 것

① 풍속에 따른 출력 조절

② 출력제한

③ 회전속도제어

④ 계통과의 연계

⑤ 기동 및 정지

⑥ 계통 정전 또는 부하의 손실에 의한 정지

⑦ 요잉에 의한 케이블 꼬임 제한

(2) 보호장치는 다음의 조건에서 풍력발전기를 보호할 것

① 과풍속

② 발전기의 과출력 또는 고장

③ 이상진동

④ 계통 정전 또는 사고

⑤ 케이블의 꼬임 한계

**2. 주전원 개폐장치**

풍력터빈은 작업자의 안전을 위하여 유지, 보수 및 점검 시 전원 차단을 위해 풍력터빈 타워의 기저부에 개폐장치를 시설할 것

**3. 상주 감시를 하지 아니하는 풍력발전소의 시설**

상주 감시를 하지 아니하는 풍력발전소의 시설은 상주 감시를 하지 아니하는 발전소의 시설규정에 의함

### 4. 접지설비

(1) 접지설비는 풍력발전설비 타워기초를 이용한 통합접지공사를 하여야 하며, 설비 사이의 전위차가 없도록 등전위본딩을 할 것

(2) 기타 접지시설은 접지시스템의 규정에 따를 것

### 5. 피뢰설비

(1) 피뢰설비는 KS C IEC 61400-24(풍력발전기 – 낙뢰보호)에서 정하고 있는 피뢰구역 (Lightning Protection Zones)에 적합하여야 하며, 다만, 별도의 언급이 없다면 피뢰레벨(Lightning Protection Level : LPL)은 I등급을 적용할 것

(2) 풍력터빈의 피뢰설비는 다음에 따라 시설할 것

① 수뢰부를 풍력터빈 선단부분 및 가장자리 부분에 배치하되 뇌격전류에 의한 발열에 용손(溶損)되지 않도록 재질, 크기, 두께 및 형상 등을 고려할 것

② 풍력터빈에 설치하는 인하도선은 쉽게 부식되지 않는 금속선으로서 뇌격전류를 안전하게 흘릴 수 있는 충분한 굵기여야 하며, 가능한 직선으로 시설할 것

③ 풍력터빈 내부의 계측 센서용 케이블은 금속관 또는 차폐케이블 등을 사용하여 뇌유도 과전압으로부터 보호할 것

④ 풍력터빈에 설치한 피뢰설비(리셉터, 인하도선 등)의 기능 저하로 인해 다른 기능에 영향을 미치지 않을 것

⑤ 풍향·풍속계가 보호범위에 들도록 나셀 상부에 피뢰침을 시설하고, 피뢰도선은 나셀 프레임에 접속하여야 한다.

⑥ 전력기기·제어기기 등의 피뢰설비는 다음에 따라 시설하여야 한다.

㉠ 전력기기는 금속시스케이블, 내뢰변압기 및 서지보호장치(SPD)를 적용할 것

㉡ 제어기기는 광케이블 및 포토커플러를 적용할 것

⑦ 기타 피뢰설비시설은 피뢰시스템의 규정에 따를 것

**280** 풍력터빈 정지장치의 시설기준 및 풍력발전설비의 계측장치의 시설에 대하여 설명하시오.

**data** 공통 출제예상문제

**답안** 1. 개요
기술기준 제170조에 따른 풍력터빈 정지장치는 다음 표와 같이 자동으로 정지하는 장치를 시설하는 것을 말한다.

2. 풍력터빈 정지장치

| 이상상태 | 자동정지장치 | 비 고 |
|---|---|---|
| 풍력터빈의 회전속도가 비정상적으로 상승 | ○ | – |
| 풍력터빈의 컷아웃 풍속 | ○ | – |
| 풍력터빈의 베어링 온도가 과도하게 상승 | ○ | 정격출력이 500[kW] 이상인 원동기 (풍력터빈은 시가지 등 인가가 밀집해 있는 지역에 시설된 경우 100[kW] 이상) |
| 풍력터빈 운전 중 나셀진동이 과도하게 증가 | ○ | 시가지 등 인가가 밀집해 있는 지역에 시설된 것으로 정격출력 10[kW] 이상의 풍력터빈 |
| 제어용 압유장치의 유압이 과도하게 저하된 경우 | ○ | 용량 100[kVA] 이상의 풍력발전소를 대상으로 함 |
| 압축공기장치의 공기압이 과도하게 저하된 경우 | ○ | |
| 전동식 제어장치의 전원전압이 과도하게 저하된 경우 | ○ | |

3. 풍력발전설비의 계측장치의 시설
풍력터빈에는 설비의 손상을 방지하기 위하여 운전상태를 계측하는 다음의 계측장치를 시설할 것
(1) 회전속도계
(2) 나셀(nacelle) 내의 진동을 감시하기 위한 진동계
(3) 풍속계
(4) 압력계
(5) 온도계

# section 05 연료전지설비 (KEC 5장 – 540)

**281** 연료전지설비의 다음 항목에 대하여 설명하시오.

1. 연료전지의 구성요소별 기능
2. 일반사항(설치장소의 안전 요구사항)
3. 연료전지 발전실의 가스누설대책
4. 연료전지설비의 전기배선 및 단자와 접속의 시설기준

(data) 공통 출제예상문제 / KEC 540

**답안** 1. 연료전지의 구성요소별 기능

| 구 분 | | 기 능 |
|---|---|---|
| 연료공급기 (MBPO) | 수처리시스템 | LNG 중의 메탄에서 수소 개질을 위해 사용되는 순수를 제조 |
| | 연료 가습기 | 수소 개질을 위하여 LNG와 물을 혼합하여 증기화하는 설비 |
| | 탈황기 | 촉매 등 금속을 부식시키는 황 성분 제거 |
| 공기공급기 | | 스택모듈 내에 공기를 주입하여 공기 중의 산소의 화학반응을 이용하여 스택모듈 내의 온도를 제어 |
| Stack(스택) 모듈 | | • 스택모듈 내에는 Fuel cell이 적층되어 있으며, Fuel cell에서 수소와 산화물이 화학반응을 하여 직류전력(DC)과 열을 생성 <br> • 공기극(+), 전해질, 연료극(-)으로 구성 |
| EBPO (전력변환기) | 인버터 (PCS) | 연료전지에서 발생된 직류전력(DC)을 교류전력(AC)으로 변환 |
| | 변압기 | 전력계통에 연계하기 위한 승압용 변압기 |
| 열교환기 | | 연료전지에서 발생되는 고온의 열을 열교환기를 거쳐 난방열 생산 |
| 수증기 저감장치 | | 외부로 배출되는 수증기($H_2O$)를 응축 |

(comment) SOFC 스택을 활용한 연료전지가 활발히 국내에서 적용 중으로, 참여하는 기술사가 많기에 독자들은 급관심을 갖고 이 문제를 확실히 암송할 것

## 2. 일반사항(설치장소의 안전 요구사항)

(1) 연료전지를 설치할 주위의 벽 등은 화재에 안전하게 시설할 것

(2) 가연성 물질과 안전거리를 충분히 확보하여야 할 것

(3) 침수 등의 우려가 없는 곳에 시설할 것

### 3. 연료전지 발전실의 가스누설대책

"연료가스 누설 시 위험을 방지하기 위한 적절한 조치"란 다음에 열거하는 것을 말함

(1) 연료가스를 통하는 부분은 최고사용압력에 대하여 기밀성을 가지는 것일 것

(2) 연료전지설비를 설치하는 장소는 연료가스가 누설되었을 때 체류하지 않는 구조의 것일 것

(3) 연료전지설비로부터 누설되는 가스가 체류할 우려가 있는 장소에 해당 가스의 누설을 감지하고 경보하기 위한 설비를 설치할 것

### 4. 연료전지설비의 전기배선 및 단자와 접속의 시설기준

(1) 전기배선의 시설기준

① 전기배선은 열적 영향이 적은 방법으로 시설할 것

② 전기배선은 다음에 의하여 시설할 것

ㄱ 전선은 공칭단면적 2.5$[mm^2]$ 이상의 연동선 또는 이와 동등 이상의 세기 및 굵기의 것일 것

ㄴ 배선설비 공사 : 합성수지관배선, 금속관배선, 가요전선관배선, 케이블배선

(2) 단자와 접속의 시설기준

① 단자의 접속은 기계적, 전기적 안전성을 확보하도록 할 것

② 단자를 체결 또는 잠글 때 너트나 나사는 풀림방지기능이 있는 것을 사용할 것

③ 외부 터미널과 접속하기 위해 필요한 접점의 압력이 사용기간 동안 유지될 것

④ 단자는 도체에 손상을 주지 않고 금속표면과 안전하게 체결될 것

## 282 KEC 규정에 의한 연료전지설비의 재료 등에 대한 다음 항목의 기준을 설명하시오.

1. 연료전지설비의 계측장치
2. 연료전지설비의 비상정지장치
3. 상주 감시를 하지 아니하는 연료전지발전소의 시설
4. 피뢰설비
5. 연료전지의 접지설비

**data** 공통 출제예상문제

**답안** **1. 연료전지설비의 계측장치**

연료전지설비에는 전압, 전류 및 전력을 계측하는 장치를 시설할 것

### 2. 연료전지설비의 비상정지장치

기술기준 제113조에서 규정하는 "운전 중에 일어나는 이상"이란 다음에 열거하는 경우를 말함

(1) 연료계통설비 내의 연료가스의 압력 또는 온도가 현저하게 상승하는 경우

(2) 증기계통설비 내의 증기의 압력 또는 온도가 현저하게 상승하는 경우

(3) 실내에 설치되는 것에서는 연료가스가 누설하는 경우

### 3. 상주 감시를 하지 아니하는 연료전지발전소의 시설

상주 감시를 하지 아니하는 연료전지발전소의 시설은 상주 감시를 하지 아니하는 발전소의 시설 규정에 따른다.

### 4. 피뢰설비

연료전지설비의 피뢰설비는 피뢰시스템의 규정을 적용할 것

### 5. 연료전지의 접지설비

연료전지에 대하여 전로의 보호장치의 확실한 동작의 확보 또는 대지전압의 저하를 위하여 특히 필요할 경우에 연료전지의 전로 또는 이것에 접속하는 직류전로에 접지공사를 할 때에는 다음에 따라 시설할 것

(1) 접지극은 고장 시 근처의 대지 사이에 생기는 전위차에 의하여 사람이나 가축 또는 다른 시설물에 위험을 줄 우려가 없도록 시설할 것

(2) 접지도체는 공칭단면적 16[mm²] 이상의 연동선 또는 이와 동등 이상의 세기 및 굵기의 쉽게 부식하지 아니하는 금속선(저압전로의 중성점에 시설하는 것은 공칭단면적 6[mm²] 이상의 연동선 또는 이와 동등 이상의 세기 및 굵기의 쉽게 부식하지 않는

금속선)으로서 고장 시 흐르는 전류가 안전하게 통할 수 있는 것을 사용하고, 또한 손상을 받을 우려가 없도록 시설할 것

(3) 접지도체에 접속하는 저항기·리액터 등은 고장 시 흐르는 전류를 안전하게 통할 수 있는 것을 사용할 것

(4) 접지도체·저항기·리액터 등은 취급자 이외의 자가 출입하지 아니하도록 설비한 곳에 시설하는 경우 이외에는 사람이 접촉할 우려가 없도록 시설할 것

(5) 기타 사항은 접지 시스템의 규정을 적용할 것

**283** KEC 규정에 의한 연료전지설비의 재료 등에 대한 다음 항목의 기준을 설명하시오.
1. 연료전지설비의 재료
2. 연료전지설비의 구조
3. 연료전지의 안전밸브
4. 연료전지의 제어 및 보호장치 등

**data** 공통 출제예상문제

**답안** **1. 연료전지설비의 재료**

(1) 기술기준 제109조에서 "안전한 화학적 성분 및 기계적 강도를 가지는 것"은 보일러 및 부속설비의 1.을 준용한다.

(2) 기술기준 제109조에서 "압력을 받는 부분"에 대한 정의는 보일러 및 부속설비의 2.를 준용한다.

(3) 605(보일러 및 부속설비)의 2.내지, 610(압력용기 및 부속설비)의 2.내지 6.과 615(배관 및 부속설비)의 2.는 해당하는 경우 연료전지설비에 준용할 수 있음

**2. 연료전지설비의 구조**

(1) 안전한 것이란 연료전지설비에 속하는 용기 및 관에서는 보일러 및 부속설비(보일러와 관련된 부분 제외)에 규정한 구조로 되어 있고 압력용기 및 부속설비의 내압 및 기밀과 관련되는 성능을 가질 것

(2) 기술기준 제110조에서 규정하는 "허용응력"은 KS B 6750 부표 1, 부표 2 및 ASME Sec Ⅱ, Part D Table 1A, 1B에 규정하는 수치로 함

(3) 내압을 받는 용기구조는 압력용기 및 부속설비의 규정을 준용함

(4) 내압시험은 연료전지설비의 내압부분 중 최고사용압력이 0.1[MPa] 이상의 부분은 최고 사용압력의 1.5배의 수압(수압으로 시험을 실시하는 것이 곤란한 경우는 최고사용압력의 1.25배의 기압)까지 가압하여 압력이 안정된 후 최소 10분간 유지하는 시험을 실시하였을 때 이것에 견디고 누설이 없을 것

(5) 기밀시험은 연료전지설비의 내압부분 중 최고사용압력이 0.1[MPa] 이상의 부분(액체 연료 또는 연료가스 혹은 이것을 포함한 가스를 통하는 부분에 한정)의 기밀시험은 최고사용압력의 1.1배의 기압으로 시험 시 누설이 없을 것

**3. 연료전지설비의 안전밸브**

(1) 기술기준 제111조에서 규정하는 "과압"이란 통상의 상태에서 최고사용압력을 초과하는 압력을 말한다.

> **reference**
>
> 전기설비기술기준 제111조 (안전밸브)
> 연료전지설비(액화가스 설비는 제외한다)의 압력을 받는 부분에는 과도한 압력을 방지하기 위한
> 적당한 안전밸브를 설치하여야 한다. 이 경우 해당 안전밸브는 작동 시 안전밸브로부터 방출되는
> 가스에 의한 위험이 발생하지 않도록 시설하여야 한다. 다만 최고사용압력이 0.1[MPa] 미만의
> 것에 있어서는 그 압력을 낮추기 위한 적당한 과압방지장치로 대신할 수 있다.

(2) 기준에서 규정하는 적당한 안전밸브 보일러 및 부속설비 및 압력용기 및 부속설비의 규정을 준용할 수 있음

(3) 안전밸브의 분출압력은 다음과 같이 설정할 것

　① 안전밸브가 1개인 경우는 그 배관의 최고사용압력 이하의 압력으로 한다. 다만, 배관의 최고사용압력 이하의 압력에서 자동적으로 가스의 유입을 정지하는 장치가 있는 경우에는 최고사용압력의 1.03배 이하의 압력으로 할 수 있음

　② 안전밸브가 2개 이상인 경우에는 1개는 "(1)"에 준하는 압력으로 하고 그 이외의 것은 그 배관의 최고사용압력의 1.03배 이하의 압력일 것

## 4. 연료전지의 제어 및 보호장치 등

(1) **연료전지설비의 보호장치**

　연료전지는 다음의 경우에 자동적으로 이를 전로에서 차단하고, 연료전지에 연료가스 공급을 자동적으로 차단하며, 연료전지 내의 연료가스를 자동적으로 배기하는 장치를 시설할 것

　① 연료전지에 과전류가 생긴 경우 자동적으로 이를 전로에서 차단

　② 발전요소의 발전전압에 이상이 생겼을 경우 자동적으로 이를 전로에서 차단

　③ 연료가스 출구에서의 산소농도 또는 공기 출구에서의 연료가스농도가 현저히 상승한 경우

　④ 연료전지의 온도가 현저하게 상승한 경우

(2) **연료전지설비의 계측장치**

　연료전지설비에는 전압, 전류 및 전력을 계측하는 장치를 시설하여야 한다.

(3) **연료전지설비의 비상정지장치**

　기술기준 제113조에서 규정하는 "운전 중에 일어나는 이상"이란 다음에 열거하는 경우를 말한다.

　① 연료 계통 설비 내의 연료가스의 압력 또는 온도가 현저하게 상승하는 경우

　② 증기계통 설비 내의 증기의 압력 또는 온도가 현저하게 상승하는 경우

　③ 실내에 설치되는 것에서는 연료가스가 누설하는 경우

(4) 상주 감시를 하지 아니하는 연료전지발전소의 시설

상주 감시를 하지 아니하는 연료전지발전소의 시설은 상주 감시를 하지 아니하는 발전소의 시설규정에 따른다.

(5) 연료전지발전소의 접지설비

① 연료전지에 대하여 전로의 보호장치의 확실한 동작의 확보 또는 대지전압의 저하를 위하여 특히 필요할 경우에 연료전지의 전로 또는 이것에 접속하는 직류전로에 접지공사를 할 때에는 다음에 따라 시설하여야 한다.

   ㉠ 접지극은 고장 시 그 근처의 대지 사이에 생기는 전위차에 의하여 사람이나 가축 또는 다른 시설물에 위험을 줄 우려가 없도록 시설할 것.

   ㉡ 접지도체는 공칭단면적 16[mm²] 이상의 연동선 또는 이와 동등 이상의 세기 및 굵기의 쉽게 부식하지 아니하는 금속선(저압전로의 중성점에 시설하는 것은 공칭단면적 6[mm²]이상의 연동선 또는 이와 동등 이상의 세기 및 굵기의 쉽게 부식하지 않는 금속선)으로서 고장 시 흐르는 전류가 안전하게 통할 수 있는 것을 사용하고 또한 손상을 받을 우려가 없도록 시설할 것

   ㉢ 접지도체에 접속하는 저항기 · 리액터 등은 고장 시 흐르는 전류를 안전하게 통할 수 있는 것을 사용할 것

   ㉣ 접지도체 · 저항기 · 리액터 등은 취급자 이외의 자가 출입하지 아니하도록 설비한 곳에 시설하는 경우 이외에는 사람이 접촉할 우려가 없도록 시설할 것

② 기타사항은 접지시스템의 규정을 적용한다.

(6) 피뢰설비

연료전지설비의 피뢰설비는 피뢰시스템의 규정을 적용한다.

memo

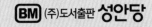

## [저자 소개]

### 양재학
- 한양대학교 전기공학과 석사
  현재_제일엔지니어링 감리본부 전무
  경력_한국전력 송배전 부장
  자격_발송배전기술사
　　　전기응용기술사
　　　전기안전기술사
　　　건축전기설비기술사
　　　산업안전지도사

### 윤종철
- 서울과학기술대학교 전기공학과 석사
  현재_㈜보명엔지니어링 전무
  자격_발송배전기술사
　　　소방기술사

### 김용운
- 연세대학교 전기공학과 석사
  현재_㈜청송설계 이앤씨 부사장
  자격_발송배전기술사
　　　건축전기설비기술사

### 김석태
- 송담대학교 건축에너지학과 학사
  현재_㈜한일엔지니어링 이사
  자격_전기안전기술사

## 한국전기설비규정 [KEC] 관련
# 건축전기설비기술사
## 발송배전기술사 / 전기안전기술사
## 전기응용기술사 / 전기철도기술사
# [ 기출·예상문제집 ]

2022. 4. 15. 초 판 1쇄 인쇄
**2022. 4. 22. 초 판 1쇄 발행**

지은이 | 양재학, 김용운, 윤종철, 김석태
펴낸이 | 이종춘
펴낸곳 | BM ㈜도서출판 성안당

주소 | 04032 서울시 마포구 양화로 127 첨단빌딩 3층(출판기획 R&D 센터)
　　　10881 경기도 파주시 문발로 112 파주 출판 문화도시(제작 및 물류)

전화 | 02) 3142-0036
　　　031) 950-6300
팩스 | 031) 955-0510
등록 | 1973. 2. 1. 제406-2005-000046호
출판사 홈페이지 | www.cyber.co.kr
ISBN | 978-89-315-2762-9 (13560)
정가 | 50,000원

**이 책을 만든 사람들**
기획 | 최옥현
진행 | 박경희
교정·교열 | 최주연
전산편집 | J디자인
표지 디자인 | 오지성
홍보 | 김계향, 이보람, 유미나, 서세원, 이준영
국제부 | 이선민, 조혜란, 권수경
마케팅 | 구본철, 차정욱, 오영일, 나진호, 이동후, 강호묵
마케팅 지원 | 장상범, 박지연
제작 | 김유석

www.cyber.co.kr ★★★
성안당 Web 사이트